图灵程序设计丛书

Illustrated C# 7　Fifth Edition

C#图解教程

（第5版）

[美] 丹尼尔·索利斯　卡尔·施罗坦博尔　著

窦衍森　姚琪琳　等 译

人民邮电出版社

北　京

图书在版编目（CIP）数据

C#图解教程 : 第5版 / （美）丹尼尔·索利斯
(Daniel Solis)，（美）卡尔·施罗坦博尔
(Cal Schrotenboer) 著 ；窦衍森等译. -- 北京 : 人民
邮电出版社，2019.11
（图灵程序设计丛书）
ISBN 978-7-115-51918-4

Ⅰ．①C… Ⅱ．①丹… ②卡… ③窦… Ⅲ．①C语言—
程序设计—教材 Ⅳ．①TP312.8

中国版本图书馆CIP数据核字(2019)第186282号

内 容 提 要

本书是广受赞誉的《C# 图解教程》的最新版本。作者在本书中创造了一种全新的可视化叙述方式，以图文并茂的形式、朴实简洁的文字，并辅以大量表格和代码示例，全面、直观地阐述了 C# 语言的各种特性。新版本除了精心修订旧版内容外，还全面涵盖了 C# 6.0 和 C# 7.0 的新增特性，比如局部函数、throw 表达式、name of 和空条件运算符、using static 指令、异常过滤器，等等。通过本书，读者能够快速、深入地理解 C#，为自己的编程生涯打下良好的基础。

本书是 C# 入门的经典好书，适合对 C# 感兴趣的所有读者。

♦ 著　　　 [美] 丹尼尔·索利斯　卡尔·施罗坦博尔

　 译　　　 窦衍森　姚琪琳 等

　 责任编辑　岳新欣

　 责任印制　周昇亮

♦ 人民邮电出版社出版发行　　北京市丰台区成寿寺路 11 号

　 邮编　100164　 电子邮件　315@ptpress.com.cn

　 网址　https://www.ptpress.com.cn

　 固安县铭成印刷有限公司印刷

♦ 开本：800×1000　1/16

　 印张：36.75　　　　　　　 2019 年 11 月第 1 版

　 字数：868 千字　　　　　　2025 年 3 月河北第 25 次印刷

　 著作权合同登记号　图字：01-2018-6933 号

定价：129.00元

读者服务热线：(010)84084456-6009　印装质量热线：(010)81055316
反盗版热线：(010)81055315

版 权 声 明

谨以此书献给 Sian 和 Galen。

——Dan

谨以此书献给 Paul、Kristin 和 Alison。

——Cal

第 3 版译者序

　　C# 是一门基于.NET 的高级语言,正是因为 C# 处于 .NET 温暖的怀抱,所以许多 C# 程序员,甚至许多 C#高级程序员对.NET 在内存和指令等本质问题上的认识不够。况且有许多使用 C# 的程序员在使用 ASP.NET 技术进行网站开发,他们有的从脚本语言转型而来,有的在没有充分学习 C# 的情况下就投入了开发工作,所以他们对本质问题的认识可能更差一点。笔者认为,不管怎么样,都非常有必要更深入理解语言背后的机制,而不仅仅停留在掌握 API 使用的层次上。只有这样,你才能意识到很多 bug 的关键点和性能问题的关键点,并且理解那些高级的特性。

　　从目录来看本书就像其他 C# 入门书一样,介绍了一个又一个语言特性,但是如果你翻阅一下正文就会发现它的不同。可能因为作者有 C/C++ 背景的关系,对于每一个语言特性,作者对其使用方式只是轻描淡写,而对特性背后的机制做了浓墨重彩的介绍,并且在文字介绍中穿插大量图示来展现内存对象的面貌。其实,市面上很多所谓的进阶书都只是介绍如何使用那些高级 API、高级特性,而忽略了语言本质,但这一块恰巧是最重要的。因此,对于那些用了几年 C# 的程序员来说,本书具有非常大的价值。

　　不管怎样,一句话,本书值得一读。但是由于时间仓促,笔者在翻译过程中难免出现失误。如果有任何问题,欢迎来信交流,笔者邮箱为 yzhu@live.com。

朱　晔

2011 年 3 月

第 2 版译者序

　　书是知识的载体，是智慧的传播者。技术图书在技术的普及和发展过程中的作用是毋庸置疑的。在这个知识爆炸、信息技术迅猛发展的时代，技术图书的作用更加突出。我们比以往任何时候都需要关注新技术和新平台的参考资料。一本描述清晰、内容翔实的书能使我们快速掌握这些技术。

　　笔者不才，自己无力写出这样的书，愿意以虫蚁之能，行搬运之事，将优秀外文图书译成中文，以利于国人参考和学习，从而为技术传播尽自己的绵薄之力。

　　C# 和.NET 平台近年来迅速普及，已经成为很多公司使用的主要技术之一。有很多出色的应用都是使用 C# 开发的，包括很多 Web 2.0 时代的网络应用。虽然 .NET 平台目前还只能在 Windows 操作系统下工作，但是这并没有妨碍它发展壮大。一方面是因为 Windows 操作系统的普及程度已经给.NET 提供了巨大的发展空间；另一方面是因为.NET 确实是个优秀的平台，而且 C# 也确实算得上是新一代优秀的面向对象编程语言。作为一名与时俱进的软件工程师，忽视 C# 和.NET 是很不明智的。

　　本书是一部极为出色的 C# 著作。正如本书作者所说，它不仅包含了入门的基础知识，而且还能作为开发过程中的参考书使用。书中使用了大量的示例和图表，使内容一目了然。即便是有经验的 C# 程序员，阅读这本书也会受益匪浅。

　　在本书的翻译过程中，我尽量保持原书清晰明了的风格，并努力保证术语及用词的准确。由于能力有限，我虽已尽所能，但仍难免有不妥之处，望读者朋友海涵。

　　感谢我的妻子毛毛！在我翻译本书的过程中，她承担了大部分的家务，并给予了我很多支持和鼓励。没有她的爱和付出，本书的翻译工作肯定不会进展得如此顺利。

　　相信这本书一定对你有用！

苏　林

2008 年 5 月于上海

前　言

本书的目的是以尽可能清晰的方式讲授 C# 编程语言的基础知识和工作原理。C# 是一门非常棒的编程语言，我喜欢用它编写代码！这些年来，我自己都不记得学过多少门编程语言了，但 C# 一直是我的最爱。我希望购买本书的读者能从书中读到 C# 的美和优雅。

大多数编程图书以文字为主要载体。对于小说而言，文字形式当然是最恰当不过了，但对于编程语言中的很多重要概念，综合运用文字、图形和表格会更容易理解。

许多人都习惯于形象思维，而图形和表格有助于我们更清晰地理解概念。在几年的编程语言教学工作中，我发现，我在白板上画的图能帮助学生更快地理解我要传达的概念。然而，单靠图表并不足以解释一种编程语言和平台。本书的目标是以最佳方式结合文字和图表，使你对 C# 这种语言有透彻的理解，并且让本书能用作参考工具。

本书写给所有想要学习 C# 的人——从初学者到有经验的程序员。刚开始学编程的人会发现，书中全面讲述了基础知识；有经验的程序员会觉得，内容的叙述非常简洁明晰，无须费力卒读就能直接获得想要的信息。无论哪种程序员，内容本身的图形化呈现方式都能帮助你更容易地学习本书。

祝学习愉快！

目标读者、源代码和联系信息

本书针对编程新手和中级水平的程序员，当然还有对 C# 感兴趣的其他语言编程人员（如 Visual Basic 和 Java）。我尽力专注于 C# 语言本身，详尽深入地描述语言及其各部分，少涉及.NET 和相关编程实践。本书写作过程中，我始终坚持确保内容简洁性的同时又能透彻地讲解这门语言。如果读者对其他主题感兴趣，有大量好书值得推荐。

你可以从 Apress 网站或从本书网站（www.illustratedcsharp.com）下载书中所有示例程序的源代码。尽管我不能回答有关代码的一些细节问题，但是你可以通过 dansolis@sbcglobal.net 和我取得联系，提出建议或反馈。

我希望本书可以让你享受学习 C# 的过程！祝你好运！

致　　谢

感谢 Sian 每天支持并鼓励我。感谢我的父母、兄弟和姐妹，他们一直爱我并支持我。

我还想对 Apress 的朋友表达诚挚的感谢，是他们与我携手完成了本书。我真心感激他们理解并赏识我努力做的事情，并和我一起完成它。感谢你们所有人！

——Dan

目　　录

第 1 章
C#和.NET 框架

本章内容
☐ 在.NET 之前
☐ .NET 时代
☐ 编译成 CIL
☐ 编译成本机代码并执行
☐ CLR
☐ CLI
☐ 各种缩写
☐ C#的演化
☐ C#和 Windows 的演化

1.1 在.NET 之前

    C#编程语言是为在微软公司的.NET 框架①上开发程序而设计的。本章将简要介绍.NET 从何而来，以及它的基本架构。在开始之前，首先要指出 C#的正确发音：see sharp②。

1.1.1　20 世纪 90 年代末的 Windows 编程

    20 世纪 90 年代末，使用微软平台的 Windows 编程分化成许多分支。大多数程序员使用 Visual Basic（VB）、C 或 C++。一些 C 和 C++程序员在使用纯 Win32 API，但大多数人在使用 MFC（Microsoft Foundation Class，微软基础类库）。其他人已经转向了 COM（Component Object Model，组件对象模型）。

    所有这些技术都有自己的问题。纯 Win32 API 不是面向对象的，而且使用它的工作量比使用 MFC 的更大。MFC 是面向对象的，但是它不一致，并逐渐变得陈旧。COM 虽然概念简单，但它

---

① 微软正式中文文献中一般称.NET Framework，本书考虑了国内读者习惯，统一译为.NET 框架。——编者注
② 有一次我（Dan）去应聘一个 C#编程的职位，当时人力资源面试官问我从事 "see pound"（应为 see sharp）的经验有多少，我过了一会儿才弄清楚他在说什么。

的实际代码复杂，并且需要很多丑陋的、不雅的底层基础代码。

所有这些编程技术还有一个缺点是它们主要针对桌面程序而不是互联网进行开发。那时，Web 编程还是以后的事情，而且看起来和桌面编程非常不同。

1.1.2　下一代平台服务的目标

我们真正需要的是一个新的开始———个集成的、面向对象的开发框架，它可以把一致和优雅带回编程。为满足这个需求，微软打算开发一个代码执行环境和一个可以实现这些目标的代码开发环境。这些目标列在图 1-1 中。

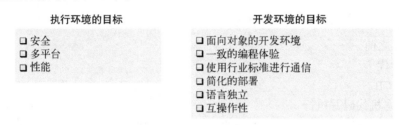

图 1-1　下一代平台的目标

1.2　.NET 时代

2002 年，微软发布了.NET 框架的第一个版本，声称其解决了原有问题并实现了下一代系统的目标。.NET 框架是一种比 MFC 和 COM 编程技术更一致并面向对象的环境。它的特点包括以下几点。

- **多平台**　该系统可以在各种计算机上运行，从服务器、桌面机到 PDA，还能在移动电话上运行。
- **行业标准**　该系统使用行业标准的通信协议，比如 XML、HTTP、SOAP、JSON 和 WSDL。
- **安全性**　该系统能提供更加安全的执行环境，即使有来源可疑的代码存在。

1.2.1　.NET 框架的组成

.NET 框架由三部分组成，如图 1-2 所示。① 执行环境称为 CLR（Common Language Runtime，公共语言运行库）。CLR 在运行时管理程序的执行，包括以下内容。

- 内存管理和垃圾收集。
- 代码安全验证。
- 代码执行、线程管理及异常处理。

---

① 严格地说，.NET 框架由 CLR 和 FCL（框架类库）两部分组成，不包括工具。FCL 是 BCL 的超集，还括 Windows Forms、ASP.NET、LINQ 以及更多命名空间。——编者注

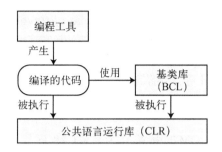

图 1-2　.NET 框架的组成

编程工具涵盖了编码和调试需要的一切，包括以下几点。

❑ Visual Studio 集成开发环境（IDE）。

❑ .NET 兼容的编译器（例如：C#、Visual Basic .NET、F#、IronRuby 和托管的 C++）。

❑ 调试器。

❑ Web 开发服务器端技术，比如 ASP.NET 或 WCF。

BCL（Base Class Library，基类库）是.NET 框架使用的一个大的类库，而且也可以在你的程序中使用。

1.2.2　大大改进的编程环境

较之以前的 Windows 编程环境，.NET 框架为程序员带来了相当大的改进。下面将简要阐述它的特点及其带来的好处。

1. 面向对象的开发环境

CLR、BCL 和 C#完全是面向对象的，并形成了良好的集成环境。

系统为本地程序和分布式系统都提供了一致的、面向对象的编程模型。它还为桌面应用程序、移动应用程序和 Web 开发提供了软件开发接口，涉及的目标范围很广，从桌面服务器到手机。

2. 自动垃圾收集

CLR 有一项服务称为 GC（garbage collector，**垃圾收集器**），它能自动管理内存。GC 自动从内存中删除程序不再访问的对象。

GC 使程序员不再操心许多以前必须执行的任务，比如释放内存和检查内存泄漏。这可是个很大的改进，因为检查内存泄漏可能非常困难而且耗时很长。

3. 互操作性

.NET 框架专门考虑了不同的.NET 语言、操作系统或 Win32 DLL 和 COM 之间的互操作性。

❑ .NET 语言的互操作性允许用不同的.NET 语言编写的软件模块无缝地交互。

　　■ 用一种.NET 语言写的程序可以使用甚至继承用另外一种.NET 语言写的类，只需要遵循一定的规则即可。

　　■ 正因为能够很容易地集成不同编程语言生成的模块，.NET 框架有时被称为是语言无关的。

□ .NET 提供一种称为**平台调用**（platform invoke，P/Invoke）的特性，允许.NET 的代码
调用并使用非.NET 的代码。它可以使用标准 Win32 DLL 导出的纯 C 函数的代码，比
如 Windows API。

□ .NET 框架还允许与 COM 进行互操作。.NET 框架软件组件能调用 COM 组件，而且 COM
组件也能调用.NET 组件，就像它们是 COM 组件一样。

4. 不需要 COM

.NET 框架使程序员摆脱了 COM 的束缚。作为一名 C#程序员，你肯定很高兴不需要使用 COM
编程环境，因而也不需要下面这些内容。

□ **IUnknown 接口**　在 COM 中，所有对象必须实现 IUnknown 接口。相反，所有.NET 对象都
继承一个名为 object 的类。接口编程仍是.NET 中的一个重要部分，但不再是中心主题了。

□ **类型库**　在 COM 中，类型信息作为.tlb 文件保存在类型库中，它和可执行代码是分开的。
在.NET 中，程序的类型信息和代码一起被保存在程序文件中。

□ **手动引用计数**　在 COM 中，程序员必须记录一个对象的引用数目以确保它不会在错误的
时间被删除。在.NET 中，GC 记录引用情况并只在合适的时候删除对象。

□ **HRESULT**　COM 使用 HRESULT 数据类型返回运行时错误代码。.NET 不使用 HRESULT。相反，
所有意外的运行时错误都产生异常。

□ **注册表**　COM 应用必须在系统注册表中注册。注册表保存了与操作系统的配置和应用程
序有关的信息。.NET 应用不需要使用注册表，这简化了程序的安装和卸载。（但有功能类
似的工具，称为**全局程序集缓存**，即 GAC，将在第 22 章阐述。）

尽管现在不太需要编写 COM 代码了，但是系统中还在使用很多 COM 组件，C#程序员有的
时候需要编写代码来和那些组件交互。C# 4.0 引入了几个新的特性来简化这个工作，我们将在第
27 章讨论。

5. 简化的部署

为.NET 框架编写的程序进行部署比以前容易很多，原因如下。

□ .NET 程序不需要使用注册表注册，这意味着在最简单的情形下，一个程序只需要被复制
到目标机器上便可以运行。

□ .NET 提供一种称为**并行执行**的特性，允许一个 DLL 的不同版本在同一台机器上存在。这
意味着每个可执行程序都可以访问程序生成时使用的那个版本的 DLL。

6. 类型安全性

CLR 检查并确保参数及其他数据对象的类型安全，不同编程语言编写的组件之间也没有问题。

7. 基类库

.NET 框架提供了一个庞大的基础类库，很自然地，它被称为**基类库**（Base Class Library，
BCL）。（有时称为框架类库——Framework Class Library，FCL。）[1]在写自己的程序时，可以使用

---

① 严格地说，BCL 并不等同于 FCL，而只是 FCL 的一个子集，包括 System、System.IO、System.Resources、System.Text
等 FCL 中比较底层和通用的功能。——编者注

其中的类，如下所示。

- □ **通用基础类**　这些类提供了一组极为强大的工具，可以应用到许多编程任务中，比如文件操作、字符串操作、安全和加密。
- □ **集合类**　这些类实现了列表、字典、散列表以及位数组。
- □ **线程和同步类**　这些类用于创建多线程程序。
- □ **XML 类**　这些类用于创建、读取以及操作 XML 文档。

在编程领域，你现在面临的任务，尤其是最基本的任务，几乎都有人执行过了。BCL 的想法是为大多数一般性任务提供内建功能，这样你的职责就只是拼凑这些功能并编写应用程序所需的专用代码。不要担心，剩下的任务仍然需要你具备大量的知识和技能。

1.3　编译成 CIL

.NET 语言的编译器接受源代码文件，并生成名为**程序集**的输出文件。图 1-3 描述了这个过程。

- □ 程序集要么是可执行的，要么是 DLL。
- □ 程序集里的代码并不是本机代码，而是一种名称为 CIL（Common Intermediate Language，公共中间语言）的中间语言。
- □ 程序集包含的信息中，包括下列项目：
  - ■ 程序的 CIL；
  - ■ 程序中使用的类型的元数据；
  - ■ 对其他程序集引用的元数据。

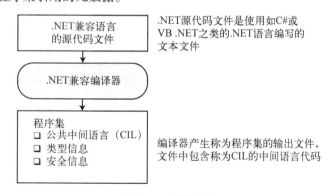

图 1-3　编译过程

说明　随着时间的推移，公共中间语言的缩写已经改变，而且不同的参考书可能使用不同的术语。大家经常遇到的与 CIL 有关的另外两个术语是 IL（Intermediate Language）和 MSIL（Microsoft Intermediate Language），它们在 .NET 发展初期和早期文档中频繁使用，不过现在已经用得很少了。

1.4　编译成本机代码并执行

程序的 CIL 直到被调用运行时才会被编译成本机代码。在运行时，CLR 执行下面的步骤（如图 1-4 所示）：

(1) 检查程序集的安全特性；

(2) 在内存中分配空间；

(3) 把程序集中的可执行代码发送给即时（just-in-time，JIT）编译器，把其中的一部分编译成本机代码。

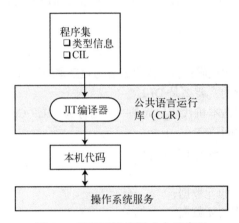

图 1-4　运行时被编译成本机代码

程序集中的可执行代码只在需要的时候由 JIT 编译器编译，然后它就被缓存起来以备在后来的程序中执行。使用这个方法意味着不被调用的代码不会被编译成本机代码，而且被调用到的代码只被编译一次。

一旦 CIL 被编译成本机代码，CLR 就在它运行时管理它，执行如释放无主内存、检查数组边界、检查参数类型和管理异常之类的任务。两个重要的术语由此而生。

❑ **托管代码**　为.NET 框架编写的代码称为**托管代码**（managed code），需要 CLR。

❑ **非托管代码**　不在 CLR 控制之下运行的代码，比如 Win32 C/C++ DLL，称为**非托管代码**（unmanaged code）。

微软公司还提供了一个称为**本机映像生成器**的工具 Ngen，可以把一个程序集转换成当前处理器的本机代码。Ngen 处理过的代码免除了运行时的 JIT 编译过程。

编译和执行

无论原始源文件的语言是什么，都遵循同样的编译和执行过程。图 1-5 说明了 3 个用不同语言编写的程序的完整编译时和运行时过程。

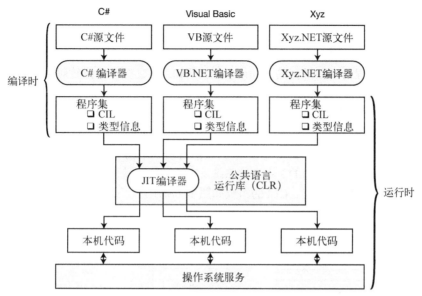

图 1-5 编译时和运行时过程概览

1.5 CLR

.NET 框架的核心组件是 CLR，它在操作系统的顶层，负责管理程序的执行，如图 1-6 所示。CLR 还提供下列服务：

❑ 自动垃圾收集；

❑ 安全和认证；

❑ 通过访问 BCL 得到广泛的编程功能，包括如 Web 服务和数据服务之类的功能。

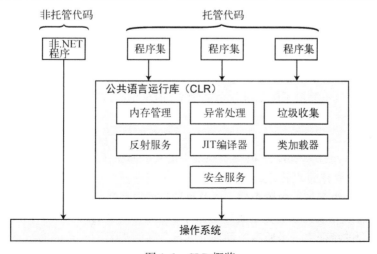

图 1-6 CLR 概览

1.6   CLI

每种编程语言都有一组内置的类型，用来表示如整数、浮点数和字符等之类的对象。过去，这些类型的特征因编程语言和平台的不同而不同。例如，组成整数的位数对于不同的语言和平台就有很大差别。

然而，这种统一性的缺乏使我们难以让使用不同语言编写的程序及库一起良好协作。为了有序协作，必须有一组标准。

CLI（Common Language Infrastructure，公共语言基础结构）就是这样一组标准，它把.NET框架的所有组件连结成一个内聚的、一致的系统。它展示了系统的概念和架构，并详细说明了所有软件都必须遵守的规则和约定。CLI 的组成如图 1-7 所示。

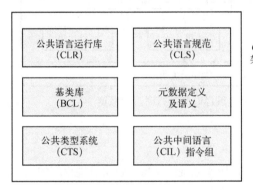

图 1-7   CLI 的组成

CLI 和 C#都已经被 Ecma International 批准为开放的国际标准规范。［Ecma 本来是 Europen Computer Manufacturer Association（欧洲计算机制造商协会）的缩写，但现在已经不是缩写了，它就是一个词。］Ecma 的成员包括微软、IBM、惠普、谷歌、雅虎等众多和计算机及消费性电子产品有关的公司。

CLI 的重要组成部分

虽然大多数程序员不需要了解 CLI 规范的细节，但至少应该熟悉公共类型系统和公共语言规范的含义和用途。

1. 公共类型系统

CTS（Common Type System，公共类型系统）定义了那些在托管代码中一定会使用的类型的特征。CTS 的一些重要方面如下。

❑ CTS 定义了一组丰富的内置类型，以及每种类型固有的、独有的特性。

❑ .NET 兼容编程语言提供的类型通常映射到 CTS 已定义的内置类型集的某一个特殊子集。

❑ CTS 最重要的特征之一是**所有**类型都继承自公共的基类——object。

❑ 使用 CTS 可以确保系统类型和用户定义类型能够被任何.NET 兼容的语言所使用。

2. 公共语言规范

CLS（Common Language Specification，公共语言规范）详细说明了一个.NET兼容编程语言的规则、属性和行为，其主题包括数据类型、类结构和参数传递。

1.7　各种缩写

本章包含了许多.NET缩写，图1-8将帮助你直观地理解它们。

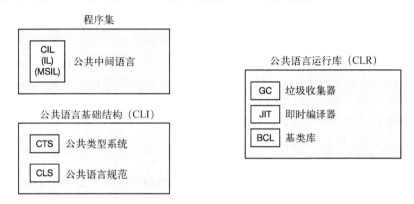

图1-8　.NET缩写

1.8　C#的演化

C#的最新版本是7.0。一般说来，每个新版本在新添加的特性中都有一个焦点特性。图1-9表明了C#每个版本的焦点特性以及本书哪些章节会讨论它们。

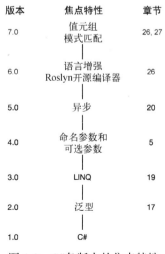

图1-9　C#各版本的焦点特性

1.9　C#和 Windows 的演化

2007 年诞生的 iPhone 为 IT 产业掀开了面向移动设备的新篇章。而后，2008 年的 Android 设备和 2010 年的 iPad 接踵而来。微软自然不会错过移动设备市场，他们首先推出的是 Windows Mobile（一开始叫 PocketPC），然后于 2010 年发布了 Windows Phone，最近发布的是 Windows 10 Mobile，然而这些产品都不算成功。在撰写本书时，智能手机和平板电脑的销售数量已经数以亿计。从 2011 年开始，移动设备的年销售量就已经超过了个人电脑。

为了应对这一市场转变，微软于 2012 年推出了 Windows 8，其主旨在于为桌面电脑和移动设备提供相似的用户界面。Windows 8 是微软首个兼容 ARM 平板电脑和传统 x86 PC 的操作系统。它还为可触摸的用户界面进行了诸多增强。

通过适当的定制，能够创建出可在 PC 端和移动设备上运行的"Metro 应用"，这使得 Windows 8 开发者备受鼓舞。Metro 应用可以用如下语言进行开发：

❑ XAML 和 C#（或 VB.NET、C++）
❑ HTML 5、CSS3 和 JavaScript
❑ DirectX 和 C++

2015 年发布的 Windows 10 引入了超越 Metro 应用的下一代平台——通用 Windows 平台（Universal Windows Platform，UWP）。通用应用（universal app）的设计理念是，编写几乎相同的代码，运行于众多微软平台上。这些平台包括 PC、平板电脑、智能手机、Xbox One，以及大量的专用设备。不过，通用应用并未染指 Android 和 iOS 平台。

Windows 10 Core（不要与.NET Core 混淆）是可用于运行 Windows 10 的所有设备的公共平台。通用应用不但能够调用所有 Windows 10 设备的公共 API（Windows 10 Core API），还能调用用于特定设备（如桌面电脑、手机和 Xbox）的 API，这意味着其集成度远远超过了 Windows 8，因为后者在为不同种类的设备创建应用时需要做更多的工作。

Windows 10 已经被广泛接受，在本书编写时，其普及程度已可与微软迄今为止最成功的操作系统 Windows 7 相提并论。尽管在智能手机和平板市场，微软的普及程度还远不及 Android 和苹果，但通用应用为开发者推广自己的应用程序提供了良好的平台。

可以开发 Metro 应用的那些语言仍然可以开发通用应用。虽然选择很多，但 C#因其与 Visual Studio 的高度集成以及微软的大力扶持，依旧是开发者们的首选。

在 StackOverflow 2017 年的开发者调查报告中，C#是第四流行的编程语言（位于 JavaScript、SQL 和 Java 之后），在最受喜爱的编程语言中位列第八（位于 JavaScript、SQL 和 Java 之前），它甚至不在最"恶心"的 25 种编程语言中（JavaScript、SQL 和 Java 均位列其中）。

结论显而易见。成千上万的开发者使用 C#作为常用语言，他们中的绝大多数都使用得非常开心。这是一门优雅的语言。

第 2 章

C#和.NET Core

本章内容
- [ ] .NET 框架的背景
- [ ] 为什么选择.NET Core（和 Xamarin）
- [ ] .NET Core 的目标
- [ ] 多平台支持
- [ ] 快速开发和升级
- [ ] 更小的应用程序占用空间、更简单的部署和更少的版本问题
- [ ] 开源社区支持
- [ ] 改进的应用程序性能
- [ ] 重新开始
- [ ] .NET Core 的发展
- [ ] .NET 框架的未来
- [ ] Xamarin 的适用之处

2.1 .NET 框架的背景

.NET 框架最初是在 2002 年发布的。从编程框架的角度来说，它已经很"成熟"了，几乎包含了所有重要的、人们想要的、在主流编程语言中目前可用的功能。但是，认为.NET 已经步入了"老年阶段"是错误的，"中年"可能是更恰当的描述。毕竟，C 和 C++的存在时间远远超过了 C#。

虽然.NET 框架仍然是开发它设计之初用来创建的应用程序类型的绝佳选择，但在过去的 15 年中，计算机领域已经发生了很大的变化，我们将在下一节中进行描述。

2.2 为什么选择.NET Core（和 Xamarin）

.NET 框架主要用于为运行 Windows 操作系统的计算机（包括服务器和客户端工作站）开发应用程序。在.NET 被引入时，微软在个人电脑操作系统中占据主导地位，智能手机还需要数年

时间才会诞生。然而，随着时间的推移，Unix 和 Apple 都成功地削减了微软在计算机领域的市场份额。此外，一个更为重要的发展是向移动设备的巨大转移，而微软在移动领域的份额（无论是硬件还是软件）甚至可以忽略不计。第三个主要趋势是基于 Web 的应用程序（而非基于桌面的应用程序）的份额增加。

这三种趋势降低了 Windows 桌面应用程序的重要性，而有利于 Web 和移动应用程序以及在 Windows 以外的操作系统上运行的桌面应用程序的发展。这绝不意味着 Windows 桌面应用程序很快就会消失，只是大多数人认为未来最大的增长将来自 Web 应用和移动应用。

基于此，微软得出结论，它可以用.NET 框架的一个基于云的、跨平台的、开源衍生产品，更好地解决 Web 开发以及 Linux 或 macOS 计算机的开发。它将这个新框架称为.NET Core。大约在同一时间，微软收购了 Xamarin 以解决 Android 和 iOS 等移动平台的开发问题。

基于本书的学习目标，你需要记住的是，无论是开发完整的.NET 框架应用程序、.NET Core 应用程序还是 Xamarin 应用程序，你都可以使用 C#语言。

图 2-1 显示了.NET 生态系统中每个框架之间的关系。

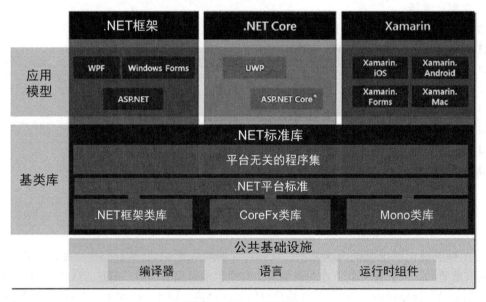

图 2-1　.NET 生态系统

2.3　.NET Core 的目标

以下列表总结了.NET Core 的主要目标：

❑ 多平台支持
❑ 快速开发和升级
❑ 更小的应用程序占用空间

　　❑ 更简单的部署
　　❑ 更少的版本问题
　　❑ 开源社区支持
　　❑ 改进的应用程序性能
　　❑ 全新的开始

2.4　多平台支持

　　自计算机时代开始以来，编程框架的圣杯一直是"一次编写，到处运行"。尽管大多数新的努力似乎让我们更接近这个目标，但是即便是现在，这个目标仍然令人难以企及。.NET Core 允许开发人员创建在 Windows 上运行的应用程序，并且只需进行少量的修改就可在 Linux 和 macOS 上运行。在撰写本书时，有一些测试版的.NET Core 能够在 ARM 处理器（例如 Raspberry Pi）上运行。

　　多平台支持还包括在 Windows 以外的操作系统上进行开发。Visual Studio Code 是微软创建的一个新的集成开发环境，可以在 Linux、macOS 和 Windows 上运行。

2.5　快速发展和升级

　　过去，软件通常每两到三年就会升级一次主版本。例如，Windows 95 之后是 Windows 98，然后是 Windows 2000(我们忽略了 Windows ME，微软应该为此表示感谢)。同样，Microsoft Office 2010 之后是 Microsoft Office 2013 和 Microsoft Office 2016。在主版本之间，通常是一个或多个包含错误修复和小改进的服务包。

　　如今，用户希望能够加快改进速度。例如，电动汽车制造商特斯拉经常并且频繁地为其车辆中的软件提供在线升级。

　　.NET 框架的初始版本大部分是通过光盘进行分发的，再往前几年，主要的软件发布还需要使用大量的软盘。当互联网首次进入公众视野时，拨号速度通常为每秒 14.4 或 28.8 千比特。相比之下，今天，大多数软件都是通过互联网分发的，速度比之前快几百甚至几千倍。应用程序加入了检查服务器是否有可用更新的功能，并根据用户的偏好自动安装或提示用户选择安装时间。

　　应用程序通常以模块化方式设计，以便可以独立升级不同的组件，而无须更换整个应用程序。在这方面，.NET Core 是高度模块化的，可以通过 NuGet 包自动升级，如下一节所述。

2.6　程序占用空间小、部署简单、版本问题少

　　.NET Core 基于 NuGet 包进行分发。包是提供某些功能单元的代码库。包存储在 NuGet Gallery 上，可以根据需要从中下载。开发人员可以决定他们创建的包的模块化程度。

　　相比之下，.NET 框架现在包含 20 000 多个类，在任何开发工作站和每个应用程序用户的计算机上都必须完整安装。通过仅指定相关的包，.NET Core 应用程序的总占用空间可以比完整

的.NET 框架应用程序小得多。不可否认，每个客户端工作站（每个版本）只需安装一次.NET 框架，但相比之下，该安装过程是相当漫长的。

此外，要求运行.NET 框架应用程序的所有目标计算机必须与开发应用程序的计算机具有相同的.NET 版本，但是如果出于某种原因，无法在目标计算机上升级.NET 框架，则可能会出现问题。这可能是由权限、公司政策或其他因素造成的，就需要为特定用户或者使用早期.NET 版本的用户重新编译该应用程序。

相比之下，.NET Core 应用程序不会受到同样的约束。.NET Core 框架可以与应用程序代码并行发布，因此永远不会发生版本冲突。在目标计算机上已存在.NET Core 框架（版本也合适）的情况下，应用程序可以选择使用现有代码，从而进一步减少应用程序的安装占用空间。

此外，由于每个应用程序都可以拥有自己的.NET Core 库副本，因此可以在同一台计算机上使用不同版本的.NET Core 来并行运行多个.NET Core 应用程序。这将允许在不同时间升级不同的应用程序，而无须同时升级所有的应用程序。

2.7 开源社区支持

一般认为开源软件的好处是成本更低、灵活性更高（包括可定制化）、自由度更大、安全性更高和责任性更强。

私有软件的源代码通常是一个严格保守的秘密。如果该软件包含错误或极端情况下的异常行为，那么该软件的用户无法知道软件内部是如何工作的。相比之下，任何拥有适当工具的人都可以看到开源软件（的源代码），以便了解可能导致错误或异常行为的原因。有了这些知识，开发人员可以修复错误或修改自己的与这部分代码交互的代码，从而避免不良后果。

当有数百甚至数千名开发人员可以在错误发现的第一时间就进行修复时，这些修复就可能会比私有软件更快。至少在理论上，这可以产生更安全和更稳定的代码。

开发人员也可以自由地修改或扩展开源软件。与私有软件相比，这给用户提供了更大的灵活性。此外，如果将这些修改或扩展反过来提供给项目，则其他用户也可以从中受益。

2.8 改进的应用程序性能

在大多数情况下，.NET 框架应用程序和.NET Core 应用程序都使用即时编译器，在应用程序启动时动态地将 IL 代码转换为机器代码。虽然这通常提供了可接受的性能，但.NET Core 应用程序可以预编译为 Windows、Linux 或 macOS 上的本机代码。虽然此过程的结果会因许多因素而有所不同，但在某些情况下，这确实可以显著提高应用程序的性能。

2.9 全新的开始

通过基于现有.NET 框架创建一个新的框架，但又不放弃完整的.NET 框架，微软能够解耦过时和遗留的东西，同时实现一个更适合当今环境的新框架结构。

2.10 .NET Core 的发展

.NET Core 1.0 于 2016 年 6 月发布，随后版本 1.1 于 2017 年 3 月发布，增加了对几个新的操作系统发行版的支持，增加了一些新的 API，还修复了一些错误。

版本 2.0 于 2017 年 8 月发布。此版本显著增加了 API 的数量，性能也有很大的改进。此版本还包括对 Visual Basic .NET 的支持。如你所见，.NET Core 的改进速度比.NET 框架快得多。

2.11 .NET 框架的未来

虽然你刚刚阅读了这些内容，但没有必要担心.NET 框架的命运。微软承诺.NET 框架将继续发展，并将继续在 Windows 操作系统的当前和未来版本中得到支持。因此，它将继续在 Windows 桌面应用程序的开发中发挥关键作用，特别是在企业领域（巧合的是，许多收入高的工作都在这里）。如前所述，.NET Core 的优势使其成为 Web（ASP.NET Core）和通用 Windows 平台应用程序开发的首选平台。同时，.NET Core 通常也是开发旨在 Linux 或 macOS 上运行的应用程序的最佳选择。

2.12 Xamarin 的适用之处

Xamarin 是一个允许使用 C#和.NET 库开发原生 Android、iOS 和 Windows 应用程序的平台。在 PC 上，Xamarin 的开发是在 Visual Studio 上进行的（在启用附加功能之后）。在 Mac 上，开发是在 Xamarin Studio 的继任者 Visual Studio for Mac 上进行的。不管是什么 IDE，也不管目标平台是 Android、iOS 还是 Windows，开发语言都是 C#。因此，Xamarin 扩展了可将 C#用作开发语言的范围。

2016 年，Xamarin 被微软收购，随后 Xamarin 和 Visual Studio 捆绑在了一起。连 Visual Studio 的社区（免费）版也包括了 Xamarin。Xamarin SDK 现在已经是开源的了。微软将 Xamarin 称为".NET 跨平台移动开发"。虽然从技术上讲，Xamarin 的功能远不止如此，但这超出了本书的范围。

本章前面的图 2-1 显示了微软如何看待.NET 框架、.NET Core 和 Xamarin 之间的关系。

第 3 章

C#编程概述

3

本章内容
- □ 一个简单的 C#程序
- □ 标识符
- □ 关键字
- □ Main：程序的起始点
- □ 空白
- □ 语句
- □ 从程序中输出文本
- □ 注释：为代码添加注解

3.1 一个简单的 C#程序

本章将为学习 C#打基础。因为本书中会广泛地使用代码示例，所以我们先来看看 C#程序的样子，还有它的不同部分分别代表什么意思。

我们从一个简单程序开始，逐个解释它的各组成部分。这里将会介绍一系列主题，从 C#程序的结构到产生屏幕输出程序的方法。

有这些源代码作为初步铺垫，我们就可以在余下的文字中自由地使用代码示例了。因此，与后面的章节详细阐述一两个主题不同，本章将提及很多主题并只给出最简单的解释。

让我们先观察一个简单的 C#程序。完整的源程序在图 3-1 上面的阴影区域中。如图所示，代码包含在一个名称为 SimpleProgram.cs 的文本文件里。当你阅读它时，不要担心能否理解所有的细节。表 3-1 对代码进行了逐行描述。图 3-1 中左下角的阴影区域展示了程序的输出结果，右半边是程序各部分的图形化描述。

- □ 当代码被编译执行时，它在屏幕的一个窗口中显示字符串 "Hi there!"。
- □ 第 5 行包含两个连续的斜杠。这两个字符以及这一行中它们之后的所有内容都会被编译器忽略。这叫作**单行注释**。

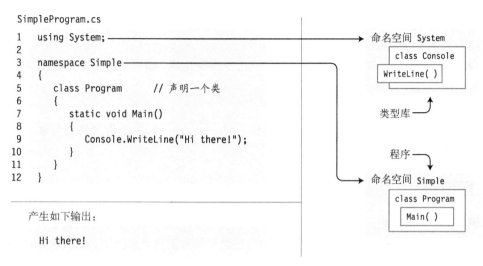

```
SimpleProgram.cs
1    using System;
2
3    namespace Simple
4    {
5       class Program       // 声明一个类
6       {
7          static void Main()
8          {
9             Console.WriteLine("Hi there!");
10         }
11      }
12   }
```

产生如下输出：

Hi there!

图 3-1　SimpleProgram 程序

表 3-1　SimpleProgram 程序的逐行描述

行　号	描　述
行 1	告诉编译器这个程序使用 System 命名空间的类型
行 3	声明一个新命名空间，名称为 Simple •新命名空间从第 4 行的左大括号开始一直延伸到第 12 行与之对应的右大括号 •在这部分里声明的任何类型都是该命名空间的成员
行 5	声明一个新的类类型，名称为 Program •任何在第 6 行和第 11 行的两个大括号中间声明的成员都是组成这个类的成员
行 7	声明一个名称为 Main 的方法作为类 Program 的成员 •在这个程序中，Main 是 Program 类的唯一成员 •Main 是一个特殊函数，编译器用它作为程序的起始点
行 9	只包含一条单独的、简单的语句，这一行组成了 Main 的方法体 •简单语句以一个分号结束 •这条语句使用命名空间 System 中的一个名称为 Console 的类将消息输出到屏幕窗口 •没有第 1 行的 using 语句，编译器就不知道在哪里寻找类 Console

SimpleProgram 的补充说明

　　C#程序由一个或多个类型声明组成。本书的大部分内容都用来解释可以在程序中创建和使用的不同类型。程序中的类型可以以任何顺序声明。在 SimpleProgram 中，只声明了 class 类型。

　　命名空间是与某个名称相关联的一组类型声明。SimpleProgram 使用了两个命名空间。它创建了一个名称为 Simple 的新命名空间，并在其中声明了其类型（类 program），还使用了 System 命名空间中定义的 Console 类。

要编译这个程序，可以使用 Visual Studio 或命令行编译器。如果使用命令行编译器，最简单的形式是在命名窗口使用下面的命令：

```
csc SimpleProgram.cs
```

在这条命令中，csc 是命令行编译器的名称，SimpleProgram.cs 是源文件的名称。csc 是指"C-sharp 编译器"。

3.2   标识符

标识符是一种字符串，用来命名变量、方法、参数和许多后面将要阐述的其他程序结构。

可以通过把有意义的词连接成一个单独的描述性名称来创建自文档化（self-documenting）的标识符，可以使用大写和小写字母（如 CardDeck、PlayersHand、FirstName 和 SocialSecurityNum）。某些字符能否在标识符中特定的位置出现是有规定的，这些规则如图 3-2 所示。

❏ 字母和下划线（a-z、A-Z 和 _）可以用在任何位置。

❏ 数字不能放在首位，但可以放在其他的任何地方。

❏ @字符只能放在标识符的首位。虽然允许使用，但不推荐将@作为常用字符。

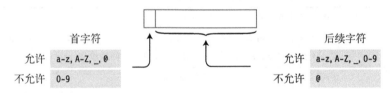

图 3-2   标识符中允许使用的字符

标识符区分大小写。例如，变量名 myVar 和 MyVar 是不同的标识符。

举个例子，在下面的代码片段中，变量的声明都是有效的，并声明了不同的整型变量。但使用如此相似的名称会使代码更易出错并更难调试，后续调试代码的人会很不爽。

```
//语法上有效，但非常混乱
int totalCycleCount;
int TotalCycleCount;
int TotalcycleCount;
```

第 8 章将介绍推荐的 C#命名约定。使用清晰、一致、描述性的术语的重要性再怎么强调也不为过。

3.3   关键字

关键字是用来定义 C#语言的字符串记号。表 3-2 列出了完整的 C#关键字表。

关于关键字，一些应该知道的重要内容如下。

❑ 关键字不能被用作变量名或任何其他形式的标识符，除非以@字符开始。
❑ 所有 C#关键字全部都由小写字母组成（但是.NET 类型名使用 Pascal 大小写约定）。

表 3-2　C#关键字

abstract	const	extern	int	out	short	typeof
as	continue	false	interface	override	sizeof	uint
base	decimal	finally	internal	params	stackalloc	ulong
bool	default	fixed	is	private	static	unchecked
break	delegate	float	lock	protected	string	unsafe
byte	do	for	long	public	struct	ushort
case	double	foreach	namespace	readonly	switch	using
catch	else	goto	new	ref	this	virtual
char	enum	if	null	return	throw	void
checked	event	implicit	object	sbyte	true	volatile
class	explicit	in	operator	sealed	try	when
						while

上下文关键字是仅在特定的语言结构中充当关键字的标识符。在那些位置，它们有特别的含义。两者的区别是，关键字不能被用作标识符，而上下文关键字可以在代码的其他部分被用作标识符。上下文关键字如表 3-3 所示。

表 3-3　C#的上下文关键字

add	ascending	async	await	by	descending	dynamic
equals	from	get	global	group	in	into
join	let	on	orderby	partial	remove	select
set	value	var	where	yield		

3.4　Main：程序的起始点

每个 C#程序必须有一个类带有 Main 方法（函数）。在先前所示的 SimpleProgram 程序中，它被声明在 Program 类中。

❑ 每个 C#程序的可执行起始点在 Main 中的第一条指令。
❑ Main 必须首字母大写。

Main 的最简单形式如下：

```
static void Main( )
{
    更多语句
}
```

3.5　空白

程序中的**空白**指的是没有可视化输出的字符。程序员在源代码中使用的空白将被编译器忽略，但它会使代码更清晰易读。空白字符包括：

❑ 空格（Space）;

❑ 制表符（Tab）;

❑ 换行符；

❑ 回车符。

例如，下面的代码段会被编译器同等对待，尽管它们看起来有所不同。

```
//很好的格式
Main()
{
   Console.WriteLine("Hi, there!");
}

//连在一起
Main(){Console.WriteLine("Hi, there!");}
```

3.6　语句

　　C#的语句和 C、C++的语句非常相似。本节将介绍语句的常用形式，详细的语句形式将在第 10 章介绍。

　　语句是描述一个类型或告诉程序去执行某个动作的一条源代码指令。

　　简单语句以一个分号结束。例如，下面的代码是一个由两条简单语句组成的序列。第一条语句定义了一个名为 var1 的整型变量，并将它的值初始化为 5。第二条语句将变量 var1 的值打印到屏幕窗口。

```
int var1 = 5;
System.Console.WriteLine("The value of var1 is {0}", var1);
```

块

　　块是一个由成对大括号包围的 0 条或多条语句序列，它在语法上相当于一条语句。

　　可以使用之前示例中的两条语句创建一个块。用大括号把语句包围起来，如下面的代码所示。

```
{
   int var1 = 5;
   System.Console.WriteLine("The value of var1 is {0}", var1);
}
```

关于块，一些应该知道的重要内容如下。

❑ 语法上只需要一条语句，而你需要执行的动作无法用一条简单的语句表达的情况下，考虑使用块。

❑ 有些特定的程序结构只能使用块。在这些结构中，不能用简单语句替代块。

❑ 虽然简单语句以分号结束，但块后面不跟分号。（实际上，由于被解析为一条空语句，所以编译器**允许**这样，但这不是好的风格。）

```
{              以分号结束
                    ↓                                       以分号结束
    int var2 = 5;                                               ↓
    System.Console.WriteLine("The value of var1 is {0}", var1);
}
  ↑   没有分号
```

3.7 从程序中输出文本

控制台窗口是一种简单的命令提示窗口，允许程序显示文本并从键盘接受输入。BCL 提供一个名为 Console 的类（在 System 命名空间中），该类包含了将数据输入和输出到控制台窗口的方法。

3.7.1 **Write**

Write 是 Console 类的成员，它把一个文本字符串发送到程序的控制台窗口。最简单的情况下，Write 将文本的字符串字面量发送到窗口，字符串必须使用**双引号**括起来。

下面这行代码展示了一个使用 Write 成员的示例：

```
Console.Write("This is trivial text.");
                    ↑
               输出字符串
```

这段代码在控制台窗口产生如下输出：

This is trivial text.

另外一个示例是下面的代码，它发送了 3 个文本字符串到程序的控制台窗口：

```
System.Console.Write ("This is text1. ");
System.Console.Write ("This is text2. ");
System.Console.Write ("This is text3. ");
```

这段代码产生的输出如下，注意，Write 没有在字符串后面添加换行符，所以三条语句都输出到同一行。

```
This is text1.  This is text2.  This is text3.
      ↑               ↑               ↑
   第一条            第二条           第三条
   语句             语句            语句
```

3.7.2 **WriteLine**

WriteLine 是 Console 的另外一个成员，它和 Write 实现相同的功能，但会在每个输出字符串的结尾添加一个换行符。

例如，如果使用先前的代码，用 WriteLine 替换掉 Write，输出就会分为多行：

```
System.Console.WriteLine("This is text1.");
System.Console.WriteLine("This is text2.");
System.Console.WriteLine("This is text3.");
```

这个简单的例子演示了 BCL 的价值，其中包含了你可以在程序中使用的各种功能。

这段代码在控制台窗口产生如下输出：

```
This is text1.
This is text2.
This is text3.
```

3.7.3 格式字符串

Write 语句和 WriteLine 语句的常规形式中可以有一个以上的参数。

❑ 如果不止一个参数，参数间用逗号分隔。

❑ 第一个参数必须总是字符串，称为**格式字符串**。格式字符串可以包含**替代标记**。

■ 替代标记在格式字符串中标出位置，在输出串中该位置将用一个值来替代。

■ 替代标记由一个整数及括住它的一对大括号组成，其中整数就是替换值的数字位置。跟着格式字符串的参数称为**替换值**，这些替换值从 0 开始编号。

语法如下：

```
Console.WriteLine(格式字符串（含替代标记），替换值 0，替换值 1，替换值 2，……);
```

例如，下面的语句有两个替代标记，编号 0 和 1；以及两个替换值，分别是 3 和 6。

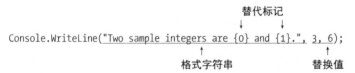

这段代码在屏幕上产生如下输出：

```
Two sample integers are 3 and 6.
```

C# 6.0 引入了一种允许你以更简单易懂的方式表述参数化字符串的语法，称为**字符串插值**，它是通过直接在替代标记内插入变量名实现的。实际上，替代标记告诉编译器这个变量名将被视为一个变量，而不是字符串字面量——前提是在字符串前面加上了 $ 符号。

```
int var1 = 3;
int var2 = 6;
Console.WriteLine($"Two sample integers are {var1} and {var2}.");
```

上面的代码产生如下输出：

```
Two sample integers are 3 and 6.
```

在更复杂的例子中，字符串插值的价值会更明显：

```
int latitude  = 43;
int longitude = 11;
string north  = "N";
string south  = "S";
string east   = "E";
Console.WriteLine($"The city of Florence, Italy is located at latitude {latitude}{north}
and longitude {longitude}{east}. By comparison, the city of Djibouti (in the country of
Djibouti) is located at latitude {longitude}{north} and longitude {latitude}{east}. The
city of Moroni in the Comoros Islands is located at latitude {longitude}{south} and
longitude {latitude}{east}.");
```

上面的代码产生如下输出：

```
The city of Florence, Italy is located at latitude 43N and longitude 11E. By comparison, the city of
Djibouti (in the country of Djibouti) is located at latitude 11N and longitude 43E. The city of Moroni
in the Comoros Islands is located at latitude 11S and longitude 43E.
```

可以看到，在复杂的情况下，使用变量的方式会更加自然。

说明 本书中将会使用新旧两种字符串语法的示例。虽然新的语法更容易理解，但是大量的现存 C#代码使用的都是旧语法，所以能够读懂和使用它们是很重要的。

3.7.4 多重标记和值

在 C#中，可以使用任意数量的替代标记和任意数量的值。

❑ 值可以以任何顺序使用。
❑ 值可以在格式字符串中替换任意次。

例如，下面的语句使用了 3 个标记但只有两个值。请注意，值 1 被用在了值 0 之前，而且被用了两次。

```
Console.WriteLine("Three integers are {1}, {0} and {1}.", 3, 6);
```

这段代码产生如下输出：

```
Three integers are 6, 3 and 6.
```

标记不能试图引用超出替换值列表长度以外位置的值。如果引用了，**不会产生编译错误**，但会产生**运行时错误**（称为**异常**）。

例如，在下面的语句中有两个替换值，分别在位置 0 和位置 1。然而，第二个标记引用了位置 2，但位置 2 并不存在。这将会产生一个运行时错误。

位置 0   位置 1
↓   ↓

```
Console.WriteLine("Two integers are {0} and {2}.", 3, 6);    //错误
```

位置 2 的值不存在

3.7.5 格式化数字字符串

贯穿本书的示例代码将会使用 WriteLine 方法来显示值。每次，我们都使用由大括号包围整数组成的简单替代标记形式。

然而在很多时候，我们更希望以更合适的格式而不是一个简单的数字来呈现文本字符串的输出。例如，把值作为货币或者某个小数位数的定点值来显示。这些都可以通过格式化字符串来实现。

例如，下面的代码由两条打印值 500 的语句组成。第一行没有使用任何其他格式化来打印数字，而第二行的格式化字符串指定了数字应该被格式化成货币。

```
Console.WriteLine("The value: {0}." , 500);        //输出数字
Console.WriteLine("The value: {0:C}.", 500);       //格式化为货币
```

↑
格式化为货币

这段代码产生了如下的输出：

```
The value: 500.
The value: $500.00.
```

使用字符串插值，下面的代码产生的结果跟之前的示例相同。

```
int myInt = 500;
Console.WriteLine($"The value: {myInt}.");
Console.WriteLine($"The value: {myInt:C}.");
```

两条语句的不同之处在于，格式项以格式说明符形式包括了额外的信息。大括号内的格式说明符的语法由 3 个字段组成：索引号、对齐说明符和格式字段（format field）。语法如图 3-3 所示。

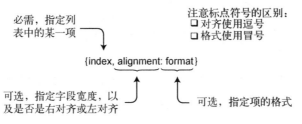

图 3-3 格式说明符的语法

格式说明符的第一项是索引号或字符串插值变量。如你所知，索引指定了之后的格式化字符串应该格式化列表中的哪一项。除非指定了字符串插值变量，否则索引号是必需的，并且列表项的数字必须从 0 开始。

1. 对齐说明符

对齐说明符表示字段中字符的最小宽度。对齐说明符有如下特性。

- ❏ 对齐说明符是可选的，并且使用逗号来和索引号分离。
- ❏ 它由一个正整数或负整数组成。
  - ■ 整数表示字段使用字符的最少数量。
  - ■ 符号表示右对齐或左对齐。正数表示右对齐，负数表示左对齐。

```
      索引——使用列表中的第 0 项
                 ↓
Console.WriteLine("{0, 10}", 500);
                    ↑
 对齐说明符——在 10 个字符的字段中右对齐
```

例如，如下格式化 int 型变量 myInt 的值的代码显示了两个格式项。在第一个示例中，myInt 的值以在 10 个字符的字符串中右对齐的形式进行显示；第二个示例中则是左对齐。格式项放在两个竖杠中间，这样在输出中就能看到它们的左右边界。

```
int myInt = 500;
Console.WriteLine("|{0, 10}|", myInt);            //右对齐
Console.WriteLine("|{0,-10}|", myInt);            //左对齐
```

这段代码产生了如下的输出，在两个竖杠的中间有 10 个字符：

```
|       500|
|500       |
```

使用字符串插值，下面的代码跟之前的示例产生相同的结果：

```
int myInt = 500;
Console.WriteLine($"|{myInt, 10}|");
Console.WriteLine($"|{myInt, -10}|");
```

值的实际表示可能会比对齐说明符指定的字符数多一些或少一些：

- ❏ 如果要表示的字符数比对齐说明符中指定的字符数少，那么其余字符会使用空格填充；
- ❏ 如果要表示的字符数多于指定的字符数，对齐说明符会被忽略，并且使用所需的字符进行表示。

2. 格式字段

格式字段指定了数字应该以哪种形式表示。例如，应该表示为货币、十进制数字、十六进制数字还是定点符号？

格式字段有三部分，如图 3-4 所示。

- ❏ 冒号后必须紧跟着格式说明符，中间不能有空格。

- ❑ **格式说明符**是一个字母字符，是 9 个内置字符格式之一。字符可以是大写或小写形式。大小写对于某些说明符来说比较重要，而对于另外一些说明符来说则不重要。
- ❑ **精度说明符**是可选的，由 1～2 位数字组成。它的实际意义取决于格式说明符。

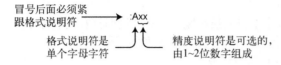

图 3-4　标准的格式字段字符串

如下代码是格式字符串组件语法的一个示例：

```
        索引——使用列表中的第 0 项
                ↓
Console.WriteLine("{0:F4}", 12.345678);
                ↑
        格式组件——4 位小数的定点数
```

如下代码给出了不同格式字符串的一些示例：

```
double myDouble = 12.345678;
Console.WriteLine("{0,-10:G} -- General",                    myDouble);
Console.WriteLine("{0,-10} -- Default, same as General",     myDouble);
Console.WriteLine("{0,-10:F4} -- Fixed Point, 4 dec places", myDouble);
Console.WriteLine("{0,-10:C} -- Currency",                   myDouble);
Console.WriteLine("{0,-10:E3} -- Sci. Notation, 3 dec places", myDouble);
Console.WriteLine("{0,-10:x} -- Hexadecimal integer",        1194719 );
```

这段代码产生了如下的输出：

```
12.345678  -- General
12.345678  -- Default, same as General
12.3457    -- Fixed Point, 4 dec places
$12.35     -- Currency
1.235E+001 -- Sci. Notation, 3 dec places
123adf     -- Hexadecimal integer
```

如以下代码所示，使用字符串插值会产生跟之前的示例相同的结果：

```
double myDouble = 12.345678;
Console.WriteLine($"{myDouble,-10:G} -- General");
Console.WriteLine($"{myDouble,-10} -- Default, same as General");
Console.WriteLine($"{myDouble,-10:F4} -- Fixed Point, 4 dec places");
Console.WriteLine($"{myDouble,-10:C} -- Currency");
Console.WriteLine($"{myDouble,-10:E3} -- Sci. Notation, 3 dec places");
Console.WriteLine($"{1194719,-10:x} -- Hexadecimal integer");
```

3. 标准数字格式说明符

表 3-4 总结了 9 种标准数字格式说明符。第一列在说明符名后列出了说明符字符。如果说明符字符根据它们的大小写会有不同的输出，就会标注为**区分大小写**。

表 3-4 标准数字格式说明符

名字和字符	意 义
货币 C、c	使用货币符号把值格式化为货币,货币符号取决于程序所在 PC 的区域设置 精度说明符:小数位数 示例:Console.WriteLine("{0:C}",12.5); 输出:$12.50
十进制数 D、d	十进制数字字符串,需要的情况下有负数符号。只能和整数类型配合使用 精度说明符:输出字符串中的最少位数。如果实际数字的位数更少,则在左边以 0 填充 示例:Console.WriteLine("{0:D4}",12); 输出:0012
定点 F、f	带有小数点的十进制数字字符串。如果需要也可以有负数符号 精度说明符:小数的位数 示例:Console.WriteLine("{0:F4}",12.3456789); 输出:12.3457
常规 G、g	在没有指定说明符的情况下,会根据值转换为定点或科学记数法表示的紧凑形式 精度说明符:根据值 示例:Console.WriteLine("{0:G4}",12.345678); 输出:12.35
十六进制数 X、x 区分大小写	十六进制数字的字符串。十六进制数字 A ~ F 会匹配说明符的大小写形式 精度说明符:输出字符串中的最少位数。如果实际数的位数更少,则在左边以 0 填充 示例:Console.WriteLine("{0:x}",180026); 输出:2bf3a
数字 N、n	和定点表示法相似,但是在每三个数字的一组中间有逗号或空格分隔符。从小数点开始往左数。 使用逗号还是空格分隔符取决于程序所在 PC 的区域设置 精度说明符:小数的位数 示例:Console.WriteLine("{0:N2}",12345678.54321); 输出:12,345,678.54
百分比 P、p	表示百分比的字符串。数字会乘以 100 精度说明符:小数的位数 示例:Console.WriteLine("{0:P2}",0.1221897); 输出:12.22%
往返过程 R、r	保证输出字符串后如果使用 Parse 方法将字符串转化成数字,那么该值和原始值一样。Parse 方法将在第 27 章描述 精度说明符:忽略 示例:Console.WriteLine("{0:R}",1234.21897); 输出:1234.21897
科学记数法 E、e 区分大小写	具有尾数和指数的科学记数法。指数前面加字母 E。E 的大小写和说明符一致 精度说明符:小数的位数 示例:Console.WriteLine("{0:e4}",12.3456789); 输出:1.2346e+001

3

对齐说明符和格式说明符在字符串插值中仍然可用。

```
double var1 = 3.14159;
System.Console.WriteLine($"The value of var1 is {var1,10:f5}");
```

3.8　注释：为代码添加注解

你已经见过单行注释了，所以这里将讨论第二种行内注释——**带分隔符的注释**，并提及第三种类型，称为**文档注释**。

❑ 带分隔符的注释有两个字符的开始标记（/*）和两个字符的结束标记（*/）。

❑ 标记对之间的文本会被编译器忽略。

❑ 带分隔符的注释可以跨任意多行。

例如，下面的代码展示了一个跨多行的带分隔符的注释。

```
↓ 跨多行注释的开始
/*
    这段文本将被编译器忽略
    带分隔符的注释与单行注释不同
    带分隔符的注释可以跨越多行
*/
↑ 注释结束
```

带分隔符的注释还可以只包括行的一部分。例如，下面的语句展示了行中间注释出的文本。该结果就是只声明了一个变量 var2。

```
    注释开始
      ↓
int /*var 1,*/ var2;
              ↑
          注释结束
```

说明　C#中的单行注释和带分隔符的注释与 C 和 C++中的相同。

3.8.1　关于注释的更多内容

关于注释，有其他几点重要内容需要知道。

❑ 不能嵌套带分隔符的注释，一次只能有一个注释起作用。如果你打算嵌套注释，首先开始的注释直到它的范围结束都有效。

❑ 注释类型的范围如下。

　　■ 对于单行注释，一直到行结束都有效。

　　■ 对于带分隔符的注释，直至遇到**第一**个结束分隔符都有效。

下面的注释方式是不正确的：

```
↓创建注释
/*尝试嵌套注释
   /*  ← 它将被忽略，因为它在一个注释的内部
       内部注释
   */ ← 注释结束，因为它是遇到的第一个结束分隔符
*/   ← 产生语法错误，因为没有开始分隔符

↓创建注释     ↓它将被忽略，因为它在一个注释的内部
//单行注释    /*嵌套注释?
          */  ←产生语法错误，因为没有开始分隔符
```

3.8.2　文档注释

C#还提供了第三种注释类型：文档注释。文档注释包含 XML 文本，可以用于产生程序文档。这种类型的注释看起来像单行注释，但它们有三个斜杠而不是两个。文档注释会在第 27 章详细阐述。

下面的代码展示了文档注释的形式：

```
/// <summary>
/// This class does...
/// </summary>
class Program
{
   ...
```

3.8.3　注释类型总结

行内注释是被编译器忽略但被包含在代码中以说明代码的文本片段。程序员在他们的代码中插入注释以解释和文档化代码。表 3-5 总结了注释的类型。

表 3-5　注释类型

类　　型	开　　始	结　　束	描　　述
单行注释	//		从开始标记到该行行尾的文本被编译器忽略
带分隔符的注释	/*	*/	从开始标记到结束标记之间的文本被编译器忽略
文档注释	///		这种类型的注释包含 XML 文本，可以使用工具生成程序文档。详细内容参见第 27 章

虽然用来重复变量名或者方法名的注解基本没什么价值，但是用来解释一段代码的目的的注释对后续的维护还是很有用的。因为有价值的代码不可避免地都需要维护，所以通过阅读开发者写这段代码时的想法可以节省很多精力。

第 4 章

类型、存储和变量

本章内容
- ❏ C#程序是一组类型声明
- ❏ 类型是一种模板
- ❏ 实例化类型
- ❏ 数据成员和函数成员
- ❏ 预定义类型
- ❏ 用户定义类型
- ❏ 栈和堆
- ❏ 值类型和引用类型
- ❏ 变量
- ❏ 静态类型和 dynamic 关键字
- ❏ 可空类型

4.1 C#程序是一组类型声明

如果泛泛地描述 C 和 C++程序源代码的特征，可以说 C 程序是一组函数和数据类型，C++程序是一组函数和类，而 C#程序是一组类型声明。

- ❏ C#程序或 DLL 的源代码是一组类型声明。
- ❏ 对于可执行程序，类型声明中必须有一个包含 Main 方法的类。
- ❏ **命名空间**是一种将相关的类型声明分组并命名的方法。因为程序是一组相关的类型声明，所以通常在你创建的命名空间内部声明程序类型。

例如，下面是一个由 3 个类型声明组成的程序。这 3 个类型被声明在一个名为 MyProgram 的新命名空间内部。

```
namespace MyProgram              //创建新的命名空间
{
    DeclarationOfTypeA           //声明类型
```

```
DeclarationOfTypeB                    //声明类型

class C                               //声明类型
{
    static void Main()
    {
        ...
    }
}
}
```

命名空间将在第 22 章详细阐述。

4.2　类型是一种模板

既然 C#程序就是一组类型声明，那么学习 C#就是学习如何创建和使用类型。所以，我们首先要了解什么是类型。

可以把类型想象成一个用来创建数据结构的**模板**。模板本身并不是数据结构，但它详细说明了由该模板构造的对象的特征。

类型由下面的元素定义：

❑ 名称；

❑ 用于保存数据成员的数据结构；

❑ 一些行为及约束条件。

例如，图 4-1 阐明了 short 类型和 int 类型的组成元素。

图 4-1　类型是一种模板

4.3　实例化类型

从某个类型模板创建实际的对象，称为**实例化**该类型。

❑ 通过实例化类型而创建的对象被称为类型的**对象**或类型的**实例**。这两个术语可以互换。

❑ 在 C#程序中，每个数据项都是某种类型的实例。这些类型可以是语言自带的，可以是 BCL 或其他库提供的，也可以是程序员定义的。

图 4-2 阐明了两种预定义类型对象的实例化。

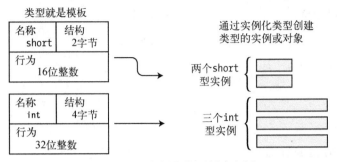

图 4-2   通过实例化类型创建实例

4.4   数据成员和函数成员

像 short、int 和 long 这样的类型称为**简单类型**。这种类型只能存储一个数据项。

其他的类型可以存储多个数据项。比如**数组（array）**类型就可以存储多个同类型的数据项。这些数据项称为**数组元素**。可以通过数字来引用这些元素，这些数字称为**索引**。数组将会在第13 章详述。

成员的类别

然而另外一些类型可以包含许多不同类型的数据项。这些类型中的数据项个体称为**成员**，并且与数组中使用数字来引用成员不同，这些成员有独特的名称。

有两种成员：数据成员和函数成员。

❑ **数据成员**   保存了与这个类的对象或整个类相关的数据。

❑ **函数成员**   执行代码。函数成员定义类型的行为。

例如，图 4-3 列出了类型 XYZ 的一些数据成员和函数成员。它包含两个数据成员和两个函数成员。

图 4-3   类型包含数据成员和函数成员

4.5 预定义类型

C#提供了 16 种预定义类型,如图 4-4 所示。它们列在表 4-1 和表 4-2 中,其中包括 13 种简单类型和 3 种非简单类型。

所有预定义类型的名称都由**全小写**的字母组成。预定义的简单类型包括以下 3 种。

- ❑ 11 种数值类型。
  - ■ 不同长度的有符号和无符号整数类型。
  - ■ 浮点数类型 float 和 double。
  - ■ 一种称为 decimal 的高精度小数类型。与 float 和 double 不同,decimal 类型可以准确地表示分数。decimal 类型常用于货币的计算。
- ❑ 一种 Unicode 字符类型 char。
- ❑ 一种布尔类型 bool。bool 类型表示布尔值并且必须为 true 或 false。

说明 与 C 和 C++不同,在 C#中的数值类型不具有布尔意义。

---

3 种非简单类型如下。

- ❑ string,它是一个 Unicode 字符数组。
- ❑ object,它是所有其他类型的基类。
- ❑ dynamic,使用动态语言编写的程序集时使用。

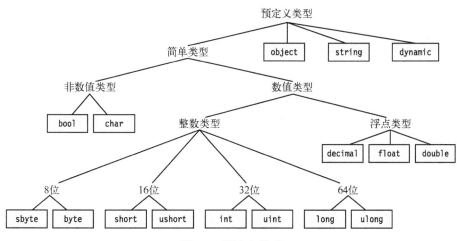

图 4-4 预定义类型

预定义类型的补充

所有预定义类型都直接映射到底层的.NET 类型。C#的类型名称就是.NET 类型的别名,所以使用.NET 的类型名称也符合 C#语法，不过并不鼓励这样做。在 C#程序中，应该尽量使用 C#类型名称而不是.NET 类型名称。

预定义简单类型表示一个单一的数据项。表 4-1 列出了这些类型，同时列出了它们的取值范围和对应的底层.NET 类型。

表 4-1 预定义简单类型

名　称	含　义	范　围	.NET 框架类型	默认值
sbyte	8 位有符号整数	−128~127	System.SByte	0
byte	8 位无符号整数	0~255	System.Byte	0
short	16 位有符号整数	−32 768~32 767	System.Int16	0
ushort	16 位无符号整数	0~65 535	System.UInt16	0
int	32 位有符号整数	−2 147 483 648~2 147 483 647	System.Int32	0
uint	32 位无符号整数	0~4 294 967 295	System.UInt32	0
long	64 位有符号整数	−9 223 372 036 854 775 808 ~9 223 372 036 854 775 807	System.Int64	0
ulong	64 位无符号整数	0~18 446 744 073 709 551 615	System.UInt64	0
float	单精度浮点数	1.5×10^{-45}~3.4×10^{38}	System.Single	0.0f
double	双精度浮点数	5×10^{-324}~1.7×10^{308}	System.Double	0.0d
bool	布尔型	true　false	System.Boolean	false
char	Unicode 字符串	U+0000~U+ffff	System.Char	\x0000
decimal	小数类型的有效数字精度为 28 位	$\pm 1.0 \times 10^{28}$~$\pm 7.9 \times 10^{28}$	System.Decimal	0m

预定义非简单类型稍微复杂一些。表 4-2 所示为预定义非简单类型。

表 4-2 预定义非简单类型

名　称	含　义	.NET 框架类型
object	所有其他类型的基类，包括简单类型	System.Object
string	0 个或多个 Unicode 字符所组成的序列	System.String
dynamic	在使用动态语言编写的程序集时使用	无相应的.NET 类型

4.6　用户定义类型

除了 C#提供的 16 种预定义类型，还可以创建自己的用户定义类型。有 6 种类型可以由用户自己创建，它们是：

- ❑ 类类型（class）；
- ❑ 结构类型（struct）；
- ❑ 数组类型（array）；

- 枚举类型（enum）；
- 委托类型（delegate）；
- 接口类型（interface）。

类型通过**类型声明**创建，类型声明包含以下信息：

- 要创建的类型的种类；
- 新类型的名称；
- 对类型中每个成员的声明（名称和规格），array 和 delegate 类型除外，它们不含有命名成员。

一旦声明了类型，就可以创建和使用这种类型的对象，就像它们是预定义类型一样。图 4-5 概括了预定义类型和用户定义类型的使用。使用预定义类型是一个单步过程，简单地实例化对象即可。使用用户定义类型是一个两步过程：必须先声明类型，然后实例化该类型的对象。

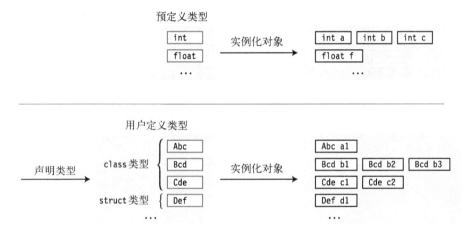

图 4-5　预定义类型只需要进行实例化；用户定义类型需要两步：声明和实例化

4.7　栈和堆

程序运行时，它的数据必须存储在内存中。一个数据项需要多大的内存、存储在什么地方，以及如何存储都依赖于该数据项的类型。

运行中的程序使用两个内存区域来存储数据：**栈**和**堆**。

4.7.1　栈

栈是一个内存数组，是一个 LIFO（Last-In First-Out，后进先出）的数据结构。栈存储几种类型的数据：

- 某些类型变量的值；
- 程序当前的执行环境；

❑ 传递给方法的参数。

系统管理所有的栈操作。作为程序员，你不需要显式地对它做任何事情。但了解栈的基本功能可以更好地了解程序在运行时在做什么，并能更好地了解 C#文档和著作。

栈的特征

栈有如下几个普遍特征。

❑ 数据只能从栈的顶端插入和删除。

❑ 把数据放到栈顶称为**入栈**（push）。

❑ 从栈顶删除数据称为**出栈**（pop）。

图 4-6 展示了栈的相关术语。

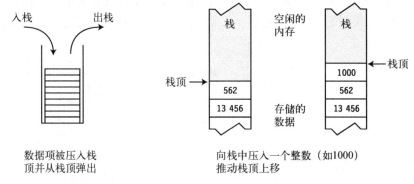

图 4-6   入栈和出栈

4.7.2   堆

堆是一块内存区域，在堆里可以分配大块的内存用于存储某种类型的数据对象。与栈不同，堆里的内存能够以任意顺序存入和移除。图 4-7 展示了一个在堆里放了 4 项数据的程序。

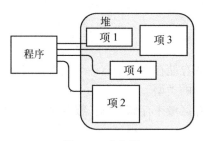

图 4-7   内存堆

虽然程序可以在堆里保存数据，但并不能显式地删除它们。CLR 的自动垃圾收集器在判断出程序的代码将不会再访问某数据项时，会自动清除无主的堆对象。我们因此可以不再操心这项使用其他编程语言时非常容易出错的工作了。图 4-8 阐明了垃圾收集过程。

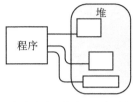

1. 程序在堆里保存了3个对象

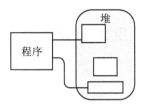

2. 后来的程序中，其中的一个对象不再被程序使用

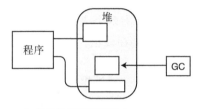

3. 垃圾收集器发现无主对象并释放它

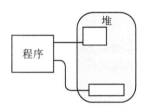

4. 垃圾收集之后，被释放对象的内存可以被重用

图 4-8　堆中的自动垃圾收集

4.8　值类型和引用类型

数据项的**类型**定义了存储数据需要的内存大小及组成该类型的数据成员。类型还决定了对象在内存中的存储位置——栈或堆。

类型被分为两种：值类型和引用类型，这两种类型的对象在内存中的存储方式不同。

❏ **值类型**只需要一段单独的内存，用于存储实际的数据。
❏ **引用类型**需要两段内存。
  ■ 第一段存储实际的数据，它总是位于堆中。
  ■ 第二段是一个引用，指向数据在堆中的存放位置。

图 4-9 展示了每种类型的单个数据项是如何存储的。对于值类型，数据存放在栈里。对于引用类型，实际数据存放在堆里而引用存放在栈里。

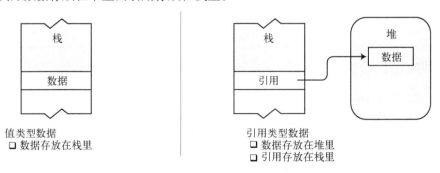

值类型数据
  ❏ 数据存放在栈里

引用类型数据
  ❏ 数据存放在堆里
  ❏ 引用存放在栈里

图 4-9　非成员数据的存储

4.8.1   存储引用类型对象的成员

图 4-9 阐明了当数据不是另一个对象的成员时如何存储。如果它是另一个对象的成员,那么它的存储会有些不同。

❑ 引用类型对象的数据部分**始终**存放在堆里,如图 4-9 所示。

❑ 值类型对象,或引用类型数据的引用部分可以存放在堆里,也可以存放在栈里,这依赖于实际环境。

例如,假设有一个引用类型的实例,名称为 MyType,它有两个成员:一个值类型成员和一个引用类型成员。它将如何存储呢?是否是值类型的成员存储在栈里,而引用类型的成员如图 4-9 所示的那样在栈和堆之间分成两半呢? 答案是否定的。

请记住,对于一个引用类型,其实例的数据部分**始终**存放在堆里。既然两个成员都是对象数据的一部分,那么它们都会被存放在堆里,无论它们是值类型还是引用类型。图 4-10 阐明了 MyType 的情形。

❑ 尽管成员 A 是值类型,但它也是 MyType 实例数据的一部分,因此和对象的数据一起被存放在堆里。

❑ 成员 B 是引用类型,所以它的数据部分会始终存放在堆里,正如图中"数据"框所示。不同的是,它的引用部分也被存放在堆里,封装在 MyType 对象的数据部分中。

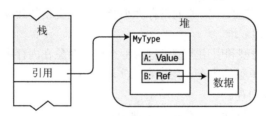

图 4-10   引用类型成员数据的存储

说明   对于引用类型的任何对象,它所有的数据成员都存放在堆里,无论它们是值类型还是引用类型。

4.8.2   C#类型的分类

表 4-3 列出了 C#中可以使用的所有类型以及它们的类别:值类型或引用类型。每种引用类型都将在后面的内容中阐述。

表4-3　C#中的值类型和引用类型

	值　类　型			引用类型
预定义类型	sbyte	byte	float	object
	short	ushort	double	string
	int	uint	char	dynamic
	long	ulong	decimal	
	bool			
用户定义类型	struct			class
	enum			interface
				delegate
				array

4.9　变量

一种多用途的编程语言必须允许程序存取数据，而这正是通过变量实现的。

❑ 变量是一个名称，表示程序执行时存储在内存中的数据。

❑ C#提供了4种变量，每一种都将详细讨论。表4-4列出了变量的种类。

表4-4　4种变量

名　　　称	描　　　述
局部变量	在方法的作用域保存临时数据，不是类型的成员
字段	保存和类型或类型实例相关的数据，是类型的成员
参数	用于从一个方法到另一个方法传递数据的临时变量，不是类型的成员
数组元素	（通常是）同类数据项构成的有序集合的一个成员，可以为局部变量，也可以为类型的成员

4.9.1　变量声明

变量在使用之前必须声明。变量声明定义了变量，并完成两件事：

❑ 给变量命名，并为它关联一种类型；

❑ 让编译器为它分配一块内存。

一个简单的变量声明至少需要一个类型和一个名称。下面的声明定义了一个名为var2的int类型的变量：

```
类型
 ↓
int var2;
       ↑
       值
```

例如，图4-11展现了4个变量的声明以及它们在栈中的位置。

```
int    var1;          // 值类型
int    var2;          // 值类型
float  var3;          // 值类型
Dealer theDealer;     // 引用类型
```

图 4-11　值类型和引用类型变量的声明

1. 变量初始化语句

除声明变量的名称和类型以外，声明还能把它的内存初始化为一个明确的值。

变量初始化语句（variable initializer）由一个等号后面跟一个初始值组成，如：

```
                初始值
                  ↓
int var2 = 17;
```

无初始化语句的局部变量有一个未定义的值，在赋值之前不能使用。试图使用未定义的局部变量会导致编译器产生一条错误消息。

图 4-12 在左边展示了许多局部变量声明，在右边展示了栈的构造结果。一些变量有初始化语句，其他的变量没有。由于自动初始化，图 4-12 中的变量 dealer1 的值为 null，变量 var1 的值为 0，前提是这两个变量不是在方法内声明的。

```
int    var1;               // 值类型
int    var2 = 17;          // 值类型
float  var3 = 26.843F;     // 值类型
Dealer dealer1;            // 引用类型
Dealer dealer2 = null;     // 引用类型
```

图 4-12　变量初始化语句

2. 自动初始化

一些类型的变量如果在声明时没有初始化语句，那么会被自动设为默认值，而另一些则不能。没有自动初始化为默认值的变量在程序为它赋值之前包含未定义值。表 4-5 展示了哪种类型的变量会被自动初始化以及哪种类型的变量不会被初始化。本书后面会对 5 种变量类型进行详细阐述。

表 4-5　变量类型

变量类型	存储位置	自动初始化	用　途
局部变量	栈或者栈和堆	否	用于函数成员内部的局部计算
类字段	堆	是	类的成员
结构字段	栈或堆	是	结构的成员

（续）

变量类型	存储位置	自动初始化	用　　途
参数	栈	否	用于把值传入或传出方法
数组元素	堆	是	数组的成员

4.9.2　多变量声明

可以在单个声明语句中声明多个变量。

❑ 多变量声明中的变量必须类型相同。

❑ 变量名必须用逗号分隔，可以在变量名后包含初始化语句。

例如，下面的代码展示了两条有效的多变量声明语句。注意，只要使用逗号分开，初始化的变量就可以和未初始化的变量混在一起。最后一条声明语句是有问题的，因为它企图在一条语句中声明两个不同类型的变量。

```
//声明一些变量，有的被初始化，有的未被初始化
int    var3 = 7, var4, var5 = 3;
double var6, var7 = 6.52;

整型      浮点型
  ↓        ↓
int var8, float var9;          //错误! 多变量声明的变量类型必须相同
```

4.9.3　使用变量的值

变量名代表该变量保存的值，可以通过使用变量名来使用值。

例如，在下面的语句中，变量名 var2 表示变量所存储的值。当语句执行的时候，会从内存中获取该值。

```
Console.WriteLine("{0}", var2);
```

4.10　静态类型和 **dynamic** 关键字

你可能已经注意到了，每一个变量都包括变量类型。这样编译器就可以确定运行时需要的内存总量以及哪些部分应该存在栈上，哪些部分应该存在堆上。变量的类型在编译的时候确定并且不能在运行时修改。这叫作**静态类型**。

但是不是所有的语言都是静态类型的，诸如 *IronPython* 和 *IronRuby* 之类的脚本语言是**动态类型**的。也就是说，变量的类型直到运行时才会被解析。由于它们是.NET 语言，所以 C#程序需要能够使用这些语言编写的程序集。问题是，程序集中的类型到运行时才会被解析，而 C#又要引用这样的类型并且需要在编译的时候解析类型。

针对这个问题，C#语言的设计者增加了 dynamic 关键字，代表一个特定的 C#类型，它知道如何在运行时解析自身。

在编译时，编译器不会对 dynamic 类型的变量做类型检查。相反，它将与该变量及该变量的操作有关的所有信息打包。在运行时，会对这些信息进行检查，以确保它与变量所代表的实际类型一致。否则，将在运行时抛出异常。

4.11   可空类型

在某些情况下，特别是使用数据库的时候，你希望表示变量目前未保存有效的值。对于引用类型，这很简单，可以把变量设置为 null。但定义值类型的变量时，不管它的内容是否有有效的意义，其内存都会进行分配。

对于这种情况，你可能会使用一个布尔指示器来和变量关联，如果值有效，则设置为 true，否则就设置为 false。

可空类型允许创建可以标记为有效或无效的值类型变量，这样就可以在使用它之前确定值的有效性。普通的值类型称作**非可空类型**。第 27 章将详细介绍可空类型，那时你已经对 C#有了更深入的理解。

类的基本概念

5

5.1 类的概述

在上一章中，我们看到 C#提供了 6 种用户定义类型。其中最重要的，也是首先要阐述的是**类**。因为类在 C#中是个很大的主题，所以关于它的讨论将会延伸到接下来的几章。

类是一种活动的数据结构

在面向对象的分析和设计出现之前，程序员们仅把程序当作指令的序列，那时的焦点主要放在指令的组合和优化上。随着面向对象的出现，焦点从优化指令转移到组织程序的数据和功能上来。程序的数据和功能被组织为逻辑上相关的数据项和函数的封装集合，并被称为**类**。

类是一个能存储数据并执行代码的数据结构。它包含数据成员和函数成员。

- **数据成员** 它存储与类或类的实例相关的数据。数据成员通常模拟该类所表示的现实世界事物的特性。
- **函数成员** 它执行代码，通常会模拟类所表示的现实世界事物的功能和操作。

一个 C#类可以有任意数目的数据成员和函数成员。成员可以是 9 种成员类型的任意组合。这些成员类型如表 5-1 所示。本章将会阐述字段和方法。

表 5-1   类成员的类型

数据成员存储数据	函数成员执行代码	
字段	方法	运算符
常量	属性	索引器
	构造函数	事件
	析构函数	

说明   类是逻辑相关的数据和函数的封装，通常代表真实世界中或概念上的事物。

5.2   程序和类：一个简单的示例

一个运行中的 C#程序是一组相互作用的类型对象，它们中的大部分是类的实例。例如，假设有一个模拟扑克牌游戏的程序。当程序运行时，它有一个名为 Dealer 的类实例，它的工作就是运行游戏。还有几个名为 Player 的类实例，它们代表游戏的玩家。

Dealer 对象保存纸牌的当前状态和玩家数目等信息。它的动作包括洗牌和发牌。

Player 类有很大不同。它保存玩家名称以及用于押注的钱等信息，并实现如分析玩家当前手上的牌和出牌这样的动作。运行中的程序如图 5-1 所示。类名显示在方框外面，实例名显示在方框内。

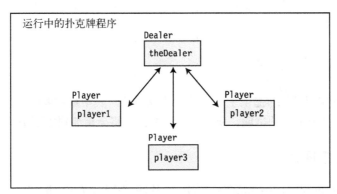

图 5-1   一个正在运行的程序中的对象

一个真正的程序无疑会包含除 Dealer 和 Player 之外的许多其他的类，还会包括像 Card 和 Deck 这样的类。每一个类都模拟某种扑克牌游戏中的**事物**。

说明   运行中的程序是一组相互作用的对象的集合。

5.3　声明类

或许你能猜到，虽然类型 int、double 和 char 由 C#定义，但像 Dealer 和 Player 这样的类不是由语言定义的。如果想在程序中使用它们，你必须通过编写**类的声明**自己定义它们。

类的声明定义新类的特征和成员。它并不创建类的实例，但创建用于创建实例的模板。类的声明提供下列内容：

- ❑ 类的名称；
- ❑ 类的成员；
- ❑ 类的特征。

下面是一个最简单的类声明语法示例。大括号内包含了成员的声明，它们组成了**类主体**。类成员可以在类主体内部以任何顺序声明。这意味着一个成员的声明完全可以引用另一个在后面的类声明中才定义的成员。

```
  关键字        类名
    ↓           ↓
class MyExcellentClass
{
    成员声明
}
```

下面的代码给出了两个类声明的概貌：

```
class Dealer          //类声明
{
    ...
}

class Player          //类声明
{
    ...
}
```

说明　因为类声明"定义"了一个新类，所以经常会在文献和程序员的日常使用中看到类声明被称为**类定义**。

5.4　类成员

字段和方法是最重要的类成员类型。字段是数据成员，方法是函数成员。

5.4.1　字段

字段是隶属于类的变量。

- □ 它可以是任何类型，无论是预定义类型还是用户定义类型。
- □ 和所有变量一样，字段用来保存数据，并具有如下特征：
    - ■ 可以被写入；
    - ■ 可以被读取。

声明一个字段最简单的语句如下：

```
    类型
     ↓
Type Identifier;
          ↑
       字段名称
```

例如，下面的类包含字段 MyField 的声明，它可以保存 int 值：

```
class MyClass
{   类型
     ↓
    int MyField;
          ↑
}       字段名称
```

说明　与 C 和 C++不同，C#在类型的外部**不能声明全局变量**（也就是变量或字段）。所有的字段都属于类型，而且必须在类型声明内部声明。

---

1. 显式和隐式字段初始化

因为字段是一种变量，所以字段初始化语句在语法上和上一章所述的变量初始化语句相同。

- □ **字段初始化语句**是字段声明的一部分，由一个等号后面跟着一个求值表达式组成。
- □ 初始化值必须是编译时可确定的。

```
class MyClass
{
    int F1 = 17;
}         ↑
     字段初始值
```

- □ 如果没有初始化语句，字段的值会被编译器设为默认值，默认值由字段的类型决定。简单类型的默认值见表 4-1。可是总结起来，每种值类型的默认值都是 0，bool 型的默认值是 false，引用类型的默认值为 null。

例如，下面的代码声明了 4 个字段，前两个字段被隐式初始化，另外两个字段被初始化语句显式初始化。

```
class MyClass
{
    int    F1;                //初始化为 0      - 值类型
    string F2;                //初始化为 null  - 引用类型

    int    F3 = 25;           //初始化为 25
```

```
    string F4 = "abcd";              //初始化为"abcd"
}
```

2. 声明多个字段

可以通过用逗号分隔名称的方式，在同一条语句中声明多个**相同类型**的字段。但不能在一个声明中混合不同的类型。例如，可以把之前的 4 个字段声明结合成两条语句，语义结果相同。

```
int     F1, F3 = 25;
string  F2, F4 = "abcd";
```

5.4.2　方法

方法是具有名称的可执行代码块，可以从程序的很多不同地方执行，甚至从其他程序中执行。（还有一种没有名称的匿名方法，将在第 14 章讲述。）

当方法被**调用**（call/invoke）时，它执行自己所含的代码，然后返回到调用它的代码并继续执行调用代码。有些方法返回一个值到它们被调用的位置。方法相当于 C++中的**成员函数**。

声明方法的最简语法包括以下组成部分。

❑ **返回类型**　它声明了方法返回值的类型。如果一个方法不返回值，那么返回类型被指定为 void。

❑ **名称**　这是方法的名称。

❑ **参数列表**　它至少由一对空的圆括号组成。如果有参数（参数将在下一章阐述），将被列在圆括号中间。

❑ **方法体**　它由一对大括号组成，大括号内包含执行代码。

例如，下面的代码声明了一个类，带有一个名为 PrintNums 的简单方法。从这个声明中可以看出下面几点关于 PrintNums 的情况：

❑ 它不返回值，因此返回类型指定为 void；

❑ 它有空的参数列表；

❑ 它的方法体有两行代码，其中第 1 行打印数字 1，第 2 行打印数字 2。

```
class SimpleClass
{
  返回类型      参数列表
    ↓            ↓
  void PrintNums( )
  {
     Console.WriteLine("1");
     Console.WriteLine("2");
  }
}
```

说明　与 C 和 C++不同，C#中**没有**全局函数（也就是方法或函数）声明在类型声明的外部。同样，和 C/C++不同，C#中方法没有默认的返回类型。所有方法必须包含返回类型或 void。

5.5   创建变量和类的实例

类的声明只是用于创建类的实例的蓝图。一旦类被声明，就可以创建类的实例。

- 类是引用类型，正如你从上一章学到的，这意味着它们要为数据引用和实际数据都申请内存。
- 数据的引用保存在一个类类型的变量中。所以，要创建类的实例，需要从声明一个类类型的变量开始。如果变量没有被初始化，它的值是未定义的。

图 5-2 阐明了如何定义保存引用的变量。左边顶端的代码是类 Dealer 的声明，下面是类 Program 的声明，它包含 Main 方法。Main 声明了 Dealer 类型的变量 theDealer。因为该变量没有初始化，所以它的值是未定义的，如图 5-2 的右边所示。

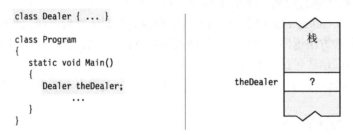

图 5-2   为类变量的引用分配内存

5.6   为数据分配内存

声明类类型的变量所分配的内存是用来保存引用的，而不是用来保存类对象实际数据的。要为实际数据分配内存，需要使用 new 运算符。

- new 运算符为任意指定类型的实例分配并初始化内存。它依据类型的不同从栈或堆里分配。
- 使用 new 运算符组成一个**对象创建表达式**，它的组成如下：
  - 关键字 new；
  - 要分配内存的实例的类型名称；
  - 成对的圆括号，可能包括参数也可能没有参数（以后会进一步讨论参数）。

```
关键字      圆括号是必需的
  ↓            ↓
 new  TypeName ()
       ↑
       类型
```

- 如果将内存分配给一个引用类型，则对象创建表达式返回一个引用，指向在堆中被分配并初始化的对象实例。

要分配和初始化用于保存类实例数据的内存，需要做的工作就是这些。下面是使用 new 运算符创建对象创建表达式，并把它的返回值赋给类变量的一个例子：

```
Dealer theDealer;                  //声明引用变量
theDealer = new Dealer();          //为类对象分配内存并赋值给变量
```

↑ 对象创建表达式

图 5-3 左边的代码展示了用于分配内存并创建类 Dealer 实例的 new 运算符，随后实例被赋值给类变量。右边的图展示了内存的结构。

```
class Dealer {...}

class App
{
   static void Main()
   {
      Dealer theDealer;
      theDealer = new Dealer();
         ...
   }
}
```

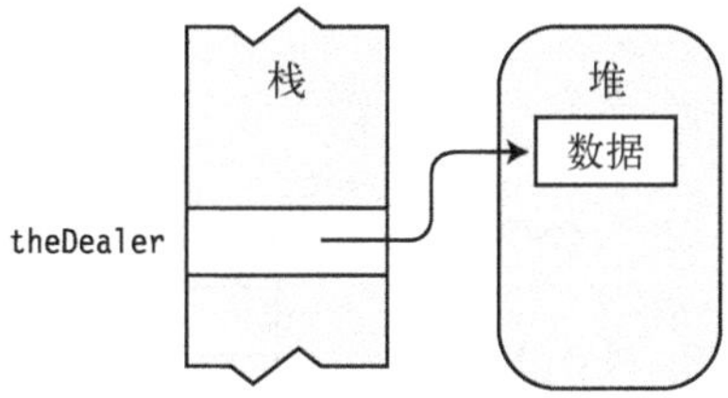

图 5-3　为类变量的数据分配内存

合并这两个步骤

可以将这两个步骤合并起来，用对象创建表达式来**初始化**变量。

声明变量 ↓

```
Dealer theDealer = new Dealer();           //声明并初始化
```

↑ 使用对象创建表达式初始化变量

5.7　实例成员

类声明相当于蓝图，通过这个蓝图想创建多少个类的实例都可以。

- **实例成员**　类的每个实例都是不同的实体，它们有自己的一组数据成员，不同于同一类的其他实例。因为这些数据成员都和类的实例相关，所以被称为**实例成员**。
- **静态成员**　实例成员是默认类型，但也可以声明与类而不是实例相关的成员，称为**静态成员**，将在第 7 章阐述。

下面的代码是实例成员的示例，展示了有 3 个 Player 类实例的扑克牌程序。图 5-4 表明每个实例的 Name 字段都有不同的值。

```
class Dealer { ... }                        //声明类
class Player                                //声明类
{
   string Name;                             //字段
      ...
}
```

```
class Program
{
    static void Main()
    {
        Dealer theDealer = new Dealer();
        Player player1   = new Player();
        Player player2   = new Player();
        Player player3   = new Player();
        ...
    }
}
```

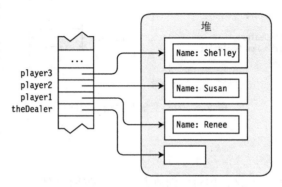

图 5-4   实例成员在类对象之间的值是不同的

5.8   访问修饰符

从类的内部，任何函数成员都可以使用成员的名称访问类中任意的其他成员。

访问修饰符是成员声明的可选部分，指明程序的其他部分如何访问成员。访问修饰符放在简单声明形式之前。下面是字段和方法声明的语法：

字段
   访问修饰符 类型 标识符；

方法
   访问修饰符 返回类型 方法名()
   {
      ...
   }

5 种成员访问控制如下。本章将阐述前两种，其他的将在第 8 章阐述。

❑ 私有的（private）；

❑ 公有的（public）；

❑ 受保护的（protected）；

❑ 内部的（internal）；

❑ 受保护内部的（protected internal）。

私有访问和公有访问

私有成员只能从声明它的类的内部访问，其他的类看不见或无法访问它们。

❑ 私有访问是默认的访问级别，所以，如果一个成员在声明时不带访问修饰符，那它就是私有成员。

❑ 还可以使用 private 访问修饰符显式地将一个成员声明为私有。隐式地声明私有成员和显式地声明在语义上没有不同，两种形式是等价的。

例如，下面的两个声明都指定了 private int 成员：

```
        int MyInt1;                    //隐式声明为私有

private int MyInt2;                    //显式声明为私有
    ↑
访问修饰符
```

实例的公有成员可以被程序中的其他对象访问。必须使用 public 访问修饰符指定公有访问。

```
访问修饰符
    ↓
public int MyInt;
```

1. 公有访问和私有访问图示

本文中的插图把类表示为标签框，如图 5-5 所示。

❑ 类成员为类框中的小标签框。

❑ 私有成员完全封闭在它们的类框中。

❑ 公有成员有一部分伸出它们的类框之外。

```
class Program
{
            int Member1;
    private int Member2;
    public  int Member3;
}
```

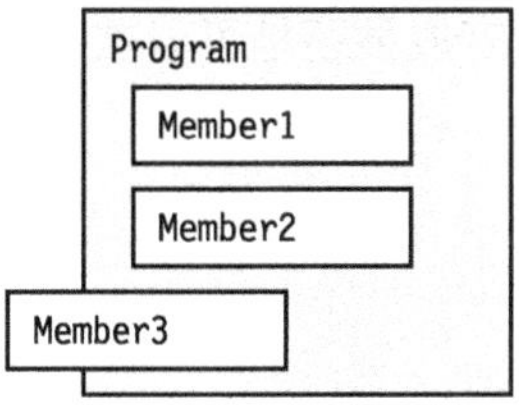

图 5-5 表示类和成员

2. 成员访问示例

类 C1 声明了公有和私有的字段和方法，图 5-6 阐明了类 C1 的成员的可见性。

```
class C1
{
    int      F1;                //隐式私有字段
    private int F2;             //显式私有字段
    public  int F3;             //公有字段

    void DoCalc()               //隐式私有方法
    {
```

```
      ...
   }

   public int GetVal()              //公有方法
   {
      ...
   }
}
```

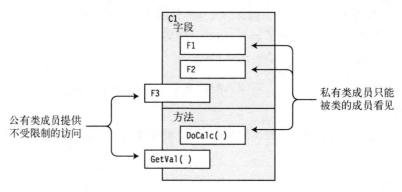

图 5-6   类的私有成员和公有成员

5.9   从类的内部访问成员

如前所述，类的成员仅用其他类成员的名称就可以访问它们。

例如，下面的类声明展示了类的方法对字段和其他方法的访问。即使字段和两个方法被声明为 private，类的所有成员还是可以被类的任何方法（或任何函数成员）访问。图 5-7 阐明了这段代码。

```
class DaysTemp
{
   //字段
   private int High = 75;
   private int Low  = 45;

   //方法
   private int GetHigh()
   {
      return High;                  //访问私有字段
   }

   private int GetLow()
   {
      return Low;                   //访问私有字段
   }

   public float Average()
   {
```

```
        return (GetHigh() + GetLow()) / 2;      //访问私有方法
    }                      ↑              ↑
}                         访问私有方法
```

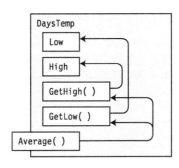

图 5-7 类内部的成员可以自由地互相访问

5.10 从类的外部访问成员

要从类的外部访问实例成员，必须包括变量名称和成员名称，中间用句点（.）分隔。这称为**点运算符**（dot-syntax notation），后文会详细讨论。

例如，下面代码的第二行展示了一个从类的外部访问方法的示例：

```
DaysTemp myDt = new DaysTemp();        //创建类的对象
float fValue   = myDt.Average();        //从外部访问
                      ↑        ↑
                    变量名称  成员名称
```

举个例子，下面的代码声明了两个类：DaysTemp 和 Program。

❑ DaysTemp 内的两个字段被声明为 public，所以可以从类的外部访问它们。

❑ 方法 Main 是类 Program 的成员。它创建了一个变量和类 DaysTemp 的对象，并给对象的字段赋值。然后它读取字段的值并打印出来。

```
class DaysTemp                          //声明类 DaysTemp
{
   public int High = 75;
   public int Low  = 45;
}

class Program                           //声明类 Program
{
   static void Main()
   {          变量名称
              ↓
      DaysTemp temp = new DaysTemp();    //创建对象
  变量名称和字段
      ↓
      temp.High = 85;                   //字段赋值
```

```
    temp.Low  = 60;                          变量名称和字段
                                                 ↓
    Console.WriteLine("High:    {0}", temp.High );      //读取字段值
    Console.WriteLine($"Low:     { temp.Low }");
  }
}
```

这段代码产生如下输出：

```
High:   85
Low:    60
```

5.11 综合应用

下面的代码创建两个实例并把它们的引用保存在名称为 t1 和 t2 的变量中。图 5-8 阐明了内存中的 t1 和 t2。这段代码示范了目前为止讨论的使用类的 3 种行为：

❏ 声明一个类；

❏ 创建类的实例；

❏ 访问类的成员（也就是写入字段和读取字段）。

```
class DaysTemp                    //声明类
{
    public int High, Low;         //声明实例字段
    public int Average()          //声明实例方法
    {
        return (High + Low) / 2;
    }
}

class Program
{
    static void Main()
    {
        //创建两个 DaysTemp 实例
        DaysTemp t1 = new DaysTemp();
        DaysTemp t2 = new DaysTemp();

        //给字段赋值
        t1.High = 76;      t1.Low = 57;
        t2.High = 75;      t2.Low = 53;

        //读取字段值
        //调用实例的方法
        Console.WriteLine("t1: {0}, {1}, {2}",
                                t1.High, t1.Low, t1.Average() );
        Console.WriteLine("t2: {0}, {1}, {2}",
```

```
                                t2.High, t2.Low, t2.Average() );
                                  ↑         ↑         ↑
        }                        字段       字段       方法

    }
```

这段代码的输出如下：

```
t1: 76, 57, 66
t2: 75, 53, 64
```

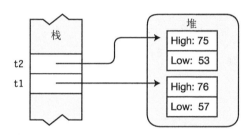

图 5-8   实例 t1 和 t2 的内存布局

因为理解和使用新旧字符串语法都很重要，所以本书会用到这两种语法的示例。虽然新的语法因为更易读而更可取，但是本书中的示例会时常用到旧的语法，因为现有代码和线上资源中95% 的例子可能用的都是旧语法。除非你的工作是在全新的平台上做的，否则你会经常碰到 C# 6.0以前的语法，你最好为此做好准备。

第6章

方　法

6

本章内容
- 方法的结构
- 方法体内部的代码执行
- 局部变量
- 局部常量
- 控制流
- 方法调用
- 返回值
- 返回语句和 void 方法
- 局部函数
- 参数
- 值参数
- 引用参数
- 引用类型作为值参数和引用参数
- 输出参数
- 参数数组
- 参数类型总结
- 方法重载
- 命名参数
- 可选参数
- 栈帧
- 递归

6.1　方法的结构

　　方法是一块具有名称的代码。可以使用方法的名称从别的地方执行代码，也可以把数据传入方法并接收数据输出。

如前一章所述，方法是类的函数成员。方法主要有两个部分，如图 6-1 所示：方法头和方法体。

❏ **方法头**指定方法的特征，包括：

- 方法是否返回数据，如果返回，返回什么类型；
- 方法的名称；
- 哪种类型的数据可以传递给方法或从方法返回，以及应如何处理这些数据。

❏ **方法体**包含可执行代码的语句序列。执行过程从方法体的第一条语句开始，一直到整个方法结束。

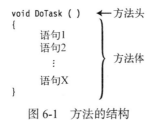

图 6-1　方法的结构

下面的示例展示了方法头的形式。接下来阐述其中的每一部分。

```
int MyMethod ( int par1, string par2 )
```

　返回　　方法　　　　参数
　类型　　名称　　　　列表

例如，下面的代码展示了一个名称为 MyMethod 的简单方法，它多次调用 WriteLine 方法。

```
void MyMethod()
{
    Console.WriteLine("First");
    Console.WriteLine("Last");
}
```

尽管前面几章都描述了类，但是还有另外一种用户定义的类型，叫作 struct，将在第 11 章中介绍。本章中介绍的大多数有关类方法的内容同样适用于 struct 方法。

6.2　方法体内部的代码执行

方法体是一个**块**，是大括号括起的语句序列（参照第 3 章）。块可以包含以下项目：

❏ 局部变量；

❏ 控制流结构；

❏ 方法调用；

❏ 内嵌的块；

❏ 其他方法，称为局部函数。

图 6-2 展示了一个方法体及其组成元素的示例。

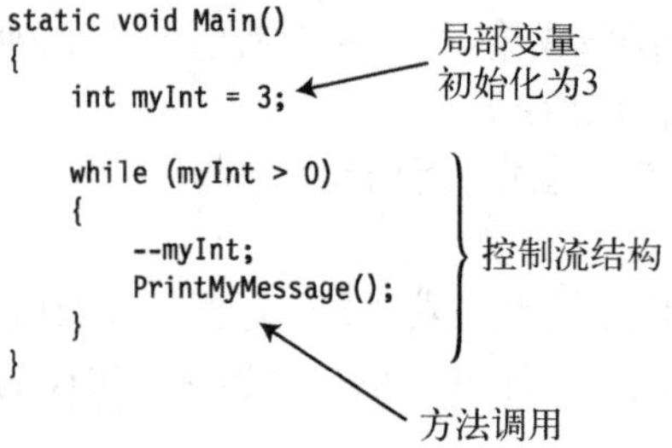

```
static void Main()
{
    int myInt = 3;              ← 局部变量
                                   初始化为3
    while (myInt > 0)
    {                           ⎫
        --myInt;                ⎬ 控制流结构
        PrintMyMessage();       ⎭
    }                           ← 方法调用
}
```

图 6-2　方法体示例

6.3　局部变量

和第 5 章介绍的字段一样，局部变量也保存数据。字段通常保存和对象状态有关的数据，而创建局部变量经常是用于保存局部的或临时的计算数据。表 6-1 对比了局部变量和实例字段的差别。

下面这行代码展示了局部变量声明的语法。可选的初始化语句由等号和用于初始化变量的值组成。

```
          变量名称    可选的初始化语句
             ↓            ↓
Type Identifier = Value;
```

❑ 局部变量的存在和生存期仅限于创建它的块及其内嵌的块。
   ■ 从声明它的那一点开始存在。
   ■ 在块完成执行时结束存在。
❑ 可以在方法体内任意位置声明局部变量，但必须在使用它们前声明。

下面的示例展示了两个局部变量的声明和使用。第一个是 int 类型变量，第二个是 SomeClass 类型变量。

```
static void Main( )
{
    int myInt    = 15;
    SomeClass sc = new SomeClass();
    ...
}
```

表 6-1　对比实例字段和局部变量

	实例字段	局部变量
生存期	从实例被创建时开始，直到实例不再被访问时结束	从它在块中被声明的那一刻开始，在块完成执行时结束
隐式初始化	初始化成该类型的默认值	没有隐式初始化。如果变量在使用之前没有被赋值，编译器就会产生一条错误消息
存储区域	由于实例字段是类的成员，所以所有字段都存储在堆里，无论它们是值类型的还是引用类型的	值类型：存储在栈里
		引用类型：引用存储在栈里，数据存储在堆里

6.3.1 类型推断和 **var** 关键字

如果观察下面的代码，你会发现在声明的开始部分提供类型名时，你提供的是编译器能从初始化语句的右边推断出来的信息。

- ❏ 在第一个变量声明中，编译器能推断出 15 是 int 型。
- ❏ 在第二个声明中，右边的对象创建表达式返回了一个 MyExcellentClass 类型的对象。

所以在两种情况中，在声明的开始部分包括显式的类型名是多余的。

```
static void Main()
{
    int total = 15;
    MyExcellentClass mec = new MyExcellentClass();
    ...
}
```

为了避免这种冗余，可以在变量声明的开始部分的显式类型名的位置使用新的关键字 var，如：

```
static void Main( )
{  关键字
        ↓
    var total = 15;
    var mec   = new MyExcellentClass();
    ...
}
```

var 关键字并不是表示特殊变量。它只是句法上的速记，表示任何可以从初始化语句的右边推断出的类型。在第一个声明中，它是 int 的速记；在第二个声明中，它是 MyExcellentClass 的速记。前文中使用显式类型名的代码片段和使用 var 关键字的代码片段在语义上是等价的。

使用 var 关键字有一些重要的条件：

- ❏ 只能用于局部变量，不能用于字段；
- ❏ 只能在变量声明中包含初始化时使用；
- ❏ 一旦编译器推断出变量的类型，它就是固定且不能更改的。

说明 var 关键字不像 JavaScript 的 var 那样可以引用不同的类型。它是从等号右边推断出的实际类型的速记。var 关键字并不改变 C#的强类型性质。

6.3.2 嵌套块中的局部变量

方法体内部可以嵌套其他的块。

- ❏ 可以有任意数量的块，并且它们既可以是顺序的也可以是嵌套的。块可以嵌套到任何级别。

❑ 局部变量可以在嵌套块的内部声明，并且和所有的局部变量一样，它们的生存期和可见性仅限于声明它们的块及其内嵌块。

图 6-3 阐明了两个局部变量的生存期，展示了代码和栈的状态。箭头标出了刚执行过的行。

❑ 变量 var1 声明在方法体中，在嵌套块之前。

❑ 变量 var2 声明在嵌套块内部。它从被声明那一刻开始存在，直到声明它的那个块的尾部结束。

❑ 当控制传出嵌套块时，它的局部变量从栈中弹出。

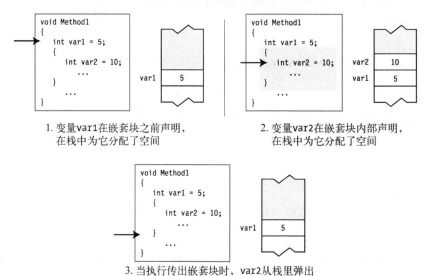

图 6-3   局部变量的生存期

说明   在 C 和 C++中，可以先声明一个局部变量，然后在嵌套块中声明另一个名称相同的局部变量。在内部范围，内部名称掩盖了外部名称。然而，在 C#中不管嵌套级别如何，都不能在第一个名称的有效范围内声明另一个同名的局部变量。

6.4　局部常量

局部常量很像局部变量，只是一旦被初始化，它的值就不能改变了。如同局部变量，局部常量必须声明在块的内部。

常量的两个最重要的特征如下。

❑ 在声明时**必须初始化**。

❑ 在声明后**不能改变**。

常量的核心声明如下所示。

关键字
↓
const *Type Identifier* = <u>Value</u>;
　　　　　　　　　↑
　　　　　初始化值是必需的

语法与字段或变量的声明相同，只有如下两点不同。

❑ 在类型之前增加关键字 `const`。

❑ 必须有初始化语句。初始化值必须在编译期决定，通常是一个预定义简单类型或由其组成的表达式。它还可以是 `null` 引用，但它不能是某对象的引用，因为对象的引用是在运行时决定的。

说明　关键字 const 不是修饰符，而是核心声明的一部分。它必须直接放在类型的前面。

就像局部变量，局部常量声明在方法体或代码块里，并在声明它的块结束的地方失效。例如，在下面的代码中，类型为内嵌类型 double 的局部常量 PI 在方法 DisplayRadii 结束后失效。

```
void DisplayRadii() {
   const double PI = 3.1416;                    //声明局部常量

   for (int radius = 1; radius <= 5; radius++) {
      double area = radius * radius * PI;       //读取局部常量
      Console.WriteLine
         ($"Radius: { radius }, Area: { area }");
   }
}
```

6.5　控制流

方法包含了组成程序的行为的大部分代码。剩余部分在其他的函数成员中，如属性和运算符。

术语**控制流**指的是程序从头到尾的执行流程。默认情况下，程序执行顺序地从一条语句到下一条语句。控制流语句允许你改变执行的顺序。

这一节只会提及一些能在代码中使用的控制语句，第 10 章会详细介绍它们。

❑ **选择语句**　利用这些语句可以选择要执行的语句或语句块。
- `if`　有条件地执行一条语句。
- `if...else`　有条件地执行一条或另一条语句。
- `switch`　有条件地执行一组语句中的某一条。

❑ **迭代语句**　这些语句可以在一个语句块上循环或迭代。
- `for` 循环——在顶部测试。
- `while` 循环——在顶部测试。
- `do` 循环——在底部测试。
- `foreach` 为一组中每个成员执行一次。

❑ **跳转语句**   这些语句可以让你从代码块或方法体内部的一个地方跳到另一个地方。

- ■ break   跳出当前循环。
- ■ continue   到当前循环的底部。
- ■ goto   到一个命名的语句。
- ■ return   返回到调用方法继续执行。

例如，下面的方法展示了两个控制流语句，先别管细节。(==是相等比较运算符。)

```
void SomeMethod() {
    int intVal = 3;

    if( intVal == 3 )                          //if 语句
        Console.WriteLine("Value is 3. ");
    for( int i=0; i<5; i++ )                    //for 语句
        Console.WriteLine($"Value of i: { i }");
}
```

6.6   方法调用

可以从方法体的内部调用其他方法。

调用方法时要使用方法名并带上参数列表。参数列表将在稍后讨论。

例如，下面的类声明了一个名为 PrintDateAndTime 的方法，该方法将在 Main 方法内调用。

```
class MyClass
{
    void PrintDateAndTime()                    //声明方法
    {
        DateTime dt = DateTime.Now;            //获取当前日期和时间
        Console.WriteLine($"{ dt }");          //输出
    }

    static void Main()                         //声明方法
    {
        MyClass mc = new MyClass();
        mc.PrintDateAndTime();                 //调用方法
    }                   ↑        ↑
}                      方法     空参数
                      名称     列表
```

图 6-4 阐明了调用方法时的动作顺序。

(1) 当前方法的执行在调用点被挂起。

(2) 控制转移到被调用方法的开始。

(3) 被调用方法执行直到完成。

(4) 控制回到发起调用的方法。

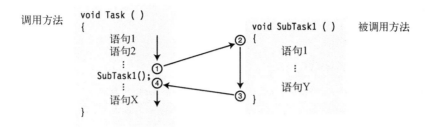

图 6-4 调用方法时的控制流

6.7 返回值

方法可以向调用代码返回一个值。返回的值被插入到调用代码中发起调用的表达式所在的位置。

❑ 要返回值，方法必须在方法名前面声明一个**返回类型**。

❑ 如果方法不返回值，它必须声明 void 返回类型。

下面的代码展示了两个方法声明。第一个返回 int 型值，第二个不返回值。

```
返回类型
  ↓
int  GetHour()    { ... }
void DisplayHour() { ... }
  ↑
不返回值
```

声明了返回类型的方法必须使用如下形式的返回语句从方法中返回一个值。返回语句包括关键字 return 及其后面的表达式。每一条贯穿方法的路径都必须以一条这种形式的 return 语句结束。

```
return Expression;                    //返回一个值
         ↑
计算返回类型的值
```

例如，下面的代码展示了一个名为 GetHour 的方法，它返回 int 型值。

```
返回类型
  ↓
int GetHour( )
{
    DateTime dt = DateTime.Now;        //获取当前日期和时间
    int hour    = dt.Hour;             //获取小时数

    return hour;                       //返回一个 int
}      ↑
    返回语句
```

也可以返回用户定义类型的对象。例如，下面的代码返回一个 MyClass 类型的对象。

返回类型——MyClass
　　↓
```
MyClass method3( )
{
    MyClass mc = new MyClass();
       ...
    return mc;                          //返回一个 MyClass 对象

}
```

来看另一个示例。在下面的代码中，方法 GetHour 在 Main 的 WriteLine 语句中被调用，并在该位置返回一个 int 值到 WriteLine 语句中。

```
class MyClass
{              ↓返回类型
   public int GetHour()
   {
       DateTime dt = DateTime.Now;        //获取当前日期和时间
       int hour    = dt.Hour;             //获取小时数

       return hour;                       //返回一个 int
   }            ↑
}           返回值


class Program
{
   static void Main()
   {                                方法调用
       MyClass mc = new MyClass();   _____
       Console.WriteLine("Hour: {0}", mc.GetHour());
   }                              ↑        ↑
}                             实例名称  方法名称
```

6.8 返回语句和 void 方法

在上一节，我们看到有返回值的方法必须包含返回语句。void 方法不需要返回语句。当控制流到达方法体的关闭大括号时，控制返回到调用代码，并且没有值被插入到调用代码中。

不过，当特定条件符合的时候，我们常常会提前退出方法以简化程序逻辑。

❏ 可以在任何时候使用下面的返回语句退出方法，不带参数：

```
return;
```

❏ 这种形式的返回语句只能用于用 void 声明的方法。

例如，下面的代码展示了一个名为 SomeMethod 的 void 方法的声明。它可以在三个可能的地方返回到调用代码。前两个在 if 语句分支内。if 语句将在第 10 章阐述。最后一个是方法体的结尾处。

```
void 返回类型
   ↓
void SomeMethod()
{
   ...
   if ( SomeCondition )          //如果……
      return;                    //返回到调用代码
   ...

   if ( OtherCondition )         //如果……
      return;                    //返回到调用代码

   ...
}                                //默认返回到调用代码
```

下面的代码展示了一个带有一条返回语句的 void 方法示例。该方法只有当时间是下午的时候才写出一条消息，如图 6-5 所示，其过程如下。

❑ 首先，方法获取当前日期和时间（现在不用理解这些细节）。

❑ 如果小时小于 12（也就是在中午之前），那么执行 return 语句，不在屏幕上输出任何东西，直接把控制返回给调用方法。

❑ 如果小时大于等于 12，则跳过 return 语句，代码执行 WriteLine 语句，在屏幕上输出信息。

```
class MyClass
{   ↓ void 返回类型
   void TimeUpdate()
   {
      DateTime dt = DateTime.Now;      //获取当前日期和时间
      if (dt.Hour < 12)                //若小时数小于 12
         return;                       //则返回
         ↑
      返回到调用方法
      Console.WriteLine("It's afternoon!");    //否则，输出消息
   }

   static void Main()
   {
      MyClass mc = new MyClass();      //创建一个类实例
      mc.TimeUpdate();                 //调用方法
   }
}
```

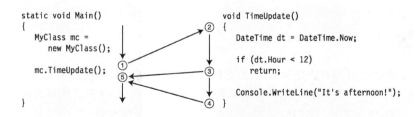

图 6-5　使用 void 返回类型的返回语句

6.9　局部函数

正如刚刚所解释的，方法块内的代码可以调用另一个方法。如果另一个方法在同一个类内，可以直接使用它的名称并传入所需的参数（参见下一节）进行调用。如果另一个方法在不同的类中，必须通过这个类的一个对象实例调用它。另一个类中的方法必须使用 public 访问修饰符声明。

从 C# 7.0 开始，你可以在一个方法中声明另一个单独的方法。这样可以将嵌入的方法跟其他代码隔离开来，所以它只能在包含它的方法内调用。如果使用恰当，这可以使代码更清晰，更易于维护。这些嵌入的方法被称为**局部函数**。

与局部变量必须在使用之前进行声明不同，你可以在包含方法的任意位置声明局部函数。

下面的代码演示了一个 MethodWithLocalFunction 方法，它包含了一个局部函数，叫作 MyLocalFunction。

```
class Program
{
   public void MethodWithLocalFunction()
   {
      int MyLocalFunction(int z1)  //声明局部函数
      {
         return z1 * 5;
      }

      int results = MyLocalFunction(5);  //调用局部函数
      Console.WriteLine($"Results of local function call: {results}");
   }

   static void Main(string[] args)
   {
      Program myProgram = new Program();
      myProgram.MethodWithLocalFunction();  //调用方法
   }
}
```

上面的代码产生如下输出：

```
Results of local function call: 25
```

6.10　参数

迄今为止，你已经看到方法是可以从程序中很多地方调用的命名代码单元，它能把一个值返回给调用代码。返回一个值的确有用，但如果需要返回多个值呢？还有，能在方法开始执行的时候把数据传入方法也会有用。**参数**就是允许你做这两件事的特殊变量。

6.10.1　形参

形参是局部变量，它声明在方法的参数列表中，而不是在方法体中。

下面的方法头展示了参数声明的语法。它声明了两个形参：一个是 int 型，另一个是 float 型。

```
public void PrintSum( int x, float y )
{
                           ↑
    ...                 形参声明
}
```

❑ 因为形参是变量，所以它们有类型和名称，并能被写入和读取。

❑ 和方法中的其他局部变量不同，参数在方法体的外面定义并在方法开始之前初始化（但有一种类型例外，称为**输出参数**，我们将很快谈到它）。

❑ 参数列表中可以有任意数目的形参声明，而且声明必须用逗号隔开。

形参在整个方法体内使用，在大部分地方就像其他局部变量一样。例如，下面的 PrintSum 方法的声明使用两个形参 x 和 y，以及一个局部变量 sum，它们都是 int 型。

```
public void PrintSum( int x, int y )
{
    int sum = x + y;
    Console.WriteLine($"Newsflash: { x } + { y } is { sum }");
}
```

6.10.2　实参

当代码调用一个方法时，形参的值必须在方法的代码开始执行之前初始化。用于初始化形参的表达式或变量称作**实参**（actual parameter，有时也称 argument）。

❑ 实参位于方法调用的参数列表中。

❑ 每一个实参必须与对应形参的类型相匹配，或是编译器必须能够把实参隐式转换为那个类型。第 17 章会解释类型转换的细节。

例如，下面的代码展示了方法 PrintSum 的调用，它有两个 int 类型的实参。

```
PrintSum( 5, someInt );
          ↑     ↑
       表达式   int 类型变量
```

当方法被调用的时候，每个实参的值都被用于初始化相应的形参，方法体随后被执行。图 6-6 阐明了实参和形参的关系。

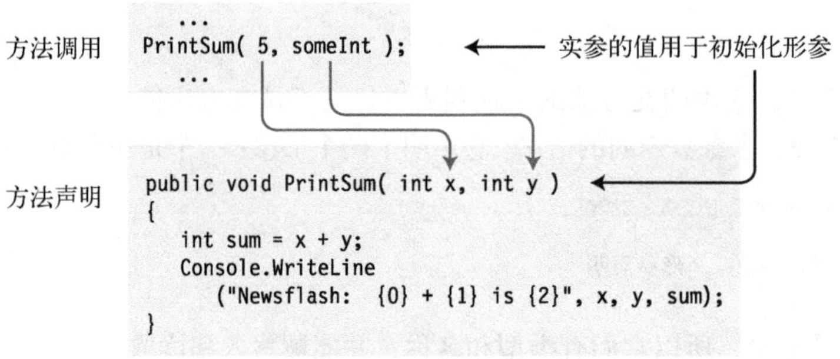

```
              ...
方法调用    PrintSum( 5, someInt );    ◄──────    实参的值用于初始化形参
              ...


方法声明    public void PrintSum( int x, int y )  ◄──────┐
           {
               int sum = x + y;
               Console.WriteLine
                 ("Newsflash:  {0} + {1} is {2}", x, y, sum);
           }
```

图 6-6   实参初始化对应的形参

注意在之前那段示例代码及图 6-6 中，实参的数量必须和形参的数量一致，并且每个实参的类型也必须和所对应的形参类型一致。这种形式的参数叫作**位置参数**。稍后会看其他的一些选项，现在先来看看位置参数。

位置参数示例

在如下代码中，MyClass 类声明了两个方法——一个方法接受两个整数并返回它们的和，另一个方法接受两个 float 并返回它们的平均值。对于第二次调用，注意编译器把 int 值 5 和 someInt 隐式转换成了 float 类型。

```
class MyClass             形参
{                   ─────────────
                         ↓
   public int Sum(int x, int y)                    //声明方法
   {
      return x + y;                                //返回和
   }
                              形参
                    ───────────────────────
                              ↓
   public float Avg(float input1, float input2)    //声明方法
   {
      return (input1 + input2) / 2.0F;             //返回平均值
   }
}


class Program
{
   static void Main()
   {
      MyClass myT = new MyClass();
      int someInt = 6;

      Console.WriteLine
        ("Newsflash:  Sum: {0} and {1} is {2}",
            5, someInt, myT.Sum( 5, someInt ));       //调用方法
                                    ↑
                                   实参
      Console.WriteLine
```

```
            ("Newsflash:  Avg: {0} and {1} is {2}",
                5, someInt, myT.Avg( 5, someInt ));        //调用方法
    }                                           ↑
}                                              实参
```

这段代码产生如下输出：

```
Newsflash:  Sum: 5 and 6 is 11
Newsflash:  Avg: 5 and 6 is 5.5
```

6.11 值参数

参数有几种，各自以略微不同的方式从方法传入或传出数据。到目前为止，你看到的这种类型是默认的类型，称为**值参数**（value parameter）。

当你使用值参数时，通过将实参的值复制到形参的方式把数据传递给方法。方法被调用时，系统执行如下操作。

❑ 在栈中为形参分配空间。

❑ 将实参的值复制给形参。

值参数的实参不一定是变量，它可以是任何能计算成相应数据类型的表达式。例如，下面的代码展示了两个方法调用。在第一个方法调用中，实参是 float 类型的变量；在第二个方法调用中，实参是计算成 float 的表达式。

```
float func1( float val )                     //声明方法
{               ↑
          float 数据类型
    float j = 2.6F;
    float k = 5.1F;
        ...
}

                    float 类型变量
                         ↓
    float fValue1 = func1( k );               //方法调用
    float fValue2 = func1( (k + j) / 3 );      //方法调用
    ...                        ↑
              计算成 float 的表达式
```

用作实参之前，变量必须被赋值（除非是输出参数，稍后会介绍）。对于引用类型，变量可以被设置为一个实际的引用或 null。

说明   你应该记得第 4 章介绍了**值类型**，所谓值类型就是指类型本身包含其值。不要把值类型和这里介绍的值参数混淆，它们是完全不同的两个概念。**值参数**是把实参的值复制给形参。

例如，下面的代码展示了一个名为 MyMethod 的方法，它有两个参数：一个 MyClass 类型的变量和一个 int。

❏ 方法为类的 int 类型字段和参数都加上 5。

❏ 你可能还注意到 MyMethod 使用了修饰符 static，我们还没有解释过这个关键字，现在你可以忽略它。第 7 章会讨论静态方法。

```
class MyClass
{
    public int Val = 20;                    //初始化字段为 20
}

class Program                  形参
{                               ↓
    static void MyMethod( MyClass f1, int f2 )
    {
        f1.Val = f1.Val + 5;                //参数的字段加 5
        f2     = f2 + 5;                    //另一参数加 5
        Console.WriteLine($"f1.Val: { f1.Val }, f2: { f2 }");
    }

    static void Main()
    {
        MyClass a1 = new MyClass();
        int     a2 = 10;

                    实参
                     ↓
        MyMethod( a1, a2 );                 //调用方法
        Console.WriteLine($"a1.Val: { a1.Val }, a2: { a2 }");
    }
}
```

这段代码会产生如下输出：

```
f1.Val: 25, f2: 15
a1.Val: 25, a2: 10
```

图 6-7 展示了实参和形参在方法执行的不同阶段的值，它表明了以下 3 点。

❏ 在方法被调用前，用作实参的变量 a2 已经在栈里了。

❏ 在方法开始时，系统在栈中为形参分配空间，并从实参复制值。

　■ 因为 a1 是引用类型的，所以引用被复制，结果实参和形参都引用堆中的同一个对象。

　■ 因为 a2 是值类型的，所以值被复制，产生了一个独立的数据项。

❏ 在方法的结尾，f2 和对象 f1 的字段都被加上了 5。

　■ 方法执行后，形参从栈中弹出。

　■ a2，值类型，它的值不受方法行为的影响。

　■ a1，引用类型，但它的值被方法的行为改变了。

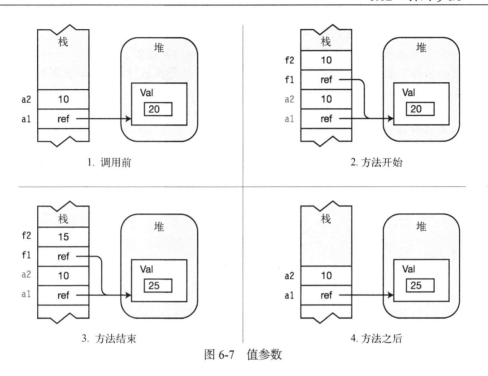

图 6-7　值参数

6.12　引用参数

第二种参数类型称为**引用参数**。

❑ 使用引用参数时，必须在方法的声明和调用中都使用 ref 修饰符。

❑ 实参**必须**是变量，在用作实参前必须被赋值。如果是引用类型变量，可以赋值为一个引用或 null。

例如，下面的代码阐明了引用参数的声明和调用的语法：

```
        包含 ref 修饰符
            ↓
void MyMethod( ref int val )        //方法声明
{ ... }

int y = 1;                          //实参变量
MyMethod ( ref y );                 //方法调用
            ↑
      包含 ref 修饰符

MyMethod ( ref 3+5 );               //出错了!
            ↑
      必须使用变量
```

在之前的内容中我们已经认识到了，对于值参数，系统在栈上为形参分配内存。相反，引用参数具有以下特征。

❏ 不会在栈上为形参分配内存。

❏ 形参的参数名将作为实参变量的别名，指向相同的内存位置。

由于形参名和实参名指向相同的内存位置，所以在方法的执行过程中对形参做的任何改变在方法完成后依然可见（表现在实参变量上）。

说明　记住要在方法的声明和调用上都使用 ref 关键字。

例如，下面的代码再次展示了方法 MyMethod，但这一次参数是引用参数而不是值参数。

```
class MyClass
{
    public int Val = 20;                //初始化字段为 20
}

class Program            ref 修饰符      ref 修饰符
{                            ↓              ↓
    static void MyMethod(ref MyClass f1, ref int f2)
    {
        f1.Val = f1.Val + 5;            //参数的字段加 5
        f2     = f2 + 5;                //另一参数加 5
        Console.WriteLine($"f1.Val: { f1.Val }, f2: { f2 }");
    }

    static void Main()
    {
        MyClass a1 = new MyClass();
        int a2     = 10;
                     ref 修饰符
                       ↓      ↓
        MyMethod(ref a1, ref a2);        //调用方法
        Console.WriteLine($"a1.Val: { a1.Val }, a2: { a2 }");
    }
}
```

这段代码将产生以下输出：

```
f1.Val: 25, f2: 15
a1.Val: 25, a2: 15
```

注意，不管 MyClass 对象 f1 是否是通过 ref 传递给方法，f1.Val 的值都是相同的。稍后会对此进行详细的讨论。

图 6-8 阐明了在方法执行的不同阶段实参和形参的值。

❏ 在方法调用之前，将要被用作实参的变量 a1 和 a2 已经在栈里了。

❏ 在方法的开始，形参名被设置为实参的别名。变量 a1 和 f1 引用相同的内存位置，a2 和 f2 引用相同的内存位置。

❏ 在方法的结束位置，f2 和 f1 的对象的字段都被加上了 5。

❑ 方法执行之后，形参的名称已经失效，但是值类型 a2 的值和引用类型 a1 所指向的对象的值都被方法内的行为改变了。

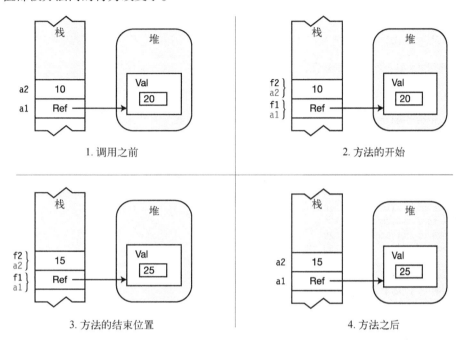

图 6-8 对于引用参数，形参就像实参的别名

6.13 引用类型作为值参数和引用参数

在前几节中我们看到了，对于一个引用类型对象，不管是将其作为值参数传递还是作为引用参数传递，都可以在方法成员内部修改它的成员。不过，我们并没有在方法内部设置形参本身。本节来看看在方法内设置引用类型形参时会发生什么。

❑ **将引用类型对象作为值参数传递** 如果在方法内创建一个新对象并赋值给形参，将切断形参与实参之间的关联，并且在方法调用结束后，新对象也将不复存在。

❑ **将引用类型对象作为引用参数传递** 如果在方法内创建一个新对象并赋值给形参，在方法结束后该对象依然存在，并且是实参所引用的值。

下面的代码展示了第一种情况——将引用类型对象作为**值参数**传递：

```
class MyClass { public int Val = 20; }

class Program
{
    static void RefAsParameter( MyClass f1 )
    {
        f1.Val = 50;
```

```
        Console.WriteLine($"After member assignment:    { f1.Val }");
        f1 = new MyClass();
        Console.WriteLine($"After new object creation: { f1.Val }");
    }

    static void Main( )
    {
        MyClass a1 = new MyClass();

        Console.WriteLine($"Before method call:        { a1.Val }");
        RefAsParameter( a1 );
        Console.WriteLine($"After method call:         { a1.Val }");
    }
}
```

这段代码产生如下输出：

```
Before method call:       20
After member assignment:  50
After new object creation: 20
After method call:        50
```

图 6-9 阐明了关于上述代码的以下几点。

❑ 在方法开始时，实参和形参指向堆中相同的对象。

❑ 在为对象的成员赋值之后，它们仍指向堆中相同的对象。

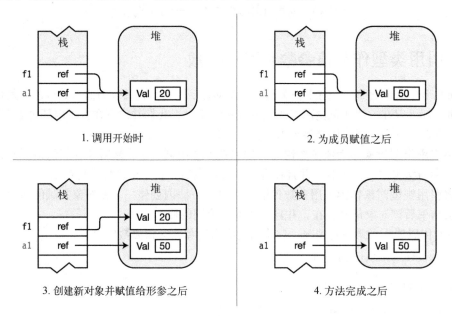

图 6-9　对用作值参数的引用类型对象赋值

❑ 当方法分配新的对象并赋值给形参时，（方法外部的）实参仍指向原始对象，而形参指向的是新对象。

❑ 在方法调用之后，实参指向原始对象，形参和新对象都会消失。

下面的代码演示了将引用类型对象作为引用参数的情况。除了方法声明和方法调用时要使用 ref 关键字外，与上面的代码完全相同。

```
class MyClass
{
    public int Val = 20;
}

class Program
{
    static void RefAsParameter( ref MyClass f1 )
    {
        //设置对象成员
        f1.Val = 50;
        Console.WriteLine($"After member assignment:    { f1.Val }");

        //创建新对象并赋值给形参
        f1 = new MyClass();
        Console.WriteLine($"After new object creation:  { f1.Val }");
    }

    static void Main( string[] args )
    {
        MyClass a1 = new MyClass();

        Console.WriteLine($"Before method call:         { a1.Val }");
        RefAsParameter( ref a1 );
        Console.WriteLine($"After method call:          { a1.Val }");
    }
}
```

这段代码产生如下输出：

```
Before metho4d call:         20
After member assignment:     50
After new object creation:   20
After method call:           20
```

你肯定还记得，引用参数充当形参的别名。这样一来上面的代码就很好解释了。图 6-10 阐明了上述代码的以下几点。

❑ 在方法调用时，形参和实参指向堆中相同的对象。

❑ 对成员值的修改会同时影响到形参和实参。

❑ 当方法创建新的对象并赋值给形参时，形参和实参的引用都指向该新对象。

❑ 在方法结束后，实参指向在方法内创建的新对象。

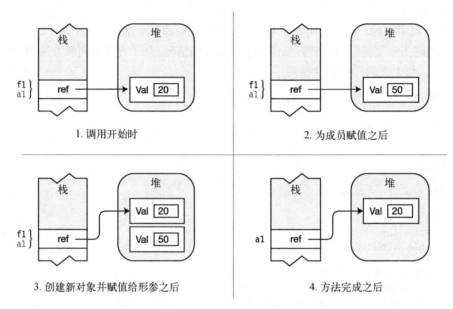

图 6-10　为用作引用参数的引用类型对象赋值

6.14　输出参数

输出参数用于从方法体内把数据传出到调用代码，它们的行为与引用参数类似。如同引用参数，输出参数有以下要求。

❑ 必须在声明和调用中都使用修饰符。输出参数的修饰符是 out 而不是 ref。

❑ 和引用参数相似，实参必须是变量，而不能是其他类型的表达式。这是有道理的，因为方法需要内存位置来保存返回值。

例如，下面的代码声明了名为 MyMethod 的方法，它带有单个输出参数。

```
         out 修饰符
            ↓
void MyMethod( out int val )        //方法声明
{ ... }

...
int y = 1;                          //实参变量
MyMethod ( out y );                 //方法调用
         ↑
    out 修饰符
```

与引用参数类似，输出参数的形参充当实参的别名。形参和实参都是同一块内存位置的名称。显然，在方法内对形参做的任何改变在方法执行完成之后（通过实参变量）都是可见的。

与引用参数不同, 输出参数有以下要求。

- 在方法内部, 给输出参数赋值之后才能读取它。这意味着参数的初始值是无关的, 而且没有必要在方法调用之前为实参赋值。
- 在方法内部, 在方法返回之前, 代码中每条可能的路径都必须为所有输出参数赋值。

因为方法内的代码在读取输出参数之前必须对其写入, 所以**不可能使用输出参数把数据传入**方法。事实上, 如果方法中有任何执行路径试图在方法给输出参数赋值之前读取它的值, 编译器就会产生一条错误消息。

```
public void Add2( out int outValue )
{
    int var1 = outValue + 2;    //出错了! 在方法赋值之前
}                               //无法读取输出变量
```

例如, 下面的代码再次展示了方法 MyMethod, 但这次使用了输出参数。

```
class MyClass
{
    public int Val = 20;                //字段初始化为 20
}

class Program              out 修饰符        out 修饰符
{                              ↓                ↓
    static void MyMethod(out MyClass f1, out int f2)
    {
        f1 = new MyClass();             //创建一个类变量
        f1.Val = 25;                    //赋值类字段
        f2     = 15;                    //赋值 int 参数
    }

    static void Main()
    {
        MyClass a1 = null;
        int a2;

        MyMethod(out a1, out a2);       //调用方法
    }              ↑       ↑
}             out 修饰符
```

图 6-11 阐述了在方法执行的不同阶段中实参和形参的值。

- 在方法调用之前, 将要被用作实参的变量 a1 和 a2 已经在栈里了。
- 在方法的开始, 形参的名称被设置为实参的别名。你可以认为变量 a1 和 f1 指向的是相同的内存位置, 也可以认为 a2 和 f2 指向的是相同的内存位置。a1 和 a2 不在作用域之内, 所以不能在 MyMethod 中访问。
- 在方法内部, 代码创建了一个 MyClass 类型的对象并把它赋值给 f1。然后赋一个值给 f1 的字段, 也赋一个值给 f2。对 f1 和 f2 的赋值都是必需的, 因为它们是输出参数。
- 方法执行之后, 形参的名称已经失效, 但是引用类型的 a1 和值类型的 a2 的值都被方法内的行为改变了。

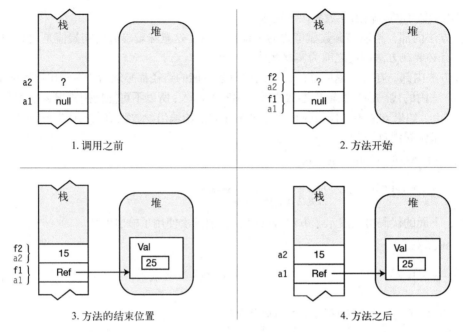

图 6-11   对于输出参数，形参就好像是实参的别名一样，但是还有一个要求，那就是
它必须在方法内进行赋值

从 C# 7.0 开始，你不再需要预先声明一个变量来用作 out 参数了。你可以在调用方法时在参数列表中添加一个变量类型，它将作为变量声明。

例如，在之前的代码示例中，Main 方法声明了 a1 和 a2 变量，然后在调用 MyMethod 时将它们用作 out 参数，如下所示：

```
static void Main()
{
    MyClass a1 = null;         //声明将被用作 out 参数的变量
    int a2;                    //声明将被用作 out 参数的变量

    MyMethod(out a1, out a2);  //调用方法
}
```

如果使用新的语法，你可以：

❑ 消除显式的变量声明；

❑ 直接在方法调用时加入变量类型声明。

下面的代码演示了新的形式：

```
static void Main()
{
    MyMethod( out MyClass a1, out int a2 ); //调用方法
}
                    ↑             ↑
                变量类型      变量类型
```

虽然 a1 和 a2 只在方法调用语句中进行了声明，但它们也可以在方法调用完后继续使用，如以下代码所示：

```
static void Main()
{
    MyMethod(out MyClass a1, out int a2);    //调用方法
    Console.WriteLine(a2);                    //使用返回的值

    a2 += 5;                                  //写入变量
    Console.WriteLine(a2);
}
```

上面代码产生如下输出：

```
15
20
```

6.15 参数数组

至此，在本书所述的参数类型中，一个形参必须严格地对应一个实参。**参数数组**则不同，它允许特定类型的**零个或多个**实参对应一个特定的形参。参数数组的重点如下。

❑ 在一个参数列表中只能有一个参数数组。

❑ 如果有，它必须是列表中的最后一个。

❑ 由参数数组表示的所有参数必须是同一类型。

声明一个参数数组时必须做的事如下。

❑ 在数据类型前使用 params 修饰符。

❑ 在数据类型后放置一组空的方括号。

下面的方法头展示了 int 型参数数组的声明语法。在这个示例中，形参 inVals 可以代表零个或多个 int 实参。

```
                    int 型参数数组
                        ↓
void ListInts( params int[] inVals )
{ ...              ↑          ↑
                修饰符      参数名称
```

类型名后面的空方括号指明了参数是一个整数**数组**。在这里不必在意数组的细节，它们将在第 13 章详细阐述。而现在，你需要了解的内容如下。

❑ 数组是一组有序的同一类型的数据项。

❑ 数组使用一个数字索引进行访问。

❑ 数组是一个引用类型，因此它的所有数据项都保存在堆中。

6.15.1 方法调用

可以使用两种方式为参数数组提供实参。

❑ 一个用逗号分隔的该数据类型元素的列表。所有元素必须是方法声明中指定的类型。

```
ListInts( 10, 20, 30 );                //3 个 int
```

❑ 一个该数据类型元素的一维数组。

```
int[] intArray = {1, 2, 3};
ListInts( intArray );                  //一个数组变量
```

请注意，在这些示例中，没有在**调用**时使用 params 修饰符。参数数组中修饰符的使用与其他参数类型的模式并不相符。

❑ 其他参数类型是一致的，要么都使用修饰符，要么都不使用修饰符。
  ■ 值参数的声明和调用都不带修饰符。
  ■ 引用参数和输出参数在两个地方都需要修饰符。
❑ params 修饰符的用法总结如下。
  ■ 在声明中需要修饰符。
  ■ 在调用中不允许有修饰符。

延伸式

方法调用的第一种形式有时被称为**延伸式**，这种形式在调用中使用独立的实参。

例如，下面代码中的方法 ListInts 的声明可以匹配其后所有的方法调用，虽然它们的实参数目不同。

```
void ListInts( params int[] inVals ) { ... }      //方法声明

...
ListInts( );                          //0 个实参
ListInts( 1, 2, 3 );                  //3 个实参
ListInts( 4, 5, 6, 7 );              //4 个实参
ListInts( 8, 9, 10, 11, 12 );        //5 个实参
```

在使用一个为参数数组使用独立实参的调用时，编译器做下面几件事。

❑ 接受实参列表，用它们在堆中创建并初始化一个数组。

❑ 把数组的引用保存到栈中的形参里。

❑ 如果在对应形参组的位置没有实参，编译器会创建一个有零个元素的数组来使用。

例如，下面的代码声明了一个名为 ListInts 的方法，它接受有一个参数数组。Main 声明了 3 个整数并把它们传给了数组。

```
class MyClass                    参数数组
{                          _____↓_____
   public void ListInts( params int[] inVals )
   {
      if ( (inVals != null) && (inVals.Length != 0))
```

```
                for (int i = 0; i < inVals.Length; i++)        //处理数组
                {
                    inVals[i] = inVals[i] * 10;
                    Console.WriteLine($"{ inVals[i] }");        //显示新值
                }
            }
        }

class Program
{
    static void Main()
    {
        int first = 5, second = 6, third = 7;          //声明3个int

        MyClass mc = new MyClass();
        mc.ListInts( first, second, third );           //调用方法
                        ↑
                       实参
        Console.WriteLine($"{ first }, { second }, { third }");
    }
}
```

这段代码产生如下输出:

```
50
60
70
5, 6, 7
```

图 6-12 阐明了在方法执行的不同阶段实参和形参的值。

❑ 方法调用之前, 3 个实参已经在栈里。

❑ 在方法的开始, 3 个实参被用于初始化堆中的数组, 并且数组的引用被赋值给形参 inVals。

❑ 在方法内部, 代码首先检查以确认数组引用不是 null, 然后处理数组, 把每个元素乘以 10 并保存回去。

❑ 方法执行之后, 形参 inVals 失效。

关于参数数组, 需要记住的一点是当数组在堆中被创建时, 实参的值被**复制**到数组中。这样, 它们像值参数。

❑ 如果数组参数是值类型, 那么**值**被复制, 实参在方法内部不受影响。

❑ 如果数组参数是引用类型, 那么**引用**被复制, 实参引用的对象在方法内部会受到影响。

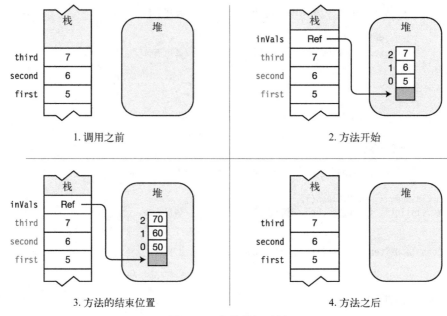

图 6-12   参数数组示例

6.15.2   将数组作为实参

也可以在方法调用之前创建并组装一个数组,把单一的数组变量作为实参传递。这种情况下,编译器使用**你的数组**而不是重新创建一个。

例如,下面的代码使用前一个示例中声明的方法 ListInts。在这段代码中,Main 创建一个数组,并用数组变量而不是使用独立的整数作为实参。

```
static void Main() {
   int[] myArr = new int[] { 5, 6, 7 };   //创建并初始化数组
   MyClass mc = new MyClass();
   mc.ListInts(myArr);                     //调用方法来打印值

   foreach (int x in myArr)
      Console.WriteLine($"{ x }");         //输出每个元素
}
```

这段代码产生以下输出:

```
50
60
70
50
60
70
```

6.16　参数类型总结

因为有 4 种参数类型，所以有时很难记住它们的不同特征。表 6-2 对它们做了总结，以便于比较和对照。

表 6-2　参数类型语法使用总结

参数类型	修饰符	是否在声明时使用	是否在调用时使用	执　行
值	无			系统把实参的值复制到形参
引用	ref	是	是	形参是实参的别名
输出	out	是	是	仅包含一个返回的值。形参是实参的别名
数组	params	是	否	允许传递可变数目的实参到方法

6.17　ref 局部变量和 ref 返回

在本章前面你已经看到了，你可以使用 ref 关键字传递一个对象引用给方法调用，这样在调用上下文中，对对象的任何改动在方法返回后依然可见。**ref 返回**功能则相反，它允许你将一个引用发送到**方法外**，然后在调用上下文内使用这个引用。一个相关的功能是 **ref 局部变量**，它允许一个变量是另一个变量的别名。

我们将从 ref 局部变量这个功能开始讲解。下面是关于 ref 局部变量功能的重要事项。

❑ 你可以使用这个功能创建一个变量的别名，即使引用的对象是值类型。

❑ 对任意一个变量的赋值都会反映到另一个变量上，因为它们引用的是相同的对象，即使是值类型。

创建别名的语法需要使用关键字 ref 两次，一次是在别名声明的类型的前面，另一次是在赋值运算符的右边，"被别名"的变量的前面，如下所示：

```
ref int y = ref x;
     ↑         ↑
   关键字     关键字
```

下面的代码是一个示例，其中使用 ref 局部变量功能创建了变量 x 的一个别名，叫作 y。当 x 改变时，y 也会变，反之亦然。

```
class Program {
    static void Main() {
        int x = 2;
        ref int y = ref x;

        Console.WriteLine( $"x = {x},  y = {y}" );
        x = 5;
        Console.WriteLine( $"x = {x},  y = {y}" );
```

```
            y = 6;
            Console.WriteLine( $"x = {x},   y = {y}" );
        }
    }
```

上面的代码产生如下输出：

```
x = 2,   y = 2
x = 5,   y = 5
x = 6,   y = 6
```

但是，别名功能不是 ref 局部变量功能最常见的用途。实际上，它经常和 ref 返回功能一起使用。ref 返回功能提供了一种使方法返回变量引用而不是变量值的方法。这里需要的额外语法也使用了 ref 关键字两次：

❑ 一次是在方法的返回类型声明之前

❑ 另一次是在 return 关键字之后，被返回对象的变量名之前

下面的代码演示了一个例子。注意，在方法调用之后，因为调用了修改 ref 局部变量的代码，所以类的字段值改变了。

```
class Simple
{
    private int Score = 5;
        ref 返回方法的关键字
              ↓
    public ref int RefToValue()
    {
        return ref Score;
    }           ↑
         ref 返回的关键字
    public void Display()
    {
        Console.WriteLine( $"Value inside class object: {Score}" );
    }
}

class Program
{
    static void Main()
    {
        Simple s = new Simple();
        s.Display();

        ref int v1Outside = ref s.RefToValue();
    }       ↑                   ↑
ref 局部变量的关键字   ref 局部变量的关键字
        v1Outside = 10;        //在调用域外修改值
        s.Display();           //检查值是否已经改变
    }
}
```

上述代码产生如下输出：

```
Value inside class object: 5
Value inside class object: 10
```

另一个可能有用的例子是 Math 库中 Max 方法的变形。提供两个数字类型的变量，Math.Max 能够返回两个值中较大的那个。但是，假设你想返回的是包含较大值的**变量的引用**，而不是实际的值。为此，你可以使用 **ref** 返回功能，如以下代码所示。

```
using static System.Console;

class Program
{
    static ref int Max(ref int p1, ref int p2)
    {
        if ( p1 > p2 )
            return ref p1;    //返回引用，而不是值
        else
            return ref p2;    //返回引用，而不是值
    }

    static void Main()
    {
        int v1 = 10;
        int v2 = 20;
        WriteLine("Start");
        WriteLine($"v1: {v1}, v2: {v2}\n");

        ref int max = ref Max(ref v1, ref v2);
        WriteLine("After assignment");
        WriteLine($"max: {max}\n");

        max++;
        WriteLine("After increment");
        WriteLine($"max: {max}, v1: {v1}, v2: {v2}");
    }
}
```

以上代码产生如下输出：

```
Start
v1: 10, v2: 20

After assignment
max: 20

After increment
max: 21, v1: 10, v2: 21
```

这个功能有如下额外限制。

- ❏ 你不能将返回类型是 void 的方法声明为 ref 返回方法。
- ❏ ref return 表达式不能返回如下内容:
  - ■空值
  - ■常量
  - ■枚举成员
  - ■类或者结构体的属性
  - ■指向只读位置的指针
- ❏ ref return 表达式只能指向原先就在调用域内的位置,或者字段。所以,它不能指向方法的局部变量。
- ❏ ref 局部变量只能被赋值一次,也就是说,一旦初始化,它就不能指向不同的存储位置了。
- ❏ 即使将一个方法声明为 ref 返回方法,如果在调用该方法时省略了 ref 关键字,则返回的将是值,而不是指向值的内存位置的指针。
- ❏ 如果将 ref 局部变量作为常规的实际参数传递给其他方法,则该方法仅获取该变量的一个副本。尽管 ref 局部变量包含指向存储位置的指针,但是当以这种方式使用时,它会传递值而不是引用。

6.18   方法重载

一个类中可以有多个同名方法,这叫作**方法重载**(method overloading)[①]。使用相同名称的每个方法必须有一个和其他方法不同的**签名**(signature)。

- ❏ 方法的签名由下列信息组成,它们在方法声明的方法头中:
  - ■方法的名称;
  - ■参数的数目;
  - ■参数的数据类型和顺序;
  - ■参数修饰符。
- ❏ 返回类型不是签名的一部分,而我们往往误认为它是签名的一部分。
- ❏ 请注意,形参的**名称**也不是签名的一部分。

```
不是签名的一部分
     ↓
long AddValues( int a, out int b) { ... }
                 ↑
              签名
```

例如,下面 4 个方法是方法名 AddValues 的重载:

```
class A
{
    long AddValues( int   a, int   b)              { return a + b;          }
```

---

① 请注意此概念与继承中"方法覆写"(method overriding)的不同,参见 8.6.1 节。——编者注

```
long AddValues( int   c, int   d, int e)    { return c + d + e;    }
long AddValues( float f, float g)           { return (long)(f + g); }
long AddValues( long  h, long  m)           { return h + m;        }
}
```

下面的代码展示了一个非法的方法重载。两个方法仅返回类型和形参名不同，但它们仍有相同的签名，因为它们的方法名相同，而且参数的数目、类型和顺序也相同。编译器会对这段代码生成一条错误消息。

```
class B                签名
{                ┌────────↓────────────┐
   long AddValues( long  a, long  b) { return a+b; }
   int  AddValues( long  c, long  d) { return c+d; }  //错误，相同的签名
}                         ↑
                         签名
```

6.19 命名参数

至此我们用到的所有参数都是位置参数，也就是说每一个实参的位置都必须与相应的形参位置对应。

此外，C#还允许我们使用**命名参数**（named parameter）。只要显式指定参数的名字，就可以以任意顺序在方法调用中列出实参。细节如下。

❑ 方法的声明没有什么不一样。形参已经有名字了。

❑ 不过在调用方法的时候，形参的名字后面跟着冒号和实际的参数值或表达式，如下面的方法调用所示。在这里 a、b、c 是 Calc 方法 3 个形参的名字。

```
         实参值 实参值 实参值
          ↓     ↓     ↓
c.Calc ( c: 2, a: 4, b: 3);
          ↑     ↑     ↑
        命名参数 命名参数 命名参数
```

图 6-13 演示了使用命名参数的结构。

```
class MyClass                          参数声明没有
{                          ┌──────┐    什么不一样
   public int Calc(int a, int b, int c)
   { return (a + b) * c; }

   static void Main()
   {                                  参数的名字和值
      MyClass mc = new MyClass();  ┌──────┐

      int result = mc.Calc( c: 2, a: 4, b: 3 );

      Console.WriteLine("{0}", result);
   }
}
```

图 6-13　在使用命名参数的时候，需要在方法调用中包含参数名。无须对方法声明做任何改变

在调用的时候，你可以同时使用位置参数和命名参数，但所有**位置参数必须先列出**。例如，下面的代码演示了 Calc 方法的声明及其使用位置参数和命名参数不同组合的 5 种调用方式。

```
class MyClass {
   public int Calc( int a, int b, int c )
   { return ( a + b ) * c;  }

   static void Main() {
      MyClass mc = new MyClass( );

      int r0 = mc.Calc( 4, 3, 2 );                  //位置参数
      int r1 = mc.Calc( 4, b: 3, c: 2 );            //位置参数和命名参数
      int r2 = mc.Calc( 4, c: 2, b: 3 );            //交换了顺序
      int r3 = mc.Calc( c: 2, b: 3, a: 4 );         //所有都是命名参数
      int r4 = mc.Calc( c: 2, b: 1 + 2, a: 3 + 1 ); //命名参数表达式

      Console.WriteLine($"{ r0 }, { r1 }, { r2 }, { r3 }, { r4 }");
   }
}
```

这段代码产生了如下输出：

```
14, 14, 14, 14, 14
```

命名参数对于自描述的程序来说很有用，因为我们可以在方法调用的时候显示哪个值赋给哪个形参。例如，如下代码调用了两次 GetCylinderVolume，第二次调用具有更多的信息并且更不容易出错。

```
class MyClass {
   double GetCylinderVolume( double radius, double height )
   {
      return 3.1416 * radius * radius * height;
   }

   static void Main( string[] args ) {
      MyClass mc = new MyClass();
      double volume;

      volume = mc.GetCylinderVolume( 3.0, 4.0 );
      ...
      volume = mc.GetCylinderVolume( radius: 3.0, height: 4.0 );
      ...                                   ↑            ↑
   }                                      更多信息      更多信息
}
```

6.20   可选参数

C#还允许使用**可选参数**（optional parameter）。所谓可选参数就是可以在调用方法的时候包含这个参数，也可以省略它。

为了表明某个参数是可选的，你需要在方法声明中为该参数提供默认值。指定默认值的语法和初始化局部变量的语法一样，如下面代码的方法声明所示。在代码中，

- □ 形参 b 的默认值设置成 3；
- □ 因此，如果在调用方法的时候只有一个参数，方法会使用 3 作为第二个参数的初始值。

```
class MyClass                    可选参数
{                                   ↓
    public int Calc( int a, int b = 3 )
    {                                  ↑
        return a + b;            默认值
    }

    static void Main()
    {
        MyClass mc = new MyClass();

        int r0 = mc.Calc( 5, 6 );        //使用显式值
        int r1 = mc.Calc( 5 );           //为 b 使用默认值

        Console.WriteLine($"{ r0 }, { r1 }");
    }

}
```

这段代码产生如下输出：

11, 8

对于可选参数的声明，我们需要知道如下几个重要事项。
- □ 不是所有的参数类型都可以作为可选参数。图 6-14 列出了何时可以使用可选参数。
  - ■ 只要值类型的默认值在编译的时候可以确定，就可以使用值类型作为可选参数。
  - ■ 只有在默认值是 null 的时候，引用类型才可以用作可选参数。

参数类型

数据类型		值	ref	out	params
	值类型	是	否	否	否
	引用类型	只允许null的默认值	否	否	否

图 6-14　可选参数只能是值参数类型

- □ 所有必填参数（required paramenter）必须在可选参数声明之前声明。如果有 params 参数，必须在所有可选参数之后声明。图 6-15 演示了这种语法顺序。

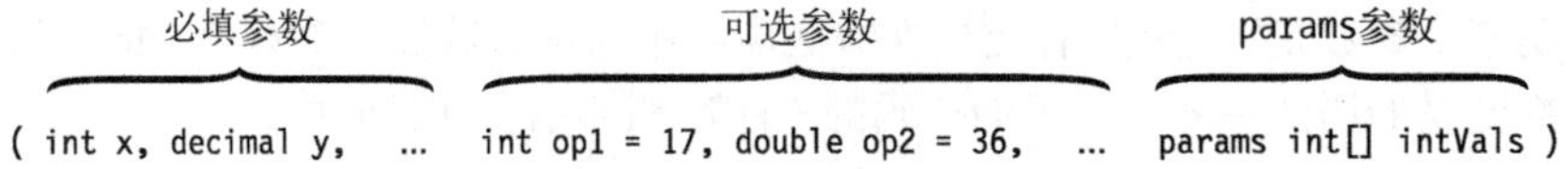

图 6-15   在方法声明中，所有必填参数必须在可选参数之前进行声明。如果有 params
参数，必须在所有可选参数之后声明

在之前的示例中我们已经看到了，可以在方法调用的时候省略相应的实参，从而为可选参数
使用默认值。但是，不能随意省略可选参数的组合，因为在很多情况下这么做会导致使用哪些可
选参数变得不明确。规则如下。

❑ 你必须从可选参数列表的最后开始省略，一直到列表开头。

❑ 也就是说，你可以省略最后一个可选参数，或是最后 *n* 个可选参数，但是不能随意选择
省略任意的可选参数，省略必须从最后开始。

```
class MyClass
{
   public int Calc( int a = 2, int b = 3, int c = 4 )
   {
      return (a + b) * c;
   }

   static void Main( )
   {
      MyClass mc = new MyClass( );
      int r0 = mc.Calc( 5, 6, 7 );   //使用所有的显式值
      int r1 = mc.Calc( 5, 6 );      //为 c 使用默认值
      int r2 = mc.Calc( 5 );         //为 b 和 c 使用默认值
      int r3 = mc.Calc( );           //使用所有的默认值

      Console.WriteLine($"{r0}, {r1}, {r2}, {r3}");
   }
}
```

这段代码产生了如下输出：

```
77, 44, 32, 20
```

如果需要随意省略可选参数列表中的可选参数，而不是从列表的最后开始，那么必须使用可
选参数的名字来消除赋值的歧义。在这种情况下，你需要结合利用命名参数和可选参数特性。下
面的代码演示了位置参数、可选参数和命名参数的这种用法。

```
class MyClass
{
   double GetCylinderVolume( double radius = 3.0, double height = 4.0 )
   {
      return 3.1416 * radius * radius * height;
   }

   static void Main( )
```

```
    {
        MyClass mc = new MyClass();
        double volume;

        volume = mc.GetCylinderVolume( 3.0, 4.0 );        //位置参数
        Console.WriteLine( "Volume = " + volume );

        volume = mc.GetCylinderVolume( radius: 2.0 );     //使用 height 默认值
        Console.WriteLine( "Volume = " + volume );

        volume = mc.GetCylinderVolume( height: 2.0 );     //使用 radius 默认值
        Console.WriteLine( "Volume = " + volume );

        volume = mc.GetCylinderVolume( );                 //使用两个默认值
        Console.WriteLine( "Volume = " + volume );
    }
}
```

这段代码产生了如下输出：

```
Volume = 113.0976
Volume = 50.2656
Volume = 56.5488
Volume = 113.0976
```

6.21　栈帧

至此，我们已经知道了局部变量和参数是位于栈上的，下面深入探讨一下其组织。

在调用方法的时候，内存从栈的顶部开始分配，保存和方法关联的一些数据项。这块内存叫作方法的**栈帧**（stack frame）。

❑ 栈帧包含的内存保存如下内容。

  ■ 返回地址，也就是在方法退出的时候继续执行的位置。

  ■ 分配内存的参数，也就是方法的值参数，还可能是参数数组（如果有的话）。

  ■ 和方法调用相关的其他管理数据项。

❑ 在方法调用时，整个栈帧都会压入栈。

❑ 在方法退出的时候，整个栈帧都会从栈上弹出。弹出栈帧有的时候也叫作**栈展开**（unwind）。

例如，如下代码声明了 3 个方法。Main 调用 MethodA，MethodA 又调用 MedhodB，创建了 3 个栈帧。在方法退出的时候，栈展开。

```
class Program
{
    static void MethodA( int par1, int par2)
    {
        Console.WriteLine($"Enter MethodA: { par1 }, { par2 }");
        MethodB(11, 18);                          //调用 MethodB
        Console.WriteLine("Exit  MethodA");
    }
```

```
static void MethodB(int par1, int par2)
{
    Console.WriteLine($"Enter MethodB: { par1 }, { par2 }");
    Console.WriteLine("Exit  MethodB");
}

static void Main( )
{
    Console.WriteLine("Enter Main");
    MethodA(15, 30);                          //调用 MethodA
    Console.WriteLine("Exit  Main");
}
}
```

这段代码产生如下输出：

```
Enter Main
Enter MethodA: 15, 30
Enter MethodB: 11, 18
Exit  MethodB
Exit  MethodA
Exit  Main
```

图 6-16 演示了在调用方法时栈帧压入栈的过程和方法结束后栈展开的过程。

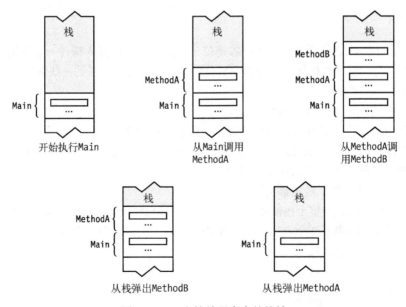

图 6-16 一个简单程序中的栈帧

6.22 递归

除了调用其他方法，方法也可以调用自身。这叫作**递归**。

递归会产生很优雅的代码，比如下面计算阶乘数的方法就是如此。注意在本例的方法内部，方法使用比输入参数小 1 的实参调用自身。

```
int Factorial(int inValue)
{
   if (inValue <= 1)
      return inValue;
   else
      return inValue * Factorial(inValue - 1);      //再一次调用 Factorial
}
                                 ↑
                              调用自身
```

调用方法自身的机制和调用其他方法其实是完全一样的，都是为每一次方法调用把新的栈帧压入栈顶。

例如，在下面的代码中，Count 方法使用比输入参数小 1 的值调用自身，然后打印输入的参数。随着递归越来越深，栈也越来越大。

```
class Program
{
   public void Count(int inVal)
   {
      if (inVal == 0)
         return;
      Count(inVal - 1);                  //再一次调用方法
            ↑
         调用自身
      Console.WriteLine($"{ inVal }");
   }

   static void Main()
   {
      Program pr = new Program();
      pr.Count(3);
   }
}
```

这段代码产生如下输出：

```
1
2
3
```

图 6-17 演示了这段代码。注意，如果输入值 3，那么 Count 方法就有 4 个不同的独立栈帧。每一个都有其自己的输出参数值 inVal。

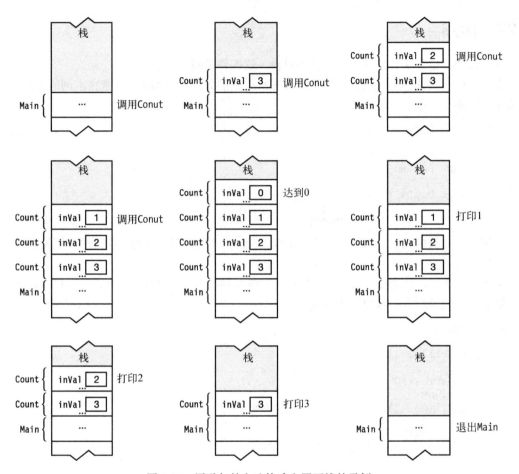

图 6-17   用递归的方法构建和展开栈的示例

第 7 章

深入理解类

7

本章内容
- 类成员
- 成员修饰符的顺序
- 实例类成员
- 静态字段
- 从类的外部访问静态成员
- 静态函数成员
- 其他静态类成员类型
- 成员常量
- 常量和静态量
- 属性
- 实例构造函数
- 静态构造函数
- 对象初始化语句
- 析构函数
- readonly 修饰符
- this 关键字
- 访问器的访问修饰符
- 分部类和分部类型
- 分部方法

7.1 类成员

之前的两章阐述了 9 种类成员类型中的两种：字段和方法。这一章会介绍除事件和运算符之外的类成员类型，并讨论其特征。第 15 章将介绍事件。

表 7-1 列出了类成员的类型。已经介绍过的类型用菱形标记，将在本章阐述的类型用勾号标记，将在以后的章节中阐述的类型用空的选择框标记。

表 7-1　类成员的类型

数据成员（保存数据）	函数成员（执行代码）	
◆ 字段	◆ 方法	❑ 运算符
✓ 常量	✓ 属性	✓ 索引
	✓ 构造函数	❑ 事件
	✓ 析构函数	

7.2　成员修饰符的顺序

在前面的内容中，你看到字段和方法的声明可以包括如 public 和 private 这样的修饰符。这一章会讨论许多其他的修饰符。多个修饰符可以一起使用，自然就产生一个问题：它们需要按什么顺序排列呢？

类成员声明语句由下列部分组成：核心声明、一组可选的**修饰符**和一组可选的**特性**（attribute）。用于描述这个结构的语法如下。方括号表示方括号内的成分是可选的。

```
[特性] [修饰符] 核心声明
```

可选成分如下。

❑ 修饰符

　　■ 如果有修饰符，必须放在核心声明之前。

　　■ 如果有多个修饰符，可以任意顺序排列。

❑ 特性

　　■ 如果有特性，必须放在修饰符和核心声明之前。

　　■ 如果有多个特性，可以任意顺序排列。

至此，只解释了两个修饰符，即 public 和 private。第 25 章会介绍特性。例如，public 和 static 都是修饰符，可以一起修饰某个声明。因为它们都是修饰符，所以可以任何顺序放置。下面两行代码在语义上是等价的：

```
public static int MaxVal;
static public int MaxVal;
```

图 7-1 阐明了声明中各成分的顺序，到目前为止，它们可用于两种成员类型：字段和方法。注意，字段的类型和方法的返回类型不是修饰符——它们是核心声明的一部分。

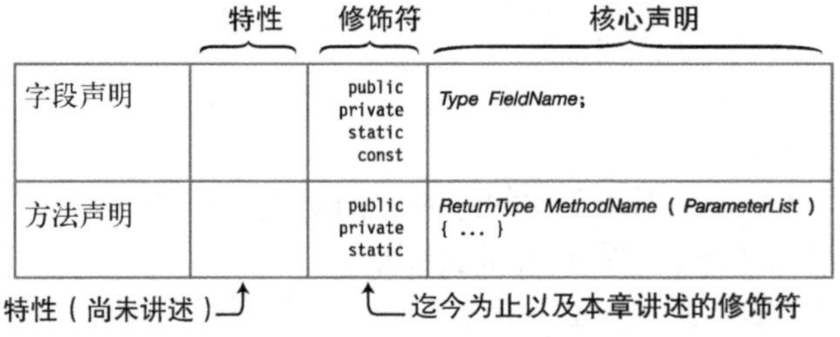

图 7-1　特性、修饰符和核心声明的顺序

7.3　实例类成员

　　类成员可以关联到类的一个实例，也可以关联到整个类，即类的所有实例。默认情况下，成员被关联到一个实例。可以认为类的每个实例拥有自己的各个类成员的副本，这些成员称为**实例成员**。

　　改变一个实例字段的值不会影响任何其他实例中成员的值。迄今为止，你所看到的字段和方法都是实例字段和实例方法。

　　例如，下面的代码声明了一个类 D，它带有唯一整型字段 Mem1。Main 创建了该类的两个实例，每个实例都有自己的字段 Mem1 的副本，改变一个实例的字段副本的值不影响其他实例的副本的值。图 7-2 阐明了类 D 的两个实例。

```
class D
{
    public int Mem1;
}

class Program
{
    static void Main()
    {
        D d1 = new D();
        D d2 = new D();
        d1.Mem1 = 10; d2.Mem1 = 28;

        Console.WriteLine($"d1 = { d1.Mem1 }, d2 = { d2.Mem1 }");
    }
}
```

这段代码产生如下输出：

```
d1 = 10, d2 = 28
```

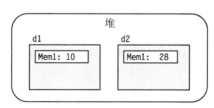

图 7-2　类 D 的每个实例都有自己的字段 Mem1 的副本

7.4   静态字段

除了实例字段，类还可以拥有**静态字段**。

❑ 静态字段被类的所有实例**共享**，所有实例都访问同一内存位置。因此，如果该内存位置的值被一个实例改变了，这种改变对所有的实例都可见。

❑ 可以使用 static 修饰符将字段声明为静态，如：

```
class D
{
    int Mem1;                //实例字段
    static int Mem2;         //静态字段
      ↑
} 关键字
```

例如，图 7-3 左边的代码声明了类 D，它含有静态字段 Mem2 和实例字段 Mem1。Main 定义了类 D 的两个实例。该图表明静态成员 Mem2 是与所有实例分开保存的。实例中灰色的字段表明，从实例内部，访问或更新静态字段的语法和访问或更新其他成员字段一样。

❑ 因为 Mem2 是静态的，所以类 D 的两个实例共享一个 Mem2 字段。如果 Mem2 被改变了，这个改变在两个实例中都能看到。

❑ 成员 Mem1 没有声明为 static，所以每个实例都有自己的副本。

```
class D
{
    int Mem1;
    static int Mem2;
    ...
}

static void Main()
{
    D d1 = new D();
    D d2 = new D();
    ...
}
```

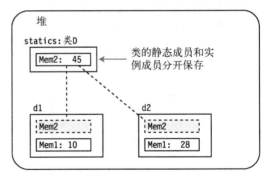

静态字段Mem2被类D的所有实例共享，而每个实例都有自己的实例字段Mem1的副本

图 7-3   静态和非静态数据成员

7.5   从类的外部访问静态成员

在前一章中，我们看到使用点运算符可以从类的外部访问 public 实例成员。点运算符由实例名、点和成员名组成。

就像实例成员，静态成员也可以使用点运算符从类的外部访问。但因为没有实例，所以最常用的访问静态成员的方法使用**类名**，如下面的代码所示：

类名
↓
D.Mem2 = 5;   //访问静态类成员
        ↑
    成员名

访问静态成员的另一种方法根本不需要使用前缀，只需在该成员所属的类中包含一个 using static 声明，如下所示：

```
using static System.Console;    //在其他成员中包含 Writeline()
using static System.Math;       //在其他成员中包含 Sqrt()
    ...
WriteLine($"The square root of 16 is { Sqrt(16) }" );
```

这等价于：

```
using System;
    ...
Console.WriteLine($"The square root of 16 is { Math.Sqrt(16) }");
```

第 22 章中将详细介绍 using static 声明结构体。

说明 在这两种访问静态成员的方法中进行选择时，应该考虑哪种方法的代码对你和维护代码的人来说更加清晰易懂。

7.5.1 静态字段示例

下面的代码扩展了前文的类 D，增加了两个方法：

❏ 一个方法设置两个数据成员的值。

❏ 另一个方法显示两个数据成员的值。

```
class D {
    int        Mem1;
    static int Mem2;

    public void SetVars(int v1, int v2) //设置值
    {  Mem1 = v1; Mem2 = v2; }
                    ↑ 像访问实例字段一样访问它

    public void Display( string str )
    {  Console.WriteLine("{0}: Mem1= {1}, Mem2= {2}", str, Mem1, Mem2); }
}                                                         ↑
                                        像访问实例字段一样访问它
class Program {
    static void Main()
    {
        D d1 = new D(), d2 = new D();   //创建两个实例

        d1.SetVars(2, 4);               //设置 d1 的值
        d1.Display("d1");
```

```
        d2.SetVars(15, 17);              //设置 d2 的值
        d2.Display("d2");

        d1.Display("d1");        //再次显示 d1,
    }                            //注意, 这时 Mem2 静态成员的值已改变
}
```

这段代码产生以下输出:

```
d1: Mem1= 2, Mem2= 4
d2: Mem1= 15, Mem2= 17
d1: Mem1= 2, Mem2= 17
```

7.5.2   静态成员的生存期

静态成员的生命期与实例成员的不同。

❑ 之前我们已经看到了,只有在实例创建之后才产生实例成员,在实例销毁之后实例成员
  也就不存在了。

❑ 但是**即使类没有实例**,也存在静态成员,并且可以访问。

图 7-4 阐述了类 D,它带有一个静态字段 Mem2。虽然 Main 没有定义类 D 的任何实例,但它把
值 5 赋给该静态字段并毫无问题地把它打印了出来。

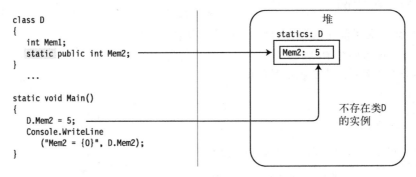

图 7-4   没有类实例的静态成员仍然可以被赋值并读取,因为字段与类有关,而与实例无关

图 7-4 中的代码产生以下输出:

```
Mem2 = 5
```

说明   即使不存在类实例,静态成员也存在。如果静态字段有初始化语句,那么会在使用该类
      的任何静态成员之前初始化该字段,但不一定在程序执行的开始就初始化。

7.6 静态函数成员

除了静态字段，还有静态函数成员。

❑ 如同静态字段，静态函数成员独立于任何类实例。即使没有类的实例，仍然可以调用静态方法。

❑ **静态函数成员不能访问实例成员**，但能访问其他静态成员。

例如，下面的类包含一个静态字段和一个静态方法。注意，静态方法的方法体访问静态字段。

```
class X
{
    static public int A;                    //静态字段
    static public void PrintValA()          //静态方法
    {
        Console.WriteLine("Value of A: {0}", A);
    }                                        ↑
}                                        访问静态字段
```

下面的代码使用前文代码中定义的类 X。图 7-5 阐释了这段代码。

```
class Program
{
    static void Main()
    {
        X.A = 10;              //使用点号语法
        X.PrintValA();         //使用点号语法
    }  ↑
}    类名
```

这段代码产生以下输出：

```
Value of A: 10
```

图 7-5 描述了之前的代码。

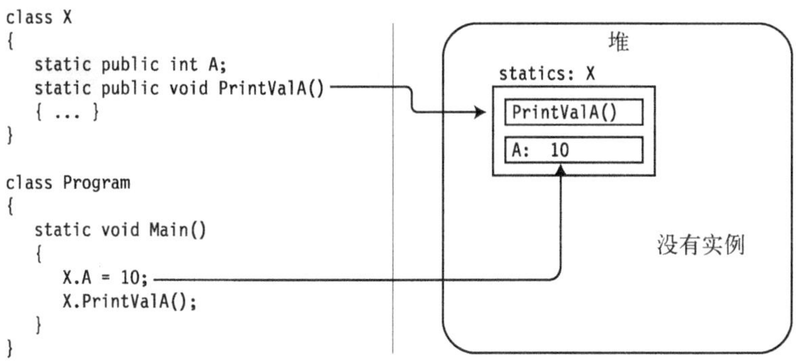

图 7-5　即使没有类的实例，类的静态方法也可以被调用

7.7   其他静态类成员类型

可以声明为 static 的类成员类型在表 7-2 中做了勾选标记。其他成员类型不能声明为 static。

表 7-2   可以声明为静态的类成员类型

数据成员（存储数据）	函数成员（执行代码）
✓ 字段	✓ 方法
✓ 类型	✓ 属性
常量	✓ 构造函数
	✓ 运算符
	索引器
	✓ 事件

7.8   成员常量

成员常量类似前一章所述的局部常量，只是它们被声明在类声明中而不是方法内，如下面的示例：

```
class MyClass
{
    const int IntVal = 100;            //定义 int 类型常量
                ↑          ↑            //值为 100
}         类型      初始值

const double PI = 3.1416;              //错误：不能在类型声明之外声明
```

与局部常量类似，用于初始化成员常量的值在编译时必须是可计算的，而且通常是一个预定义简单类型或由它们组成的表达式。

```
class MyClass
{
    const int IntVal1 = 100;
    const int IntVal2 = 2 * IntVal1;  //没问题，因为 IntVal1 的值
}                                      //前面一行已设置
```

与局部常量类似，不能在成员常量声明以后给它赋值。

```
class MyClass
{
    const int IntVal;                  //错误：必须初始化
    IntVal = 100;                      //错误：不允许赋值
}
```

说明   与 C 和 C++不同，在 C#中没有全局常量。每个常量都必须声明在类型内。

7.9　常量与静态量

然而，成员常量比局部常量更有趣，因为它们表现得像静态值。它们对类的每个实例都是"可见的"，而且即使没有类的实例也可以使用。与真正的静态量不同，常量没有自己的存储位置，而是在编译时被编译器替换。这种方式类似于 C 和 C++中的#define 值。

例如，下面的代码声明了类 X，带有常量字段 PI。Main 没有创建 X 的任何实例，但仍然可以使用字段 PI 并打印它的值。图 7-6 阐明了这段代码。

```
class X
{
   public const double PI = 3.1416;
}

class Program
{
   static void Main()
   {
      Console.WriteLine($"pi = { X.PI }");    //使用常量字段 PI
   }
}
```

这段代码产生以下输出：

```
pi = 3.1416
```

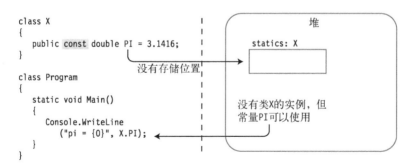

图 7-6　常量字段表现得像静态字段，但是在内存中没有存储位置

虽然常量成员表现得像静态值，但不能将常量声明为 static，如下面的代码所示：

```
static const double PI = 3.14;    //错误：不能将常量声明为 static
```

7.10　属性

属性是代表类实例或类中的数据项的成员。使用属性就像写入或读取一个字段，语法相同。例如，下面的代码展示了名为 MyClass 的类的使用，它有一个公有字段和一个公有属性。从用法上无法区分它们。

```
MyClass mc = new MyClass();

mc.MyField    = 5;                              //给字段赋值
mc.MyProperty = 10;                             //给属性赋值

Console.WriteLine($"{ mc.MyField } { mc.MyProperty }"); //读取字段和属性
```

与字段类似，属性有如下特征。

❑ 它是命名的类成员。

❑ 它有类型。

❑ 它可以被赋值和读取。

然而和字段不同，属性是一个**函数成员**。

❑ 它不一定为数据存储分配内存！

❑ 它执行代码。

属性是一组（两个）匹配的、命名的、称为**访问器**的方法。

❑ set 访问器为属性赋值。

❑ get 访问器从属性获取值。

图 7-7 展示了属性的表示法。左边的代码展示了声明一个名为 MyValue 的 int 类型属性的语法，右边的图像展示了属性在文本中可视化的方式。请注意，访问器从后面伸出，因为它们不能被直接调用。这一点你很快会看到。

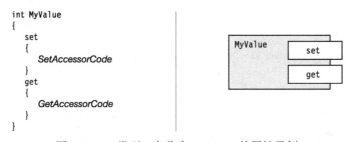

图 7-7   int 类型、名称为 MyValuer 的属性示例

7.10.1   属性声明和访问器

set 和 get 访问器有预定义的语法和语义。可以把 set 访问器想象成一个方法，带有单一的参数，它"设置"属性的值。get 访问器没有参数并从属性返回一个值。

❑ set 访问器总是：

　■ 拥有一个单独的、隐式的值参，名称为 value，与属性的类型相同；

　■ 拥有一个返回类型 void。

❑ get 访问器总是：

　■ 没有参数；

■ 拥有一个与属性类型相同的返回类型。

属性声明的结构如图 7-8 所示。注意，图中的访问器声明既没有**显式**的参数，也没有返回类型声明。不需要它们，因为它们已经**隐含**在属性的类型中了。

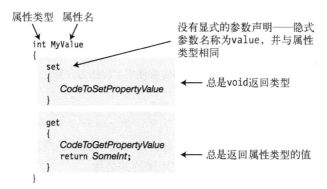

图 7-8 属性声明的语法和结构

set 访问器中的隐式参数 value 是一个普通的值参。和其他值参一样，可以用它发送数据到方法体或访问器块。在块的内部，可以像普通变量那样使用 value，包括对它赋值。

访问器的其他要点如下。

❑ get 访问器的所有执行路径**必须**包含一条 return 语句，它返回一个属性类型的值。

❑ 访问器 set 和 get 可以以任何顺序声明，并且，除了这两个访问器外，属性上不允许有其他方法。

7.10.2　属性示例

下面的代码展示了一个名为 C1 的类的声明示例，它含有一个名为 MyValue 的属性。

❑ 请注意，属性本身没有任何存储。取而代之，访问器决定如何处理发送进来的数据，以及应将什么数据发送出去。在这种情况下，属性使用一个名为 TheRealValue 的字段作为存储。

❑ set 访问器接受它的输入参数 value，并把它的值赋给字段 TheRealValue。

❑ get 访问器只是返回字段 TheRealValue 的值。

图 7-9 说明了这段代码。

```
class C1
{
   private int theRealValue;            //字段：分配内存

   public int MyValue                   //属性：未分配内存
   {
      set { theRealValue = value; }
      get { return theRealValue; }
   }
}
```

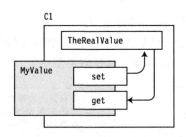

图 7-9   属性访问器常常使用字段作为存储

7.10.3   使用属性

就像之前看到的，写入和读取属性的方法与访问字段一样。访问器被隐式调用。

❑ 要写入一个属性，在赋值语句的左边使用属性的名称。

❑ 要读取一个属性，把属性的名称用在表达式中。

例如，下面的代码包含一个名为 MyValue 的属性的声明。只需使用属性名就可以写入和读取属性，就好像它是一个字段名。

```
int MyValue             //属性声明
{
   set{ ... }
   get{ ... }
}
...
属性名称
  ↓
MyValue = 5;            //赋值：隐式调用 set 方法
z = MyValue;           //表达式：隐式调用 get 方法
  ↑
    属性名称
```

属性会根据是写入还是读取来隐式地调用适当的访问器。不能显式地调用访问器，因为这样做会产生编译错误。

```
y = MyValue.get();      //错误! 不能显式调用 get 访问器
MyValue.set(5);        //错误! 不能显式调用 set 访问器
```

7.10.4   属性和关联字段

属性常和字段关联，这一点我们在前两节已经看到了。一种常见的方式是在类中将字段声明为 private 以封装该字段，并声明一个 public 属性来控制从类的外部对该字段的访问。和属性关联的字段常被称为**后备字段**或**后备存储**。

例如，下面的代码使用公有属性 MyValue 来控制对私有字段 TheRealValue 的访问。

```
class C1
{
   private int theRealValue = 10;   //后备字段: 分配内存
```

```
    public int MyValue              //属性：不分配内存
    {
        set{ theRealValue = value; }  //设置 TheRealValue 字段的值
        get{ return theRealValue; }   //获取字段的值
    }
}

class Program
{
    static void Main()
    {
                        把属性看作一个字段，从中读取它的值
                                   ↓
        C1 c = new C1();
        Console.WriteLine("MyValue: {0}", c.MyValue);

        c.MyValue = 20;       ← 使用赋值语句设置属性的值
        Console.WriteLine("MyValue: {0}", c.MyValue);
    }
}
```

属性和它们的后备字段有几种命名约定。一种约定是两个名称使用相同的内容，但字段使用 Camel 大小写，属性使用 Pascal 大小写。（在 Camel 大小写风格中，复合词标识符中每个单词的首字母大写——除了第一个单词，其余字母都是小写。在 Pascal 大小写风格中，复合词中每个单词的首字母都是大写。）虽然这违反了"仅使用大小写区分不同标识符是个坏习惯"这条一般规则，但它有个好处，即可以把两个标识符以一种有意义的方式联系在一起。

另一种约定是属性使用 Pascal 大小写，字段使用相同标识符的 Camel 大小写版本，并以下划线开始。

下面的代码展示了两种约定：

```
private int firstField;          //Camel 大小写
public  int FirstField           //Pascal 大小写
{
    get { return firstField; }
    set { firstField = value; }
}

private int _secondField;        //下划线及 Camel 大小写
public  int SecondField
{
    get { return _secondField; }
    set { _secondField = value; }
}
```

7.10.5 执行其他计算

属性访问器并不局限于对关联的后备字段传进传出数据。访问器 get 和 set 能执行任何计算，也可以不执行任何计算。唯一**必需**的行为是 get 访问器要返回一个属性类型的值。

例如，下面的示例展示了一个有效的（但可能没有用处的）属性，它仅在 get 访问器被调用时返回值 5。当 set 访问器被调用时，它什么也不做。隐式参数 value 的值被忽略了。

```
public int Useless
{
  set{ }            //什么也不设置
  get{ return 5; }  //只是返回值5
}
```

下面的代码展示了一个更现实和有用的属性，其中 set 访问器在设置关联字段之前实现过滤。set 访问器把字段 TheRealValue 的值设置成输入值，如果输入值大于 100，就将 TheRealValue 设置为 100。

```
int theRealValue = 10;                          //字段
int MyValue                                     //属性
{
  set { theRealValue = value > 100 ? 100 : value; }   //条件运算符
  get { return theRealValue; }
}
```

C# 7.0 为属性的 getter/setter 引入了另一种语法，这种语法使用表达函数体。虽然第 14 章会详细讨论表达函数体（或者叫 lambda 表达式），但是为了完整性，这里演示了这种新的语法。这种语法只有在访问函数体由一个表达式组成的时候才能使用。

```
int MyValue
{
  set => value > 100 ? 100 : value;
  get => theRealValue;
}
```

说明   在上面的代码示例中，从等号到语句结尾部分的语法叫作**条件运算符**，第 9 章会详细阐述。条件运算符是一种三元运算符，计算问号之前的表达式，如果表达式计算结果为 true，那么返回问号后的第一个表达式，否则返回冒号之后的表达式。有些人可能会使用 if...then 语句，不过条件运算符更合适，我们将在第 9 章介绍这两种构造的细节。

7.10.6   只读和只写属性

要想不定义属性的某个访问器，可以忽略该访问器的声明。

❑ 只有 get 访问器的属性称为**只读属性**。只读属性能够安全地将一个数据项从类或类的实例中传出，而不必让调用者修改属性值。

❑ 只有 set 访问器的属性称为**只写属性**。只写属性很少见，因为它们几乎没有实际用途。如果想在赋值时触发一个副作用，应该使用方法而不是属性。

❑ 两个访问器中至少有一个必须定义，否则编译器会产生一条错误消息。

图 7-10 阐述了只读和只写属性。

图 7-10 属性可以只定义一个访问器

7.10.7 属性与公有字段

按照推荐的编码实践，属性比公有字段更好，理由如下。

❏ 属性是函数成员而不是数据成员，允许你处理输入和输出，而公有字段不行。

❏ 属性可以只读或只写，而字段不行。

❏ 编译后的变量和编译后的属性语义不同。

如果要发布一个由其他代码引用的程序集，那么第三点将会带来一些影响。例如，有的时候开发人员可能想用公有字段代替属性，因为如果以后需要为字段的数据增加处理逻辑的话，可以再把字段改为属性。这没错，但是如果那样修改的话，所有**访问**这个字段的其他程序集都需要重新编译，因为字段和属性在编译后的语义不一样。另外，如果实现的是属性，那么只需要修改属性的**实现**，而无须重新编译访问它的其他程序集。

7.10.8 计算只读属性示例

迄今为止，在大多示例中，属性都和一个后备字段关联，并且 get 和 set 访问器引用该字段。然而，属性并非必须和字段关联。在下面的示例中，get 访问器**计算出**返回值。

在下面的示例代码中，类 RightTriangle 表示一个直角三角形。图 7-11 阐释了只读属性 Hypotenuse。

❏ 它有两个公有字段，分别表示直角三角形的两条直角边的长度。这两个字段可以被写入和读取。

❏ 第三条边由属性 Hypotenuse 表示，它是一个只读属性，其返回值基于另外两条边的长度。它没有存储在字段中。相反，它在需要时根据当前 A 和 B 的值计算正确的值。

```
class RightTriangle
{
    public double A = 3;
    public double B = 4;
    public double Hypotenuse                  //只读属性
    {
        get{ return Math.Sqrt((A*A)+(B*B)); }     //计算返回值
    }
}

class Program
{
```

```
static void Main()
{
    RightTriangle c = new RightTriangle();
    Console.WriteLine($"Hypotenuse: { c.Hypotenuse }");
}
}
```

这段代码产生以下输出:

Hypotenuse: 5

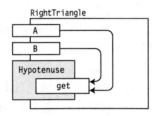

图 7-11　只读属性 Hypotenuse

7.10.9　自动实现属性

因为属性经常被关联到后备字段,所以 C# 提供了**自动实现属性**(automatically implemented property 或 auto-implemented property,常简称为 "自动属性",auto-property),允许只声明属性而不声明后备字段。编译器会为你创建隐藏的后备字段,并且自动挂接到 get 和 set 访问器上。

自动实现属性的要点如下。

❑ 不声明后备字段——编译器根据属性的类型分配存储。

❑ 不能提供访问器的方法体——它们必须被简单地声明为分号。get 担当简单的内存读,set 担当简单的写。但是,因为无法访问自动属性的方法体,所以在使用自动属性时调试代码通常会更加困难。

从 C# 6.0 开始,可以使用只读自动属性了。此外,还可以将自动属性初始化作为其声明的一部分。

下面的代码展示了一个自动实现属性的示例。

```
class C1
{                      ←没有声明后备字段
    public int MyValue                    //分配内存
    {
        set; get;
    }       ↑    ↑
} 访问器的方法体被声明为分号

class Program
{
    static void Main()
```

```
   {                           像使用规则属性那样使用自动属性
      C1 c = new C1();                        ↓
      Console.WriteLine("MyValue: {0}", c.MyValue);

      c.MyValue = 20;
      Console.WriteLine("MyValue: {0}", c.MyValue);
   }

}
```

这段代码产生以下输出：

```
MyValue: 0
MyValue: 20
```

除了方便以外，利用自动实现属性还能在想声明一个公有字段的地方轻松地插入一个属性。

7.10.10 静态属性

属性也可以声明为 static。静态属性的访问器和所有静态成员一样，具有以下特点。

❑ 不能访问类的实例成员，但能被实例成员访问。

❑ 不管类是否有实例，它们都是存在的。

❑ 在类的内部，可以仅使用名称来引用静态属性。

❑ 在类的外部，正如本章前面描述的，可以通过类名或者使用 using static 结构来引用静态属性。

例如，下面的代码展示了一个类，它带有名为 MyValue 的自动实现的静态属性。在 Main 的头三行，即使没有类的实例，也能访问属性。Main 的最后一行调用一个实例方法，它从类的**内部**访问属性。

```
using System;
using static ConsoleTestApp.Trivial;
namespace ConsoleTestApp
{
   class Trivial {
      public static int MyValue { get; set; }        从类的内部访问
      public void PrintValue()                              ↓
      { Console.WriteLine("Value from inside: {0}", MyValue); }
   }

   class Program {                                    从类的外部访问
      static void Main() {                            ─────────────
         Console.WriteLine("Init Value: {0}", Trivial.MyValue);
         Trivial.MyValue = 10;           ← 从类的外部访问
         Console.WriteLine("New Value : {0}", Trivial.MyValue);

         MyValue = 20; ← 从类的外部访问，但由于使用了 using static，所以没有使用类名
         Console.WriteLine($"New Value : { MyValue }");
```

7

```
        Trivial tr = new Trivial();
        tr.PrintValue();
    }
  }

}
```

```
Init Value: 0
New Value : 10
New Value : 20
Value from inside: 20
```

7.11 实例构造函数

实例构造函数[1]是一个特殊的方法，它在创建类的每个新实例时执行。

❑ 构造函数用于初始化类实例的状态。

❑ 如果希望能从类的外部创建类的实例，需要将构造函数声明为 public。

图 7-12 阐述了构造函数的语法。除了下面这几点，构造函数看起来很像类声明中的其他方法。

❑ 构造函数的名称和类名相同。

❑ 构造函数不能有返回值。

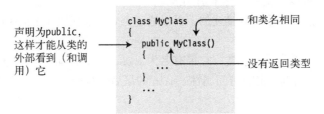

图 7-12　构造函数声明

例如，下面的类使用构造函数初始化其字段。本例中，它有一个名为 TimeOfInstantiation 的字段被初始化为当前的日期和时间。

```
class MyClass
{
  DateTime TimeOfInstantiation;                 //字段
  ...
  public MyClass()                              //构造函数
  {
    TimeOfInstantiation = DateTime.Now;         //初始化字段
  }
  ...
}
```

① "constructor" 一词在微软官方文档中也常译为"构造器"。——编者注

说明 在学完静态属性那一节后，我们可以仔细看看初始化 TimeOfInstantiation 那一行。
DateTime 类（实际上它是一个结构，但由于还没介绍结构，你可以把它先当成类）是从
BCL 中引入的，Now 是类 DateTime 的**静态属性**。Now 属性创建了一个新的 DateTime 类的
实例，将其初始化为系统时钟中的当前日期和时间，并返回新 DateTime 实例的引用。

7.11.1 带参数的构造函数

构造函数在下列方面和其他方法相似。

❑ 构造函数可以带参数。参数的语法和其他方法完全相同。

❑ 构造函数可以被重载。

在使用创建对象表达式创建类的新实例时，要使用 new 运算符，后面跟着类的某个构造函数。
new 运算符使用该构造函数创建类的实例。

例如，在下面的代码中，Class1 有 3 个构造函数：一个不带参数，一个带 int 参数，一个带
string 参数。Main 使用各个构造函数分别创建实例。

```
class Class1
{
    int Id;
    string Name;

    public Class1()          { Id=28;    Name="Nemo"; }   //构造函数 0
    public Class1(int val)    { Id=val;   Name="Nemo"; }   //构造函数 1
    public Class1(String name) { Name=name;            }   //构造函数 2

    public void SoundOff()
    { Console.WriteLine($"Name { Name }, Id { Id }"); }
}

class Program
{
    static void Main()
    {
        Class1 a = new Class1(),                //调用构造函数 0
               b = new Class1(7),               //调用构造函数 1
               c = new Class1("Bill");          //调用构造函数 2

        a.SoundOff();
        b.SoundOff();
        c.SoundOff();
    }
}
```

这段代码产生以下输出：

```
Name Nemo,   Id 28
Name Nemo,   Id 7
Name Bill,   Id 0
```

7.11.2　默认构造函数

如果在类的声明中没有显式地提供实例构造函数，那么编译器会提供一个隐式的默认构造函数，它有以下特征。

❑ 没有参数。

❑ 方法体为空。

如果你为类声明了任何构造函数，那么编译器将不会为该类定义默认构造函数。

例如，下面代码中的 Class2 声明了两个构造函数。

❑ 因为已经至少有一个显式定义的构造函数，所以编译器不会创建额外的构造函数。

❑ 在 Main 中，试图使用不带参数的构造函数创建新的实例。因为没有无参数的构造函数，所以编译器会产生一条错误消息。

```
class Class2
{
   public Class2(int Value)    { ... }   //构造函数 0
   public Class2(String Value) { ... }   //构造函数 1
}

class Program
{
   static void Main()
   {
      Class2 a = new Class2();   //错误！ 没有无参数的构造函数
      ...
   }
}
```

说明　可以像对其他成员那样，对实例构造函数设置访问修饰符。可以将构造函数声明为 public，这样在类的外部也能创建类的实例。也可以创建 private 构造函数，这样在类外部就不能调用该构造函数，但在类内部可以，下一章将讨论这一点。

7.12　静态构造函数

构造函数也可以声明为 static。实例构造函数初始化类的每个新实例，而 static 构造函数初始化类级别的项。通常，静态构造函数初始化类的静态字段。

❑ 初始化类级别的项。

　■ 在引用任何静态成员之前。

- ■ 在创建类的任何实例之前。
- ❏ 静态构造函数在以下方面与实例构造函数类似。
  - ■ 静态构造函数的名称必须和类名相同。
  - ■ 构造函数不能返回值。
- ❏ 静态构造函数在以下方面和实例构造函数不同。
  - ■ 静态构造函数声明中使用 static 关键字。
  - ■ 类只能有一个静态构造函数，而且不能带参数。
  - ■ 静态构造函数不能有访问修饰符。

下面是一个静态构造函数的示例。注意其形式和实例构造函数相同，只是增加了 static 关键字。

```
class Class1
{
    static Class1 ()
    {
        ...                    //执行所有静态初始化
    }
    ...
```

关于静态构造函数应该了解的其他重要内容如下。

- ❏ 类既可以有静态构造函数也可以有实例构造函数。
- ❏ 如同静态方法，静态构造函数不能访问所在类的实例成员，因此也不能使用 this 访问器，我们马上会讲述这一内容。
- ❏ 不能从程序中显式调用静态构造函数，系统会自动调用它们：
  - ■ 在类的任何实例被创建之前；
  - ■ 在类的任何静态成员被引用之前。

静态构造函数示例

下面的代码使用静态构造函数初始化一个名为 RandomKey 的 Random 型私有静态字段。Random 是由 BCL 提供的用于产生随机数的类，位于 System 命名空间中。

```
class RandomNumberClass
{
    private static Random RandomKey;        //私有静态字段

    static RandomNumberClass()              //静态构造函数
    {
        RandomKey = new Random();           //初始化 RandomKey
    }

    public int GetRandomNumber()
    {
        return RandomKey.Next();
    }
}
```

```
class Program
{
    static void Main()
    {
        RandomNumberClass a = new RandomNumberClass();
        RandomNumberClass b = new RandomNumberClass();

        Console.WriteLine("Next Random #: {0}", a.GetRandomNumber());
        Console.WriteLine($"Next Random #: { b.GetRandomNumber() }");
    }
}
```

这段代码的其中一次执行产生以下输出：

```
Next Random #: 47857058
Next Random #: 1124842041
```

7.13　对象初始化语句

在此之前的内容中你已经看到，对象创建表达式由关键字 new 后面跟着一个类构造函数及其参数列表组成。**对象初始化语句**扩展了创建语法，在表达式的尾部放置了一组成员初始化语句。利用对象初始化语句，可以在创建新的对象实例时，设置字段和属性的值。

该语法有两种形式，如下所示。一种形式包括构造函数的参数列表，另一种不包括。注意，第一种形式甚至不使用括起参数列表的圆括号。

对象初始化语句

```
new TypeName          { FieldOrProp = InitExpr, FieldOrProp = InitExpr, ...}
new TypeName(ArgList) { FieldOrProp = InitExpr, FieldOrProp = InitExpr, ...}
```

成员初始化语句　　　　　成员初始化语句

例如，对于一个名为 Point、有两个公有整型字段 X 和 Y 的类，可以使用下面的表达式创建一个新对象：

```
new Point { X = 5, Y = 6 };
```

初始化 X　初始化 Y

关于对象初始化语句要了解的重要内容如下。

❑ 创建对象的代码必须能够访问要初始化的字段和属性。例如，在之前的代码中 X 和 Y 必须是公有的。

❑ 初始化发生在构造方法执行**之后**，因此在构造方法中设置的值可能会在之后对象初始化中重置为相同或不同的值。

下面的代码展示了一个使用对象初始化语句的示例。在 Main 中，pt1 只调用构造函数，构造函数设置了它的两个字段的值。然而，对于 pt2，构造函数把字段的值设置为 1 和 2，初始化语句把它们改为 5 和 6。

```
public class Point
{
    public int X = 1;
    public int Y = 2;
}

class Program
{
    static void Main( )
    {                                       对象初始化语句
        Point pt1 = new Point();_____↓_____
        Point pt2 = new Point   { X = 5, Y = 6 };
        Console.WriteLine("pt1: {0}, {1}", pt1.X, pt1.Y);
        Console.WriteLine($"pt2: { pt2.X }, { pt2.Y }");
    }
}
```

这段代码产生以下输出：

```
pt1: 1, 2
pt2: 5, 6
```

7.14 析构函数

析构函数（destructor）执行在类的实例被销毁之前需要的清理或释放非托管资源的行为。非托管资源是指通过 Win32 API 获得的文件句柄，或非托管内存块。使用.NET 资源是无法得到它们的，因此如果坚持使用.NET 类，就不需要为类编写析构函数。因此，等到第 27 章再介绍析构函数。

7.15 **readonly** 修饰符

字段可以用 readonly 修饰符声明。其作用类似于将字段声明为 const，一旦值被设定就不能改变。

❑ const 字段只能在字段的声明语句中初始化，而 readonly 字段可以在下列任意位置设置它的值。

　　■ 字段声明语句，类似于 const。

　　■ 类的任何构造函数。如果是 static 字段，初始化必须在静态构造函数中完成。

❑ const 字段的值必须可在编译时决定，而 readonly 字段的值可以在运行时决定。这种自由性允许你在不同的环境或不同的构造函数中设置不同的值！

❑ const 的行为总是静态的，而对于 readonly 字段以下两点是正确的。

　　■ 它可以是实例字段，也可以是静态字段。

　　■ 它在内存中有存储位置。

例如，下面的代码声明了一个名为 Shape 的类，它有两个 readonly 字段。

❑ 字段 PI 在它的声明中初始化。

❑ 字段 NumberOfSides 根据调用的构造函数被设置为 3 或 4。

```
class Shape
{      关键字              初始化
         ↓               ↓
   readonly double PI = 3.1416;
   readonly int    NumberOfSides;
         ↑              ↑
      关键字          未初始化

   public Shape(double side1, double side2)                    //构造函数
   {
      //Shape 表示一个矩形
      NumberOfSides = 4;
            ↑
      ... 在构造函数中设定
   }

   public Shape(double side1, double side2, double side3) {    //构造函数
      //Shape 表示一个三角形
      NumberOfSides = 3;
            ↑
      ... 在构造函数中设定
   }
}
```

7.16 this 关键字

this 关键字在类中使用，是对当前实例的引用。它只能被用在下列类成员的**代码块**中。

❑ 实例构造函数。

❑ 实例方法。

❑ 属性和索引器的实例访问器（索引器将在下一节阐述）。

很明显，因为静态成员不是实例的一部分，所以不能在任何静态函数成员的代码中使用 this 关键字。更适当地说，this 用于下列目的：

❑ 用于区分类的成员和局部变量或参数；

❑ 作为调用方法的实参。

例如，下面的代码声明了类 MyClass，它有一个 int 字段和一个方法，方法带有一个单独的 int 参数。方法比较参数和字段的值并返回其中较大的值。唯一的问题是字段和形参的名称相同，都是 Var1。在方法内使用 this 关键字引用字段，以区分这两个名称。（此命名冲突仅用于演示的目的，因此你不应对成员变量和参数使用相同的名称。）

```
class MyClass
{
   int Var1 = 10;
        ↑ 两者名称都是 "Var1"    ↓
   public int ReturnMaxSum(int Var1)
```

```
      {                参数        字段
                        ↓           ↓
         return Var1 > this.Var1
                     ? Var1                    //参数
                     : this.Var1;              //字段
      }
   }

   class Program
   {
      static void Main()
      {
         MyClass mc = new MyClass();

         Console.WriteLine($"Max: { mc.ReturnMaxSum(30) }");
         Console.WriteLine($"Max: { mc.ReturnMaxSum(5) }");
      }
   }
```

这段代码产生以下输出：

```
Max: 30
Max: 10
```

虽然理解 this 关键字的用途和功能很重要，但它实际上很少在代码中使用。请参阅本章后面介绍的索引器以及第 18 章中介绍的扩展方法。

7.17 索引器

假设我们要定义一个类 Employee，它带有 3 个 string 型字段（如图 7-13 所示），那么可以使用字段的名称访问它们，如 Main 中的代码所示。

```
class Employee
{
   public string LastName;
   public string FirstName;
   public string CityOfBirth;
}

class Program
{
   static void Main()
   {
      Employee emp1 = new Employee();
                                              字段名
      emp1.LastName = "Doe";
      emp1.FirstName = "Jane";
      emp1.CityOfBirth = "Dallas";
      Console.WriteLine("{0}", emp1.LastName);
      Console.WriteLine("{0}", emp1.FirstName);
      Console.WriteLine("{0}", emp1.CityOfBirth);
   }
}
```

```
Employee
┌─────────────────────────┐
│  ┌───────────────────┐  │
│  │ LastName: Doe     │  │
│  └───────────────────┘  │
│  ┌───────────────────┐  │
│  │ FirstName: Jane   │  │
│  └───────────────────┘  │
│  ┌───────────────────┐  │
│  │ CityOfBirth: Dallas│  │
│  └───────────────────┘  │
└─────────────────────────┘
```

图 7-13　没有索引的简单类

然而有的时候，如果能使用索引访问它们将会很方便，好像该实例是字段的数组一样。这正是**索引器**能做的事。如果为类 Employee 写一个索引器，方法 Main 看起来就像图 7-14 中的代码那样。请注意没有使用点运算符，相反，索引器使用**索引运算符**，它由一对方括号和中间的索引组成。

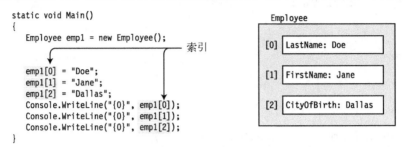

图 7-14　使用索引字段

7.17.1　什么是索引器

索引器是一组 get 和 set 访问器，与属性类似。图 7-15 展示了一个类的索引器的表现形式，该类可以获取和设置 string 型值。

```
string this [ int index ]
{
  set
  {
    SetAccessorCode
  }
  get
  {
    GetAccessorCode
  }
}
```

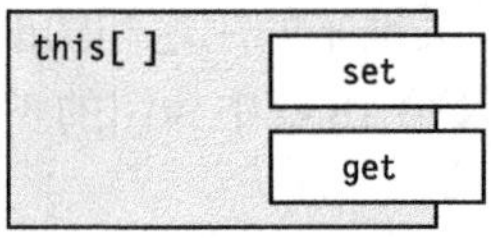

图 7-15　索引器的表现形式

7.17.2　索引器和属性

索引器和属性在很多方面是相似的。

❑ 和属性一样，索引器不用分配内存来存储。
❑ 索引器和属性都主要被用来访问**其他**数据成员，它们与这些成员关联，并为它们提供获取和设置访问。
  ■ **属性**通常表示**单个**数据成员。
  ■ **索引器**通常表示**多个**数据成员。

说明　可以认为**索引器**是为类的**多个数据成员**提供 get 和 set 访问的**属性**。通过提供索引器，可以在许多可能的数据成员中进行选择。索引本身可以是任何类型，而不仅仅是数值类型。

关于索引器，还有一些注意事项如下。

☐ 和属性一样，索引器可以只有一个访问器，也可以两个都有。

☐ 索引器总是实例成员，因此不能被声明为 static。

☐ 和属性一样，实现 get 和 set 访问器的代码不一定要关联到某个字段或属性。这段代码可以做任何事情也可以什么都不做，只要 get 访问器返回某个指定类型的值即可。

7.17.3 声明索引器

声明索引器的语法如下所示。请注意以下几点。

☐ 索引器**没有名称**。在名称的位置是关键字 this。

☐ 参数列表在**方括号**中间。

☐ 参数列表中必须至少声明一个参数。

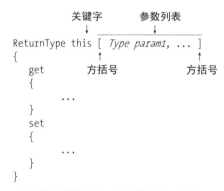

声明索引器类似于声明属性。图 7-16 阐明了它们在语法上的相似点和不同点。

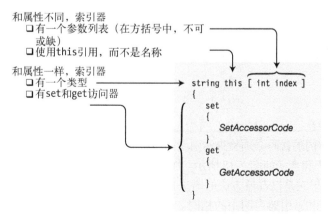

图 7-16 比较索引器声明和属性声明

7.17.4　索引器的 set 访问器

当索引器被用于赋值时，set 访问器被调用，并接受两项数据，如下：

❑ 一个名为 value 的隐式参数，其中持有要保存的数据；

❑ 一个或更多索引参数，表示数据应该保存到哪里。

```
emp[0] = "Doe";
```
　　索引　　值
　　参数

在 set 访问器中的代码必须检查索引参数，以确定数据应该存往何处，然后保存它。

set 访问器的语法和含义如图 7-17 所示。图的左边展示了访问器声明的实际语法。右边展示了访问器的语义，如果它是以普通方法的语法书写的。右边的图例表明 set 访问器有如下语义。

❑ 它的返回类型为 void。

❑ 它使用的参数列表和索引器声明中的相同。

❑ 它有一个名为 value 的隐式参数，值参类型和索引器类型相同。

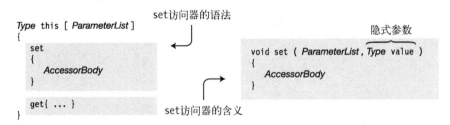

图 7-17　set 访问器声明的语法和含义

7.17.5　索引器的 get 访问器

当使用索引器获取值时，可以通过一个或多个索引参数调用 get 访问器。索引参数指示获取哪个值。

```
string s = emp[0];
```
　　　　　索引参数

get 访问器方法体内的代码必须检查索引参数，确定它表示的是哪个字段，并返回该字段的值。

get 访问器的语法和含义如图 7-18 所示。图的左边展示了访问器声明的实际语法。右边展示了访问器的语义，如果它是以普通方法的语法书写的。get 访问器有如下语义。

❑ 它的参数列表和索引器声明中的相同。

❑ 它返回与索引器类型相同的值。

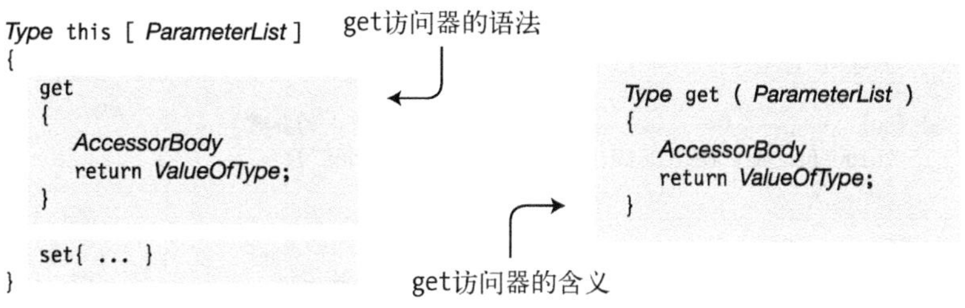

图 7-18　get 访问器声明的语法和含义

7.17.6　关于索引器的更多内容

和属性一样，不能显式调用 get 和 set 访问器。取而代之，当索引器用在表达式中取值时，将自动调用 get 访问器。当使用赋值语句对索引器赋值时，将自动调用 set 访问器。

在“调用”索引器时，要在方括号中提供参数。

```
索引    值
 ↓      ↓
emp[0] = "Doe";                        //调用 set 访问器
string NewName = emp[0];               //调用 get 访问器
                    ↑
                   索引
```

7.17.7　为 Employee 示例声明索引器

下面的代码为先前示例中的类 Employee 声明了一个索引器。

❑ 索引器需要读写 string 类型的值，所以 string 必须声明为索引器的类型。它必须声明为 public，以便从类的外部访问。

❑ 3 个字段被随意地索引为整数 0~2，所以本例中方括号中间名为 index 的形参必须为 int 型。

❑ 在 set 访问器方法体内，代码确定索引指的是哪个字段，并把隐式变量 value 的值赋给它。在 get 访问器方法体内，代码确定索引指的是哪个字段，并返回该字段的值。

```
class Employee {
  public string LastName;              //调用字段 0
  public string FirstName;             //调用字段 1
  public string CityOfBirth;           //调用字段 2

  public string this[int index]        //索引器声明
  {
    set                                //set 访问器声明
    {
      switch (index) {
        case 0: LastName = value;
          break;
        case 1: FirstName = value;
          break;
```

```
            case 2: CityOfBirth = value;
               break;

            default:                          //（第 23 章中的异常）
               throw new ArgumentOutOfRangeException("index");
         }
      }

      get                                     //get 访问器声明
      {
         switch (index) {
            case 0: return LastName;
            case 1: return FirstName;
            case 2: return CityOfBirth;

            default:                          //（第 23 章中的异常）
               throw new ArgumentOutOfRangeException("index");
         }
      }
   }
}
```

7.17.8　另一个索引器示例

下面的示例为类 Class1 的两个 int 字段设置索引。

```
class Class1
{
   int Temp0;                  //私有字段
   int Temp1;                  //私有字段
   public int this [ int index ]     //索引
   {
      get
      {
         return ( 0 == index )        //返回 Temp0 或 Temp1 的值
                   ? Temp0
                   : Temp1;
      }

      set
      {
         if ( 0 == index )
            Temp0 = value;            //注意隐式变量"value"
         else
            Temp1 = value;            //注意隐式变量"value"
      }
   }
}

class Example
{
   static void Main()
   {
```

```
        Class1 a = new Class1();

        Console.WriteLine("Values -- T0: {0}, T1: {1}", a[0], a[1]);
        a[0] = 15;
        a[1] = 20;
        Console.WriteLine($"Values -- T0: { a[0] }, T1: { a[1] }");
    }
}
```

这段代码产生以下输出:

```
Values -- T0: 0, T1: 0
Values -- T0: 15, T1: 20
```

7.17.9 索引器重载

只要索引器的参数列表不同, 类就可以有任意多个索引器。索引器**类型**不同是不够的。这叫作**索引器重载**, 因为所有的索引器都有相同的 "名称": this 访问引用。

例如, 下面的代码有 3 个索引器: 两个 string 类型的和一个 int 类型的。两个 string 类型的索引中, 一个带一个 int 参数, 另一个带两个 int 参数。

```
class MyClass
{
    public string this [ int index ]
    {
        get { ... }
        set { ... }
    }

    public string this [ int index1, int index2 ]
    {
        get { ... }
        set { ... }
    }

    public int this [ float index1 ]
    {
        get { ... }
        set { ... }
    }

    ...
}
```

说明 请记住, 类中重载的索引器必须有不同的参数列表。

7.18 访问器的访问修饰符

在这一章中，你已经看到有两种函数成员带 get 和 set 访问器：属性和索引器。默认情况下，成员的两个访问器的访问级别和成员自身相同。也就是说，如果一个属性的访问级别是 public，那么它的两个访问器的访问级别也是如此。索引器也一样。

不过，你可以为两个访问器分配不同的访问级别。例如，如下代码演示了一个常见而且重要的范式，那就是将 set 访问器声明为 private，将 get 访问器声明为 public。get 之所以是 public 的，是因为属性的访问级别是 public。

注意，在这段代码中，尽管可以从类的外部读取属性，但只能在类的内部设置它（本例中是在构造函数内设置）。这是一个非常重要的封装工具。

```
class Person            不同访问级别的访问器
{                          ↓     _____↓____
   public string Name { get; private set; }
   public Person( string name ) { Name = name; }
}

class Program
{
   static public void Main( )
   {
      Person p = new Person( "Capt. Ernest Evans" );
      Console.WriteLine( $"Person's name is { p.Name }");
   }

}
```

这段代码产生如下输出：

```
Person's name is Capt. Ernest Evans
```

访问器的访问修饰符有几个限制。最重要的限制如下。

❑ 仅当成员（属性或索引器）既有 get 访问器也有 set 访问器时，其访问器才能有访问修饰符。
❑ 虽然两个访问器都必须出现，但它们中只能有一个有访问修饰符。
❑ 访问器的访问修饰符的限制必须比成员的访问级别**更严格**。

图 7-19 阐明了访问级别的层次。访问器的访问级别在图中的位置必须比成员的访问级别低。

例如，如果一个属性的访问级别是 public，那么在图里较低的 4 个级别中，可以把任意一个级别给它的一个访问器。但如果属性的访问级别是 protected，则唯一能对访问器使用的访问修饰符是 private。

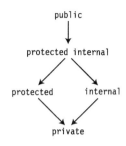

图 7-19 访问器级别的限制性层次

7.19 分部类和分部类型

类的声明可以分割成几个分部类的声明。

❏ 每个分部类的声明都含有一些类成员的声明。

❏ 类的分部类声明可以在同一个文件中也可以在不同文件中。

每个分部类声明必须被标注为 partial class，而不是单独的关键字 class。分部类声明看起来和普通类声明相同，只是增加了类型修饰符 partial。

```
类型修饰符
    ↓
partial class MyPartClass    //类名称与下面的相同
{
    member1 declaration
    member2 declaration
        ...
}
```

```
类型修饰符
    ↓
partial class MyPartClass    //类名称与上面的相同
{
    member3 declaration
    member4 declaration
        ...
}
```

说明　类型修饰符 partial 不是关键字，所以在其他上下文中，可以在程序中把它用作标识符。但直接用在关键字 class、struct 或 interface 之前时，它表示分部类型。

例如，图 7-20 中左边的框表示一个类声明文件。图右边的框表示相同的类声明被分割成两个文件。

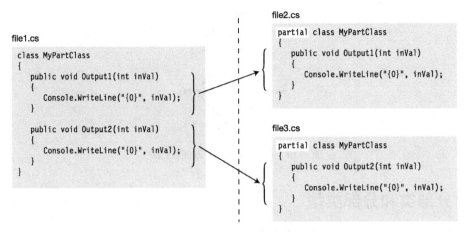

图 7-20   使用分部类型来分割类

组成类的所有分部类声明必须在一起编译。使用分部类声明的类必须有相同的含义，就好像所有类成员都声明在一个单独的类声明体内。

Visual Studio 为标准 Windows 程序模板使用了这个特性。如果你从标准模板创建 ASP.NET 项目、Windows Forms 项目或 Windows Presentation Foundation（WPF）项目，模板会为每一个 Web 页面、表单或 WPF 窗体创建两个类文件。对于 ASP.NET 或 Windows Forms，有以下两点事实。

❑ 一个文件中的分部类包含由 Visual Studio 生成的代码，声明了页面上的组件。你不应该修改这个文件中的分部类，因为在修改页面组件时，Visual Studio 会重新生成它。

❑ 另外一个文件包含的分部类可用于实现页面或表单组件的外观和行为。

除了分部类，还可以创建另外两种分部类型。

❑ 局部结构（结构将在第 11 章阐述）。

❑ 局部接口（接口将在第 16 章阐述）。

7.20   分部方法

分部方法是声明在分部类中不同部分的方法。分部方法的不同部分可以声明在分部类的不同部分中，也可以声明在同一个部分中。分部方法的两个部分如下。

❑ 定义分部方法声明。

■ 给出签名和返回类型。

■ 声明的实现部分只是一个分号。

❑ 实现分部方法声明。

■ 给出签名和返回类型。

■ 以普通的语句块形式实现。

关于分部方法需要了解的重要内容如下。

❑ 定义声明和实现声明的签名和返回类型必须匹配。签名和返回类型有如下特征。

- 返回类型必须是 void。
- 签名不能包括访问修饰符，这使分部方法是**隐式私有**的。
- 参数列表不能包含 out 参数。
- 在定义声明和实现声明中都必须包含上下文关键字 partial，并且直接放在关键字 void 之前。

❑ 可以有定义部分而没有实现部分。在这种情况下，编译器把方法的声明以及方法内部任何对方法的调用都移除。不能只有分部方法的实现部分而没有定义部分。

下面的代码展示了一个名为 PrintSum 的分部方法的示例。

❑ PrintSum 声明在分部类 MyClass 的不同部分：定义声明在第一个部分中，实现声明在第二个部分中。实现部分打印出两个整型参数的和。

❑ 因为分部方法是隐式私有的，所以 PrintSum 不能从类的外部调用。方法 Add 是调用 PrintSum 的公有方法。

❑ Main 创建类 MyClass 的一个对象，并调用它的公有方法 Add，Add 方法调用方法 PrintSum，PrintSum 打印出输入参数的和。

```
partial class MyClass
{              必须是 void
                    ↓
    partial void PrintSum(int x, int y);        //定义分部方法
        ↑                              ↑
  上下文关键字                     没有实现部分
    public void Add(int x, int y)
    {
        PrintSum(x, y);
    }
}

partial class MyClass
{
    partial void PrintSum(int x, int y)         //实现分部方法
    {
        Console.WriteLine("Sum is {0}", x + y);      ←实现部分
    }
}

class Program
{
    static void Main( )
    {
        var mc = new MyClass();
        mc.Add(5, 6);
    }
}
```

这段代码产生以下输出：

```
Sum is 11
```

第 8 章

类和继承

8.1 类继承

通过继承可以定义一个新类，新类纳入一个已经声明的类并进行扩展。

- ❑ 可以使用一个已经存在的类作为新类的基础。已存在的类称为**基类**（base class），新类称为**派生类**（derived class）。派生类成员的组成如下：
  - ■ 本身声明中的成员；
  - ■ 基类的成员。
- ❑ 要声明一个派生类，需要在类名后加入**基类规格说明**。基类规格说明由冒号和用作基类的类名称组成。派生类**直接继承**自列出的基类。

❑ 派生类**扩展**它的基类，因为它包含了基类的成员，还有它本身声明中的新增功能。

❑ 派生类**不能删除**它所继承的任何成员。

例如，下面展示了名为 OtherClass 的类的声明，它继承自名为 SomeClass 的类：

```
         基类规格说明
         _____
              ↓
class OtherClass : SomeClass
{          ↑        ↑
   ...     冒号     基类
}
```

图 8-1 展示了每个类的实例。在左边，类 SomeClass 有一个字段和一个方法。在右边，类 Other-Class 继承 SomeClass，并包含了一个新增的字段和一个新增的方法。

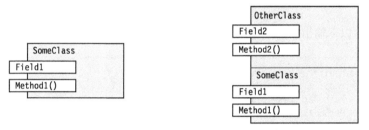

图 8-1　基类和派生类

8.2　访问继承的成员

继承的成员可以被访问，就像它们是派生类自己声明的一样（继承的构造函数有些不同，本章稍后会阐述）。例如，下面的代码声明了类 SomeClass 和 OtherClass，如图 8-1 所示。这段代码显示 OhterClass 的所有 4 个成员都能被无缝地访问，无论它们是在基类中声明的还是在派生类中声明的。

❑ Main 创建派生类 OtherClass 的一个对象。

❑ Main 中接下来的两行调用**基类**中的 Method1，先是使用基类的 Field1，然后是派生类的 Field2。

❑ Main 中后续的两行调用**派生类**中的 Method2，再次先使用基类的 Field1，然后是派生类的 Field2。

```
class SomeClass                      //基类
{
   public string Field1 = "base class field ";
   public void Method1( string value ) {
      Console.WriteLine($"Base class -- Method1:    { value }");
   }
}

class OtherClass: SomeClass {         //派生类
```

```
      public string Field2 = "derived class field";
      public void Method2( string value ) {
          Console.WriteLine($"Derived class -- Method2:  { value }");
      }
   }

   class Program {
      static void Main() {
          OtherClass oc = new OtherClass();

          oc.Method1( oc.Field1 );        //以基类字段为参数的基类方法
          oc.Method1( oc.Field2 );        //以派生字段为参数的基类方法
          oc.Method2( oc.Field1 );        //以基类字段为参数的派生方法
          oc.Method2( oc.Field2 );        //以派生字段为参数的派生方法
      }
   }
```

这段代码产生以下输出：

```
Base class -- Method1:     base class field
Base class -- Method1:     derived class field
Derived class -- Method2:  base class field
Derived class -- Method2:  derived class field
```

8.3   所有类都派生自 object 类

除了特殊的类 object，**所有**的类都是派生类，即使它们没有基类规格说明。类 object 是唯一的非派生类，因为它是继承层次结构的基础。

没有基类规格说明的类隐式地直接派生自类 object。不加基类规格说明只是指定 object 为基类的简写。这两种形式是语义等价的。如图 8-2 所示。

```
class SomeClass                 class SomeClass : object
{                               {
    ...                             ...
}                               }
```

图 8-2   左边的类声明隐式地派生自 object 类，而右边的则显式地派生自 object。
　　　　这两种形式在语义上是等价的

关于类继承的其他重要内容如下。

❑ 一个类声明的基类规格说明中只能有一个单独的类。这称为**单继承**。

❑ 虽然类只能直接继承一个基类，但派生的**层次**没有限制。也就是说，作为基类的类可以派生自另外一个类，而这个类又派生自另外一个类······，直至最终到达 object。

基类和派生类是相对的术语。所有的类都是派生类，要么派生自 object，要么派生自其他的类。所以，通常称一个类为派生类时，我们的意思是它直接派生自某类而不是 object。图 8-3 展示了一个简单的类层次结构。在这之后，我们将不会在图中显示 object 了，因为所有的类最终都派生自它。

```
class SomeClass
{ ... }

class OtherClass: SomeClass
{ ... }

class MyNewClass: OtherClass
{
      ...
}
```

| MyNewClass |
| OtherClass |
| SomeClass |
| object |

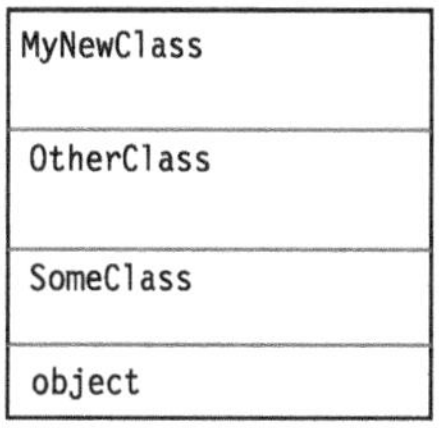

图 8-3　类层次结构

8.4　屏蔽基类的成员

虽然派生类不能删除它继承的任何成员，但可以用与基类成员名称相同的成员来屏蔽（mask）基类成员。这是继承的主要功能之一，非常实用。

例如，我们要继承包含某个特殊方法的基类。该方法虽然适合声明它的类，但不一定适合派生类。在这种情况下，我们希望在派生类中声明新成员以屏蔽基类中的方法。在派生类中屏蔽基类成员的一些要点如下。

- ❑ 要屏蔽一个继承的**数据**成员，需要声明一个新的相同类型的成员，并使用相同的**名称**。
- ❑ 通过在派生类中声明新的带有相同签名的函数成员，可以**屏蔽**继承的函数成员。请记住，签名由名称和参数列表组成，不包括返回类型。
- ❑ 要让编译器知道你在故意屏蔽继承的成员，可使用 new 修饰符。否则，程序可以成功编译，但编译器会警告你隐藏了一个继承的成员。
- ❑ 也可以屏蔽静态成员。

下面的代码声明了一个基类和一个派生类，它们都有一个名为 Field1 的 string 成员。使用 new 关键字以显式地告诉编译器屏蔽基类成员。图 8-4 展示了每个类的实例。

```
class SomeClass                    //基类
{
   public string Field1;
   ...
}

class OtherClass : SomeClass       //派生类
{
   new public string Field1;       //用同样的名称屏蔽基类成员
       ↑
   关键字
```

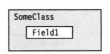
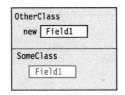

图 8-4 屏蔽基类成员

在下面的代码中，OtherClass 派生自 SomeClass，但隐藏了两个继承的成员。注意 new 修饰符的使用。图 8-5 阐明了这段代码。

```
class SomeClass                                //基类
{
   public string Field1 = "SomeClass Field1";
   public void   Method1(string value)
      { Console.WriteLine($"SomeClass.Method1: { value }"); }
}


class OtherClass : SomeClass                   //派生类
{ 关键字
     ↓
   new public string Field1 = "OtherClass Field1";  //屏蔽基类成员
   new public void   Method1(string value)          //屏蔽基类成员
    ↑ { Console.WriteLine($"OtherClass.Method1: { value }"); }
} 关键字


class Program
{
   static void Main()
   {
      OtherClass oc = new OtherClass();        //使用屏蔽成员
      oc.Method1(oc.Field1);                   //使用屏蔽成员
   }
}
```

该代码产生以下输出：

```
OtherClass.Method1:  OtherClass Field1
```

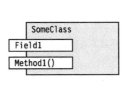
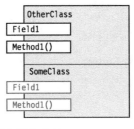

图 8-5 隐藏基类的字段和方法

8.5 基类访问

如果派生类必须访问被隐藏的继承成员，可以使用**基类访问**（base access）表达式。基类访问表达式由关键字 base 后面跟着一个点和成员的名称组成，如下所示：

```
Console.WriteLine("{0}", base.Field1);
                            ↑
                          基类访问
```

例如，在下面的代码中，派生类 OtherClass 隐藏了基类中的 Field1，但可以使用基类访问表达式访问它。

```
class SomeClass {                                    //基类
   public string Field1 = "Field1 -- In the base class";
}

class OtherClass : SomeClass {                        //派生类

   new public string Field1 = "Field1 -- In the derived class";
     ↑                    ↑
     隐藏了基类中的字段
   public void PrintField1()
   {
      Console.WriteLine(Field1);           //访问派生类
      Console.WriteLine(base.Field1);      //访问基类
   }                            ↑
}                          基类访问

class Program {
   static void Main()
   {
      OtherClass oc = new OtherClass();
      oc.PrintField1();
   }
}
```

这段代码产生以下输出：

```
Field1 -- In the derived class
Field1 -- In the base class
```

如果你的程序代码经常使用这个特性（即访问隐藏的继承成员），你可能需要重新评估类的设计。一般来说存在更优雅的设计，但是在没其他办法的时候也可以使用这个特性。

8.6 使用基类的引用

派生类的实例由基类的实例和派生类新增的成员组成。派生类的引用指向整个类对象，包括基类部分。

如果有一个派生类对象的引用，就可以获取该对象基类部分的引用（使用**类型转换运算符**把该引用**转换**为基类类型）。类型转换运算符放置在对象引用的前面，由圆括号括起的要被转换成的类名组成。类型转换将在第 17 章阐述。将派生类对象强制转换为基类对象的作用是产生的变量只能访问基类的成员（在被覆写方法中除外，稍后会讨论）。

接下来的几节将阐述使用对象的基类部分的引用来访问对象。我们从观察下面两行代码开始，它们声明了对象的引用。图 8-6 阐明了代码，并展示了不同变量所看到的对象部分。

- 第一行声明并初始化了变量 derived，它包含一个 MyDerivedClass 类型对象的引用。
- 第二行声明了一个基类类型 MyBaseClass 的变量，并把 derived 中的引用转换为该类型，给出对象的基类部分的引用。
  - 基类部分的引用被存储在变量 mybc 中，在赋值运算符的左边。
  - 基类部分的引用"看不到"派生类对象的其余部分，因为它通过基类类型的引用"看"这个对象。

```
MyDerivedClass derived = new MyDerivedClass();      //创建一个对象
MyBaseClass mybc       = (MyBaseClass) derived;      //转换引用
```

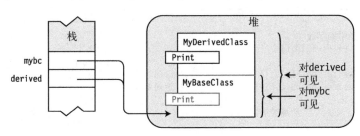

图 8-6　派生类的引用可以看到完整的 MyDerivedClass 对象，而 mybc 只能看到对象的 MyBaseClass 部分

下面的代码展示了两个类的声明和使用。图 8-7 阐明了内存中的对象和引用。

Main 创建了一个 MyDerivedClass 类型的对象，并把它的引用存储到变量 derived 中。Main 还创建了一个 MyBaseClass 类型的变量，并用它存储对象基类部分的引用。当对每个引用调用 Print 方法时，调用的是该引用所能看到的方法的实现，并产生不同的输出字符串。

```
class MyBaseClass
{
   public void Print()
   {
      Console.WriteLine("This is the base class.");
   }
}

class MyDerivedClass : MyBaseClass
{
   public int var1;

   new public void Print()
```

```
    {
        Console.WriteLine("This is the derived class.");
    }
}
class Program
{
    static void Main()
    {
        MyDerivedClass derived = new MyDerivedClass();
        MyBaseClass mybc = (MyBaseClass)derived;
                            ↑
                          转换成基类
        derived.Print();            //从派生类部分调用 Print
        mybc.Print();               //从基类部分调用 Print
        // mybc.var1 = 5;           //错误：基类引用无法访问派生类成员
    }
}
```

这段代码产生以下输出：

```
This is the derived class.
This is the base class.
```

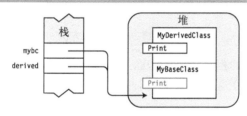

图 8-7 对派生类和基类的引用

8.6.1 虚方法和覆写方法

在上一节我们看到，当使用基类引用访问派生类对象时，得到的是基类的成员。**虚方法**可以使基类的引用访问"升至"派生类内。

可以使用基类引用调用**派生类**的方法，只需满足下面的条件。

❑ 派生类的方法和基类的方法有相同的签名和返回类型。

❑ 基类的方法使用 virtual 标注。

❑ 派生类的方法使用 override 标注。

例如，下面的代码展示了基类方法和派生类方法的 virtual 及 override 修饰符。

```
class MyBaseClass                              //基类
{
    virtual public void Print()
        ↑
        ...
```

```
class MyDerivedClass : MyBaseClass                  //派生类
{
   override public void Print()
      ↑
```

图 8-8 阐明了这组 virtual 和 override 方法。注意和上一种情况（用 new 隐藏基类成员）相比在行为上的区别。

- 当使用基类引用（mybc）调用 Print 方法时，方法调用被传递到派生类并执行，因为：
  - 基类的方法被标记为 virtual；
  - 在派生类中有匹配的 override 方法。
- 图 8-8 阐明了这一点，显示了一个从 virtual Print 方法后面开始，并指向 override Print 方法的箭头。

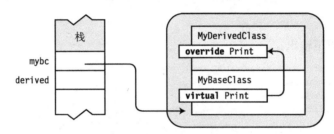

图 8-8　虚方法和覆写方法

下面的代码和上一节中的相同，但这一次，方法上标注了 virtual 和 override。产生的结果和前一个示例有很大不同。在这个版本中，对基类方法的调用实际调用了子类中的方法。

```
class MyBaseClass
{
   virtual public void Print()
   {
      Console.WriteLine("This is the base class.");
   }
}

class MyDerivedClass : MyBaseClass
{
   override public void Print()
   {
      Console.WriteLine("This is the derived class.");
   }
}

class Program
{
   static void Main()
   {
      MyDerivedClass derived = new MyDerivedClass();
      MyBaseClass mybc        = (MyBaseClass)derived;
                                          ↑
      derived.Print();            强制转换成基类
```

```
        mybc.Print();
    }

}
```

这段代码产生以下输出：

```
This is the derived class.
This is the derived class.
```

其他关于 virtual 和 override 修饰符的重要信息如下。

❑ 覆写和被覆写的方法必须有相同的可访问性。例如，这种情况是不可以的：被覆写的方法是 private 的，而覆写方法是 public 的。

❑ 不能覆写 static 方法或非虚方法。

❑ 方法、属性和索引器（前一章阐述过），以及另一种成员类型——**事件**（将在后面阐述），都可以被声明为 virtual 和 override。

8.6.2　覆写标记为 **override** 的方法

覆写方法可以在继承的任何层次出现。

❑ 当使用对象基类部分的引用调用一个被覆写的方法时，方法的调用被沿派生层次上溯执行，一直到标记为 override 的方法的**最高派生**（most-derived）版本。

❑ 如果在更高的派生级别有该方法的其他声明，但没有被标记为 override，那么它们不会被调用。

例如，下面的代码展示了 3 个类，它们形成了一个继承层次：MyBaseClass、MyDerivedClass 和 SecondDerived。所有这 3 个类都包含名为 Print 的方法，并带有相同的签名。在 MyBaseClass 中，Print 被标记为 virtual。在 MyDerivedClass 中，它被标记为 override。在类 SecondDerived 中，可以使用 override 或 new 声明方法 Print。让我们看一看在每种情况下将发生什么。

```
class MyBaseClass                              //基类
{
   virtual public void Print()
   { Console.WriteLine("This is the base class."); }
}

class MyDerivedClass : MyBaseClass             //派生类
{
   override public void Print()
   { Console.WriteLine("This is the derived class."); }
}

class SecondDerived : MyDerivedClass           //最高派生类
{
   ... //在后面给出
}
```

1. 情况 1: 使用 override 声明 Print

如果把 SecondDerived 的 Print 方法声明为 override, 那么它会覆写方法的**两个低派生级别的**版本,如图 8-9 所示。如果一个基类的引用被用于调用 Print,它会向上传递,一直到类 SecondDerived 中的实现。

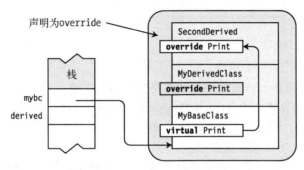

图 8-9   执行被传递到多层覆写链的顶端

下面的代码实现了这种情况。注意方法 Main 的最后两行代码。

☐ 两条语句中的第一条使用最高派生类 SecondDerived 的引用调用 Print 方法。这不是通过基类部分的引用的调用,所以它将会调用 SecondDerived 中实现的方法。

☐ 而第二条语句使用基类 MyBaseClass 的引用调用 Print 方法。

```
class SecondDerived : MyDerivedClass
{
   override public void Print() {
   ↑    Console.WriteLine("This is the second derived class.");
   }
}

class Program
{
   static void Main()
   {
      SecondDerived derived = new SecondDerived(); //使用 SecondDerived
      MyBaseClass mybc = (MyBaseClass)derived;     //使用 MyBaseClass

      derived.Print();
      mybc.Print();
   }

}
```

结果是:无论 Print 是通过派生类调用还是通过基类调用的,都会调用最高派生类中的方法。当通过基类调用时,调用沿着继承层次向上传递。这段代码产生以下输出:

```
This is the second derived class.
This is the second derived class.
```

2. 情况2: 使用 new 声明 Print

相反，如果将 SecondDerived 中的 Print 方法声明为 new，则结果如图 8-10 所示。Main 和上一种情况相同。

```
class SecondDerived : MyDerivedClass
{
   new public void Print()
   {
      Console.WriteLine("This is the second derived class.");
   }
}

class Program
{
   static void Main()                           //Main
   {
      SecondDerived derived = new SecondDerived();    //使用 SecondDerived
      MyBaseClass mybc       = (MyBaseClass)derived;   //使用 MyBaseClass

      derived.Print();
      mybc.Print();
   }
}
```

结果是: 当通过 SecondDerived 的引用调用方法 Print 时，SecondDerived 中的方法被执行，正如所期待的那样。然而，当通过 MyBaseClass 的引用调用 Print 方法时，方法调用只向上传递了一级，到达类 MyDerived，在那里它被执行。两种情况的唯一不同是 SecondDerived 中的方法使用修饰符 override 还是修饰符 new 声明。

这段代码产生以下输出:

```
This is the second derived class.
This is the derived class.
```

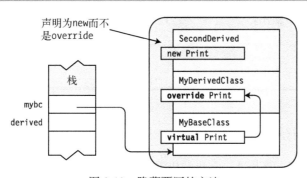

图 8-10 隐藏覆写的方法

8.6.3   覆盖其他成员类型

在之前的几节中，我们已经学习了如何在方法上使用 virtual/override。在属性、事件以及索引器上的用法也是一样的。例如，下面的代码演示了名为 MyProperty 的只读属性，其中使用了 virtual/override。

```
class MyBaseClass
{
   private int _myInt = 5;
   virtual public int MyProperty
   {
      get { return _myInt; }
   }
}

class MyDerivedClass : MyBaseClass
{
   private int _myInt = 10;
   override public int MyProperty
   {
      get { return _myInt; }
   }
}

class Program
{
   static void Main()
   {
      MyDerivedClass derived = new MyDerivedClass();
      MyBaseClass mybc        = (MyBaseClass)derived;

      Console.WriteLine( derived.MyProperty );
      Console.WriteLine( mybc.MyProperty );
   }
}
```

这段代码产生了如下输出：

```
10
10
```

8.7   构造函数的执行

在前一章中，我们看到了构造函数执行代码来准备一个即将使用的类。这包括初始化类的静态成员和实例成员。在这一章，你会看到派生类对象有一部分就是基类对象。

❑ 要创建对象的基类部分，需要隐式调用基类的某个构造函数。

❑ 继承层次链中的每个类在执行它自己的构造函数体之前执行它的基类构造函数。

例如，下面的代码展示了类 MyDerivedClass 及其构造函数声明。当调用该构造函数时，它在执行自己的方法体之前会先调用无参数的构造函数 MyBaseClass()。

```
class MyDerivedClass : MyBaseClass
{
    MyDerivedClass()          //构造函数调用基类构造函数 MyBaseClass()
    {
        ...
    }
}
```

构造的顺序如图 8-11 所示。创建一个实例的过程中，完成的第一件事是初始化对象的所有实例成员。在此之后，调用基类的构造函数，然后才执行该类自己的构造函数体。

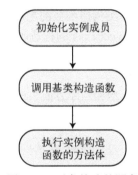

图 8-11　对象构造的顺序

例如，在下面的代码中，MyField1 和 MyField2 的值在调用基类构造函数之前会分别设置为 5 和 0。

```
class MyDerivedClass : MyBaseClass
{
    int MyField1 = 5;               //1.成员初始化
    int MyField2;                   //  成员初始化

    public MyDerivedClass()         //3.执行构造函数体
    {
        ...
    }
}

class MyBaseClass
{
    public MyBaseClass()            //2.调用基类构造函数
    {
        ...
    }
}
```

警告　强烈反对在构造函数中调用虚方法。在执行基类的构造函数时，基类的虚方法会调用派生类的覆写方法，但这是在执行派生类的构造函数方法体之前。因此，调用会在派生类完全初始化之前传递到派生类。

8.7.1　构造函数初始化语句

默认情况下，在构造对象时，将调用基类的无参数构造函数。但构造函数可以重载，所以基类可能有一个以上的构造函数。如果希望派生类使用一个指定的基类构造函数而不是无参数构造函数，必须在**构造函数初始化语句**中指定它。

有两种形式的构造函数初始化语句。

❑ 第一种形式使用关键字 base 并指明使用哪一个基类构造函数。

❑ 第二种形式使用关键字 this 并指明应该使用**当前类**的哪一个构造函数。

基类构造函数初始化语句放在冒号后面，跟在类的构造函数声明的参数列表后面。构造函数初始化语句由关键字 base 和要调用的基类构造函数的参数列表组成。

例如，下面的代码展示了类 MyDerivedClass 的构造函数。

❑ 构造函数初始化语句指明要使用有两个参数的基类构造函数，并且第一个参数是一个 int，第二个参数是一个 string。

❑ 基类参数列表中的参数必须在类型和顺序方面与**已定的基类构造函数**的参数列表相匹配。

```
                                         构造函数初始化语句
                                              ↓
public MyDerivedClass( int x, string s ) : base( s, x )
{                                         ↑
   ...                                  关键字
```

当声明一个不带构造函数初始化语句的构造函数时，它实际上是带有 base() 构造函数初始化语句的简写形式，如图 8-12 所示。这两种形式是语义等价的。

```
class MyDerived: MyBase              class MyDerived: MyBase
{                                    {
   MyDerived()                          MyDerived() : base()
   {                                    {
      ...                                  ...
   }                                    }
   ...                                  ...

隐式使用基类构造函数                 显式使用基类构造函数
MyBase()的构造函数                   MyBase()的构造函数
```

图 8-12　等价的构造函数形式

另外一种形式的构造函数初始化语句可以让构造过程（实际上是编译器）使用当前类中其他的构造函数。例如，如下代码所示的 Myclass 类包含带有一个参数的构造函数。但这个单参数的构造函数使用了同一个类中具有两个参数的构造函数，为第二个参数提供了一个默认值。

```
                           构造函数初始化语句
                                  ↓
public MyClass(int x): this(x, "Using Default String")
{                          ↑
   ...                   关键字
}
```

这种语法很有用的另一种情况是，一个类有好几个构造函数，并且它们都需要在对象构造的过程开始时执行一些公共的代码。对于这种情况，可以把公共代码提取出来作为一个构造函数，被其他所有的构造函数用作构造函数初始化语句。由于减少了重复的代码，实际上这也是推荐的做法。

你可能会觉得还可以声明另外一个方法来执行这些公共的初始化，并让所有构造函数来调用这个方法。由于种种原因这不是一个好办法。首先，编译器在知道方法是构造函数后能够做一些优化。其次，有些事情必须在构造函数中进行，在其他地方则不行。比如之前我们学到的 readonly 字段只可以在构造函数中初始化。如果尝试在其他方法（即使这个方法只被构造函数调用）中初始化一个 readonly 字段，会得到编译错误。不过要注意，这一限制仅适用于 readonly 字段，不适用于 readonly 属性。

回到公共构造函数，如果这个构造函数可以用作一个有效的构造函数，能够初始化类中所有需要初始化的东西，那么完全可以把它设置为 public 的构造函数。

但是如果它不能完全初始化一个对象怎么办？此时，必须禁止从类的外部调用构造函数，因为那样的话它只会初始化对象的一部分。要避免这个问题，可以把构造函数声明为 private，而不是 public，然后只让其他构造函数使用它，如以下代码所示：

```
class MyClass
{
   readonly int    firstVar;
   readonly double secondVar;

   public string UserName;
   public int UserIdNumber;

   private MyClass( )          //私有构造函数执行其他构造
   {                          //函数共用的初始化
      firstVar  = 20;
      secondVar = 30.5;
   }

   public MyClass( string firstName ) : this() //使用构造函数初始化语句
   {
      UserName     = firstName;
      UserIdNumber = -1;
   }

   public MyClass( int idNumber ) : this( )    //使用构造函数初始化语句
   {
      UserName     = "Anonymous";
      UserIdNumber = idNumber;
   }
}
```

8.7.2 类访问修饰符

类可以被系统中其他类看到并访问。这一节阐述类的可访问性。虽然我们会在解说和示例中使用类，因为类是本书中一直阐述的内容，但可访问性规则也适用于以后将阐述的其他类型。

可访问（accessible）有时也称为可见（visible），它们可以互换使用。类的可访问性有两个级别：public 和 internal。

- 标记为 public 的类可以被系统内任何程序集中的代码访问。要使一个类对其他程序集可见，使用 public 访问修饰符，如下所示：

```
关键字
    ↓
public class MyBaseClass
{ ...
```

- 标记为 internal 的类只能被它自己所在的程序集内的类看到。（第 1 章介绍过，**程序集**既不是程序也不是 DLL。第 22 章将阐述程序集的细节。）
  - 这是默认的可访问级别，所以，除非在类的声明中显式地指定修饰符 public，否则程序集外部的代码不能访问该类。
  - 可以使用 internal 访问修饰符显式地声明一个类为内部的。

```
    关键字
       ↓
internal class MyBaseClass
{ ...
```

图 8-13 阐明了 internal 和 public 类从程序集的外部的可访问性。类 MyClass 对左边程序集内的类不可见，因为 MyClass 被标记为 internal。然而，类 OtherClass 对于左边的类可见，因为它被标记为 public。

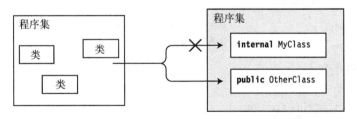

图 8-13　其他程序集中的类可以访问公有类但不能访问内部类

8.8　程序集间的继承

迄今为止，我们一直在基类声明的同一程序集内声明派生类。但 C#也允许从一个在不同的程序集内定义的基类来派生类。

要从不同程序集中定义的基类派生类，必须具备以下条件。

- 基类必须被声明为 public，这样才能从它所在的程序集外部访问它。
- 必须在 Visual Studio 工程中的 References 节点中添加对包含该基类的程序集的引用。可以在 Solution Explorer 中找到该标题。

要使引用其他程序集中的类和类型更容易，不使用它们的完全限定名称，可以在源文件的顶部放置一个 using 指令，并带上将要访问的类或类型所在的命名空间。

说明　增加对其他程序集的引用和增加 using 指令是两回事。增加对其他程序集的引用是告诉编译器所需的类型在哪里定义。增加 using 指令允许你引用其他的类而不必使用它们的完全限定名称。第 22 章会详细阐述这部分内容。

例如，下面两个来自不同的程序集的代码片段展示了继承一个其他程序集中的类是多么容易。第一段代码创建了含有 MyBaseClass 类声明的程序集，该类有以下特征。

❑ 它声明在名为 Assembly1.cs 的源文件中，并位于 BaseClassNS 的命名空间内部。

❑ 它声明为 public，这样就可以从其他程序集中访问它。

❑ 它含有一个单独的成员，即一个名为 PrintMe 的方法，它仅打印一条简单的消息标识该类。

```
//源文件名称为 Assembly1.cs
using System;
        包含基类声明的命名空间
                  ↓
namespace BaseClassNS
{ 把该类声明为公有的，使它对程序集的外部可见
     ↓
   public class MyBaseClass {
      public void PrintMe() {
         Console.WriteLine("I am MyBaseClass");
      }
   }
}
```

第二个程序集包含 DerivedClass 类的声明，它继承在第一个程序集中声明的 MyBaseClass。该源文件名为 Assembly2.cs。图 8-14 展示了这两个程序集。

❑ DerivedClass 的类体为空，但从 MyBaseClass 继承了方法 PrintMe。

❑ Main 创建了一个类型为 DerivedClass 的对象并调用它继承的 PrintMe 方法。

```
//源文件名称为 Assembly2.cs
using System;
using BaseClassNS;
      ↑
包含基类声明的命名空间
namespace UsesBaseClass
{                       在其他程序集中的基类
                            ↓
   class DerivedClass: MyBaseClass
   {
      //空类体
   }

   class Program {
```

8

```
        static void Main( )
        {
            DerivedClass mdc = new DerivedClass();
            mdc.PrintMe();
        }
    }

}
```

这段代码产生以下输出：

```
I am MyBaseClass
```

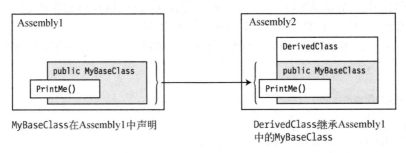

MyBaseClass在Assembly1中声明   DerivedClass继承Assembly1
                                        中的MyBaseClass

图 8-14   跨程序集继承

8.9   成员访问修饰符

　　本章之前的两节阐述了类的可访问性。对类的可访问性，只有两种修饰符：internal 和 public。
本节阐述成员的可访问性。类的可访问性描述了类的可见性；成员的可访问性描述了类成员的可
见性。

　　声明在类中的每个成员对系统的不同部分可见，这依赖于类声明中指派给它的访问修饰符。
你已经看到 private 成员仅对同一类的其他成员可见，而 public 成员对程序集外部的类也可见。
在这一节，我们将再次研究 public 和 private 访问级别，以及其他 3 个可访问性级别。

　　在研究成员访问性的细节之前，首先阐述一些通用内容。

❑ 所有显式声明在类声明中的成员都是互相可见的，无论它们的访问性如何。

❑ 继承的成员不在类的声明中显式声明，所以，如你所见，继承的成员对派生类的成员可
　 以是可见的，也可以是不可见的。

❑ 以下是 5 个成员访问级别的名称。目前为止我们只介绍了 public 和 private。

　　■ public

　　■ private

　　■ protected

　　■ internal

- protected internal
- ❑ 必须对每个成员指定成员访问级别。如果不指定某个成员的访问级别，它的隐式访问级别为 private。
- ❑ 成员的可访问性不能比它的类高。也就是说，如果一个类的可访问性限于它所在的程序集，那么类的成员在程序集的外部也不可见，无论它们的访问修饰符是什么，public 也不例外。

8.9.1　访问成员的区域

类通过成员的访问修饰符指明了哪些成员可以被其他类访问。你已经了解了 public 和 private 修饰符。下面的类中声明了 5 种访问级别的成员。

```
public class MyClass
{
    public              int Member1;
    private             int Member2;
    protected           int Member3;
    internal            int Member4;
    protected internal  int Member5;
    ...
```

另一个类（如类 B）能否访问这些成员取决于该类的两个特征。
- ❑ 类 B 是否派生自 MyClass 类。
- ❑ 类 B 是否和 MyClass 类在同一程序集。

这两个特征划分出 4 个集合，如图 8-15 所示。与 MyClass 类相比，其他类可以是下面任意一种。
- ❑ 在同一程序集且继承 MyClass（右下）。
- ❑ 在同一程序集但不继承 MyClass（左下）。
- ❑ 在不同的程序集且继承 MyClass（右上）。
- ❑ 在不同的程序集且不继承 MyClass（左上）。

这些特征用于定义 5 种访问级别，下一节将详细介绍这一点。

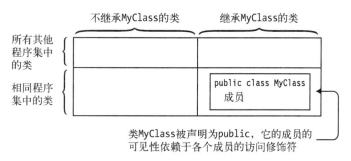

图 8-15　访问性的区域划分

8.9.2　公有成员的可访问性

public 访问级别是限制最少的。所有的类，包括程序集内部的类和外部的类都可以自由地访问成员。图 8-16 阐明了 MyClass 的 public 类成员的可访问性。

要声明一个公有成员，使用 public 访问修饰符，如：

关键字
↓
public int Member1;

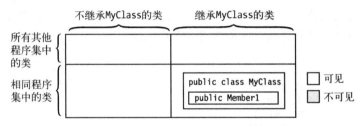

图 8-16　公有类的公有成员对同一程序集或其他程序集的所有类可见

8.9.3　私有成员的可访问性

private 访问级别是限制最严格的。

❏ private 类成员只能被它自己的类的成员访问。它不能被其他的类访问，包括继承它的类。
❏ 然而，private 成员能被嵌套在它的类中的类成员访问。**嵌套类**将在第 27 章介绍。
图 8-17 阐明了私有成员的可访问性。

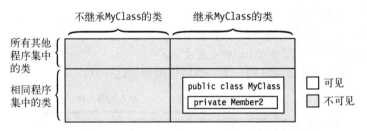

图 8-17　任何类的私有成员只对它自己的类（或嵌套类）的成员可见

8.9.4　受保护成员的可访问性

protected 访问级别如同 private 访问级别，但它允许派生自该类的类访问该成员。图 8-18 阐明了受保护成员的可访问性。注意，即使程序集外部继承该类的类也能访问该成员。

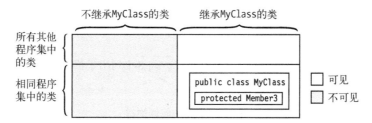

图 8-18 公有类的受保护成员对它自己的类成员或派生类的成员可见。
派生类甚至可以在其他程序集中

8.9.5 内部成员的可访问性

标记为 internal 的成员对程序集内部的所有类可见，但对程序集外部的类不可见，如图 8-19 所示。

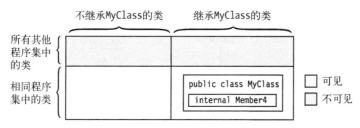

图 8-19 内部成员对同一程序集内部的任何类成员可见，但对程序集外部的类不可见

8

8.9.6 受保护内部成员的可访问性

标记为 protected internal 的成员对所有继承该类的类以及程序集内部的所有类可见，如图 8-20 所示。注意，允许访问的集合是 protected 修饰符允许访问的类的集合加上 internal 修饰符允许访问的类的集合。注意，这是 protected 和 internal 的**并集**，不是交集。

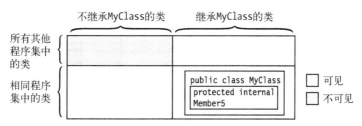

图 8-20 公有类的受保护内部成员对相同程序集的类成员或继承该类的类成员可见。
它对其他程序集中不继承该类的类不可见

8.9.7　成员访问修饰符小结

下面两个表格概括了 5 种成员访问级别的特征。表 8-1 列出了修饰符,并直观地概括了它们的作用。

表 8-1　成员访问修饰符

修 饰 符	含 义
private	只在类的内部可访问
internal	对该程序集内所有类可访问
protected	对所有继承该类的类可访问
protected internal	对所有继承该类或在该程序集内声明的类可访问
public	对任何类可访问

图 8-21 演示了 5 个成员访问修饰符的可访问级别。

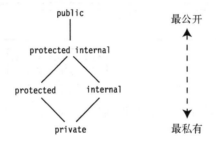

图 8-21　各种成员访问修饰符的相对可访问性

表 8-2 在表的左边列出了访问修饰符,并在顶部划分出类的类别。**派生**指类继承声明该成员的类。**非派生**指类不继承声明该成员的类。表格单元中对勾的意思是该类别的类可以访问带有相应修饰符的成员。

表 8-2　成员可访问性总结

	同一程序集内的类		不同程序集内的类	
	非派生	派生	非派生	派生
private				
internal	✓	✓		
protected		✓		✓
protected internal	✓	✓		✓
public	✓	✓	✓	✓

8.10 抽象成员

抽象成员是指设计为被覆写的函数成员。抽象成员有以下特征。

❑ 必须是一个函数成员。也就是说，字段和常量不能为抽象成员。

❑ 必须用 abstract 修饰符标记。

❑ 不能有实现代码块。抽象成员的代码用分号表示。

例如，下面取自一个类定义的代码声明了两个抽象成员：一个名为 PrintStuff 的抽象方法和一个名为 MyProperty 的抽象属性。注意在实现块位置的分号。

```
    关键字                        分号替换实现
      ↓                             ↓
abstract public void PrintStuff(string s);

abstract public int MyProperty
{
   get;   ← 分号替换实现
   set;   ← 分号替换实现
}
```

抽象成员只可以在**抽象类**中声明，下一节中会讨论。一共有 4 种类型的成员可以声明为抽象的：

❑ 方法；

❑ 属性；

❑ 事件；

❑ 索引器。

关于抽象成员的其他重要事项如下。

❑ 尽管抽象成员必须在派生类中用相应的成员覆写，但不能把 virtual 修饰符附加到 abstract 修饰符。

❑ 类似于虚成员，派生类中抽象成员的实现必须指定 override 修饰符。

表 8-3 比较了虚成员和抽象成员。

表 8-3　比较虚成员和抽象成员

	虚　成　员	抽象成员
关键字	virtual	abstract
实现体	有实现体	没有实现体，被分号取代
在派生类中被覆写	**能**被覆写，使用 override	**必须**被覆写，使用 override
成员的类型	方法	方法
	属性	属性
	事件	事件
	索引器	索引器

8.11 抽象类

抽象类是指设计为被继承的类。**抽象类**只能被用作其他类的基类。

❑ 不能创建抽象类的实例。

❑ 抽象类使用 abstract 修饰符声明。

```
   关键字
     ↓
abstract class MyClass
{
    ...
}
```

❑ 抽象类可以包含抽象成员或普通的非抽象成员。抽象类的成员可以是抽象成员和普通带
  实现的成员的任意组合。

❑ 抽象类自己可以派生自另一个抽象类。例如，下面的代码展示了一个抽象类，它派生自
  另一个抽象类。

```
abstract class AbClass                  //抽象类
{
    ...
}

abstract class MyAbClass : AbClass      //派生自抽象类的抽象类
{
    ...
}
```

❑ 任何派生自抽象类的类必须使用 override 关键字实现该类所有的抽象成员，除非派生类
  自己也是抽象类。

8.11.1 抽象类和抽象方法的示例

下面的代码展示了一个名为 AbClass 的抽象类，它有两个方法。

第一个方法是一个带有实现的普通方法，它打印出类型的名称。第二个方法是一个必须在派
生类中实现的抽象方法。类 DerivedClass 继承 AbClass，实现并覆写了抽象方法。Main 创建
DerivedClass 的对象并调用它的两个方法。

```
   关键字
     ↓
abstract class AbClass                        //抽象类
{
    public void IdentifyBase()                //普通方法
    { Console.WriteLine("I am AbClass"); }
       关键字
         ↓
    abstract public void IdentifyDerived();   //抽象方法
```

```
   }

class DerivedClass : AbClass                        //派生类
{   关键字
        ↓
   override public void IdentifyDerived()           //抽象方法的实现
   { Console.WriteLine("I am DerivedClass"); }
}

class Program
{
   static void Main()
   {
      // AbClass a = new AbClass();          //错误，抽象类不能实例化
      // a.IdentifyDerived();

      DerivedClass b = new DerivedClass(); //实例化派生类
      b.IdentifyBase();                       //调用继承的方法
      b.IdentifyDerived();                    //调用"抽象"方法
   }
}
```

这段代码产生以下输出：

```
I am AbClass
I am DerivedClass
```

8

8.11.2　抽象类的另一个例子

如下代码演示了包含数据成员和函数成员的抽象类的声明。记住，数据成员（字段和常量）不可以声明为 abstract。

```
abstract class MyBase        //抽象和非抽象成员的组合
{
   public int SideLength       = 10;            //数据成员
   const  int TriangleSideCount = 3;            //数据成员

   abstract public void PrintStuff( string s ); //抽象方法
   abstract public int  MyInt { get; set; }     //抽象属性

   public int PerimeterLength( )                //普通的非抽象方法
   { return TriangleSideCount * SideLength; }
}

class MyClass : MyBase
{
   public override void PrintStuff( string s )  //覆盖抽象方法
   { Console.WriteLine( s ); }

   private int _myInt;
```

```
   public override int MyInt                    //覆盖抽象属性
   {
      get { return _myInt; }
      set { _myInt = value; }
   }
}

class Program
{
   static void Main( string[] args )
   {
      MyClass mc = new MyClass( );
      mc.PrintStuff( "This is a string." );
      mc.MyInt = 28;
      Console.WriteLine( mc.MyInt );
      Console.WriteLine($"Perimeter Length: { mc.PerimeterLength( ) }");
   }
}
```

这段代码产生如下输出：

```
This is a string.
28
Perimeter Length: 30
```

8.12   密封类

在上一节，你看到抽象类必须用作基类，它不能像独立的类对象那样被实例化。**密封类**与它相反。

❑ 密封类只能被用作独立的类，它不能被用作基类。

❑ 密封类使用 sealed 修饰符标注。

例如，下面的类是一个密封类。将它用作其他类的基类会产生编译错误。

关键字
↓
```
sealed class MyClass
{
   ...
}
```

8.13   静态类

静态类中所有成员都是静态的。静态类用于存放不受实例数据影响的数据和函数。静态类的一个常见用途可能是创建一个包含一组数学方法和值的数学库。

关于静态类需要了解的重要事项如下。

❑ 类本身必须标记为 static。

❑ 类的所有成员必须是静态的。

❑ 类可以有一个静态构造函数，但不能有实例构造函数，因为不能创建该类的实例。

❑ 静态类是隐式密封的，也就是说，不能继承静态类。

可以使用类名和成员名，像访问其他静态成员那样访问静态类的成员。从 C# 6.0 开始，也可以通过使用 using static 指令来访问静态类的成员，而不必使用类名。第 22 章将详细讨论 using 指令。

下面的代码展示了一个静态类的示例。

```
类必须标记为静态的
    ↓
static public class MyMath   {
   public static float PI = 3.14f;
   public static bool IsOdd(int x)
          ↑           { return x % 2 == 1; }
      成员必须是静态的
          ↓
   public static int Times2(int x)
                   { return 2 * x; }
}

class Program   {
   static void Main( )
   {                                   使用类名和成员名
                                            ↓
      int val = 3;
      Console.WriteLine("{0} is odd is {1}.", val,  MyMath.IsOdd(val));
      Console.WriteLine($"{ val } * 2 = { MyMath.Times2(val) }.");
   }
}
```

这段代码产生以下输出：

```
3 is odd is True.
3 * 2 = 6.
```

8.14 扩展方法

在迄今为止的内容中，你看到的每个方法都和声明它的类关联。**扩展方法**特性扩展了这个边界，允许编写的方法和**声明它的类之外**的类关联。

想知道如何使用这个特性，请看下面的代码。它包含类 MyData，该类存储 3 个 double 类型的值，并含有一个构造函数和一个名为 Sum 的方法，该方法返回 3 个存储值的和。

在现实世界的开发中，扩展方法是一个特别有用的工具。事实上，几乎整个 LINQ 库都是通过扩展方法来实现的。LINQ 将在第 20 章中讲解。

```
class MyData
{
  private double D1;                             //字段
  private double D2;
  private double D3;

  public MyData(double d1, double d2, double d3)  //构造函数
  {
    D1 = d1; D2 = d2; D3 = d3;
  }

  public double Sum()                            //方法 Sum
  {
    return D1 + D2 + D3;
  }
}
```

这是一个非常有限的类，但假设它还含有另外一个方法会更有用，该方法返回 3 个数据的平均值。使用已经了解的关于类的内容，有几种方法可以实现这个额外的功能。

❑ 如果你有源代码并可以修改这个类，你只需要为这个类增加这个新方法。

❑ 然而，如果不能修改这个类（如这个类在一个第三方类库中），那么只要它不是密封的，你就能把它用作一个基类并在派生自它的类中实现这个额外的方法。

然而，如果不能访问代码，或该类是密封的，或有其他的设计原因使这些方法不适用，就不得不在另一个使用该类的公有可用成员的类中编写一个方法。

例如，可以编写一个下面这样的类。下面的代码包含一个名为 ExtendMyData 的静态类，它含有一个名为 Average 的静态方法，该方法实现了额外的功能。注意该方法接受 MyData 的实例作为参数。

```
static class ExtendMyData        MyData 类的实例
{                                      ↓
  public static double Average( MyData md )
  {
    return md.Sum() / 3;
  }          ↑
}    使用 MyData 的实例


class Program
{
  static void Main()
  {                                        MyData 的实例
    MyData md = new MyData(3, 4, 5);           ↓
    Console.WriteLine("Average: {0}", ExtendMyData.Average(md));
  }                                      ↑
}                                   调用静态方法
```

这段代码产生以下输出：

Average: 4

　　尽管这是非常好的解决方案，但如果能在类的实例自身上调用该方法，而不是创建另一个作用于它的类的实例，将会更优雅。下面两行代码阐明了它们的区别。第一行使用刚展示的方法：在另一个类的实例上调用静态方法。第二行展示了我们愿意使用的形式：在对象自身上调用实例方法。

```
ExtendMyData.Average( md )          //静态调用形式
md.Average();                       //实例调用形式
```

　　扩展方法允许你使用第二种形式，即使第一种形式可能是编写这种调用的正常方法。

　　通过对方法 Average 的声明做一个小小的改动，就可以使用实例调用形式。需要做的修改是在参数声明中的类型名前增加关键字 this，如下所示。把 this 关键字加到静态类的静态方法的第一个参数上，把该方法从类 ExtendMyData 的常规方法改变为类 MyData 的**扩展方法**。现在两种调用形式都可以使用。

```
必须是一个静态类
       ↓
static class ExtendMyData
{   必须是公有的和静态的          关键字和类型
    _____↓_____        _____↓_____
    public static double Average( this MyData md )
    {
        ...
    }
}
```

　　扩展方法的重要要求如下。

❑ 声明扩展方法的类必须声明为 static。

❑ 扩展方法本身必须声明为 static。

❑ 扩展方法必须包含关键字 this 作为它的第一个参数类型，并在后面跟着它扩展的类的名称。

　　图 8-22 阐明了扩展方法的结构。

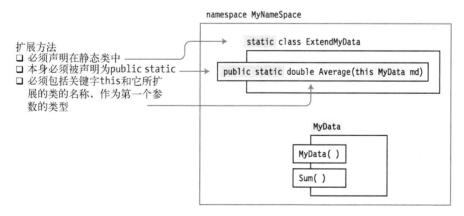

图 8-22　扩展方法的结构

下面的代码展示了一个完整的程序，包括类 MyData 和声明在类 ExtendMyData 中的扩展方法 Average。注意方法 Average 完全如同它是 MyData 的**实例成员**那样调用！图 8-22 阐明了这段代码。类 MyData 和 ExtendMyData 共同起到期望类的作用，带有 3 个方法。

```
namespace ExtensionMethods
{
    sealed class MyData
    {
        private double D1, D2, D3;
        public MyData(double d1, double d2, double d3)
        { D1 = d1; D2 = d2; D3 = d3; }

        public double Sum() { return D1 + D2 + D3; }
    }

    static class ExtendMyData              关键字和类型
    {                                          ↓
        public static double Average(this MyData md)
        {          ↑
            声明为静态的
            return md.Sum() / 3;
        }
    }

    class Program
    {
        static void Main()
        {
            MyData md = new MyData(3, 4, 5);
            Console.WriteLine($"Sum:     { md.Sum() }");
            Console.WriteLine("Average: {0}", md.Average());
        }                                          ↑
    }                                  当作类的实例成员来调用

}
```

这段代码产生以下输出：

```
Sum:     12
Average: 4
```

8.15　命名约定

编写程序时会出现很多名称：类的名称、变量名称、方法名称、属性名称和许多其他名称。阅读程序时，使用命名约定是为要处理的对象种类提供线索的重要方法。

第 7 章简单介绍过命名，现在你已经对类有了更多了解，我们可以给出更多细节了。表 8-4 列出了 3 种主要的命名风格，以及它们在 .NET 程序中常见的使用方式。

表 8-4　常用的标识符命名风格

风格名称	描　述	推荐使用	示　例
Pascal 大小写	标识符中每个单词的首字母大写	用于类型名称和类中对外可见成员的名称。涉及的名称包括：类、方法、命名空间、属性和公有字段	CardDeck、Dealershand
Camel 大小写	标识符中每个单词的首字母大写，第一个单词除外	用于局部变量的名称和方法声明的形参名称	totalCycleCount、randomSeedParam
下划线加 Camel 大小写	以下划线开头的 Camel 大小的标识符	用于私有和受保护的字段	_cycleCount、_selectedIndex

　　可维护代码的一个重要支柱就是使用准确、自描述的变量名字（这个策略不太适合类似于本书的图书、文章和示例代码，因为有其他的考虑）。对于变量名，不能过于追求简洁，否则"欲速则不达"。

　　并不是所有人都认同这些命名约定，特别是前缀下划线。有些人认为前缀下划线非常有用，有些人则认为它非常难看。微软本身对这个问题处理得也不够好。在推荐的命名约定中，微软没有将前缀下划线作为一种选择，却在代码中大量使用。

　　本书将遵循微软官方推荐的命名约定，用 Camel 大小写作为私有和受保护的字段名称。

　　关于下划线还有一点要说明的是，它并不常出现在标识符的中间位置，不过事件处理程序除外，这将在第 15 章介绍。

8

第 9 章

表达式和运算符

本章内容
- 表达式
- 字面量
- 求值顺序
- 简单算术运算符
- 求余运算符
- 关系比较运算符和相等比较运算符
- 递增运算符和递减运算符
- 条件逻辑运算符
- 逻辑运算符
- 移位运算符
- 赋值运算符
- 条件运算符
- 一元算术运算符
- 用户定义的类型转换
- 运算符重载
- typeof 运算符
- nameof 运算符
- 其他运算符

9.1　表达式

　　本章将定义表达式，并描述 C#提供的运算符，还将解释如何定义 C#运算符以使用用户定义的类。

　　运算符是一个符号，它表示返回单个结果的操作。**操作数**（operand）是指作为运算符输入的数据元素。运算符会：

- 将操作数作为输入；

❑ 执行某个操作；

❑ 基于该操作返回一个值。

表达式是运算符和操作数的字符串。C#运算符有一个、两个或三个操作数。可以作为操作数的结构有：

❑ 字面量；

❑ 常量；

❑ 变量；

❑ 方法调用；

❑ 元素访问器，如数组访问器和索引器；

❑ 其他表达式。

可以使用运算符组合表达式以创建更复杂的表达式，如下面的表达式所示，它有 3 个运算符和 4 个操作数。

$$
\left.
\begin{array}{l}
\underbrace{a + b} \\
\underbrace{\mathbf{expr} + c} \\
\mathbf{expr} \quad + d
\end{array}
\right\} \quad a + b + c + d
$$

表达式**求值**（evaluate）是将每个运算符以适当的顺序应用到它的操作数以产生一个值的过程。

❑ 值被返回到表达式求值的位置。在那里，它可能是一个封闭的表达式的操作数。

❑ 除了返回值以外，一些表达式还有副作用，比如在内存中设置一个值。

9.2 字面量

字面量（literal）是源代码中键入的数字或字符串，表示一个指定类型的明确的、固定的值。例如，下面的代码展示了 6 个类型的字面量。请注意 double 字面量和 float 字面量的区别。

```
static void Main()          字面量
{                            ↓
   Console.WriteLine("{0}", 1024);           //整数字面量
   Console.WriteLine("{0}", 3.1416);         //双精度型字面量
   Console.WriteLine("{0}", 3.1416F);        //浮点型字面量
   Console.WriteLine("{0}", true);           //布尔型字面量
   Console.WriteLine("{0}", 'x');            //字符型字面量
   Console.WriteLine("{0}", "Hi there");     //字符串字面量
}
```

这段代码的输出如下：

```
1024
3.1416
3.1416
True
x
Hi there
```

因为字面量是写进源代码的，所以它们的值必须在编译时可知。几个预定义类型有自己的字面量形式。

- □ bool 有两个字面量：true 和 false。注意，像所有 C#关键字一样，它们是小写的。
- □ 对于引用类型变量，字面量 null 表示变量没有指向内存中的数据。

9.2.1　整数字面量

整数字面量是最常用的字面量。它们被书写为十进制数字序列，并且：

- □ 没有小数点；
- □ 带有可选的后缀，指明整数的类型。

例如，下面几行展示了 4 个字面量，都是整数 236。依据它们的后缀，每个常数都被编译器解释为不同的整数类型。

```
236            //整型
236L           //长整型
236U           //无符号整型
236UL          //无符号长整型
```

整数类型字面量还可以写成十六进制（hex）形式。数字必须是十六进制数（从 0 到 F），而且字符串必须以 0x 或 0X 开始（数字 0，字母 x）。

整数类型字面量的第三种格式是二进制记法。所有的数字必须是 0 或者 1，并且必须以 0b 或者 0B 开始（数字 0，字母 b）。

说明　只有整数类型字面量可以用十六进制或二进制格式表示。十六进制和二进制记法用前缀指定，而实际的数据类型用后缀指定。

整数字面量格式的形式如图 9-1 所示。方括号内带有名称的元素是可选的。

图 9-1　整数字面量的格式

整数字面量的后缀见表 9-1。对于已知的后缀，编译器会把数字字符串解释为能表示该值而不丢失数据的相应类型中最小的类型。

例如，常数 236 和 5000000000 都没有后缀。因为 236 可以用 32 比特表示，所以它会被编译器解释为一个 int。然而第二个数不适合 32 比特，所以编译器会把它表示为一个 long。

表 9-1　整数字面量的后缀

后　　缀	整数类型	备　　注
无	int、uint、long、ulong	
U、u	uint、ulong	
L、l	long、ulong	不推荐使用小写字母 *l*，因为它很容易和数字 1 弄混
ul、uL、Ul、UL、lu、Lu、lU、LU	ulong	不推荐使用小写字母 *l*，因为它很容易和数字 1 弄混

　　在之前的例子中，你很难知道数字 5000000000 到底有多大。幸运的是，现在你可以在数字字面量中插入分隔符了，这样更容易解析。

```
Console.WriteLine("5_000_000_000 is much easier to read than 5000000000");
```

9.2.2　实数字面量

　　C#有三种实数数据类型：float、double 和 decimal。它们分别对应 32 位、64 位和 128 位精度。这三种都是浮点数据类型，这意味着它们在内部由两个部分组成，其中一部分是实际的数字，另一部分则是表示小数点位置的指数。在实际使用中，double 是到目前为止最常用的实数数据类型。

　　实数字面量的组成如下：

- ❑ 十进制数字；
- ❑ 一个可选的小数点；
- ❑ 一个可选的指数部分；
- ❑ 一个可选的后缀。

　　例如，下面的代码展示了实数类型字面量的不同格式：

```
float   f1 = 236F;
double d1 = 236.714;
double d2 = .35192;
double d3 = 6.338e-26;
```

　　实数字面量的有效格式如图 9-2 所示。方括号内带有名称的元素是可选的。实数后缀和它们的含义如表 9-2 所示。

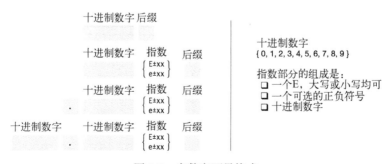

图 9-2　实数字面量格式

表 9-2 实数字面量的后缀

后 缀	实 数 类 型
无	double
F、f	float
D、d	double
M、m	decimal

说明 无后缀的实数字面量是 double 类型，不是 float 类型！

9.2.3 字符字面量

字符字面量由两个单引号内的字符组成。字符字面量用于表示单个字符(a)、非打印字符(\n)（换行符）或者执行特殊任务的字符，例如转义(\\)。尽管可能需要多个字符来表示一个字符字面量，但每个字符字面量只表示一个字符。要引用多个字符，必须使用字符串字面量，如下一节所述。

字符字面量可以是下面任意一种：单个字符、一个简单转义序列、一个十六进制转义序列或一个 Unicode 转义序列。关于字符字面量需要知道以下几点。

❑ 字符字面量的类型是 char。

❑ **简单转义序列**是一个反斜杠后面跟着单个字符。

❑ 十六进制转义序列是一个反斜杠后面跟着一个大写或小写的 x，再跟着 4 个十六进制数字。

❑ Unicode 转义序列是一个反斜杠后面跟着一个大写或小写的 u，再跟着 4 个十六进制数字。

例如，下面的代码展示了字符字面量的不同格式：

```
char c1 = 'd';           //单个字符
char c2 = '\n';          //简单转义序列
char c3 = '\x0061';      //十六进制转义序列
char c4 = '\u005a';      //Unicode 转义序列
```

一些重要的特殊字符和它们的编码如表 9-3 所示。

表 9-3 重要的特殊字符

名 称	转 义 序 列	十六进制编码
空字符	\0	0x0000
警告	\a	0x0007
退格符	\b	0x0008
水平制表符	\t	0x0009
换行符	\n	0x000A
垂直制表符	\v	0x000B

（续）

名 称	转 义 序 列	十六进制编码
换页符	\f	0x000C
回车符	\r	0x000D
双引号	\"	0x0022
单引号	\'	0x0027
反斜杠	\\	0x005C

9.2.4 字符串字面量

字符串字面量使用双引号标记，不同于字符字面量使用单引号。有两种字符串字面量类型：
❑ 常规字符串字面量；
❑ 逐字字符串字面量。
常规字符串字面量由双引号内的字符序列组成。常规字符串字面量可以包含：
❑ 字符；
❑ 简单转义序列；
❑ 十六进制和 Unicode 转义序列。
例如：

```
string st1 = "Hi there!";
string st2 = "Val1\t5, Val2\t10";
string st3 = "Add\x000ASome\u0007Interest";
```

逐字字符串字面量的书写如同常规字符串字面量，但它以一个@字符为前缀。逐字字符串字面量有以下重要特征。

❑ 逐字字符串字面量与常规字符串字面量的区别在于字符串中的转义序列不会被求值。在双引号中间的所有内容，包括通常被认为是转义序列的内容，都被严格按字符串中列出的那样打印。

❑ 逐字字符串字面量的唯一例外是相邻的双引号组，它们被解释为单个双引号字符。

例如，下面的代码比较了常规字符串字面量和逐字字符串字面量：

```
string rst1 = "Hi there!";
string vst1 = @"Hi there!";

string rst2 = "It started, \"Four score and seven...\"";
string vst2 = @"It started, ""Four score and seven...""";

string rst3 = "Value 1 \t 5, Val2 \t 10";      //解释制表符转义字符串
string vst3 = @"Value 1 \t 5, Val2 \t 10";     //不解释制表符

string rst4 = "C:\\Program Files\\Microsoft\\";
string vst4 = @"C:\Program Files\Microsoft\";

string rst5 = " Print \x000A Multiple \u000A Lines";
```

```
string vst5 = @" Print
 Multiple
 Lines";
```

打印这些字符串会产生以下输出：

```
Hi there!
Hi there!

It started, "Four score and seven..."
It started, "Four score and seven..."

Value 1        5, Val2         10
Value 1 \t 5, Val2 \t 10

C:\Program Files\Microsoft\
C:\Program Files\Microsoft\

 Print
 Multiple
 Lines

 Print
 Multiple
 Lines
```

说明　编译器让相同的字符串字面量共享堆中同一内存位置以节约内存。

9.3　求值顺序

表达式可以由许多嵌套的子表达式构成。子表达式的求值顺序可以使表达式的最终值发生变化。

例如，已知表达式 3*5+2，依照子表达式的求值顺序，有两种可能的结果，如图 9-3 所示。

❑ 如果乘法先执行，结果是 17。

❑ 如果 5 和 2 首先相加，结果为 21。

图 9-3　简单的求值顺序

9.3.1　优先级

我们小学时就知道，在前面的示例中，乘法必须在加法之前执行，因为乘法比加法有更高的优先级。读小学的时候有 4 个运算符和两个优先级级别，但 C#中情况更复杂一些，它有超过 45 个运算符和 14 个优先级级别。

全部的运算符和它们的优先级如表 9-4 所示。该表把最高优先级运算符列在顶端，之后优先级持续下降，底端运算符优先级最低。

表 9-4 运算符优先级：从高到低

分 类	运 算 符
初级运算符	a.x、f(x)、a[x]、x++、x--、new、typeof、checked、unchecked
一元运算符	+、-、!、~、++x、--x、(T)x
乘法	*、/、%
加法	+、-
移位	<<、>>
关系和类型	<、>、<=、>=、is、as
相等	==、!=
位与	&
位异或	^
位或		
条件与	&&
条件或	||
条件选择	?:
赋值运算符	=、*=、/=、%=、+=、-=、<<=、>>=、&=、^=、|=

9.3.2 结合性

假设编译器正在计算一个表达式，且该表达式中所有运算符都有不同的优先级，那么编译器将计算每个子表达式，从级别最高的开始，按优先等级从高到低一直计算下去。

但如果两个连续的运算符有相同的优先级别怎么办？例如，已知表达式 2/6*4，有两个可能的求值顺序：

$$(2/6)*4=4/3$$
或
$$2/(6*4)=1/12$$

当连续的运算符有相同的优先级时，求值顺序由**操作结合性**决定。也就是说，已知两个相同优先级的运算符，依照运算符的结合性，其中的一个或另一个优先。运算符结合性的一些重要特征如下所示，另外，表 9-5 对此做了总结。

- ❏ **左结合**运算符从左至右求值。
- ❏ **右结合**运算符从右至左求值。
- ❏ 除赋值运算符以外，其他二元运算符是左结合的。
- ❏ 赋值运算符和条件运算符是右结合的。

因此，已知这些规则，前面的示例表达式应该从左至右分组为 (2/6)*4，得到 4/3。

表 9-5　运算符结合性总结

运算符类型	结 合 性
赋值运算符	右结合
其他二元运算符	左结合
条件运算符	右结合

可以使用圆括号显式地设定子表达式的求值顺序。括号内的子表达式：

☐ 覆盖优先级和结合性规则；
☐ 求值顺序从嵌套的最内层到最外层。

9.4　简单算术运算符

简单算术运算符执行基本四则算术运算，如表 9-6 所示。这些运算符是二元左结合运算符。

表 9-6　简单算术运算符

运 算 符	名 称	描 述
+	加	计算两个操作数的和
-	减	从第一个操作数中减去第二个操作数
*	乘	求两个操作数的乘积
/	除	用第二个操作数除第一个。整数除法，截取整数部分到最近的整数

算术运算符在所有预定义简单数学类型上执行标准的算术运算。

下面是简单算术运算符的示例：

```
int x1 = 5 + 6;        double d1 = 5.0 + 6.0;
int x2 = 12 - 3;       double d2 = 12.0 - 3.0;
int x3 = 3 * 4;        double d3 = 3.0 * 4.0;
int x4 = 10 / 3;       double d4 = 10.0 / 3.0;

byte b1 = 5 + 6;
sbyte sb1 = 6 * 5;
```

9.5　求余运算符

求余运算符（%）用第二个操作数除第一个操作数，忽略掉商，并返回余数。它的描述见表 9-7。

求余运算符是二元左结合运算符。

表 9-7　求余运算符

运 算 符	名 称	描 述
%	求余	用第二个操作数除第一个操作数并返回余数

下面展示了整数求余运算符的示例:

❑ 0%3=0,因为 0 除以 3 得 0 余 0;

❑ 1%3=1,因为 1 除以 3 得 0 余 1;

❑ 2%3=2,因为 2 除以 3 得 0 余 2;

❑ 3%3=0,因为 3 除以 3 得 1 余 0;

❑ 4%3=1,因为 4 除以 3 得 1 余 1。

求余运算符还可以用于实数以得到**实余数**。

```
Console.WriteLine("0.0f % 1.5f is {0}" , 0.0f % 1.5f);
Console.WriteLine("0.5f % 1.5f is {0}" , 0.5f % 1.5f);
Console.WriteLine("1.0f % 1.5f is {0}" , 1.0f % 1.5f);
Console.WriteLine("1.5f % 1.5f is {0}" , 1.5f % 1.5f);
Console.WriteLine("2.0f % 1.5f is {0}" , 2.0f % 1.5f);
Console.WriteLine("2.5f % 1.5f is {0}" , 2.5f % 1.5f);
```

这段代码产生以下输出:

```
0.0f % 1.5f is 0        // 0.0 / 1.5 = 0 remainder 0
0.5f % 1.5f is 0.5      // 0.5 / 1.5 = 0 remainder .5
1.0f % 1.5f is 1        // 1.0 / 1.5 = 0 remainder 1
1.5f % 1.5f is 0        // 1.5 / 1.5 = 1 remainder 0
2.0f % 1.5f is 0.5      // 2.0 / 1.5 = 1 remainder .5
2.5f % 1.5f is 1        // 2.5 / 1.5 = 1 remainder 1
```

9.6　关系比较运算符和相等比较运算符

关系比较运算符和相等比较运算符是二元运算符,比较它们的操作数并返回 bool 型值。这些运算符如表 9-8 所示。

关系运算符和相等比较运算符是二元左结合运算符。

表 9-8　关系比较运算符和相等比较运算符

运　算　符	名　　称	描　　述
<	小于	如果第一个操作数小于第二个操作数, 返回 true, 否则返回 false
>	大于	如果第一个操作数大于第二个操作数, 返回 true, 否则返回 false
<=	小于等于	如果第一个操作数小于等于第二个操作数, 返回 true, 否则返回 false
>=	大于等于	如果第一个操作数大于等于第二个操作数, 返回 true, 否则返回 false
==	等于	如果第一个操作数等于第二个操作数, 返回 true, 否则返回 false
!=	不等于	如果第一个操作数不等于第二个操作数, 返回 true, 否则返回 false

带有关系或相等运算符的二元表达式返回 bool 类型的值。

说明　与 C 和 C++不同,在 C#中数字不具有布尔意义。

```
int x = 5;
if( x )              //错，x 是 int 类型，不是布尔类型
    ...
if( x == 5 )        //对，因为表达式返回了一个布尔类型的值
    ...
```

打印后，布尔值 true 和 false 表示为字符串输出值 True 和 False。

```
int x = 5, y = 4;
Console.WriteLine($"x == x is { x == x }");
Console.WriteLine($"x == y is { x == y }");
```

这段代码产生以下输出：

```
x == x is True
x == y is False
```

比较操作和相等性操作

对于大多数引用类型来说，比较它们的相等性时，只比较它们的引用。

❑ 如果引用相等，也就是说，如果它们指向内存中相同的对象，那么相等性比较为 true，否则为 false，即使内存中**两个分离的对象**在所有其他方面都**完全相等**。

❑ 这称为**浅比较**。

图 9-4 阐明了引用类型的比较。

❑ 在图的左边，a 和 b 的引用是相同的，所以比较会返回 true。

❑ 在图的右边，引用不相同，所以即使两个 AClass 对象的内容完全相同，比较也会返回 false。

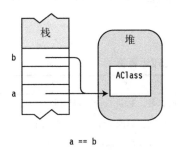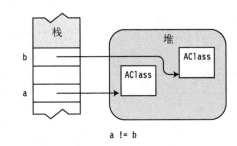

图 9-4　比较引用类型的相等性

string 类型对象也是引用类型，但它的比较方式不同。比较字符串的相等性时，将比较它们的长度和内容（区分大小写）。

❑ 如果两个字符串有相同的长度和内容（区分大小写），那么相等性比较返回 true，即使它们占用不同的内存区域。

❑ 这称为**深比较**。

将在第 14 章介绍的委托也是引用类型，并且也使用深比较。比较委托的相等性时，如果两个委托都是 null，或两者的调用列表中有相同数目的成员，并且调用列表相匹配，那么比较返回 true。

比较数值表达式时，将比较类型和值。比较 enum 类型时，将比较操作数的实际值。枚举将在第 12 章阐述。

9.7 递增运算符和递减运算符

递增运算符对操作数加 1。递减运算符对操作数减 1。这两个运算符及其描述见表 9-9。

这两个运算符是一元的，并有两种形式：**前置**形式和**后置**形式，它们会产生不同的效果。

❑ 在前置形式中，运算符放在操作数之前，例如：++x 和--y。
❑ 在后置形式中，运算符放在操作数之后，例如：x++和 y--。

表 9-9　递增运算符和递减运算符

运　算　符	名　　称	描　　述
++	前置递增++var	变量的值加 1 并保存
		返回变量的新值
	后置递增 var++	变量的值加 1 并保存
		返回变量递增之前的旧值
--	前置递减--var	变量的值减 1 并保存
		返回变量的新值
	后置递减 var--	变量的值减 1 并保存
		返回变量递减之前的旧值

比较这两种运算符的前置和后置形式。

❑ 无论运算符使用前置形式还是后置形式，在语句执行之后，最终存放在操作数的变量中的值是相同的。
❑ 唯一不同的是运算符**返回给表达式**的值。

表 9-10 中展示的示例总结了运算符的行为。

表 9-10　前置和后置的递增和递减运算符的行为

	表达式：x=10	返回给表达式的值	计算后变量的值
前置递增	++x	11	11
后置递增	x++	10	11
前置递减	--x	9	9
后置递减	x--	10	9

9

　　例如，下面是 4 个不同版本运算符的一个简单示范。为了展示相同输入情况下的不同结果，操作数 x 在每个赋值语句之前被重新设定为 5。

```
int x = 5, y;
y = x++;    //结果: y: 5, x: 6
Console.WriteLine($"y: { y }, x: { x }");

x = 5;
y = ++x;    //结果: y: 6, x: 6
Console.WriteLine($"y: { y }, x: { x }");

x = 5;
y = x--;    //结果: y: 5, x: 4
Console.WriteLine($"y: { y }, x: { x }");

x = 5;
y = --x;    //结果: y: 4, x: 4
Console.WriteLine($"y: { y }, x: { x }");
```

这段代码产生以下输出：

```
y: 5, x: 6
y: 6, x: 6
y: 5, x: 4
y: 4, x: 4
```

9.8　条件逻辑运算符

　　逻辑运算符用于比较或否定它们的操作数的逻辑值，并返回结果逻辑值。逻辑运算符如表 9-11 所示。

　　逻辑与（AND）和逻辑或（OR）运算符是二元左结合运算符。逻辑非（NOT）是一元运算符。

表 9-11　条件逻辑运算符

运　算　符	名　　称	描　　述
&&	与	如果两个操作数都是 true，结果为 true；否则为 false
||	或	如果至少一个操作数是 true，结果为 true；否则为 false
!	非	如果操作数是 false，结果为 true；否则为 false

这些运算符的语法如下，其中 Exp1 和 Exp2 为布尔值：

```
Expr1 && Expr2
Expr1 || Expr2
    !   Expr
```

下面是一些示例：

```
bool bVal;
bVal = (1 == 1) && (2 == 2);      //True，两个表达式同为真
bVal = (1 == 1) && (1 == 2);      //False，第二个表达式为假

bVal = (1 == 1) || (2 == 2);      //True，两个表达式同为真
bVal = (1 == 1) || (1 == 2);      //True，第一个表达式为真
bVal = (1 == 2) || (2 == 3);      //False，两个表达式同为假

bVal = true;                      //设置 bVal 为真
bVal = !bVal;                     //bVal 为假
```

条件逻辑运算符使用"短路"（short circuit）模式操作，意思是，如果计算 Expr1 之后结果已经确定了，那么它会跳过 Expr2 的求值。下面的代码展示了表达式的示例，在表达式中，计算第一个操作数之后就能确定值：

```
bool bVal;
bVal = (1 == 2) && (2 == 2);      //False，因为后计算前面的表达式

bVal = (1 == 1) || (1 == 2);      //True，因为后计算前面的表达式
```

由于这种短路行为，不要在 Expr2 中放置带副作用的表达式（比如改变一个值），因为可能不会计算。在下面的代码中，变量 iVal 的后置递增不会执行，因为执行了第一个子表达式之后，就可以确定整个表达式的值是 false。

```
bool bVal; int iVal = 10;

    bVal = (1 == 2) && (9 == iVal++);         //结果：bVal = False, iVal = 10
             ↑              ↑
           False          不会计算
```

9.9　逻辑运算符

按位逻辑运算符常用于设置位组（bit pattern）的方法参数。按位逻辑运算符如表 9-12 所示。除按位非运算符以外，这些运算符都是二元左结合运算符。按位非运算符是一元运算符。

表 9-12　逻辑运算符

运　算　符	名　　称	描　　述
&	位与	产生两个操作数的按位与。仅当两个操作位都为 1 时结果位才是 1
|	位或	产生两个操作数的按位或。只要任意一个操作位为 1 结果位就是 1
^	位异或	产生两个操作数的按位异或。仅当一个而不是两个操作数为 1 时结果位为 1
~	位非	操作数的每个位都取反。该操作得到操作数的二进制反码（数字的反码是其二进制形式按位取反的结果。也就是说，每个 0 都变成 1，每个 1 都变成 0）

二元按位运算符比较它的两个操作数中每个位置的相应位，并依据逻辑操作设置返回值中的位。

图 9-5 展示了 4 个按位逻辑操作的示例。

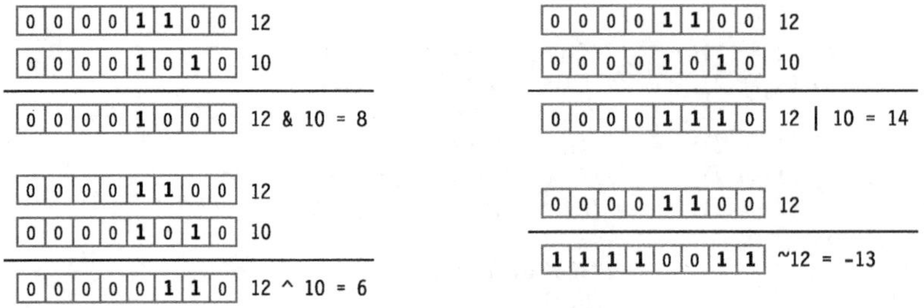

图 9-5　按位逻辑操作示例

下面的代码实现了前面的示例：

```
const byte x = 12, y = 10;
sbyte a;

a = x & y;                      //  a = 8
a = x | y;                      //  a = 14
a = x ^ y;                      //  a = 6
a = ~x;                         //  a = -13
```

9.10　移位运算符

按位移位运算符将位组向左或向右移动指定数目个位置，空出的位用 0 或 1 填充。移位运算符如表 9-13 所示。

移位运算符是二元左结合运算符。按位移位运算符的语法如下所示。移动的位置数由 Count 给出。

```
Operand << Count                 //左移
Operand >> Count                 //右移
```

表 9-13　移位运算符

运算符	名　称	描　述
<<	左移	将位组向左移动给定数目个位置。位从左边移出并丢失。右边打开的位位置用 0 填充
>>	右移	将位组向右移动给定数目个位置。位从右边移出并丢失

对于绝大多数 C#程序，你无须对硬件底层有任何了解。然而，如果你在做有符号数字的位操作，了解数值的表示法会有帮助。底层的硬件使用**二进制补码**的形式表示有符号二进制数。在二进制补码表示法中，正数使用正常的二进制形式。要取一个数的相反数，把这个数按位取反再加 1。这个过程把一个正数转换成它的负数形式，反之亦然。在二进制补码中，所有的负数最左边的位位置都是 1。图 9-6 展示了 12 的相反数。

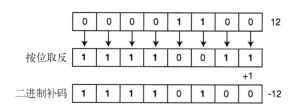

图 9-6 要获取二进制补码数的相反数，把它按位取反再加 1

在移位有符号数时，底层表示法很重要，因为把整数左移一位的结果与把它乘以 2 的结果相同。把它右移一位的结果和除以 2 相同。

然而，如果右移一个负数，最左边的位用 0 填充，这会产生一个错误的结果。最左边位置的 0 标志一个正数。但这是不正确的，因为一个负数除以 2 不可能得到一个正数。

为了应对这种情形，当操作数是有符号整数时，如果操作数最左边的位是 1（标志一个负数），在左边移开的位位置用 1 而不是 0 填充。这保持了正确的二进制补码表示法。对于正数或无符号数，左边移开的位位置用 0 填充。

图 9-7 展示了表达式 14<<3 在一个 byte 中是如何求值的。该操作导致：

❏ 操作数（14）的每个位都向左移动了 3 个位置；

❏ 右边结尾腾出的位置用 0 填充；

❏ 结果值是 112。

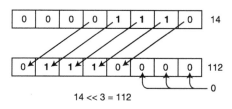

图 9-7 左移 3 位的示例

图 9-8 阐明了按位移动操作。

图 9-8 移位

下面的代码实现了前面的示例：

```
int a, b, x = 14;

a = x << 3;              //左移
b = x >> 3;              //右移

Console.WriteLine($"{ x } << 3 = { a }");
Console.WriteLine($"{ x } >> 3 = { b }");
```

这段代码产生以下输出：

```
14 << 3 = 112
14 >> 3 = 1
```

9.11   赋值运算符

赋值运算符对运算符右边的表达式求值，并用该值设置运算符左边的变量表达式的值。赋值运算符如表 9-14 所示。

赋值运算符是二元右结合运算符。

表 9-14   赋值运算符

运　算　符	描　　述
=	简单赋值，计算右边表达式的值，并把返回值赋给左边的变量或表达式
*=	复合赋值，var *= expr 等价于 var = var * (expr)
/=	复合赋值，var /= expr 等价于 var = var / (expr)
%=	复合赋值，var %= expr 等价于 var = var % (expr)
+=	复合赋值，var += expr 等价于 var = var + (expr)
-=	复合赋值，var -= expr 等价于 var = var - (expr)
<<=	复合赋值，var <<= expr 等价于 var = var << (expr)
>>=	复合赋值，var >>= expr 等价于 var = var >> (expr)
&=	复合赋值，var &= expr 等价于 var = var & (expr)
^4=	复合赋值，var ^= expr 等价于 var = var ^ (expr)
|=	复合赋值，var |= expr 等价于 var = var | (expr)

语法如下：

```
VariableExpression Operator Expression
```

对于简单赋值，对运算符右边的表达式求值，然后把它的值赋给左边的变量。

```
int x;
x = 5;
x = y * z;
```

请记住，赋值表达式是一个**表达式**，因此会在其所在语句的位置返回一个值。在赋值完毕后，赋值表达式的值是左操作数的值。因此，对于表达式 x=10，10 被赋给变量 x。x 的值（即 10）就是整个表达式的值。

赋值语句是表达式，因此它可以作为更大的表达式的一部分，如图 9-9 所示。该表达式的求值过程如下：

❑ 由于赋值是右结合的，因此求值从右边开始，将 10 赋给变量 x；

❑ 这个表达式是为变量 y 赋值的右操作数，因此将 x 的值（即 10）赋给 y；

❑ 为 y 赋值的表达式是为 z 赋值的右操作数，所有三个变量的值都是 10。

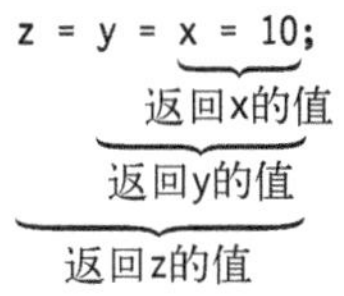

z = y = x = 10;

返回x的值

返回y的值

返回z的值

图 9-9　赋值表达式返回的值是赋值完毕后左操作数的值

可以放在赋值运算符左边的对象类型如下。它们将在后面的内容中讨论。

❑ 变量（局部变量、字段、参数）

❑ 属性

❑ 索引器

❑ 事件

复合赋值

经常有这样的情况，即你想求一个表达式的值，并把结果加到一个变量的当前值上，如下所示：

```
x = x + expr;
```

复合赋值运算符允许用一种快捷方法，在某些常见情况下避免左边的变量在右边重复出现。例如，下面两条语句是语义等价的，但第二条更短一些，而且易于理解。

```
x = x + (y - z);
x += y - z;
```

其他的复合赋值语句与之类似：

注意括号

```
x *= y - z;      //等价于 x = x * (y - z)
x /= y - z;      //等价于 x = x / (y - z)
...
```

9.12　条件运算符

条件运算符是一种强大且简洁的方法，基于条件的结果，返回两个值之一，如表 9-15 所示。条件运算符是三元运算符。

表 9-15　条件运算符

运　算　符	名　　称	描　　述
?:	条件运算符	对一个表达式求值，并依据表达式是否返回 true 或 false，返回两个值之一

条件运算符的语法如下所示。它有一个测试表达式和两个结果表达式。

❑ Condition 必须返回一个 bool 类型的值。

❑ 如果 Condition 求值为 true, 那么对 Expression1 求值并返回。否则, 对 Expression2 求值并返回。

```
Condition ? Expression1 : Expression2
```

条件运算符可以与 if...else 结构相比较。例如, 下面的 if...else 结构检查一个条件, 如果条件为真, 把 5 赋值给变量 intVar, 否则给它赋值 10。

```
if ( x < y )                              //if...else
    intVar = 5;
else
    intVar = 10;
```

条件运算符能以较简洁的方式实现相同的操作, 如下面的语句所示:

```
intVar = x < y ? 5 : 10;                  //条件运算符
```

把条件和每个返回值放在单独的行, 如下面的代码所示, 可以使操作意图非常容易理解。

```
intVar = x < y
            ? 5
            : 10 ;
```

图 9-10 比较了示例中所示的两种形式。

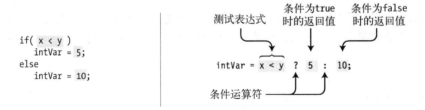

图 9-10　条件运算符与 if...else

例如, 下面的代码使用条件运算符 3 次, 每次使用一个 WriteLine 语句。在第一个示例中, 它返回 x 的值或 y 的值。在另两个示例中, 它返回空字符串或字符串"not"。

```
int x = 10, y = 9;
int highVal = x > y                       //条件
                ? x                       //表达式1
                : y;                      //表达式2
Console.WriteLine($"highVal: { highVal }\n");

Console.WriteLine("x is{0} greater than y" ,
                    x > y                 //条件
                    ? ""                  //表达式1
                    : " not" );           //表达式2
y = 11;
Console.WriteLine("x is{0} greater than y" ,
```

```
            x > y                    //条件
            ? ""                     //表达式1
            : " not" );              //表达式2
```

这段代码产生以下输出：

```
highVal:  10

x is greater than y
x is not greater than y
```

说明　if...else 语句是控制流语句，它应当用来做两个行为中的一个。条件运算符返回一个表达式，它应当用于返回两个值中的一个。

9.13　一元算术运算符

一元算术运算符设置数字值的符号，如表 9-16 所示。

❏ 一元正运算符简单返回操作数的值。

❏ 一元负运算符返回 0 减操作数得到的值。

表 9-16　一元运算符

运　算　符	名　　称	描　　述
+	正号	返回操作数的数值
−	负号	返回 0 减操作数得到的值

例如，下面的代码展示了运算符的使用和结果：

```
int x = +10;        //x = 10
int y = -x;         //y = -10
int z = -y;         //z = 10
```

9.14　用户定义的类型转换

用户定义的转换将在第 17 章详细讨论，不过这里先稍微提一下，因为它们是运算符。

❏ 可以为自己的类和结构定义隐式转换和显式转换。这允许把用户定义类型的对象转换成某个其他类型，反之亦然。

❏ C#提供隐式转换和显式转换。

　　■ 对于隐式转换，当决定在特定上下文中使用特定类型时，如有必要，编译器会自动执行转换。

　　■ 对于显式转换，编译器只在使用显式转换运算符时才执行转换。

声明隐式转换的语法如下。public 和 static 修饰符是所有用户定义的转换所必需的。

```
       必需的                    目标类型          源数据
  ↓                              ↓               ↓
public static implicit operator TargetType ( SourceType Identifier )
{
      ...
    return ObjectOfTargetType;
}
```

显式转换的语法与之相同，但要用 explicit 替换 implicit。

下面的代码展示了声明转换运算符的示例，它把类型为 LimitedInt 的对象转换为 int 类型，反之亦然。

```
class LimitedInt                    目标类型    源数据
{                                     ↓         ↓
    public static implicit operator int (LimitedInt li)    //将 LimitedInt 转换为 int
    {
        return li.TheValue;
    }                               目标类型      源数据
                                      ↓           ↓
    public static implicit operator LimitedInt (int x)    //将 int 转换为 LimitedInt
    {
        LimitedInt li = new LimitedInt();
        li.TheValue = x;
        return li;
    }

    private int _theValue = 0;
    public int TheValue{ ... }
}
```

例如，下面的代码再次声明并使用了刚才定义的两个类型转换。在 Main 中，一个 int 字面量转换为 LimitedInt 对象，在下一行，LimitedInt 转换成一个 int。

```
class LimitedInt
{
    const int MaxValue = 100;
    const int MinValue = 0;

    public static implicit operator int(LimitedInt li)    //类型转换
    {
        return li.TheValue;
    }

    public static implicit operator LimitedInt(int x)    //类型转换
    {
        LimitedInt li = new LimitedInt();
        li.TheValue = x;
        return li;
    }
```

```
       private int mTheValue = 0;
       public int TheValue {                              //属性
          get { return mTheValue; }
          set
          {
             if (value < MinValue)
                mTheValue = 0;
             else
                mTheValue = value > MaxValue
                                  ? MaxValue
                                  : value;
          }
       }
    }

    class Program {
       static void Main()                        //Main
       {
          LimitedInt li = 500;                   //将 500 转换为 LimitedInt
          int value    = li;                     //将 LimitedInt 转换为 int

          Console.WriteLine($"li: { li.TheValue }, value: { value }");
       }
    }
```

该代码产生以下输出：

```
li: 100, value: 100
```

显式转换和强制转换运算符

前面的示例代码展示了 int 到 LimitedInt 类型的隐式转换和 LimitedInt 类型到 int 的隐式转换。然而，如果你把两个转换运算符声明为 explicit，将不得不在实行转换时显式使用转换运算符。

强制转换运算符由想要把表达式转换成的目标类型的名称组成，放在一对圆括号内部。例如，在下面的代码中，方法 Main 把值 500 强制转换成一个 LimitedInt 对象。

强制类型转换运算符
↓

```
            LimitedInt li = (LimitedInt) 500;
```

例如，下面是相关的部分代码，改动的部分被标记了出来：

```
                   ↓
public static explicit operator int(LimitedInt li)
{
   return li.TheValue;
}
                       ↓
public static explicit operator LimitedInt(int x)
```

```
{
    LimitedInt li = new LimitedInt();
    li.TheValue   = x;
    return li;
}

static void Main()
{
    LimitedInt li = (LimitedInt) 500;
    int value     = (int) li;

    Console.WriteLine($"li: { li.TheValue }, value: { value }");
}
```

在代码的两个版本中，输出如下：

```
li: 100, value: 100
```

另外有两个运算符，它接受一种类型的值，并返回另一种不同的、指定类型的值。这就是 is 运算符和 as 运算符。它们将在第 17 章阐述。

9.15　运算符重载

如你所见，C#运算符被定义为使用预定义类型作为操作数来工作。如果面对一个用户定义类型，运算符完全不知道如何处理它。运算符重载允许你定义 C#运算符应该如何操作自定义类型的操作数。

- ❏ 运算符重载只能用于类和结构。
- ❏ 为类或结构重载一个运算符 x，可以声明一个名称为 operator x 的方法并实现它的行为（例如：operator +和 operator -等）。
  - ■一元运算符的重载方法带一个单独的 class 或 struct 类型的参数。
  - ■二元运算符的重载方法带两个参数，其中至少有一个必须是 class 或 struct 类型。

```
public static LimitedInt operator -(LimitedInt x)            //一元
public static LimitedInt operator +(LimitedInt x, double y)  //二元
```

运算符重载的方法声明需要：

- ❏ 声明必须同时使用 static 和 public 的修饰符；
- ❏ 运算符必须是要操作的类或结构的成员。

例如，下面的代码展示了类 LimitedInt 的两个重载的运算符：加运算符和减运算符。你可以说它是负数而不是减法，因为运算符重载方法只有一个单独的参数，因此是一元的，而减法运算符是二元的。

```
class LimitedInt   Return
{       必需的      类型   关键字  运算符         操作数
        ↓          ↓     ↓      ↓             ↓
    public static LimitedInt operator + (LimitedInt x, double y)
    {
        LimitedInt li = new LimitedInt();
        li.TheValue = x.TheValue + (int)y;
        return li;
    }

    public static LimitedInt operator - (LimitedInt x)
    {
        //在这个奇怪的类中，减值就是赋值为 0
        LimitedInt li = new LimitedInt();
        li.TheValue = 0;
        return li;
    }
    ...
}
```

9.15.1 运算符重载的示例

下面的代码展示了类 LimitedInt 的 3 个运算符的重载：负数、减法和加法。

```
class LimitedInt
{
    const int MaxValue = 100;
    const int MinValue = 0;

    public static LimitedInt operator -(LimitedInt x)
    {
        //在这个奇怪的类中，取一个值的负数等于 0
        LimitedInt li = new LimitedInt();
        li.TheValue = 0;
        return li;
    }

    public static LimitedInt operator -(LimitedInt x, LimitedInt y)
    {
        LimitedInt li = new LimitedInt();
        li.TheValue = x.TheValue - y.TheValue;
        return li;
    }

    public static LimitedInt operator +(LimitedInt x, double y)
    {
        LimitedInt li = new LimitedInt();
        li.TheValue = x.TheValue + (int)y;
        return li;
    }

    private int _theValue = 0;
    public int TheValue
```

9

```
    {
      get { return _theValue; }
      set
      {
        if (value < MinValue)
          _theValue = 0;
        else
          _theValue = value > MaxValue
                             ? MaxValue
                             : value;
      }
    }
  }

class Program
{
    static void Main()
    {
      LimitedInt li1 = new LimitedInt();
      LimitedInt li2 = new LimitedInt();
      LimitedInt li3 = new LimitedInt();
      li1.TheValue = 10; li2.TheValue = 26;
      Console.WriteLine($" li1: { li1.TheValue }, li2: { li2.TheValue }");

      li3 = -li1;
      Console.WriteLine($"-{ li1.TheValue } = { li3.TheValue }");

      li3 = li2 - li1;
      Console.WriteLine($" { li2.TheValue } - { li1.TheValue } = { li3.TheValue }");

      li3 = li1 - li2;
      Console.WriteLine($" { li1.TheValue } - { li2.TheValue } = { li3.TheValue }");
    }
}
```

这段代码产生以下输出：

```
 li1: 10, li2: 26
-10 = 0
 26 - 10 = 16
 10 - 26 = 0
```

说明   重载运算符应该符合运算符的直观含义。

9.15.2   运算符重载的限制

不是所有运算符都能被重载，可以重载的类型也有限制。关于运算符重载限制的重要事项将在本节的后面描述。只有下面这些运算符可以被重载。列表中明显缺少的是赋值运算符。

可重载的一元运算符：+、-、!、~、++、--、true、false

可重载的二元运算符：+、-、*、/、%、&、|、^、<<、>>、==、!=、>、<、>=、<=

运算符重载不能：

❑ 创建新运算符；

❑ 改变运算符的语法；

❑ 重新定义运算符如何处理预定义类型；

❑ 改变运算符的优先级或结合性。

递增运算符和递减运算符也可以重载。你可以编写一段代码来对对象进行递增或递减操作：任何对于用户定义类型有意义的操作。

❑ 在运行时，当你的代码对对象执行**前置**操作（前置递增或前置递减）时，会发生以下行为：
　■ 在对象上执行递增或递减代码；
　■ 返回对象。

❑ 在运行时，当你的代码对对象执行**后置**操作（后置递增或后置递减）时，会发生以下行为。
　■ 如果对象是值类型，则系统会复制该对象；如果对象是引用类型，则**引用**会被复制。
　■ 在对象上执行递增或递减代码。
　■ 返回保存的操作数。

如果你的操作数对象是值类型对象，那么一点问题都没有。但是当你的用户定义类型是引用类型时，你就需要小心了。

对于引用类型的对象，**前置**操作没有问题，因为没有进行复制。但是，对于**后置**操作，因为保存的**副本**是**引用的副本**，所以这意味着原始引用和引用副本指向相同的对象。那么，当进行第二步操作的时候，递增或者递减代码就会在对象上执行。这意味着保存的引用所指向的对象不再是它的起始状态了。返回对变化了的对象的引用可能不是预期行为。

下面的代码说明了将后置递增应用到值类型对象和引用类型对象后的不同。如果运行这段代码两次，第一次 MyType 用户定义类型是结构体，你会得到一个结果。然后，把 MyType 的类型改成类，再次运行，你会得到不同的结果。

```
using static System.Console;

public struct MyType          //运行两次，一次是结构体，一次是类
{
   public int X;
   public MyType( int x )
   {
      X = x;
   }

   public static MyType operator ++( MyType m )
   {
      m.X++;
      return m;
   }
```

```
    }
    class Test
    {
        static void Show( string message, MyType tv )
        {
            WriteLine( $"{message} {tv.X}" );
        }

        static void Main()
        {
            MyType tv = new MyType( 10 );
            WriteLine( "Pre-increment" );
            Show( "Before   ", tv );
            Show( "Returned ", ++tv );
            Show( "After    ", tv );
            WriteLine();

            tv = new MyType( 10 );
            WriteLine( "Post-increment" );
            Show( "Before   ", tv );
            Show( "Returned ", tv++ );
            Show( "After    ", tv );
        }
    }
```

当 MyType 是结构体时，运行上面的代码，（如你所期望的）结果如下：

```
Pre-increment
Before    10
Returned  11
After     11

Post-increment
Before    10
Returned  10
After     11
```

当 MyType 是类（即一个引用类型）时，返回对象的后置递增值已经增加了——这可能不是你所希望的。

```
Pre-increment
Before    10
Returned  11
After     11

Post-increment
Before    10
Returned  11  <-- 不是你所预期的
After     11
```

9.16　typeof 运算符

typeof 运算符返回作为其参数的任何类型的 System.Type 对象。通过这个对象，可以了解类型的特征。（对任何已知类型，只有一个 System.Type 对象。）你不能重载 typeof 运算符。运算符的特征如表 9-17 所示。

typeof 运算符是一元运算符。

表 9-17　**typeof 运算符**

运　算　符	描　　述
typeof	返回已知类型的 System.Type 对象

下面是 typeof 运算符语法的示例。Type 是 System 命名空间中的一个类。

```
Type t = typeof ( SomeClass )
```

例如，下面的代码使用 typeof 运算符以获取 SomeClass 类的信息，并打印出它的公有字段和方法的名称。

```
using System.Reflection;   //使用反射命名空间来全面利用检测类型信息的功能
class SomeClass
{
   public int  Field1;
   public int  Field2;

   public void Method1() { }
   public int  Method2() { return 1; }
}

class Program
{
   static void Main()
   {
      Type t = typeof(SomeClass);
      FieldInfo[]  fi = t.GetFields();
      MethodInfo[] mi = t.GetMethods();

      foreach (FieldInfo f in fi)
         Console.WriteLine($"Field : { f.Name }");
      foreach (MethodInfo m in mi)
         Console.WriteLine($"Method: { m.Name }");
   }
}
```

这段代码的输出如下：

```
Field : Field1
Field : Field2
Method: Method1
Method: Method2
```

```
Method: ToString
Method: Equals
Method: GetHashCode
Method: GetType
```

GetType 方法也会调用 typeof 运算符，该方法对每个类型的每个对象都有效。例如，下面的代码获取对象类型的名称：

```
class SomeClass
{
}

class Program
{
    static void Main()
    {
        SomeClass s = new SomeClass();

        Console.WriteLine($"Type s: { s.GetType().Name }");
    }
}
```

这段代码产生以下输出：

```
Type s: SomeClass
```

9.17　nameof 运算符

nameof 运算符返回一个表示传入参数的字符串，如表 9-18 所示。

表 9-18　nameof 运算符

运　算　符	描　述
nameof	返回用来表示变量、类型或者成员的字符串

下面的示例展示了可以作为参数传递给 nameof 运算符的不同项。括号中是每个语句的输出。

```
string var1 = "Local Variable";
Console.WriteLine (nameof (var1));              //局部变量 ("var1")
Console.WriteLine (nameof (MyClass));           //类 ("MyClass")
Console.WriteLine (nameof (MyClass.Method1));   //公有方法 ("Method1")
Console.WriteLine (nameof (parameter1));        //方法参数 ("parameter1")
Console.WriteLine (nameof (MyClass.Property1)); //公有属性 ("Property1")
Console.WriteLine (nameof (MyClass.Field1));    //公有字段 ("Field1")
Console.WriteLine (nameof (MyStruct));          //结构体 ("MyStruct")
```

即使参数使用完全限定名，nameof 运算符也只返回其参数的非限定名称。正如你所看到的，nameof 运算符也适用于静态类和静态方法。

```
Console.WriteLine (nameof (System.Math));          //打印"Math"
Console.WriteLine (nameof (Console.WriteLine));    //打印"WriteLine"
```

看了这些例子，你可能不清楚为什么要使用 nameof 运算符，毕竟一个简单的字符串就足够了。但是，问题是你的代码会变更。如果你在语句中使用硬编码字符串来表示元素的名称，例如，表达式 OnPropertyChanged("MyPropertyName")中的 MyPropertyName 属性，那么你稍后变更属性名称时，该硬编码字符串不会相应地更改。这样，表达式就引用了一个不存在的属性。对于 OnPropertyChanged 而言，如果传递的参数不再与实际的属性名称匹配，那么通知就会失败。

9.18 其他运算符

本章介绍的运算符是内置类型的标准运算符。本书后面会介绍其他特殊用法的运算符以及它们的操作数类型。例如，可空类型有两个特殊的运算符，分别叫作**空接合运算符**和**空条件运算符**，在第 27 章深入介绍可空类型的时候会讨论。

语　句 *10*

本章内容

10.1　什么是语句

　　C#中的语句跟 C 和 C++中的语句非常类似。本章阐述 C#语句的特征，以及该语言提供的控制流语句。

- **语句**是描述某个类型或让程序执行某个动作的源代码指令。
- 语句主要有 3 种类型，如下所示。
  - **声明语句**　声明类型或变量。
  - **嵌入语句**　执行动作或管理控制流。
  - **标签语句**　控制跳转。

前面的章节中阐述了许多不同的声明语句，包括局部变量声明、类声明以及类成员的声明。这一章将阐述嵌入语句，它不声明类型、变量或实例，而是使用表达式和控制流结构与由声明语句声明的对象和变量一起工作。

- **简单语句**由一个表达式和后面跟着的分号组成。
- **块**是由一对大括号括起来的语句序列。括起来的语句可以包括：
  - 声明语句；
  - 嵌入语句；
  - 标签语句；
  - 嵌套块。

下面的代码给出了每种语句的示例：

```
int x = 10;          //简单声明
int z;               //简单声明

{                    //块
   int y = 20;       //简单声明
   z = x + y;        //嵌入语句
top: y = 30;         //标签语句
   ...
   {                 //嵌套块
   ...
   }                 //结束嵌套块
}                    //结束外部块
```

说明 块在语法上算作一个单条嵌入语句。任何语法上需要一个嵌入语句的地方，都可以使用块。

空语句仅由一个分号组成。在以下情况可以把空语句用在任意位置：语言的语法需要一条嵌入语句而程序逻辑又不需要任何动作。

例如，下面的代码是一个使用空语句的示例。

- 代码的第二行是一条空语句。之所以需要它是因为在该结构的 if 部分和 else 部分之间必须有一条嵌入语句。
- 第四行是一条简单语句，如行尾的分号所示。

```
if( x < y )
   ;                 //空语句
else
   z = a + b;        //简单语句
```

10.2 表达式语句

上一章阐述了表达式。表达式返回值，但它们也有**副作用**。

- 副作用是一种影响程序状态的行为。
- 对许多表达式求值只是为了它们的副作用。

10

可以在表达式后面放置语句终结符（分号）来从一个表达式创建一条语句。表达式返回的任何值都会被丢弃。例如，下面的代码展示了一个表达式语句。它由赋值表达式（一个赋值运算符和两个操作数）和后面跟着的一个分号组成。它做下面两件事。

❑ 该表达式把运算符右边的值赋给变量 x 引用的内存位置。虽然这可能是这条语句的主要动机，却被视为**副作用**。

❑ 设置了 x 的值之后，表达式返回 x 的新值。但没有什么东西接收这个返回值，所以它被忽略了。

```
x = 10;
```

对这个表达式求值的全部原因就是为了实现这个副作用。

10.3   控制流语句

C#提供与现代编程语言相同的控制流结构。

❑ **条件执行**依据一个条件执行或跳过一个代码片段。条件执行语句如下：
- if
- if...else
- switch

❑ **循环语句**重复执行一个代码片段。循环语句如下：
- while
- do
- for
- foreach

❑ **跳转语句**把控制流从一个代码片段改变到另一个代码片段中的指定语句。跳转语句如下：
- break
- continue
- return
- goto
- throw

条件执行和循环结构（除了 foreach）需要一个测试表达式或**条件**以决定程序应当在哪里继续执行。

说明   与 C 和 C++不同，测试表达式必须返回 bool 型值。数字在 C#中没有布尔意义。

10.4   if 语句

if 语句实现按条件执行。if 语句的语法如下所示，图 10-1 阐明了该语法。

❑ TestExpr 必须计算成 bool 型值。

❑ 如果 TestExpr 求值为 true，执行 Statement。

❑ 如果求值为 false，则跳过 Statement。

```
if( TestExpr )
    Statement
```

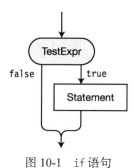

图 10-1　if 语句

下面的代码展示了 if 语句的示例：

```
//简单语句
if( x <= 10 )
    z = x - 1;          //简单语句不需要大括号


//块
if( x >= 20 )
{
    x = x - 5;          //块需要大括号
    y = x + z;
}


int x = 5;
if( x )                 //错：表达式必须是 bool 型，而不是 int 型
{
    ...
}
```

10.5　if...else 语句

if...else 语句实现双路分支。if...else 语句的语法如下，图 10-2 阐明了该语法。

❑ 如果 TestExpr 求值为 true，执行 Statement1。

❑ 如果求值为 flase，执行 Statement2。

```
if( TestExpr )
    Statement1
else
    Statement2
```

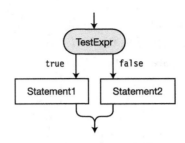

图 10-2　if...else 语句

下面是 if...else 语句的示例：

```
if( x <= 10 )
    z = x - 1;                  //简单语句
else
{                              //多条语句组成的语句块
    x = x - 5;
    y = x + z;
}
```

当然，Statement1 和 Statement2 都可以嵌套 if 或 if...else 语句。如果你在阅读嵌套的 if...else 语句的代码，并要找出哪个 else 属于哪个 if，有一个简单的规则。每个 else 都属于离它最近的前一条没有相关 else 子句的 if 语句。

当 Statement2 是 if 或 if...else 语句时，常常会将结构格式化为下面的形式，即将第二个 if 或 if...else 子句与 else 子句放在一行之中。下面的代码展示了两个 if...else 语句，而这种语句链可以为任意长度。

```
if( TestExpr1 )
    Statement1
else if ( TestExpr2 )
    Statement2
else
    Statement3
```

10.6　while 循环

while 循环是一种简单循环结构，其测试表达式在循环的顶部执行。while 循环的语法如下所示，图 10-3 阐明了它。

❑ 首先对 TestExpr 求值。

❑ 如果 TestExpr 求值为 false，将继续执行在 while 循环结尾之后的语句。

❑ 否则，当 TestExpr 求值为 true 时，执行 Statement，并且再次对 TestExpr 求值。每次 TestExpr 求值为 true 时，Statement 都要再执行一次。循环在 TestExpr 求值为 false 时结束。

```
while( TestExpr )
    Statement
```

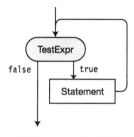

图 10-3　while 循环

下面的代码展示了一个while循环的示例,其中测试表达式变量从 3 开始在每次迭代中递减。当变量的值变为 0 时退出循环。

```
int x = 3;
while( x > 0 )
{
    Console.WriteLine($"x: {x}");
    x--;
}
Console.WriteLine("Out of loop");
```

这段代码产生以下输出:

```
x:  3
x:  2
x:  1
Out of loop
```

10.7　do 循环

do 循环是一种简单循环结构,其测试表达式在循环的底部执行。do 循环的语法如下所示,图 10-4 阐明了它。

❑ 首先,执行 Statement。

❑ 然后,对 TestExpr 求值。

❑ 如果 TestExpr 返回 true,那么再次执行 Statement。

❑ 每次 TestExpr 返回 true,都将再次执行 Statement。

❑ 当 TestExpr 返回 false 时,控制传递到循环结构结尾之后的那条语句。

```
do
    statement
while( Testexpr );                  //结束 do 循环
```

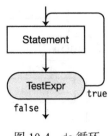

图 10-4   do 循环

do 循环有几个特征，使它与其他控制流结构区分开，如下所示。

❑ 循环体 Statement 至少执行一次，即使 TestExpr 初始为 false，这是因为在循环底部才会对 TestExpr 求值。

❑ 在测试表达式的关闭圆括号之后需要一个分号。

下面的代码展示了一个 do 循环的示例：

```
int x = 0;
do
    Console.WriteLine($"x is {x++}");
while (x<3);
         ↑
     必需的
```

这段代码产生以下输出：

```
x is 0
x is 1
x is 2
```

10.8   for 循环

只要测试表达式在循环体顶端计算时返回 true，for 循环结构就会执行循环体。for 循环的语法如下所示，图 10-5 阐明了它。

❑ 在 for 循环的开始，执行一次 Initializer。

❑ 然后对 TestExpr 求值。

❑ 如果它返回 true，执行 Statement，接着执行 IterationExpr。

❑ 然后控制回到循环的顶端，再次对 TestExpr 求值。

❑ 只要 TestExpr 返回 true，Statement 和 IterationExpr 都将被执行。

❑ 一旦 TestExpr 返回 false，就继续执行 Statement 之后的语句。

```
               用分号隔开
                ↓      ↓
for( Initializer ; TestExpr ; IterationExpr )
    Statement
```

语句中的一些部分是可选的，其他部分是必需的。

❑ Initializer、TestExpr 和 IterationExpr 都是可选的。它们的位置可以空着。如果 TestExpr 位置是空的，那么测试被**假定返回** true。因此，程序要避免进入无限循环，必须有某种其他退出该语句的方法。

❑ 作为字段分隔符，两个分号是必需的，即使其他部分都省略了。

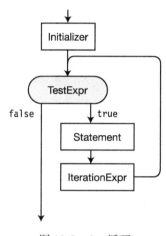

图 10-5 for 循环

图 10-5 阐明了 for 语句的控制流。关于它的组成，还应了解下面这些内容。

❑ Initializer 只在 for 结构的任何其他部分之前执行一次。它常被用于声明和初始化循环中使用的局部变量。

❑ 对 TestExpr 求值以决定应该执行 Statement 还是跳过。它必须计算成 bool 类型的值。如前所述，如果 TestExpr 为空白，将永远返回 true。

❑ IterationExpr 在 Statement 之后并且在返回到循环顶端 TestExpr 之前立即执行。

例如，在下面的代码中，

❑ 在任何其他语句之前，初始语句（int i=0）定义一个名称为 i 的变量，并将它的值初始化为 0。

❑ 然后对条件（i<3）求值。如果为 true，则执行循环体。

❑ 在循环的底部，在执行完所有循环语句之后，执行 IterationExpr 语句，本例中它递增 i 的值。

```
//执行 3 次 for 循环体
for( int i=0 ; i<3 ; i++ )
   Console.WriteLine($"Inside loop. i: { i }");

Console.WriteLine("Out of Loop");
```

这段代码产生以下输出：

```
Inside loop.  i:  0
Inside loop.  i:  1
Inside loop.  i:  2
Out of Loop
```

10.8.1　for 语句中变量的作用域

任何声明在 initializer 中的变量只在该 for 语句的内部可见。这与 C 和 C++不同，C 和 C++中声明把变量引入到外围的块。下面的代码阐明了这一点：

这里需要类型来声明
↓
```
for( int i=0; i<10; i++ ) //变量 i 在作用域内
    Statement;            //语句
                          //在该语句之后，i 不再存在
```

这里仍需要类型，因为前面的变量 i 已经超出存在范围
↓
```
for( int i=0; i<10; i++ ) //我们需要定义一个新的 i 变量
    Statement;            //因为先前的 i 变量已经不存在
```

在循环体内部声明的变量只能在循环体内部使用。

说明　循环变量常常使用标识符 i、j、k。这是早年 FORTRAN 程序的传统。在 FORTRAN 中，以字母 I、J、K、L、M、N 开头的标识符默认为 INTEGER 类型，没有必要声明。由于循环变量通常为整型，程序员简单地使用 I 作为循环变量的名称，并把它作为一种约定。这简短易用，而且不用声明。如果循环变量存在嵌套循环，内层循环变量通常为 J。如果循环变量还有内层嵌套循环，就用 K。

一般不建议使用非描述性的名称作为标识符，但我们喜欢这种历史关联，以及将这些标识符作为循环变量时的那种清晰性和简洁性。

10.8.2　初始化和迭代表达式中的多表达式

初始化表达式和迭代表达式都可以包含多个表达式，只要它们用逗号隔开。

例如，下面的代码在初始化表达式中有两个变量声明，而且在迭代表达式中有两个表达式：

```
static void Main( )
{
    const int MaxI = 5;
```

　　　　　　　两个声明　　　　　　　两个表达式

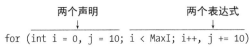

```
    for (int i = 0, j = 10; i < MaxI; i++, j += 10)
```

```
    {
        Console.WriteLine($"{ i }, { j }");
    }
}
```

这段代码产生以下输出：

```
0, 10
1, 20
2, 30
3, 40
4, 50
```

10.9　switch 语句

switch 语句实现多路分支。switch 语句的语法和结构如图 10-6 所示。

❑ switch 语句有一个通常被称为**测试表达式**或**匹配表达式**的参数。之前，这些测试表达式必须是以下数据类型之一：char、string、bool、integer（包括 byte、int 或 long 等）或 enum。现在，C# 7.0 允许测试表达式为任何类型。

❑ switch 语句包含 0 个或多个**分支块**。

❑ 每个分支块都以一个或多个**分支标签开头**。每个分支标签（或者最后一个分支标签，如果一个分支块中有多个分支标签的话）后面跟着一个模式表达式，该模式表达式将与测试表达式进行比较。如果测试表达式和模式表达式都是整数类型，则使用 C# 的相等运算符（==）进行比较。在所有其他情况下，则使用静态方法 Object.Equals(test, pattern)进行比较。也就是说，对于非整数类型，C# 使用深度比较。

❑ 每个分支块必须遵守"不穿过规则"。这意味着分支块中的表达语句不能到达终点并且进入下一个分支块。此规则通常通过使用 break 语句或其他 4 个跳转语句来结束表达语句列表来实现。但请注意，goto 跳转语句不能与非常量 switch 表达式一起使用。

　■ 跳转语句包括 break、return、continue、goto 和 throw。本章后面会介绍它们。

　■ 在这 5 个用来结束一个分支块的跳转语句中，break 语句是最常用的。break 语句会切换执行流程到 switch 语句的末尾。

❑ 分支块会按顺序执行。如果其中一个分支块与测试表达式的值匹配，则执行这个分支块，然后控制流会跳转到该分支块中使用的跳转语句指定的位置。由于 break 语句是最常用的跳转语句，所以通常控制流会跳转到 switch 语句结束后的第一行可执行代码。

10

图 10-6   switch 语句的结构

switch 标签的形式如下：

```
case PatternExpression:
```
↑ 关键字　　　↑ 分支标签结束符

穿过图 10-6 中结构的控制流如下。

❑ 测试表达式（也称匹配表达式）TestExpr 在结构的顶端求值。

❑ 如果 TestExpr 的值等于第一个分支标签中的模式表达式 PatternExpr1 的值，将执行该分支标签后面的**语句列表**，直到遇到一个跳转语句。

❑ default 分支是可选的，但如果包括了，就必须以一条跳转语句结束。

图 10-7 中阐明了穿过 switch 语句的一般控制流。可以用 goto 语句或 return 语句改变穿过 switch 语句的控制流。

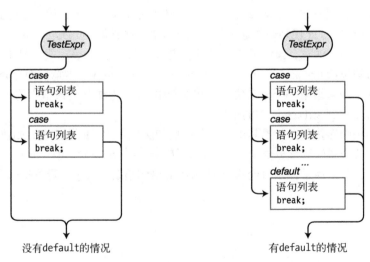

图 10-7   穿过 switch 语句的控制流

10.9.1 分支示例

下面的代码执行 switch 语句 5 次, x 的值从 1 变化到 5。从输出中可以看出, 在循环的每一周期执行哪个 case 段。

```
for( int x=1; x<6; x++ )
{
   switch( x )                                      //计算变量 x 的值
   {
      case 2:                                       //如果 x=2
         Console.WriteLine($"x is { x } -- In Case 2");
         break;                                     //结束 switch 语句

      case 5:                                       //如果 x=5
         Console.WriteLine($"x is { x } -- In Case 5");
         break;                                     //结束 switch 语句

      default:                                      //如果 x 既不等于 2 也不等于 5
         Console.WriteLine($"x is { x } -- In Default case");
         break;                                     //结束 switch 语句
   }
}
```

这段代码产生以下输出:

```
x is 1 -- In Default case
x is 2 -- In Case 2
x is 3 -- In Default case
x is 4 -- In Default case
x is 5 -- In Case 5
```

10.9.2 其他类型的模式表达式

case 标签由关键字 case 和其后面的模式构成。模式可以是简单的值, 例如 Hello 或者 55, 也可以是一个计算简单值的表达式, 或者一个类型。模式可以通过使用关键字 when 来包含一个过滤器。

下面的代码通过迭代一组对象来多次执行 switch 语句。从输出中可以看出, 在循环的每一周期执行了哪个 case 段。

```
public abstract class Shape { }

public class Square : Shape
{
    public double Side {get; set;}
}

public class Circle : Shape
{
```

```
      public double Radius {get; set;}
  }

public class Triangle : Shape
{
      public double Height {get; set;}
}

class Program
{
    static void Main()
    {
        var shapes = new List<Shape>();
        shapes.Add(new Circle() { Radius = 7 });
        shapes.Add(new Square() { Side = 5 });
        shapes.Add(new Triangle() { Height = 4 });
        var nullSquare = (Square)null;
        shapes.Add(nullSquare);

        foreach (var shape in shapes )
        {
            switch(shape)          //判断类型或者 shape 变量的值
            {
                case Circle circle:                      //等价于 if(shape is Circle)
                    Console.WriteLine($"This shape is a circle of radius { circle.Radius }");
                    break;
                case Square square when square.Side> 10:   //仅仅匹配一部分 Square
                    Console.WriteLine($"This shape is a large square of side { square.Side }");
                    break;
                case Square square:
                    Console.WriteLine($"This shape is a square of side { square.Side }");
                    break;
                case Triangle triangle: //等价于 if(shape is Triangle)
                    Console.WriteLine($"This shape is a triangle of side { triangle.Height }");
                    break;
                //case Triangle triangle when triangle.Height< 5: //编译错误
                //Console.WriteLine($"This shape is a triangle of side { triangle.Height }");
                //break;
                case null:
                    Console.WriteLine($"This shape could be a Square, Circle or a Triangle");
                    break;
                default:
                    throw new ArgumentException(
                    message: "shape is not a recognized shape",
                    paramName: nameof(shape));
            }
        }
    }
}
```

这段代码产生以下输出：

```
This shape is a circle of radius 7
This shape is a square of side 5
This shape is a triangle of side 4
This shape could be a Square, Circle or a Triangle
```

在上面的示例中，注释掉的代码将导致编译错误，因为永远不会到达这个 case，它是前一个一般 case 的受限的 case。

此 switch 示例还演示了匹配变量（circle、square、triangle）的使用方法，测试表达式（shape）会立即赋值给它们。每个此类变量都是在自己的范围内，直到到达下一个跳转语句（在本例中为 break）。它不会在任何其他块的范围内。

以下代码也会导致编译错误。如果在同一个分支块中存在多个类型模式，则无法在编译时确定将匹配哪个模式，也无法确定将填充哪个变量。因此，你不能在构成该块的语句中使用这些变量，因为它们可能会导致空引用异常。

```
case Square s:
case Circle c:
    Console.WriteLine($"Square has dimensions: { s.Side } x { s.Side }");
    Console.WriteLine($"Found a Circle of radius { c.Radius }");
    break;
```

还要注意，不必在所有的 case 表达式中都只使用常量值或者常量类型。可以将它们混合在一起。

10.9.3 switch 语句的补充

一个 switch 语句可以有任意数目的分支，也可以没有分支。default 段不是必需的，如下面的示例所示。然而，通常认为拥有 default 段是好习惯，因为它可以捕获潜在的错误。

例如，下面代码中的 switch 语句没有 default 段。该 switch 语句在一个 for 循环内部，该循环执行 switch 语句 5 次，x 的值从 1 开始到 5 结束。

```
for( int x=1; x<6; x++ )
{
    switch( x )
    {
        case 5:
            Console.WriteLine($"x is { x } -- In Case 5");
            break;
    }
}
```

这段代码产生以下输出：

```
x is 5 -- In Case 5
```

10

下面的代码只有 default 段：

```
for( int x=1; x<4; x++ )
{
   switch( x )
   {
      default:
         Console.WriteLine($"x is { x } -- In Default case");
         break;
   }
}
```

这段代码产生以下输出：

```
x is 1 -- In Default case
x is 2 -- In Default case
x is 3 -- In Default case
```

10.9.4　分支标签

分支标签中的 case 关键字后面的表达式可以是任何类型的模式。之前（C# 7.0 以前），它必须是常量表达式，所以它必须在**编译**时被编译器计算。现在这个约束已经不适用了。

例如，图 10-8 演示了 3 个 switch 示例语句：

```
const string YES = "yes";        const char LetterB = 'b';        const int Five = 5;

string s = "no";                 char c = 'a';                    int x = 5;
switch (s)                       switch (c)                       switch (x)
{                                {                                {
   case YES:                        case 'a':                        case Five:
      PrintOut("Yes");                 PrintOut("a");                   PrintOut("5");
      break;                           break;                           break;

   case "no":                       case LetterB:                    case 10:
      PrintOut("No");                  PrintOut("b");                   PrintOut("10");
      break;                           break;                           break;
}                                }                                }
```

图 10-8　带不同类型分支标签的 switch 语句

说明　和 C/C++ 不同，每一个 switch 段，包括可选的 default 段，必须以一个跳转语句结尾。在 C# 中，不可以执行一个 switch 段中的代码然后直接执行下一个 switch 段。

尽管 C# 不允许从一个分支直接进入另一个分支，但你可以把多个分支标签附加到任意分支，只要这些分支标签之间**没有插入可执行语句**。

例如，在下面的代码中，因为在开始的 3 个分支标签之间没有可执行语句，所以它们可以一个接着一个。然而，分支 5 和分支 6 之间有一条可执行语句，所以在分支 6 之前必须有一个跳转语句。

```
switch( x )
{
   case 1:                    //可接受的
   case 2:
   case 3:
      ...                     //如果 x 等于 1、2 或 3，则执行该代码
      break;
   case 5:
      y = x + 1;
   case 6:                    //因为没有 break，所以不可接受
      ...
```

　　虽然结束分支块的最常用方法是使用五个跳转语句中的一个，但编译器足够聪明，当某个结构可以使语句列表满足"不穿过规则"时，它是可以检测到的。例如，测试条件值为 true 的 while 循环将永远循环，并且永远不会进入下一个分支块。下面的代码显示了一个完全有效的示例：

```
int x = 5;
switch(x)
{
   case 5:
      while (true)      ← 这满足"不穿过规则"
         DoStuff();
   default:
      throw new InvalidOperationException();
}
```

10.10　跳转语句

　　当控制流到达**跳转语句**时，程序执行被无条件地转移到程序的另一部分。跳转语句包括：

❑ break

❑ continue

❑ return

❑ goto

❑ throw

这一章阐述前 4 条语句，throw 语句将在第 23 章讨论。

10.11　break 语句

　　在本章的前面部分你已经看到 break 语句被用在 switch 语句中。它还能用在下列语句类型中：

❑ for

❑ foreach

❑ while

❑ do

在这些语句的语句体中，break 导致执行跳出**最内层封装语句**（innermost enclosing statement）。

例如，下面的 while 循环如果只依靠它的测试表达式，将会是一个无限循环，它的测试表达式始终为 true。但相反，在 3 次循环迭代之后，遇到了 break 语句，循环退出了。

```
int x = 0;
while( true )
{
    x++;
    if( x >= 3 )
        break;
}
```

10.12　continue 语句

continue 语句导致程序执行转到下列类型循环的**最内层封装语句的顶端**：

❏ while

❏ do

❏ for

❏ foreach

例如，下面的 for 循环被执行了 5 次。在前 3 次迭代中，它遇到 continue 语句并直接回到循环的顶部，错过了在循环底部的 WriteLine 语句。执行只在后两次迭代时才到达 WriteLine 语句。

```
for( int x=0; x<5; x++ )          //执行循环 5 次
{
    if( x < 3 )                   //先执行 3 次
        continue;                 //直接回到循环开始处

    //当 x≥3 时执行下面的语句
    Console.WriteLine($"Value of x is { x }");
}
```

这段代码产生以下输出：

```
Value of x is 3
Value of x is 4
```

下面的代码展示了一个 continue 语句在 while 循环中的示例。这段代码产生与前面 for 循环的示例相同的输出。

```
int x = 0;
while( x < 5 )
{
    if( x < 3 )
    {
        x++;
        continue;                 //回到循环开始处
    }
```

```
//当 x≥3 时执行下面的语句
Console.WriteLine($"Value of x is { x }");
x++;
}
```

10.13　标签语句

标签语句由一个标识符后面跟着一个冒号再跟着一条语句组成。它的形式如下：

```
Identifier: Statement
```

标签语句的执行如同标签不存在一样，并仅执行 Statement 部分。

❏ 给语句增加一个标签允许控制从代码的其他部分转移到该语句。

❏ 标签语句只允许用在块内部。

10.13.1　标签

标签有它们自己的声明空间，所以标签语句中的标识符可以是任何有效的标识符，包括那些可能在重叠的作用域内声明的标识符，比如局部变量或参数名。

例如，下面的代码展示了标签的有效使用，该标签和一个局部变量有相同的标识符。

```
{
    int xyz = 0;                                //变量 xyz
        ...
    xyz: Console.WriteLine("No problem.");      //标签 xyz
}
```

然而，也存在一些限制。该标识符不能：

❏ 是关键字；

❏ 在重叠范围内和另一个标签标识符相同。

10.13.2　标签语句的作用域

标签语句在其声明所在的块的**外部**不可见（或不可访问）。标签语句的作用域为：

❏ 它声明所在的块；

❏ 任何嵌套在该块内部的块。

例如，图 10-9 左边的代码包含几个嵌套块，它们的作用域被标记了出来。在程序的作用域 B 中声明了两个标签语句：increment 和 end。

❏ 图右边的阴影部分展示了该标签语句有效的代码区域。

❏ 在作用域 B 和所有嵌套块中的代码都能看到并访问标签语句。

❏ 从作用域内部任何位置，代码都能跳出到标签语句。

❏ 从外部（本例中作用域 A）代码**不能**跳入标签语句的块。

10

```
static void Main( )
{ //作用域A

    { //作用域B

    increment:  x++;
        { //作用域C

            { //作用域D
            ...
            }
            { //作用域E
            ...
            }
            ...
        }
    end: Console.WriteLine("Exiting");
    }
}
```

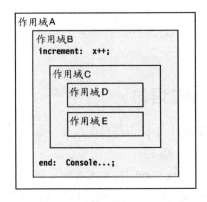

图 10-9   标签的作用域包括嵌套的块

10.14   goto 语句

goto 语句无条件地将控制转移到一个**标签语句**。它的一般形式如下，其中 Identifier 是标签语句的标识符：

goto *Identifier* ;

例如，下面的代码展示了一个 goto 语句的简单使用：

```
bool thingsAreFine;
while (true)
{
    thingsAreFine = GetNuclearReactorCondition();

    if ( thingsAreFine )
        Console.WriteLine("Things are fine.");
    else
        goto NotSoGood;
}

NotSoGood: Console.WriteLine("We have a problem.");
```

goto 语句必须在标签语句的作用域之内。

❑ goto 语句可以跳到它所在块内的任何标签语句，或**跳出**到任何嵌套它的块内的标签语句。

❑ goto 语句不能**跳入**嵌套在其所在块内部的任何块。

警告   使用 goto 语句是非常不好的，因为它会导致弱结构化的、难以调试和维护的代码。Edsger Dijkstra 在 1968 年给 Communications of the ACM 写了一封信，标题为 "Go To Statement Considered Harmful"，是对计算机科学非常重要的贡献。它是最先发表的描述使用 goto 语句缺陷的文章之一。

---

switch 语句内部的 goto 语句

还有另外两种形式的 goto 语句，用在 switch 语句内部。这些 goto 语句把控制转移到 switch 语句内部相应命名的分支标签。但是，goto 标签只能用来引用编译时常量（就像在 C# 7.0 之前的 switch 语句中一样）。

```
goto case ConstantExpression;
goto default;
goto case PatternExpression;   //编译错误
```

10.15 using 语句

某些类型的非托管对象有数量限制或很耗费系统资源。在代码使用完它们后，尽快释放它们是非常重要的。using 语句有助于简化该过程并确保这些资源被适当地处置。

资源是指实现了 System.IDisposable 接口的类或结构。接口将在第 16 章详细阐述，但简而言之，接口就是未实现的函数成员的集合，类和结构可以选择去实现它们。IDisposable 接口含有单独一个名称为 Dispose 的方法。

使用资源的阶段如图 10-10 所示，它由以下部分组成：

❑ 分配资源；
❑ 使用资源；
❑ 处置资源。

如果在正在使用资源的那部分代码中产生了一个意外的运行时错误，那么处置资源的代码可能得不到执行。

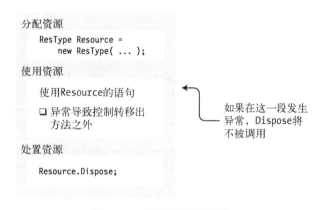

图 10-10　使用资源的阶段

说明　using 语句不同于 using 指令（例如，使用 System.Math;）。using 指令将在第 22 章阐述。

10.15.1 包装资源的使用

using 语句帮助减少意外的运行时错误带来的潜在问题，它整洁地包装了资源的使用。

有两种形式的 using 语句。第一种形式如下，图 10-11 阐明了它。

- ❑ 圆括号内的代码分配资源；
- ❑ Statement 是使用资源的代码；
- ❑ using 语句**隐式产生**处置该资源的代码。

using (*ResourceType Identifier = Expression*) *Statement*

　　　　　　分配资源　　　　　　　　　使用资源

意外的运行时错误称为**异常**，将在第 23 章阐述。处理可能的异常的标准方法是把可能导致异常的代码放进一个 try 块中，并把任何无论有没有异常都**必须执行**的代码放进一个 finally 块中。

这种形式的 using 语句确实是这么做的。它执行下列任务：

- ❑ 分配资源；
- ❑ 把 Statement 放进 try 块；
- ❑ 创建资源的 Dispose 方法的调用，并把它放进 finally 块。

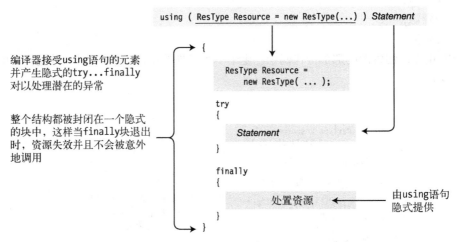

图 10-11　using 语句的效果

10.15.2 **using** 语句的示例

下面的代码使用 using 语句两次，一次用于名称为 TextWriter 的类，一次用于名称为 TextReader 的类，它们都来自 System.IO 命名空间。两个类都实现了 IDisposable 接口，这是 using 语句的要求。

❑ TextWriter 资源打开一个文本文件，并向文件中写入一行。

❑ TextReader 资源接着打开相同的文本文件，一行一行读取并显示它的内容。

❑ 在两种情况中，using 语句确保调用对象的 Dispose 方法。

❑ 还要注意 Main 中的 using 语句和开始两行的 using 指令之间的区别。

```csharp
using System;                    //using 指令，不是 using 语句
using System.IO;                 //using 指令，不是 using 语句

namespace UsingStatement
{
   class Program
   {
      static void Main( )
      {
         //using 语句
         using (TextWriter tw = File.CreateText("Lincoln.txt") )
         {
            tw.WriteLine("Four score and seven years ago, ...");
         }

         //using 语句
         using (TextReader tr = File.OpenText("Lincoln.txt"))
         {
            string InputString;
            while (null != (InputString = tr.ReadLine()))
               Console.WriteLine(InputString);
         }
      }
   }
}
```

这段代码产生以下输出：

```
Four score and seven years ago, ...
```

10.15.3　多个资源和嵌套

using 语句还可以用于相同类型的多个资源，资源声明用逗号隔开。语法如下：

```
            只有一个类型      资源          资源
               ↓            ↓            ↓
using ( ResourceType Id1 = Expr1,  Id2 = Expr2, ... ) EmbeddedStatement
```

例如，在下面的代码中，每个 using 语句分配并使用两个资源。

```csharp
static void Main()
{
   using (TextWriter tw1 = File.CreateText("Lincoln.txt"),
                     tw2 = File.CreateText("Franklin.txt"))
   {
```

```
      tw1.WriteLine("Four score and seven years ago, ...");
      tw2.WriteLine("Early to bed; Early to rise ...");
   }

   using (TextReader tr1 = File.OpenText("Lincoln.txt"),
                     tr2 = File.OpenText("Franklin.txt"))
   {
      string InputString;

      while (null != (InputString = tr1.ReadLine()))
         Console.WriteLine(InputString);

      while (null != (InputString = tr2.ReadLine()))
         Console.WriteLine(InputString);
   }
}
```

　　using 语句还可以嵌套。在下面的代码中，除了嵌套 using 语句以外，还要注意没有必要对第二个 using 语句使用块，因为它仅由一条单独的简单语句组成。

```
using ( TextWriter tw1 = File.CreateText("Lincoln.txt") )
{
   tw1.WriteLine("Four score and seven years ago, ...");

   using ( TextWriter tw2 = File.CreateText("Franklin.txt") ) //嵌套语句
      tw2.WriteLine("Early to bed; Early to rise ...");         //简单语句
}
```

10.15.4　using 语句的另一种形式

　　using 语句的另一种形式如下：

关键字　　资源　　　　　　使用资源
  ↓　　　　↓　　　　　　　　↓
using (*Expression*) *EmbeddedStatement*

在这种形式中，资源在 using 语句之前声明。

```
TextWriter tw = File.CreateText("Lincoln.txt");          //声明资源
using ( tw )                                             //using 语句
   tw.WriteLine("Four score and seven years ago, ...");
```

　　虽然这种形式也能确保使用完资源后总是调用 Dispose 方法，但它不能防止在 using 语句已经释放了它的非托管资源之后使用该资源，这可能会导致状态不一致。因此它提供了较少的保护，不推荐使用。图 10-12 阐明了这种形式。

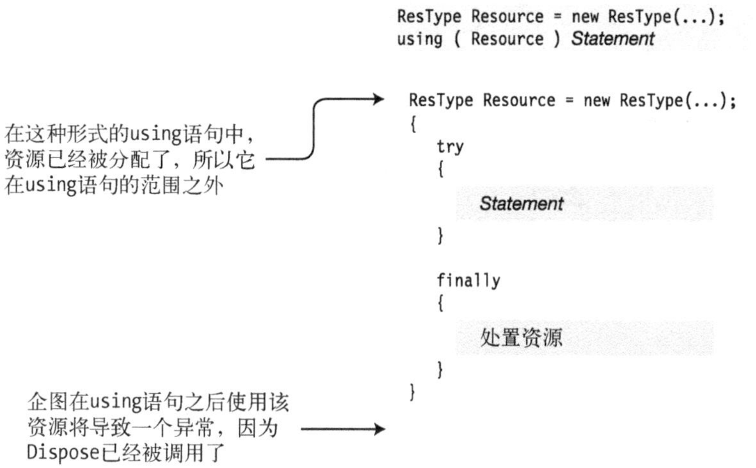

```
ResType Resource = new ResType(...);
using ( Resource ) Statement
```

在这种形式的using语句中，资源已经被分配了，所以它在using语句的范围之外

```
ResType Resource = new ResType(...);
{
    try
    {
        Statement
    }
    finally
    {
        处置资源
    }
}
```

企图在using语句之后使用该资源将导致一个异常，因为Dispose已经被调用了

图 10-12　资源声明在 using 语句之前

10.16　其他语句

　　还有一些语句和语言的特殊特征相关。这些语句将在涉及相应特征的章节中阐述。在其他章中阐述的语句如表 10-1 所示。

表 10-1　在其他章中阐述的语句

语　句	描　述	相关章节
checked、unchecked	控制溢出检查上下文	第 17 章
foreach	遍历一个集合的每个成员	第 13 章和第 19 章
try、throw、finally	处理异常	第 23 章
return	将控制返回到调用函数的成员，而且还能返回一个值	第 6 章
yield	用于迭代	第 19 章

10

第 11 章

结　构

本章内容
- 什么是结构
- 结构是值类型
- 对结构赋值
- 构造函数和析构函数
- 属性和字段初始化语句
- 结构是密封的
- 装箱和拆箱
- 结构作为返回值和参数
- 关于结构的其他信息

11.1　什么是结构

结构是程序员定义的数据类型，与类非常类似。它们有数据成员和函数成员。虽然与类相似，但是结构有许多重要的区别。最重要的区别是：
- 类是引用类型，而结构是值类型；
- 结构是隐式密封的，这意味着不能从它们派生其他结构。

声明结构的语法与声明类相似。

```
关键字
  ↓
struct StructName
{
    MemberDeclarations
}
```

例如，下面的代码声明了一个名为 Point 的结构。它有两个公有字段，名称为 X 和 Y。在 Main 中，声明了 3 个 Point 结构类型的变量，并对它们进行赋值和打印。

```
struct Point
{
   public int X;
   public int Y;
}

class Program
{
   static void Main()
   {
      Point first, second, third;

      first.X  = 10; first.Y = 10;
      second.X = 20; second.Y = 20;
      third.X  = first.X + second.X;
      third.Y  = first.Y + second.Y;

      Console.WriteLine($"first:  { first.X }, { first.Y }");
      Console.WriteLine($"second: { second.X }, { second.Y }");
      Console.WriteLine($"third:  { third.X }, { third.Y }");
   }
}
```

这段代码产生以下输出：

```
first:    10, 10
second:   20, 20
third:    30, 30
```

11.2   结构是值类型

和所有值类型一样，结构类型变量含有自己的数据。因此：

❑ 结构类型的变量不能为 null；

❑ 两个结构变量不能引用同一对象。

例如，下面的代码声明了一个名称为 CSimple 的类和一个名称为 Simple 的结构，并为它们各声明了一个变量。图 11-1 展示了这两个变量的内存安排。

```
class CSimple
{
   public int X;
   public int Y;
}

struct Simple
{
   public int X;
   public int Y;
}
```

11

```
class Program
{
   static void Main()
   {
      CSimple cs = new CSimple();
      Simple  ss = new Simple();
         ...
```

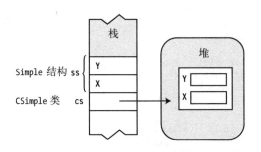

图 11-1   类的内存安排与结构的内存安排

11.3   对结构赋值

把一个结构赋值给另一个结构，就是将一个结构的值复制给另一个结构。这和复制类变量不同，复制类变量时只复制引用。

图 11-2 展示了类变量赋值和结构变量赋值之间的区别。注意，在类赋值之后，cs2 和 cs1 指向堆中同一对象。但在结构赋值之后，ss2 的成员的值和 ss1 的相同。

```
class CSimple
{ public int X; public int Y; }

struct Simple
{ public int X; public int Y; }

class Program
{
   static void Main()
   {
      CSimple cs1 = new CSimple(), cs2 = null;       //类实例
      Simple  ss1 = new Simple(), ss2 = new Simple(); //结构实例

      cs1.X = ss1.X = 5;               //将 5 赋值给 ss1.X 和 cs1.X
      cs1.Y = ss1.Y = 10;              //将 10 赋值给 ss1.Y 和 cs1.Y

      cs2 = cs1;                       //赋值类实例
      ss2 = ss1;                       //赋值结构实例
   }
}
```

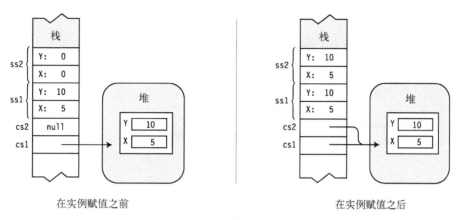

图 11-2 类变量赋值和结构变量赋值

11.4 构造函数和析构函数

结构可以有实例构造函数和静态构造函数，但不允许有析构函数。

11.4.1 实例构造函数

语言隐式地为每个结构提供一个无参数的构造函数。这个构造函数把结构的每个成员设置为该类型的默认值。值成员设置成它们的默认值，引用成员设置成 null。

对于每个结构，都存在预定义的无参数构造函数，而且不能删除或重定义。但是，可以创建另外的构造函数，只要它们有参数。注意，这和类不同。对于类，编译器**只在没有声明其他构造函数时**提供隐式的无参数构造函数。

调用一个构造函数，包括隐式无参数构造函数，要使用 new 运算符。注意，即使不从堆中分配内存，也要使用 new 运算符。

例如，下面的代码声明了一个简单的结构，它有一个带两个 int 参数的构造函数。Main 创建该结构的两个实例，一个使用隐式无参数构造函数，另一个使用带两个参数的构造函数。

```
struct Simple
{
   public int X;
   public int Y;

   public Simple(int a, int b)          //带有参数的构造函数
   {
      X = a;
      Y = b;
   }
}

class Program
```

```
{
    static void Main()
    {               调用隐式构造函数
                    ┌─────┴─────┐
        Simple s1 = new Simple();
        Simple s2 = new Simple(5, 10);
                              ↑
                        调用构造函数
        Console.WriteLine($"{ s1.X },{ s1.Y }");
        Console.WriteLine($"{ s2.X },{ s2.Y }");
    }
}
```

也可以不使用 new 运算符创建结构的实例。然而，如果这样做，有一些限制，如下：

❑ 在显式设置数据成员之后，才能使用它们的值；

❑ 在对所有数据成员赋值之后，才能调用结构的函数成员。

例如，下面的代码展示了结构 Simple 的两个实例，它们没有使用 new 运算符创建。当企图访问 s1 而没有显式地设置该数据成员的值时，编译器产生一条错误消息。对 s2 的成员赋值之后，读取 s2 就没有问题了。

```
struct Simple
{
    public int X;
    public int Y;
}

class Program
{
    static void Main()
    {
            没有构造函数的调用
             ↓     ↓
        Simple s1, s2;
        Console.WriteLine("{0},{1}", s1.X, s1.Y);        //编译错误
                                      ↑     ↑
                                   还未被赋值
        s2.X = 5;
        s2.Y = 10;
        Console.WriteLine($"{ s2.X },{ s2.Y }");          //没问题
    }
}
```

11.4.2　静态构造函数

与类相似，结构的静态构造函数创建并初始化静态数据成员，而且不能引用实例成员。结构的静态构造函数遵从与类的静态构造函数一样的规则，但允许有不带参数的静态构造函数。

以下两种行为，任意一种发生之前，将会调用静态构造函数。

❑ 调用显式声明的构造函数。

❑ 引用结构的静态成员。

11.4.3 构造函数和析构函数小结

表 11-1 总结了结构的构造函数和析构函数的使用。

表 11-1 构造函数和析构函数的总结

类 型	描 述
实例构造函数（无参数）	不能在程序中声明。系统为所有结构提供一个隐式的构造函数。它不能被程序删除或重定义
实例构造函数（有参数）	可以在程序中声明
静态构造函数	可以在程序中声明
析构函数	不能在程序中声明。不允许声明析构函数

11.5 属性和字段初始化语句

在声明结构体时，不允许使用实例属性和字段初始化语句，如下所示。

```
struct Simple
{                    不允许
                      ↓
   public int x = 0;               //编译错误
   public int y = 10;              //编译错误
                      ↑
                    不允许
   public int prop1 {get; set;} = 5;  //编译错误
}
```

但是，结构体的静态属性和静态字段都可以在声明结构体时进行初始化，即使结构体本身不是静态的。

11.6 结构是密封的

结构总是隐式密封的，因此，不能从它们派生其他结构。

由于结构不支持继承，个别类成员修饰符用在结构成员上将没有意义，因此不能在结构成员声明中使用。不能用于结构的修饰符如下：

- ❑ protected
- ❑ protected internal
- ❑ abstract
- ❑ sealed
- ❑ virtual

结构本身派生自 System.ValueType，而 System.ValueType 派生自 object。

两个可以用于结构成员并与继承相关的关键字是 new 和 override 修饰符，当创建一个和基类 System.ValueType 的成员同名的成员时可使用它们。所有结构都派生自 System.ValueType。

11

11.7   装箱和拆箱

如同其他值类型数据，如果想将一个结构实例作为引用类型对象，必须创建装箱（boxing）的副本。装箱的过程就是制作值类型变量的引用类型副本。装箱和拆箱（unboxing）将在第 17 章详细阐述。

11.8   结构作为返回值和参数

结构可以用作返回值和参数。

- ❑ **返回值**   当结构作为返回值时，将创建它的副本并从函数成员返回。
- ❑ **值参数**   当结构被用作值参数时，将创建实参结构的副本。该副本用于方法的执行中。
- ❑ **ref 和 out 参数**   如果把一个结构用作 ref 或 out 参数，传入方法的是该结构的一个引用，这样就可以修改其数据成员。

11.9   关于结构的更多内容

对结构进行分配的开销比创建类实例小，所以使用结构代替类有时可以提高性能，但要注意装箱和拆箱的高昂代价。

关于结构，需要知道的最后一些事情如下。

- ❑ 预定义简单类型（int、short、long，等等），尽管在.NET 和 C#中被视为原始类型，但它们实际上在.NET 中都实现为结构。
- ❑ 可以使用与声明分部类相同的方法声明分部结构，如第 7 章所述。

结构和类一样，可以实现接口。接口将在第 16 章阐述。

第 12 章

枚 举 *12*

本章内容
- ❏ 枚举
- ❏ 位标志
- ❏ 关于枚举的补充

12.1 枚举

枚举是由程序员定义的类型，与类或结构一样。

- ❏ 与结构一样，枚举是值类型，因此直接存储它们的数据，而不是分开存储成引用和数据。
- ❏ 枚举只有一种类型的成员：命名的整数值常量。

下面的代码展示了一个示例，声明了一个名称为 TrafficLight 的新枚举类型，它含有 3 个成员。注意成员声明列表是逗号分隔的列表，在枚举声明中没有分号。

```
关键字      枚举名称
  ↓           ↓
enum TrafficLight
{
    Green,    ← 逗号分隔，没有分号
    Yellow,   ← 逗号分隔，没有分号
    Red
}
```

每个枚举类型都有一个底层整数类型，默认为 int。

- ❏ 每个枚举成员都被赋予一个底层类型的常量值。
- ❏ 在默认情况下，编译器对第一个成员赋值为 0，对每一个后续成员赋的值都比前一个成员多 1。

例如，在 TrafficLight 类型中，编译器把 int 值 0、1 和 2 分别赋值给成员 Green、Yellow 和 Red。在下面代码的输出中，把它们转换成类型 int，可以看到底层的成员值。图 12-1 阐明了它们在栈中的排列。

```
TrafficLight t1 = TrafficLight.Green;
TrafficLight t2 = TrafficLight.Yellow;
TrafficLight t3 = TrafficLight.Red;

Console.WriteLine($"{ t1 },\t{(int) t1 }");
Console.WriteLine($"{ t2 },\t{(int) t2 }");
Console.WriteLine($"{ t3 },\t{(int) t3 }\n");
                             ↑
                          转换成 int
```

这段代码产生以下输出：

```
Green,  0
Yellow, 1
Red,    2
```

图 12-1   枚举的成员常量表示为底层整数值

可以把枚举值赋给枚举类型变量。例如，下面的代码展示了 3 个 TrafficLight 类型变量的声明。注意可以把成员字面量赋给变量，或从另一个相同类型的变量复制值。

```
class Program
{
   static void Main()
   {
            类型      变量           成员
             ↓        ↓              ↓
      TrafficLight t1 = TrafficLight.Red;       //从成员赋值
      TrafficLight t2 = TrafficLight.Green;     //从成员赋值
      TrafficLight t3 = t2;                     //从变量赋值

      Console.WriteLine(t1);
      Console.WriteLine(t2);
      Console.WriteLine(t3);
   }
}
```

这段代码产生以下输出。注意，成员名被当作字符串打印。

```
Red
Green
Green
```

12.1.1 设置底层类型和显式值

可以把冒号和类型名放在枚举名之后,这样就可以使用 int 以外的整数类型。类型可以是任何整数类型。所有成员常量都属于枚举的底层类型。

```
                   冒号
                    ↓
enum TrafficLight : ulong
{                   ↑
   ...          底层类型
```

成员常量的值可以是底层类型的任何值。要显式地设置一个成员的值,在枚举声明中的变量名之后使用初始化表达式。尽管不能有重复的名称,但可以有重复的值,如下所示。

```
enum TrafficLight
{
   Green  = 10,
   Yellow = 15,              //重复的值
   Red    = 15               //重复的值
}
```

例如,图 12-2 中的代码展示了枚举 TrafficLight 的两个等价声明。

❑ 左边的代码接受默认的类型和编号。

❑ 右边的代码显式地将底层类型设置为 int,并将成员设置为与默认值相应的值。

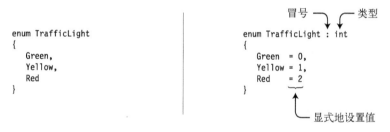

```
enum TrafficLight                 enum TrafficLight : int
{                                 {
   Green,                            Green  = 0,
   Yellow,                           Yellow = 1,
   Red                               Red    = 2
}                                 }
```

图 12-2　等价的枚举声明

12.1.2 隐式成员编号

可以显式地给任何成员常量赋值。如果不初始化成员常量,编译器将隐式地给它赋一个值。图 12-3 阐明了编译器赋这些值时使用的规则。关联到成员名称的值不需要是独特的。

12

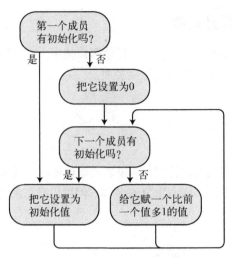

图 12-3 成员赋值的法则

例如,下面的代码声明了两个枚举。CardSuit 接受隐式的成员编号,如注释中所示。FaceCards 显式地设置一些成员,而其他成员接受隐式编号。

```
enum CardSuit {
    Hearts,                      //0  - 因为这是第一项
    Clubs,                       //1  - 比之前的大 1
    Diamonds,                    //2  - 比之前的大 1
    Spades,                      //3  - 比之前的大 1
    MaxSuits                     //4  - 为列表项赋常量值的常见方式
}

enum FaceCards {
    //成员                        //所赋的值
    Jack              = 11,      //11 - 显式设置
    Queen,                       //12 - 比之前的大 1
    King,                        //13 - 比之前的大 1
    Ace,                         //14 - 比之前的大 1
    NumberOfFaceCards = 4,       //4  - 显式设置
    SomeOtherValue,              //5  - 比之前的大 1
    HighestFaceCard   = Ace      //14 - 以上定义了 Ace
}
```

12.2 位标志

程序员们长期使用单个字(single word)的不同位作为表示一组开/关标志的紧凑方法。本节将其称为**标志字**(flag word)。枚举提供了实现它的简便方法。

一般的步骤如下。

(1) 确定需要多少个位标志,并选择一种有足够多位的无符号类型来保存它。

(2) 确定每个位位置代表什么,并给它们一个名称。声明一个选中的整数类型的枚举,每个成

员由一个位位置表示。

(3) 使用按位或（OR）运算符在持有该位标志的字中设置适当的位。

(4) 使用按位与（AND）运算符或 HasFlag 方法检查是否设置了特定位标志。

例如，下面的代码展示了枚举声明，表示纸牌游戏中一副牌的选项。底层类型 uint 足够满足 4 个位标志的需要了。注意代码的下列内容。

- 成员有表示二进制选项的名称。
  - 每个选项由字中一个特定的位位置表示。位位置持有一个 0 或一个 1。
  - 因为一个位标志表示一个或开或关的位，所以你不会想用 0 作为成员值。它已经有了一个含义：所有的位标志都是关。
- 在十六进制表示法中，每个十六进制数字用 4 位来表示。由于位模式和十六进制表示法之间的这种直接联系，所以在处理位模式时，经常使用十六进制而不是十进制表示法。
- 从 C# 7.0 开始，可以使用二进制表示法了。
- 使用 Flags 特性装饰（decorate）枚举实际上不是必要的，但可以带来一些额外的便利，我们很快会讨论这一点。特性表现为用中括号括起来的字符串，出现在语言构造之前。在本例中，特性出现在枚举声明之前。特性将在第 25 章阐述。

```
[Flags]
enum CardDeckSettings : uint
{
    SingleDeck    = 0x01,        //位 0
    LargePictures = 0x02,        //位 1
    FancyNumbers  = 0x04,        //位 2
    Animation     = 0x08,        //位 3
}
```

图 12-4 阐明了这个枚举。

图 12-4　标志位的定义（左）和它们各自代表的值（右）

要创建一个带有适当的位标志的字，需要声明一个该枚举类型的变量，并使用按位或运算符设置需要的位。例如，下面的代码设置了 4 个选项中的 3 个：

```
枚举类型       标志字          位标志被 "或" 在一起
   ↓            ↓          ─────────────────────
CardDeckSettings ops =     CardDeckSettings.SingleDeck
                         | CardDeckSettings.FancyNumbers
                         | CardDeckSettings.Animation ;
```

要判断标志字是否包含特定的位标志集，可以使用枚举类型的 HasFlag 布尔方法。在标志字上调用 HasFlag 方法，并将要检查的位标志作为参数。如果设置了指定的位标志，HasFlag 返回 true，否则返回 false。

```
bool useFancyNumbers = ops.HasFlag(CardDeckSettings.FancyNumbers);
                              ↑                         ↑
                            标志字                    位标志
```

HasFlag 方法还可以检测多个位标志。例如，如下的代码检查 op 标志字是否设置了 Animation 和 FancyNumbers 位。代码做了如下事情。

❑ 第一行语句创建了一个测试字实例，叫作 testFlags，设置了 Animation 和 FancyNumbers 标志位。

❑ 然后把 testFlag 作为参数传给 HasFlag 方法。

HasFlag 检测是否测试字中的所有标志都在 ops 标志字中进行了设置。如果是的话，HasFlag 返回 true，否则返回 false。

```
CardDeckSettings testFlags =
            CardDeckSettings.Animation | CardDeckSettings.FancyNumbers;

bool useAnimationAndFancyNumbers = ops.HasFlag( testFlags );
                                        ↑            ↑
                                      标志字        测试字
```

另一种判断是否设置了一个或多个指定位的方法是使用按位与运算符。例如，与上面类似，下面的代码检查一个标志字是否设置了 FancyNumbers 位标志。它把该标志字和位标志相与，然后与位标志比较。如果在原始标志字中设置了这个位，那么与操作的结果将和位标志具有相同的位模式。

```
bool useFancyNumbers =
    (ops & CardDeckSettings.FancyNumbers) == CardDeckSettings.FancyNumbers;
        ↑              ↑
      标志字          位标志
```

图 12-5 阐明了创建一个标志字然后检查是否设置了某个特定位的过程。

图 12-5　生成一个标志字并检查一个特定的位标志

12.2.1 Flags 特性

前面的代码在枚举声明之前使用了 Flags 特性：

```
[Flags]
enum CardDeckSettings : uint
{
   ...
}
```

Flags 特性不会改变计算结果，却提供了一些方便的特性。首先，它通知编译器、对象浏览器以及其他查看这段代码的工具，该枚举的成员不仅可以用作单独的值，还可以组合成位标志。这样浏览器就可以更恰当地解释该枚举类型的变量。

其次，它允许枚举的 ToString 方法为位标志的值提供更多的格式化信息。ToString 方法以一个枚举值为参数，将其与枚举的常量成员相比较。如果与某个成员相匹配，ToString 返回该成员的字符串名称。

例如，看看下面的代码，该枚举开头没有 Flags 特性：

```
enum CardDeckSettings : uint
{
   SingleDeck    = 0x01,      //位 0
   LargePictures = 0x02,      //位 1
   FancyNumbers  = 0x04,      //位 2
   Animation     = 0x08       //位 3
}

class Program {
   static void Main( ) {
      CardDeckSettings ops;
      ops = CardDeckSettings.FancyNumbers;                        //设置一个标志
      Console.WriteLine( ops.ToString() );
                                                                  //设置两个标志
      ops = CardDeckSettings.FancyNumbers | CardDeckSettings.Animation;
      Console.WriteLine( ops.ToString() );       //输出什么呢？
   }
}
```

这段代码产生以下输出：

```
FancyNumbers
12
```

在这段代码中，Main 做了以下事情：

❑ 创建枚举类型 CardDeckSettings 的变量，设置一个位标志，并打印变量的值（即 FancyNumbers）；

❑ 为变量赋一个包含两个位标志的新值，并打印它的值（即 12）。

作为第二次赋值的结果而显示的值 12 是 ops 的值。它是一个 int，因为 FancyNumbers 将位设置为值 4，Animation 将位设置为值 8，因此最终得到 int 值 12。在赋值语句之后的 WriteLine

方法中，ToString 方法会查找哪个枚举成员具有值 12，由于没有找到，因此会打印出 12。

然而，如果在枚举声明前加上 Flags 特性，将告诉 ToString 方法位可以分开考虑。在查找值时，ToString 会发现 12 对应两个分开的位标志成员——FancyNumbers 和 Animation，这时将返回它们的名称，用逗号和空格隔开。

运行包含 Flags 特性的代码，结果如下：

```
FancyNumbers
FancyNumbers, Animation
```

12.2.2   使用位标志的示例

下面的代码综合了所有使用位标志的内容：

```
[Flags]
enum CardDeckSettings : uint
{
    SingleDeck      = 0x01,      //位 0
    LargePictures   = 0x02,      //位 1
    FancyNumbers    = 0x04,      //位 2
    Animation       = 0x08       //位 3
}

class MyClass
{
    bool UseSingleDeck              = false,
         UseBigPics                 = false,
         UseFancyNumbers            = false,
         UseAnimation               = false,
         UseAnimationAndFancyNumbers = false;

    public void SetOptions( CardDeckSettings ops )
    {
        UseSingleDeck    = ops.HasFlag( CardDeckSettings.SingleDeck );
        UseBigPics       = ops.HasFlag( CardDeckSettings.LargePictures );
        UseFancyNumbers  = ops.HasFlag( CardDeckSettings.FancyNumbers );
        UseAnimation     = ops.HasFlag( CardDeckSettings.Animation );

        CardDeckSettings testFlags =
                    CardDeckSettings.Animation | CardDeckSettings.FancyNumbers;
        UseAnimationAndFancyNumbers = ops.HasFlag( testFlags );
    }

    public void PrintOptions( )
    {
        Console.WriteLine($"Option settings:" );
        Console.WriteLine($"   Use Single Deck              - { UseSingleDeck }");
        Console.WriteLine($"   Use Large Pictures           - { UseBigPics }");
        Console.WriteLine($"   Use Fancy Numbers            - { UseFancyNumbers }");
        Console.WriteLine($"   Show Animation               - { UseAnimation }");
```

```
            Console.WriteLine($"  Show Animation and FancyNumbers - {0}",
                                UseAnimationAndFancyNumbers );
      }
   }

   class Program
   {
      static void Main( )
      {
         MyClass mc = new MyClass( );
         CardDeckSettings ops = CardDeckSettings.SingleDeck
                                | CardDeckSettings.FancyNumbers
                                | CardDeckSettings.Animation;
         mc.SetOptions( ops );
         mc.PrintOptions( );
      }
   }
```

这段代码产生以下输出：

```
Option settings:
   Use Single Deck                 - True
   Use Large Pictures              - False
   Use Fancy Numbers               - True
   Show Animation                  - True
   Show Animation and FancyNumbers - True
```

12.3　关于枚举的更多内容

枚举只有单一的成员类型：声明的成员常量。

❑ 不能对成员使用修饰符。它们都隐式地具有和枚举相同的可访问性。

❑ 由于成员是静态的，即使在没有该枚举类型的变量时也可以访问它们。

例如，下面的代码没有创建枚举 TrafficLight 类型的任何变量，但由于它的成员是静态的，所以是可访问的，并且可以使用 WriteLine 打印。

```
static void Main()
{
   Console.WriteLine($"{ TrafficLight.Green }");
   Console.WriteLine($"{ TrafficLight.Yellow }");
   Console.WriteLine($"{ TrafficLight.Red }");
}
                         ↑         ↑
                      枚举名称　  成员名称
```

❑ 和所有的静态类型一样，访问枚举的成员有两种方法。

■ 可以使用类型名称，后面跟着一个点和成员名，如本章前面以及后面的代码示例所示。

■ 从 C# 6.0 开始，可以使用 using static 指令来避免在每次使用时都包含类名。这可以使代码更简洁。

12

如果对前面代码中的 TrafficLight 和 Console 类都使用 using static 指令，则代码将更简洁，如下所示。

```
using static TrafficLight;
using static System.Console;
    ...
static void Main()
{
    WriteLine( $"{ Green }" );
    WriteLine( $"{ Yellow }" );
    WriteLine( $"{ Red }" );
}
```

枚举是一个独特的类型。比较不同枚举类型的成员会导致编译时错误。例如，下面的代码声明了两个枚举类型，它们具有完全相同的结构和成员名。

❑ 第一个 if 语句是正确的，因为它比较同一枚举类型的不同成员。

❑ 第二个 if 语句产生一个错误，因为它试图比较来自不同枚举类型的成员，尽管它们的结构和成员名称完全相同。

```
enum FirstEnum                         //第一个枚举类型
{
    Mem1,
    Mem2
}

enum SecondEnum                        //第二个枚举类型
{
    Mem1,
    Mem2
}

class Program
{
    static void Main()
    {
        if (FirstEnum.Mem1 < FirstEnum.Mem2)  //正确，枚举类型相同
            Console.WriteLine("True");

        if (FirstEnum.Mem1 < SecondEnum.Mem1) //错误，枚举类型不同
            Console.WriteLine("True");
    }
}
```

.NET Enum 类型（enum 就是基于该类型的）还包括一些有用的静态方法：

❑ GetName 方法以一个枚举类型对象和一个整数为参数，返回相应的枚举成员的名称；

❑ GetNames 方法以一个枚举类型对象为参数，返回该枚举中所有成员的名称。

下面的代码展示了如何使用这两个方法。注意这里使用了 typeof 运算符来获取枚举类型对象。

```
enum TrafficLight
{
    Green,
```

```
        Yellow,
        Red
}

class Program
{
    static void Main()
    {
        Console.WriteLine( "Second member of TrafficLight is {0}\n",
                            Enum.GetName( typeof( TrafficLight ), 1 ) );

        foreach ( var name in Enum.GetNames( typeof( TrafficLight ) ) )
            Console.WriteLine( name );
    }
}
```

这段代码产生以下输出：

```
Second member of TrafficLight is Yellow

Green
Yellow
Red
```

第 13 章

数　组

13

13.1　数组

数组实际上是由一个变量名称表示的一组同类型的数据元素。每个元素通过变量名称和方括号中的一个或多个索引来访问，如下所示：

```
数组名  索引
  ↓      ↓
MyArray[4]
```

13.1.1　定义

让我们从 C#中与数组有关的一些重要定义开始。

- ❑ **元素** 数组的独立数据项称作**元素**。数组的所有元素必须是相同类型的，或继承自相同的类型。
- ❑ **秩/维度** 数组的维度数可以为任何正数。数组的维度数称作**秩**（rank）。
- ❑ **维度长度** 数组的每一个维度有**长度**，就是这个方向的位置个数。
- ❑ **数组长度** 数组的**所有**维度中的元素总数称为数组的**长度**。

13.1.2 重要细节

下面是有关 C#数组的一些要点。

- ❑ 数组一旦创建，大小就固定了。C#不支持动态数组。
- ❑ 数组索引号是从 0 开始的。也就是说，如果维度长度是 *n*，则索引号范围是从 0 到 *n*−1。例如，图 13-1 演示了两个示例数组的维度和长度。注意，对于每一个维度，索引范围从 0 到**长度**−1。

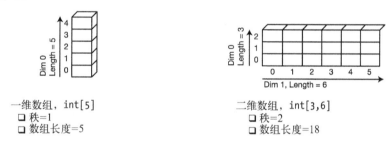

一维数组，int[5]
- ❑ 秩=1
- ❑ 数组长度=5

二维数组，int[3,6]
- ❑ 秩=2
- ❑ 数组长度=18

图 13-1 维度和大小

13.2 数组的类型

C#提供了两种类型的数组。

- ❑ 一维数组可以认为是单行元素或元素向量。
- ❑ 多维数组是由主向量中的位置组成的，每一个位置本身又是一个数组，称为**子数组**（subarray）。子数组向量中的位置本身又是一个子数组。

另外，有两种类型的多维数组：**矩形数组**（rectangular array）和**交错数组**（jagged array），它们有如下特性。

- ❑ 矩形数组
  - ■ 某个维度的所有子数组具有相同长度的多维数组。
  - ■ 不管有多少维度，总是使用一组方括号。

    ```
    int x = myArray2[4, 6, 1]      //一组方括号
    ```
- ❑ 交错数组
  - ■ 每一个子数组都是独立数组的多维数组。
  - ■ 可以有不同长度的子数组。

13

■ 为数组的每一个维度使用一对方括号。

```
jagArray1[2][7][4]                     //3 组方括号
```

图 13-2 演示了 C# 中的各种数组。

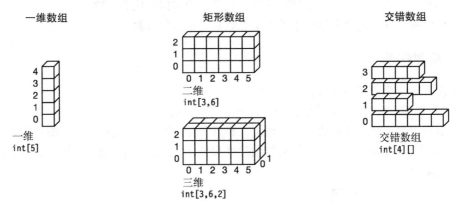

图 13-2 一维数组、矩形数组以及交错数组

13.3 数组是对象

数组实例是从 System.Array 继承类型的对象。由于数组从 BCL 基类派生而来，它们也继承了 BCL 基类中很多有用的成员，如下所示。

❑ Rank 返回数组维度数的属性。

❑ Length 返回数组长度（数组中所有元素的个数）的属性。

数组是引用类型。与所有引用类型一样，数组有数据的引用以及数据对象本身。引用在栈或堆上，而数组对象本身总是在堆上。图 13-3 演示了数组的内存配置和组成部分。

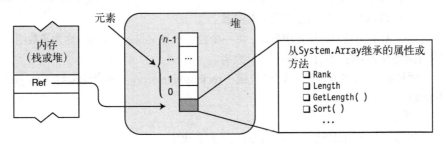

图 13-3 数组的结构

尽管数组总是引用类型，但是数组的元素既可以是值类型也可以是引用类型。

❑ 如果存储的元素都是值类型，数组被称作**值类型数组**。

❑ 如果存储在数组中的元素都是引用类型对象，数组被称作**引用类型数组**。

图 13-4 演示了值类型数组和引用类型数组。

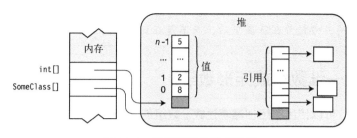

图 13-4　元素可以是值或引用

13.4　一维数组和矩形数组

一维数组和矩形数组的语法非常相似，因此一并介绍，稍后再单独介绍交错数组。

声明一维数组或矩形数组

要声明一维数组或矩形数组，可以在类型和变量名称之间使用一对方括号。

方括号内的逗号就是**秩说明符**，它们指定了数组的维度数。秩就是逗号数量加 1。比如，没有逗号代表一维数组，一个逗号代表二维数组，以此类推。

基类和秩说明符构成了数组**类型**。例如，如下代码行声明了 long 的一维数组。数组类型是 long[]，读作"long 数组"。

```
秩说明符=1
   ↓
long[ ] secondArray;
 ↑
数组类型
```

如下代码展示了矩形数组声明的示例。注意以下几点。

❑ 可以使用任意多个秩说明符。

❑ 不能在数组类型区域中放数组维度长度。秩是数组类型的一部分，而维度长度不是类型的一部分。

❑ 数组声明后，维度数就是固定的了。然而，维度长度直到数组实例化时才会确定。

```
   秩说明符
     ↓
int[,,]   firstArray;            //数组类型：三维整型数组
int[,]    arr1;                  //数组类型：二维整型数组
long[,,]  arr3;                  //数组类型：三维 long 数组
 ↑
数组类型

long[3,2,6] SecondArray;         //编译错误
     ↑ ↑ ↑
  不允许的维度长度
```

13

说明 和 C/C++不同，方括号在基类型后，而不是在变量名称后。

13.5 实例化一维数组或矩形数组

要实例化数组，可以使用**数组创建表达式**。数组创建表达式由 new 运算符构成，后面是基类名称和一对方括号。方块号中以逗号分隔每一个维度的长度。

下面是一维数组声明的示例。

❑ arr2 数组是包含 4 个 int 的一维数组。

❑ mcArr 数组是包含 4 个 MyClass 引用的一维数组。

图 13-5 演示了它们在内存中的布局。

```
                  4 个元素
                     ↓
int[]     arr2  = new int[4];
MyClass[] mcArr = new MyClass[4];
                     ↑
            数组创建表达式
```

下面是矩形数组的示例：

❑ arr3 数组是三维数组；

❑ 数组长度是 3*6*2=36。

图 13-5 演示了它在内存中的布局。

```
            维度长度
              ↓
int[,,] arr3 = new int[3,6,2];
```

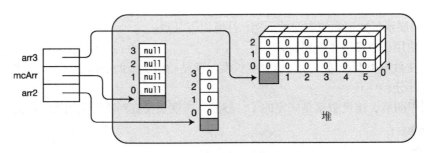

图 13-5 声明和实例化数组

说明 与对象创建表达式不一样，数组创建表达式不包含圆括号——即使是对于引用类型数组。

13.6 访问数组元素

在数组中使用整型值作为索引来访问数组元素。

❑ 每一个维度的索引从 0 开始。

❑ 方括号内的索引在数组名称之后。

如下代码给出了声明、写入、读取一维数组和二维数组的示例：

```
int[]  intArr1 = new int[15];       //声明一维数组
intArr1[2]      = 10;               //向第 3 个元素写入值
int var1        = intArr1[2];       //从第 2 个元素读取值


int[,] intArr2 = new int[5,10];     //声明二维数组
intArr2[2,3]    = 7;                //向数组写入值
int var2        = intArr2[2,3];     //从数组读取值
```

如下代码给出了创建并访问一个一维数组的完整过程：

```
int[] myIntArray;                        //声明数组

myIntArray = new int[4];                 //实例化数组

for( int i=0; i<4; i++ )                 //设置值
    myIntArray[i] = i*10;

//读取并输出每个数组元素的值
for( int i=0; i<4; i++ )
    Console.WriteLine($"Value of element { i } = { myIntArray[i] }");
```

这段代码产生了如下的输出：

```
Value of element 0 is 0
Value of element 1 is 10
Value of element 2 is 20
Value of element 3 is 30
```

13.7　初始化数组

当数组被创建之后，每一个元素被自动初始化为类型的默认值。对于预定义的类型，整型的默认值是 0，浮点型的默认值为 0.0，布尔型的默认值为 false，而引用类型的默认值则是 null。

例如，如下代码创建了数组并将它的 4 个元素的值初始化为 0。图 13-6 演示了内存中的布局。

```
int[] intArr = new int[4];
```

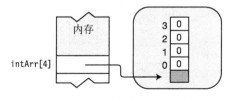

图 13-6　一维数组的自动初始化

13

13.7.1 显式初始化一维数组

对于一维数组，要设置显式初始值，可以在数组实例化的数组创建表达式之后加上一个**初始化列表**（initialization list）。

- □ 初始值必须以逗号分隔，并封闭在一组大括号内。
- □ 不必输入维度长度，因为编译器可以通过初始化值的个数来推断长度。
- □ 注意，在数组创建表达式和初始化列表中间没有分隔符，也就是说，没有等号或其他连接运算符。

例如，下面的代码创建了一个数组，并将它的 4 个元素初始化为大括号内的值。图 13-7 演示了内存中的布局。

```
int[] intArr = new int[] { 10, 20, 30, 40 };
```

没有连接运算符

图 13-7 一维数组的显式初始化

13.7.2 显式初始化矩形数组

要显式初始化矩形数组，需要遵守以下规则。

- □ 每一个**初始值向量**必须封闭在大括号内。
- □ 每一个**维度**也必须嵌套并封闭在大括号内。
- □ 除了初始值，每一个维度的初始化列表和组成部分也必须使用逗号分隔。

例如，如下代码演示了具有初始化列表的二维数组的声明。图 13-8 演示了在内存中的布局。

初始化列表由逗号分隔

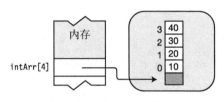

```
int[,] intArray2 = new int[,] { {10, 1}, {2, 10}, {11, 9} } ;
```

图 13-8 初始化矩形数组

13.7.3　初始化矩形数组的语法点

矩形数组使用嵌套的、逗号分隔的初始化列表进行初始化。初始化列表嵌套在大括号内。这有时会造成混淆，因此，对于嵌套、分组和逗号的正确使用，如下技巧可能会有用。

- ❏ 逗号用作**元素**和**分组**之间的**分隔符**。
- ❏ 逗号**不在**左大括号之间使用。
- ❏ 逗号**不在**右大括号之前使用。
- ❏ 如果可以的话，使用缩进和回车来分组，使它们看上去有所区别。
- ❏ 从左向右阅读秩说明符，指定最后一个数字作为"元素"，其他数字作为"分组"。

例如，下面的声明可以读作："intArray 有 4 组两个元素一组的 3 组分组。"

```
                                         由逗号分隔的嵌套初始化列表
                                          ↓        ↓         ↓
int[,,] intArray = new int[4,3,2] {
                     { {8, 6},   {5,  2}, {12, 9} },
                     { {6, 4},   {13, 9}, {18, 4} },
                     { {7, 2},   {1, 13}, {9,  3} },
                     { {4, 6},   {3,  2}, {23, 8} }
                   };
```

13.7.4　快捷语法

在一条语句中使用声明、数组和初始化创建时，我们可以省略语法的数组创建表达式部分，只提供初始化部分。快捷语法如图 13-9 所示。

```
int[] arr1 = new int[3] {10, 20, 30};  ⎫ 等价
int[] arr1 =                {10, 20, 30};  ⎭


int[,] arr = new int[2,3] {{0, 1, 2}, {10, 11, 12}};  ⎫ 等价
int[,] arr =                {{0, 1, 2}, {10, 11, 12}};  ⎭
```

图 13-9　声明、创建以及初始化数组的快捷语法

13.7.5　隐式类型数组

直到现在，我们一直都在数组声明的开始处显式指定数组类型。然而，和其他局部变量一样，数组可以是隐式类型的。也就是说存在以下情况。

- ❏ 当初始化数组时，我们可以让编译器根据初始化语句的类型来推断数组类型。只要所有初始化语句能隐式转换为单个类型，就可以这么做。
- ❏ 和隐式类型的局部变量一样，使用 var 关键字来替代数组类型。

如下代码演示了 3 组数组声明的显式版本和隐式版本。第一组是一维 int 数组。第二组是二维 int 数组。第 3 组是字符串数组。注意，在隐式类型 intArr4 的声明中，我们仍然需要在初始化中提供秩说明符。

```
 显式            显式
   ↓             ↓
int [] intArr1 = new int[] { 10, 20, 30, 40 };
var    intArr2 = new    [] { 10, 20, 30, 40 };
 ↑             ↑
关键字         推断
int[,] intArr3 = new int[,] { { 10, 1 }, { 2, 10 }, { 11, 9 } };
var    intArr4 = new    [,] { { 10, 1 }, { 2, 10 }, { 11, 9 } };
                        ↑
              秩说明符
string[] sArr1 = new string[] { "life", "liberty", "pursuit of happiness" };
var      sArr2 = new        [] { "life", "liberty", "pursuit of happiness" };
```

13.7.6　综合内容

如下代码综合了我们迄今学到的知识点。它创建了一个矩形数组，并对其进行初始化。

```
//声明、创建和初始化一个隐式类型的数组
var arr = new int[,] {{0, 1, 2}, {10, 11, 12}};

//输出值
for( int i=0; i<2; i++ )
    for( int j=0; j<3; j++ )
        Console.WriteLine($"Element [{ i },{ j }] is { arr[i,j] }");
```

这段代码产生了如下的输出：

```
Element [0,0] is 0
Element [0,1] is 1
Element [0,2] is 2
Element [1,0] is 10
Element [1,1] is 11
Element [1,2] is 12
```

13.8　交错数组

交错数组是数组的数组。与矩形数组不同，交错数组的子数组的元素个数可以不同。
例如，如下代码声明了一个二维交错数组。图 13-10 演示了该数组在内存中的布局。

❑ 第一个维度的长度是 3。

❑ 声明可以读作"jagArr 是 3 个 int 数组的数组"。

❑ 注意，图中有 4 个数组对象，其中一个针对顶层数组，另外 3 个针对子数组。

```
int[][] jagArr = new int[3][];    //声明并创建顶层数组
       ...                         //声明并创建子数组
```

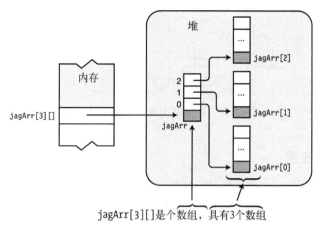

jagArr[3][]是个数组，具有3个数组

图 13-10   交错数组是数组的数组

13.8.1   声明交错数组

交错数组的声明语法要求每一个维度都有一对独立的方括号。数组变量声明中的方括号数量决定了数组的秩。

- ❑ 交错数组的维度可以是大于 1 的任意整数。
- ❑ 和矩形数组一样，维度长度不能包含在数组类型声明部分。

```
int[][]   SomeArr;          //秩等于 2
int[][][] OtherArr;         //秩等于 3
```

数组类型   数组名

13.8.2   快捷实例化

我们可以将用数组创建表达式创建的顶层数组和交错数组的声明相结合，如下面的声明所示。结果如图 13-11 所示。

3 个子数组
↓
```
int[][] jagArr = new int[3][];
```
不能在声明语句中初始化顶层数组之外的数组。

允许
↓
```
int[][] jagArr = new int[3][4];          //编译错误
```
↑
不允许

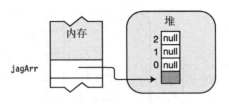

图 13-11　快捷最高级别实例化

13.8.3　实例化交错数组

和其他类型的数组不一样，交错数组的初始化不能在一个步骤中完成。由于交错数组是独立数组的数组，所以每一个数组必须独立创建。实例化完整的交错数组需要如下步骤。

(1) 实例化顶层数组。

(2) 分别实例化每一个子数组，把新建数组的引用赋给它们所属数组的合适元素。

例如，如下代码演示了二维交错数组的声明、实例化和初始化。注意，在代码中，每一个子数组的引用都赋值给了顶层数组的元素。步骤 1 到步骤 4 与图 13-12 相对应。

```
int[][] Arr = new int[3][];              //1. 实例化顶层数组

Arr[0] = new int[] {10, 20, 30};         //2. 实例化子数组
Arr[1] = new int[] {40, 50, 60, 70};     //3. 实例化子数组
Arr[2] = new int[] {80, 90, 100, 110, 120}; //4. 实例化子数组
```

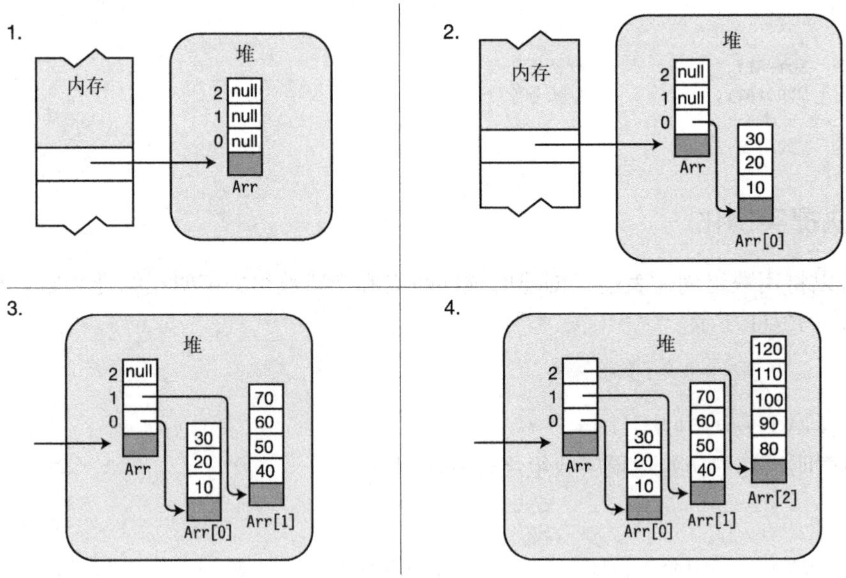

图 13-12　创建一个二维交错数组

13.8.4 交错数组中的子数组

由于交错数组中的子数组本身就是数组，因此交错数组中也可能有矩形数组。例如，如下代码创建了一个有 3 个二维矩形数组的交错数组，并将它们初始化，然后显示了它们的值。图 13-13 演示了该结构。

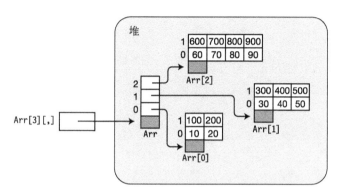

图 13-13 3 个二维数组构成的交错数组

代码使用了数组的继承自 System.Array 的 GetLength(int n)方法来获取数组中指定维度的长度。

```csharp
int[][,] Arr;              //带有二维数组的交错数组
Arr = new int[3][,];       //实例化带有 3 个二维数组的交错数组

Arr[0] = new int[,] { { 10,  20  },
                      { 100, 200 } };

Arr[1] = new int[,] { { 30,  40,  50  },
                      { 300, 400, 500 }  };

Arr[2] = new int[,] { { 60,  70,  80,  90  },
                      { 600, 700, 800, 900 } };


                                ↓获取 Arr 维度 0 的长度
for (int i = 0; i < Arr.GetLength(0); i++)
{
                                        ↓获取 Arr[i]维度 0 的长度
   for (int j = 0; j < Arr[i].GetLength(0); j++)
   {
                                            ↓获取 Arr[i]维度 1 的长度
      for (int k = 0; k < Arr[i].GetLength(1); k++)
      {
          Console.WriteLine
                ($"[{ i }][{ j },{ k }] = { Arr[i][j,k] }");
      }
      Console.WriteLine("");
   }
   Console.WriteLine("");
}
```

13

这段代码产生如下的输出：

```
[0][0,0] = 10
[0][0,1] = 20

[0][1,0] = 100
[0][1,1] = 200

[1][0,0] = 30
[1][0,1] = 40
[1][0,2] = 50

[1][1,0] = 300
[1][1,1] = 400
[1][1,2] = 500

[2][0,0] = 60
[2][0,1] = 70
[2][0,2] = 80
[2][0,3] = 90

[2][1,0] = 600
[2][1,1] = 700
[2][1,2] = 800
[2][1,3] = 900
```

13.9   比较矩形数组和交错数组

矩形数组和交错数组的结构区别非常大。例如，图 13-14 演示了 3×3 的矩形数组以及一个由 3 个长度为 3 的一维数组构成的交错数组的结构。

❑ 两个数组都保存了 9 个整数，但是它们的结构有很大不同。

❑ 矩形数组只有单个数组对象，而交错数组有 4 个数组对象。

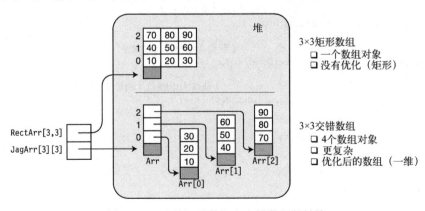

图 13-14   比较矩形数组和交错数组的结构

在 CIL 中,一维数组有特定的性能优化指令。矩形数组没有这些指令,并且不在相同级别进行优化。因此,有时使用一维数组(可以被优化)的交错数组比矩形数组(不能被优化)更高效。

另一方面,矩形数组的编程复杂度要低得多,因为它会被作为一个单元而不是数组的数组。

13.10 foreach 语句

foreach 语句允许我们连续访问数组中的每一个元素。其实它是一个比较通用的结构,可以和其他集合类型一起使用——但是本节只会讨论它和数组的使用,第 19 章会介绍它和其他集合类型的使用。

有关 foreach 语句的重点如下所示。

❑ **迭代变量**是临时的,并且和数组中元素的类型相同。foreach 语句使用迭代变量来相继表示数组中的每一个元素。

❑ foreach 语句的语法如下,其中

■ Type 是数组中元素的类型。我们可以显式提供它的类型,也可以使用 var 让其成为隐式类型并通过编译器来推断,因为编译器知道数组的类型。

■ Identifier 是迭代变量的名字。

■ ArrayName 是要处理的数组的名字。

■ Satement 是要为数组中的每一个元素执行一次的单条语句或语句块。

```
           显式类型迭代变量声明
              ↓
foreach( Type Identifier in ArrayName )
   Statement
```

```
           隐式类型迭代变量声明
              ↓
foreach( var Identifier in ArrayName )
   Statement
```

在之后的内容中,有时会使用隐式类型,而有时又会使用显式类型,这样我们就可以看到使用的确切类型,但是两种形式的语法是等价的。

foreach 语句以如下方式工作。

❑ 从数组的第一个元素开始并把它赋值给**迭代变量**。

❑ 然后执行语句主体。在主体中,我们可以把迭代变量作为数组元素的只读别名。

❑ 在主体执行之后,foreach 语句选择数组中的下一个元素并重复处理。

这样,它就循环遍历了数组,允许我们逐个访问每一个元素。例如,如下代码演示了 foreach 语句和一个具有 4 个整数的一维数组的使用。

❑ foreach 语句的主体 WriteLine 语句为数组的每一个元素执行一次。

❑ 第一次遍历时,迭代变量 item 就有了数组中第一个元素的值。相继执行后,它就有了数组中下一个元素的值。

13

```
int[] arr1 = { 10, 11, 12, 13 };
```
迭代变量声明   使用迭代变量
                ↓   ↓
```
foreach( int item in arr1 )
    Console.WriteLine( $"Item Value: { item }");
```

该代码产生如下输出：

```
Item Value: 10
Item Value: 11
Item Value: 12
Item Value: 13
```

13.10.1   迭代变量是只读的

由于迭代变量的值是只读的，所以它不能改变。但是，这对于值类型数组和引用类型数组而言效果不一样。

对于值类型数组，这意味着在用迭代变量表示数组元素的时候，我们不能改变它们。例如，在如下的代码中，尝试改变迭代变量中的数据产生了编译时错误消息：

```
int[] arr1 = {10, 11, 12, 13};

foreach( int item in arr1 )
    item++;        //编译错误。不得改变变量值
```

对于引用类型数组，我们仍然不能改变迭代变量，但是迭代变量只是保存了数据的引用，而不是数据本身。因此，虽不能改变引用，但我们可以通过迭代变量改变**数据**。

如下代码创建了一个有 4 个 MyClass 对象的数组并将其初始化。在第一个 foreach 语句中，改变了每一个对象中的数据。在第二个 foreach 语句中，从对象读取改变后的值。

```
class MyClass {
    public int MyField = 0;
}

class Program {
    static void Main() {
        MyClass[] mcArray = new MyClass[4];          //创建数组
        for (int i = 0; i < 4; i++)
        {
            mcArray[i] = new MyClass();              //创建类对象
            mcArray[i].MyField = i;                  //设置字段
        }
        foreach (MyClass item in mcArray)
            item.MyField += 10;                      //改变数据

        foreach (MyClass item in mcArray)
            Console.WriteLine($"{ item.MyField }");  //读取改变的数据
    }
}
```

这段代码产生了如下的输出：

```
10
11
12
13
```

13.10.2 foreach 语句和多维数组

在多维数组中，元素的处理次序是最右边的索引号最先递增。当索引从 0 到长度减 1 时，开始递增它左边的索引，右边的索引被重置成 0。

1. 矩形数组的示例

如下代码演示了将 foreach 语句用于矩形数组：

```
class Program
{
   static void Main()
   {
      int total = 0;
      int[,] arr1 = { {10, 11}, {12, 13} };

      foreach( var element in arr1 )
      {
         total += element;
         Console.WriteLine
                 ($"Element: { element }, Current Total: { total }");
      }
   }
}
```

这段代码产生了如下的输出：

```
Element: 10, Current Total: 10
Element: 11, Current Total: 21
Element: 12, Current Total: 33
Element: 13, Current Total: 46
```

2. 交错数组的示例

交错数组是数组的数组，所以我们必须为交错数组中的每一个维度使用独立的 foreach 语句。foreach 语句必须嵌套以确保每一个嵌套数组都被正确处理。

例如，在如下代码中，第一个 foreach 语句遍历了顶层数组（arr1），选择了下一个要处理的子数组。内部的 foreach 语句处理了子数组的每一个元素。

```
class Program
{
   static void Main( )
```

13

```
{
   int total    = 0;
   int[][] arr1 = new int[2][];
   arr1[0]      = new int[] { 10, 11 };
   arr1[1]      = new int[] { 12, 13, 14 };

   foreach (int[] array in arr1)        //处理顶层数组
   {
      Console.WriteLine("Starting new array");
      foreach (int item in array)        //处理第二层数组
      {
         total += item;
         Console.WriteLine
                  ($"  Item: { item }, Current Total: { total }");
      }
   }
}
```

这段代码产生了如下的输出：

```
Starting new array
  Item: 10, Current Total: 10
  Item: 11, Current Total: 21
Starting new array
  Item: 12, Current Total: 33
  Item: 13, Current Total: 46
  Item: 14, Current Total: 60
```

13.11　数组协变

在某些情况下，即使某个对象不是数组的基类型，也可以把它赋值给数组元素。这种属性叫作**数组协变**（array covariance）。在下面的情况下可以使用数组协变。

❑ 数组是引用类型数组。

❑ 在赋值的对象类型和数组基类型之间有隐式转换或显式转换。

由于在派生类和基类之间总是有隐式转换，因此总是可以将一个派生类的对象赋值给为基类声明的数组。

例如，如下代码声明了两个类，A 和 B，其中 B 类继承自 A 类。最后一行展示了把类型 B 的对象赋值给类型 A 的数组元素而产生的协变。图 13-15 演示了代码的内存布局。

```
class A { ... }                               //基类
class B : A { ... }                           //派生类

class Program {
   static void Main() {
      //两个 A[]类型的数组
      A[] AArray1 = new A[3];
      A[] AArray2 = new A[3];
```

```
//普通：将A类型的对象赋值给A类型的数组
AArray1[0] = new A(); AArray1[1] = new A(); AArray1[2] = new A();

//协变：将B类型的对象赋值给A类型的数组
AArray2[0] = new B(); AArray2[1] = new B(); AArray2[2] = new B();
    }
}
```

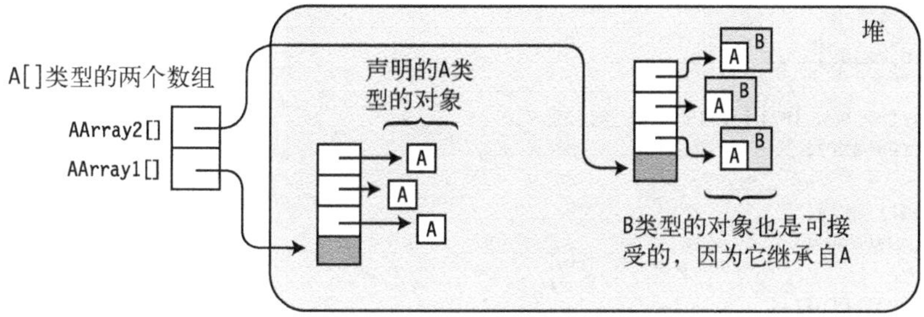

图 13-15　数组出现协变

说明　值类型数组没有协变。

13.12　数组继承的有用成员

之前提到过，C#数组派生自 System.Array 类。它们可以从基类继承很多有用的属性和方法，表 13-1 列出了其中最有用的一些。

表 13-1　数组继承的一些有用成员

成　　员	类　　型	生存期	意　　义
Rank	属性	实例	获取数组的维度数
Length	属性	实例	获取数组中所有维度的元素总数
GetLength	方法	实例	返回数组的指定维度的长度
Clear	方法	静态	将某一范围内的元素设置为 0 或 null
Sort	方法	静态	在一维数组中对元素进行排序
BinarySearch	方法	静态	使用二进制搜索，搜索一维数组中的值
Clone	方法	实例	进行数组的浅复制——对于值类型数组和引用类型数组，都只复制元素
IndexOf	方法	静态	返回一维数组中遇到的第一个值
Reverse	方法	静态	反转一维数组中某一范围内的元素
GetUpperBound	方法	实例	获取指定维度的上限

13

例如，下面的代码使用了其中的一些属性和方法：

```
public static void PrintArray(int[] a)
{
   foreach (var x in a)
      Console.Write($"{ x } ");

   Console.WriteLine("");
}

static void Main()
{
   int[] arr = new int[] { 15, 20, 5, 25, 10 };
   PrintArray(arr);

   Array.Sort(arr);
   PrintArray(arr);

   Array.Reverse(arr);
   PrintArray(arr);

   Console.WriteLine();
   Console.WriteLine($"Rank = { arr.Rank }, Length = { arr.Length }");
   Console.WriteLine($"GetLength(0)    = { arr.GetLength(0) }");
   Console.WriteLine($"GetType()       = { arr.GetType() }");
}
```

这段代码产生了如下的输出：

```
15   20   5   25   10
5   10   15   20   25
25   20   15   10   5

Rank = 1, Length = 5
GetLength(0)    = 5
GetType()       = System.Int32[]
```

Clone 方法

Clone 方法为数组进行浅复制，也就是说，它只创建了数组本身的克隆。如果是引用类型数组，它不会复制元素引用的对象。对于值类型数组和引用类型数组而言，这有不同的结果。

❑ 克隆值类型数组会产生两个独立数组。

❑ 克隆引用类型数组会产生指向相同对象的两个数组。

Clone 方法返回 object 类型的引用，它必须被强制转换成数组类型。

```
int[] intArr1 = { 1, 2, 3 };
                    数组类型        返回 object
                      ↓              ↓
int[] intArr2 = ( int[] ) intArr1.Clone();
```

例如，如下代码给出了一个克隆值类型数组的示例，它产生了两个独立的数组。图 13-16 演示了代码中的一些步骤。

```
static void Main()
{
    int[] intArr1 = { 1, 2, 3 };                          //步骤1
    int[] intArr2 = (int[]) intArr1.Clone();              //步骤2

    intArr2[0] = 100; intArr2[1] = 200; intArr2[2] = 300; //步骤3
}
```

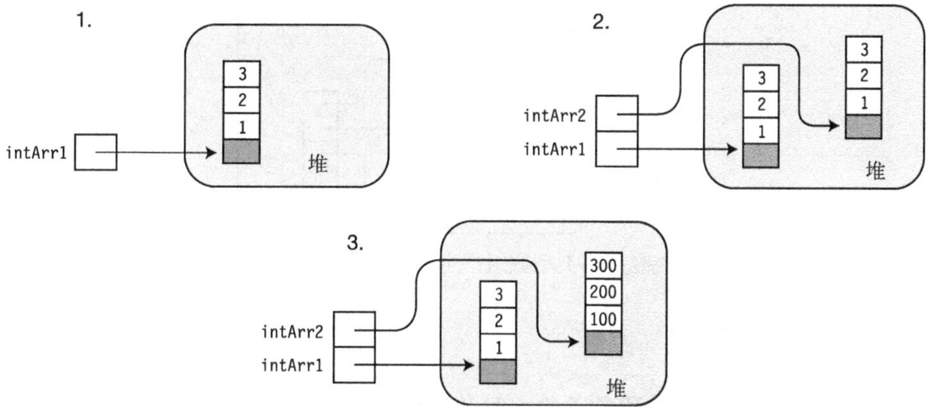

图 13-16   克隆值类型数组产生了两个独立数组

克隆引用类型数组会产生指向相同对象的两个数组，如下代码给出了一个示例。图 13-17 演示了代码中的一些步骤。

```
class A
{
    public int Value = 5;
}

class Program
{
    static void Main()
    {
        A[] AArray1 = new A[3] { new A(), new A(), new A() };  //步骤1
        A[] AArray2 = (A[]) AArray1.Clone();                   //步骤2

        AArray2[0].Value = 100;
        AArray2[1].Value = 200;
        AArray2[2].Value = 300;                                //步骤3
    }
}
```

13

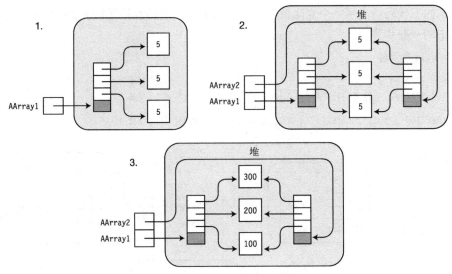

图 13-17　克隆引用类型数组产生了引用相同对象的两个数组

13.13　比较数组类型

表 13-2 总结了 3 种类型的数组的重要相似点和不同点。

表 13-2　比较数组类型的总结

数组类型	数组对象	语　法		形　状
		方括号	逗　号	
一维 • 在 CIL 中有优化指令	1	单组	没有	一维 int[3]
矩形 • 多维度 • 多维数组中的子数组 　必须长度相同	1	单组	有	二维 int[3,6] 三维 int[3,6,2]
交错 • 多维度 • 子数组的长度可以不同	多个	多组	没有	交错 int[4][]

13.14　数组与 ref 返回和 ref 局部变量

第 6 章详细描述了 ref 返回和 ref 局部变量。但是，它们的一个常见用途是把对一个数组**元素**的引用传递回调用域。由于我们已经讲解了数组，所以现在来看一个简单的示例。

你应该还记得，利用 ref 返回功能，可以把一个引用作为返回值传到方法体外，而利用 ref 局部变量，你可以在调用域内使用这个引用。例如，下面的代码定义了一个叫作 PointerToHighestPositive 的方法。这个方法接受一个数组作为参数，并且返回对该数组元素的引用，而不是元素中的 int 值。然后，在调用域，你可以通过 ref 局部变量给这个元素赋值。

```
class Program
{          ref 返回方法的关键字
                       ↓
    public static ref int PointerToHighestPositive(int[] numbers)
    {
        int highest     = 0;
        int indexOfHighest = 0;

        for (int i = 0; i < numbers.Length; i++) {
            if (numbers[i] > highest)
            {
                indexOfHighest = i;
                highest        = numbers[indexOfHighest];
            }
        }

        return ref numbers[indexOfHighest];
    }        ↑
        ref 返回的关键字

    static void Main() {
        int[] scores = { 5, 80 };
        Console.WriteLine($"Before: {scores[0]}, {scores[1]}");
        ref int locationOfHigher = ref PointerToHighestPositive(scores);
      ↑                         ↑
  ref 局部变量的关键字      ref 局部变量的关键字
        locationOfHigher = 0;    // Change the value through ref local
        Console.WriteLine($"After : {scores[0]}, {scores[1]}");
    }
}
```

上面的代码产生如下输出：

```
Before: 5, 80
After : 5, 0
```

第 14 章

委　托

本章内容
- 什么是委托
- 委托概述
- 声明委托类型
- 创建委托对象
- 给委托赋值
- 组合委托
- 为委托添加方法
- 从委托移除方法
- 调用委托
- 委托的示例
- 调用带返回值的委托
- 调用带引用参数的委托
- 匿名方法
- Lambda 表达式

14.1　什么是委托

可以认为委托是持有一个或多个方法的对象。当然，一般情况下你不会想要"执行"一个对象，但委托与典型的对象不同。可以执行委托，这时委托会执行它所"持有"的方法。

本章将揭示创建和使用委托的语法和语义。在本章后面，你将看到如何使用委托将可执行的代码从一个方法传递到另一个方法，以及为什么这样做是非常有用的。

我们将从下面的示例代码开始。如果此时你有些东西弄不明白，不必担心，本章后面会介绍委托的细节。

- 代码开始部分声明了一个委托类型 MyDel（没错，是委托**类型**不是委托**对象**。我们很快就会介绍这一点）。

- Program 类声明了 3 个方法：PrintLow、PrintHigh 和 Main。接下来要创建的委托对象将持有 PrintLow 或 PrintHigh 方法，但到底使用哪个要到运行时才能确定。

- Main 声明了一个局部变量 del，它将持有一个 MyDel 类型的委托对象的引用。这并不会创建对象，只是创建持有委托对象引用的变量，在几行之后便会创建这个委托对象，并将其赋值给这个变量。

- Main 创建了一个 Random 类的对象，Random 是一个随机数生成器类。接着程序调用该对象的 Next 方法，将 99 作为方法的输入参数。这会返回一个介于 0 到 99 之间的随机整数，并将这个值保存在局部变量 randomValue 中。

- 下面一行检查返回并存储的随机值是否小于 50。（注意，我们使用三元条件运算符来返回两个委托之一。）
  - 如果该值小于 50，就创建一个 MyDel 委托对象并初始化，让它持有 PrintLow 方法的引用。
  - 否则，就创建一个持有 PrintHigh 方法的引用的 MyDel 委托对象。

- 最后，Main 执行委托对象 del，这将执行它持有的方法（PrintLow 或 PrintHight）。

说明　如果你有 C++ 背景，理解委托最快的方法是把它看成一个类型安全的、面向对象的 C++ 函数指针。

```csharp
delegate void MyDel(int value);    //声明委托类型

class Program
{
   void PrintLow( int value )
   {
      Console.WriteLine($"{ value } - Low Value");
   }

   void PrintHigh( int value )
   {
      Console.WriteLine($"{ value } - High Value");
   }

   static void Main( )
   {
      Program program = new Program();

      MyDel   del;              //声明委托变量

      //创建随机整数生成器对象，并得到 0 到 99 之间的一个随机数
      Random   rand   = new Random();
      int randomValue = rand.Next( 99 );

      //创建一个包含 PrintLow 或 PrintHigh 的委托对象并将其赋值给 del 变量
      del = randomValue < 50
               ? new MyDel( program.PrintLow  )
               : new MyDel( program.PrintHigh );
```

14

```
    del( randomValue );    //执行委托
  }
}
```

由于我们使用了随机数生成器，程序在不同的运行过程中会产生不同的值。程序运行可能产生的结果如下：

```
28 - Low Value
```

14.2   委托概述

下面来看细节。委托和类一样，是一种用户定义类型。但类表示的是数据和方法的集合，而委托则持有一个或多个方法，以及一系列预定义操作。可以通过以下操作步骤来使用委托。我们会在之后的几节中详细学习每一步。

(1) 声明一个委托类型。委托声明看上去和方法声明相似，只是没有实现块。

(2) 使用该委托类型声明一个委托变量。

(3) 创建一个委托类型的对象，并把它赋值给委托变量。新的委托对象包含指向某个方法的引用，这个方法的签名和返回类型必须跟第一步中定义的委托类型一致。

(4) 你可以选择为委托对象添加其他方法。这些方法的签名和返回类型必须与第一步中定义的委托类型相同。

(5) 在代码中你可以像调用方法一样调用委托。在调用委托的时候，其包含的每一个方法都会被执行。

观察之前的步骤，你可能注意到了，这和创建并使用类的步骤差不多。图 14-1 比较了创建与使用类和委托的过程。

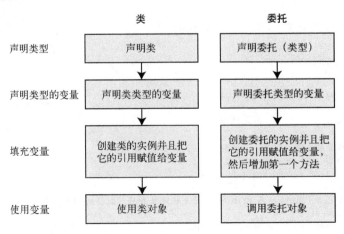

图 14-1   和类相似，委托是用户定义的引用类型

你可以把 delegate 看作一个包含有序方法列表的对象，这些方法具有相同的签名和返回类型，如图 14-2 所示。

❑ 方法的列表称为**调用列表**。

❑ 委托持有的方法可以来自任何类或结构，只要它们在下面两方面匹配：

　■ 委托的返回类型；

　■ 委托的签名（包括 ref 和 out 修饰符）。

❑ 调用列表中的方法可以是实例方法也可以是静态方法。

❑ 在调用委托的时候，会执行其调用列表中的所有方法。

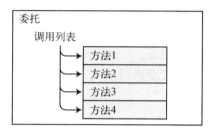

图 14-2　把委托看成一个方法列表

14.3　声明委托类型

正如上一节所述，委托是类型，就好像类是类型一样。与类一样，委托类型必须在被用来创建变量以及类型的对象之前声明。如下示例代码声明了委托类型。

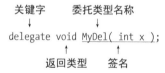

```
delegate void MyDel( int x );
```

委托类型的声明看上去与方法的声明很相似，有**返回类型**和**签名**。返回类型和签名指定了委托接受的方法的形式。

上面的声明指定了 MyDel 类型的委托只会接受不返回值并且有单个 int 参数的方法。图 14-3 的左边演示了委托类型，右边演示了委托对象。

委托类型声明在两个方面与方法声明不同。委托类型声明：

❑ 以 delegate 关键字开头；

❑ 没有方法主体。

说明　虽然委托类型声明看上去和方法的声明一样，但它不需要在类内部声明，因为它是类型声明。

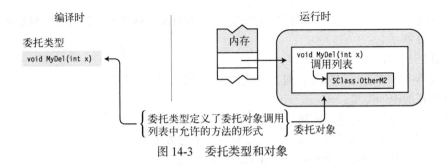

图 14-3   委托类型和对象

14.4   创建委托对象

委托是引用类型，因此有引用和对象。在委托类型声明之后，我们可以声明变量并创建类型的对象。如下代码演示了委托类型的变量声明：

```
委托类型   变量
  ↓        ↓
 MyDel   delVar;
```

有两种创建委托对象的方式，第一种是使用带 new 运算符的对象创建表达式，如下面的代码所示。new 运算符的操作数的组成如下。

❑ 委托类型名。

❑ 一组圆括号，其中包含作为调用列表中第一个成员的方法的名称。该方法可以是**实例方法或静态方法**。

```
                    实例方法
                      ↓
                  _____
delVar = new MyDel( myInstObj.MyM1 );      //创建委托并保存引用
dVar   = new MyDel( SClass.OtherM2 );      //创建委托并保存引用
                    ‾‾‾‾‾‾‾‾‾‾
                      ↑
                    静态方法
```

我们还可以使用快捷语法，它仅由方法说明符构成，如下面的代码所示。这段代码和之前的代码是等价的。这种快捷语法能够工作是因为在方法名称和其相应的委托类型之间存在隐式转换。

```
delVar = myInstObj.MyM1;        //创建委托并保存引用
dVar   = SClass.OtherM2;        //创建委托并保存引用
```

例如，下面的代码创建了两个委托对象，一个具有实例方法，而另一个具有静态方法。图 14-4 演示了委托的实例化。这段代码假设有一个叫作 myInstObj 的类对象，它有一个叫作 MyM1 的方法，该方法接受一个 int 作为参数，不返回值。还假设有一个名为 SClass 的类，它有一个 OtherM2 静态方法，该方法具有与 MyDel 委托相匹配的返回类型和签名。

```
delegate void MyDel(int x);              //声明委托类型
MyDel delVar, dVar;                      //创建两个委托变量
                    实例方法
                  _____
delVar = new MyDel( myInstObj.MyM1 );    //创建委托并保存引用
```

```
dVar    = new MyDel( SClass.OtherM2 );      //创建委托并保存引用
                         ↑
                       静态方法
```

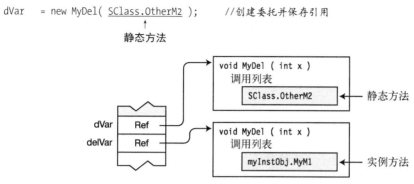

图 14-4 初始化委托

除了为委托分配内存，创建委托对象还会把第一个方法放入委托的调用列表。

我们还可以使用初始化语法在同一条语句中创建变量和初始化对象。例如，下面的语句还产生了与图 14-4 所示相同的配置。

```
MyDel delVar = new MyDel( myInstObj.MyM1 );
MyDel dVar   = new MyDel( SClass.OtherM2 );
```

如下语句使用快捷语法，也产生了图 14-4 所示的结果。

```
MyDel delVar = myInstObj.MyM1;
MyDel dVar   = SClass.OtherM2;
```

14.5 给委托赋值

由于委托是引用类型，我们可以通过给它赋值来改变包含在委托变量中的引用。旧的委托对象会被垃圾回收器回收。

例如，下面的代码设置并修改了 delVar 的值。图 14-5 演示了这段代码。

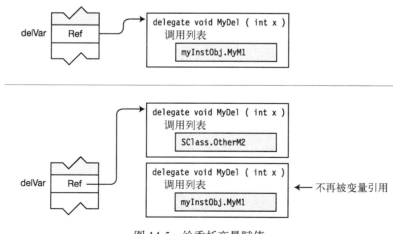

图 14-5 给委托变量赋值

```
MyDel delVar;
delVar = myInstObj.MyM1;   //创建委托对象并赋值

     ...
delVar = SClass.OtherM2;   //创建新的委托对象并赋值
```

14.6 组合委托

迄今为止，我们见过的所有委托在调用列表中都只有一个方法。委托可以使用额外的运算符来 "组合"。这个运算最终会创建一个新的委托，其调用列表连接了作为操作数的两个委托的调用列表副本。

例如，如下代码创建了 3 个委托。第 3 个委托由前两个委托组合而成。

```
MyDel delA = myInstObj.MyM1;
MyDel delB = SClass.OtherM2;

MyDel delC = delA + delB;                //组合调用列表
```

尽管术语**组合委托**（combining delegate）让我们觉得好像操作数委托被修改了，但其实它们并没有被修改。事实上，**委托是恒定的**。委托对象被创建后不能再被改变。

图 14-6 演示了之前代码的结果。注意，作为操作数的委托没有被改变。

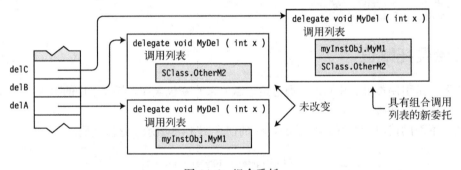

图 14-6 组合委托

14.7 为委托添加方法

尽管通过上一节的内容我们知道了委托其实是不变的，不过 C#提供了看上去可以为委托添加方法的语法，即使用+=运算符。

例如，如下代码为委托的调用列表 "添加" 了两个方法。方法加在了调用列表的底部。图 14-7 演示了结果。

```
MyDel delVar  = inst.MyM1;     //创建并初始化
delVar        += SCl.m3;       //增加方法
delVar        += X.Act;        //增加方法
```

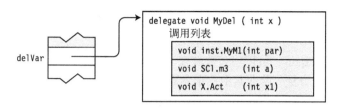

图 14-7 为委托添加方法的结果。由于委托是不可变的，所以为委托的调用列表添加 3
个方法后的结果其实是变量指向的一个全新的委托

当然，在使用+=运算符时，实际发生的是创建了一个新的委托，其调用列表是左边的委托加
上右边方法的组合。然后将这个新的委托赋值给 delVar。

你可以为委托添加多个方法。每次添加都会在调用列表中创建一个新的元素。

14.8 从委托移除方法

我们还可以使用-=运算符从委托移除方法。如下代码演示了-=运算符的使用。图 14-8 演示
了这段代码应用在图 14-7 演示的委托上的结果。

```
delVar -= SCl.m3;        //从委托移除方法
```

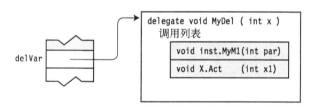

图 14-8 从委托移除代码的结果

与为委托添加方法一样，其实是创建了一个新的委托。新的委托是旧委托的副本——只是没
有了已经被移除方法的引用。

如下是移除委托时需要记住的一些事项。

❑ 如果在调用列表中的方法有多个实例，-=运算符将**从列表最后开始搜索**，并且移除第一
个与方法匹配的实例。

❑ 试图删除委托中不存在的方法将无效。

❑ 试图调用空委托会抛出异常。可以通过将委托和 null 进行比较来判断委托的调用列表是
否为空。如果调用列表为空，则委托是 null。

14.9 调用委托

关于调用委托需要知道的重要事项如下。

- 可以通过两种方式调用委托。一种是像调用方法一样调用委托，另一种是使用委托的 Invoke 方法。
- 如下面的代码块所示，可以将参数放在调用的圆括号内。用于调用委托的参数作用于调用列表中的每个方法（除非其中一个参数是输出参数，稍后将介绍）。
- 如果一个方法在调用列表中多次出现，则在调用委托时，每次在列表中遇到该方法时都会调用它。
- 调用时委托不能为空（null），否则将引发异常。可以使用 if 语句进行检查，也可以使用空条件运算符和 Invoke 方法。

下面的代码演示了创建和使用 delVar 委托的过程，该委托以单个整数作为输入值。使用参数调用委托会导致它使用相同的参数值去调用其调用列表中的每一个成员。下面的代码演示了调用委托的两种方法——像方法一样调用和使用 Invoke 调用。图 14-9 解释了这个调用过程。

```
MyDel delVar  = inst.MyM1;
delVar       += SCl.m3;
delVar       += X.Act;
    ...
if (delVar != null)
    { delVar(55); }          //调用委托
delVar?.Invoke(65);          //使用 Invoke 和空条件运算符
    ...
```

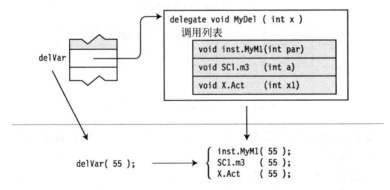

图 14-9　在调用委托时，它使用相同的参数来执行调用列表中的每一个方法

14.10　委托的示例

如下代码定义并使用了没有参数和返回值的委托。有关代码的注意事项如下。

- Test 类定义了两个打印函数。
- Main 方法创建了委托的实例并增加了另外 3 个方法。
- 程序随后调用了委托，也就调用了它的方法。然而在调用委托之前，程序将进行检测以确保它不是 null。

```
//定义一个没有返回值和参数的委托类型
delegate void PrintFunction();

class Test
{
    public void Print1()
    { Console.WriteLine("Print1 -- instance"); }

    public static void Print2()
    { Console.WriteLine("Print2 -- static"); }
}

class Program
{
    static void Main()
    {
        Test t = new Test();      //创建一个测试类实例
        PrintFunction pf;         //创建一个空委托

        pf = t.Print1;            //实例化并初始化该委托

        //给委托增加 3 个另外的方法
        pf += Test.Print2;
        pf += t.Print1;
        pf += Test.Print2;
        //现在，委托含有 4 个方法

        if( null != pf )          //确认委托有方法
          pf();                   //调用委托
        else
            Console.WriteLine("Delegate is empty");
    }
}
```

这段代码产生了如下的输出：

```
Print1 -- instance
Print2 -- static
Print1 -- instance
Print2 -- static
```

14.11 调用带返回值的委托

如果委托有返回值并且在调用列表中有一个以上的方法，会发生下面的情况。

❑ 调用列表中最后一个方法返回的值就是委托调用返回的值。

❑ 调用列表中所有其他方法的返回值都会被忽略。

例如，如下代码声明了返回 int 值的委托。Main 创建了委托对象并增加了另外两个方法。然后，它在 WriteLine 语句中调用委托并打印了它的返回值。图 14-10 演示了代码的图形表示。

14

```
delegate int MyDel( );              //声明有返回值的方法
class MyClass {
    int IntValue = 5;
    public int Add2() { IntValue += 2; return IntValue;}
    public int Add3() { IntValue += 3; return IntValue;}
}

class Program {
    static void Main( ) {
        MyClass mc = new MyClass();
        MyDel mDel = mc.Add2;           //创建并初始化委托
        mDel += mc.Add3;                //增加方法
        mDel += mc.Add2;                //增加方法
        Console.WriteLine($"Value: { mDel() }");
    }                                        ↑
}                                    调用委托并使用返回值
```

这段代码产生了如下的输出：

```
Value: 12
```

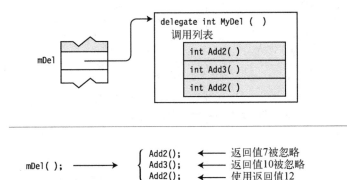

图 14-10   最后一个方法执行的返回值是委托返回的值

14.12   调用带引用参数的委托

如果委托有引用参数，参数值会根据调用列表中的一个或多个方法的返回值而改变。

在调用委托列表中的下一个方法时，参数的**新值**（不是**初始值**）会传给下一个方法。例如，如下代码调用了具有引用参数的委托。图 14-11 演示了这段代码。

```
delegate void MyDel( ref int X );

class MyClass {
    public void Add2(ref int x) { x += 2; }
    public void Add3(ref int x) { x += 3; }
    static void Main() {
        MyClass mc = new MyClass();
```

```
        MyDel mDel = mc.Add2;
        mDel += mc.Add3;
        mDel += mc.Add2;

        int x = 5;
        mDel(ref x);

        Console.WriteLine($"Value: { x }");
    }
}
```

这段代码产生了如下的输出：

```
Value: 12
```

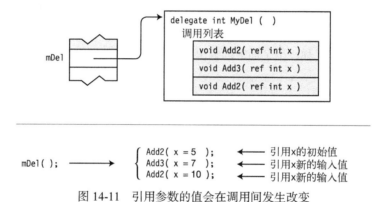

图 14-11　引用参数的值会在调用间发生改变

14.13　匿名方法

至此，我们已经介绍了使用静态方法或实例方法来实例化委托。在这种情况下，方法本身都可以被代码的其他部分显式调用，当然，这个部分必须是某个类或结构的成员。

然而，如果方法只会被使用一次——用来实例化委托会怎么样呢？在这种情况下，除了创建委托的语法需要，没有必要创建独立的具名方法。匿名方法让我们无须使用独立的具名方法。

匿名方法（anonymous method）是在实例化委托时内联（inline）声明的方法。例如，图 14-12 演示了同一个类的两个版本。左边的版本声明并使用了一个名为 Add20 的方法。右边的版本使用了匿名方法。没有底色的代码部分对于两个版本是一样的。

14

```
class Program                                class Program
{                                            {
  public static int Add20(int x)
  {
    return x + 20;
  }

  delegate int OtherDel(int InParam);          delegate int OtherDel(int InParam);
  static void Main()                           static void Main()
  {                                            {
    OtherDel del = Add20;                        OtherDel del = delegate(int x)
                                                                {
                                                                  return x + 20;
                                                                };
    Console.WriteLine("{0}", del(5));            Console.WriteLine("{0}", del(5));
    Console.WriteLine("{0}", del(6));            Console.WriteLine("{0}", del(6));
  }                                            }
}                                            }
         具名方法                                     匿名方法
```

图 14-12   比较具名方法和匿名方法

图 14-12 中的两组代码都产生了如下的输出：

```
25
26
```

14.13.1   使用匿名方法

我们可以在如下地方使用匿名方法。

❑ 声明委托变量时作为初始化表达式。

❑ 组合委托时在赋值语句的右边。

❑ 为委托增加事件时在赋值语句的右边。第 15 章会介绍事件。

14.13.2   匿名方法的语法

匿名方法表达式的语法包含如下组成部分。

❑ delegate 类型关键字。

❑ **参数列表**，如果语句块没有使用任何参数则可以省略。

❑ **语句块**，它包含了匿名方法的代码。

```
    关键字        参数列表              语句块
     ↓            ↓                 ↓
delegate ( Parameters ) { ImplementationCode }
```

1. 返回类型

匿名方法不会显式声明返回值。然而，实现代码本身的行为必须通过返回一个与委托的返回类型相同的值来匹配委托的返回类型。如果委托有 void 类型的返回值，匿名方法就不能返回值。

例如，在如下代码中，委托的返回类型是 int。因此匿名方法的实现代码也必须在代码路径中返回 int。

```
     委托类型的返回类型
              ↓
delegate int OtherDel(int InParam);

static void Main()
{
    OtherDel del = delegate(int x)
                   {
                       return x + 20 ;              //返回一个整型值
                   };
         ...
}
```

2. 参数

除了数组参数，匿名方法的参数列表必须在如下 3 方面与委托匹配：

❑ 参数数量；

❑ 参数类型及位置；

❑ 修饰符。

可以通过使圆括号为空或省略圆括号来简化匿名方法的参数列表，但必须满足以下两个条件：

❑ 委托的参数列表不包含任何 out 参数；

❑ 匿名方法不使用任何参数。

例如，如下代码声明了一个没有任何 out 参数的委托，和一个没有使用任何参数的匿名方法。由于两个条件都满足了，所以可以省略匿名方法的参数列表。

```
delegate void SomeDel ( int X );                 //声明委托类型
SomeDel SDel = delegate                          //省略参数列表
               {
                   PrintMessage();
                   Cleanup();
               };
```

3. params 参数

如果委托声明的参数列表包含了 params 参数，那么匿名方法的参数列表将忽略 params 关键字。例如，在如下代码中：

❑ 委托类型声明指定最后一个参数为 params 类型的参数；

❑ 然而，匿名方法参数列表必须省略 params 关键字。

```
            在委托类型声明中使用 params 关键字
                          ↓
delegate void SomeDel( int X, params int[] Y);
```

14

在匹配的匿名方法中省略关键字
↓

```
SomeDel mDel = delegate (int X, int[] Y)
               {
                   ...
               };
```

14.13.3 变量和参数的作用域

参数以及声明在匿名方法内部的局部变量的作用域限制在实现代码的主体之内，如图 14-13 所示。

```
delegate void MyDel( int x );
...

MyDel mDel = delegate ( int y )
             {
                int z = 10;
                Console.WriteLine("{0}, {1}", y, z);
             };

Console.WriteLine("{0}, {1}", y, z);    // 编译错误
```

} y和z的作用域

↑
离开作用域

图 14-13　变量和参数的作用域

例如，上面的匿名方法定义了参数 y 和局部变量 z。在匿名方法主体结束之后，y 和 z 就不在作用域内了。最后一行代码将会产生编译错误。

1. 外部变量
与委托的具名方法不同，匿名方法可以访问它们外围作用域的局部变量和环境。

❑ 外围作用域的变量叫作**外部变量**（outer variable）。

❑ 用在匿名方法实现代码中的外部变量称为被方法**捕获**。

例如，图 14-14 中的代码演示了定义在匿名方法外部的变量 x。然而，方法中的代码可以访问 x 并输出它的值。

图 14-14　使用外部变量

2. 捕获变量的生命周期的扩展

只要捕获方法是委托的一部分，即使变量已经离开了作用域，捕获的外部变量也会一直有效。例如，图 14-15 中的代码演示了被捕获变量的生命周期的扩展。

❑ 局部变量 x 在块中声明和初始化。

❑ 然后，委托 mDel 用匿名方法初始化，该匿名方法捕获了外部变量 x。

❑ 块关闭时，x 超出了作用域。

❑ 如果取消块关闭之后的 WriteLine 语句的注释，就会产生编译错误，因为它引用的 x 现在已经离开了作用域。

❑ 然而，mDel 委托中的匿名方法在它的环境中保留了 x，并在调用 mDel 时输出了它的值。

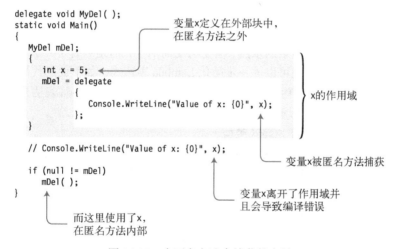

图 14-15　在匿名方法中捕获的变量

图中代码产生了如下的输出：

```
Value of x: 5
```

14.14　Lambda 表达式

我们刚刚已经看到了，C# 2.0 引入了匿名方法。然而它的语法有一点冗长，而且需要一些编译器已经知道的信息。C# 3.0 引入了 **Lambda 表达式**，简化了匿名方法的语法，从而避免包含这些多余的信息。我们可能会希望使用 Lambda 表达式来替代匿名方法。其实，如果先引入了 Lambda 表达式，那么就不会有匿名方法。

在匿名方法的语法中，delegate 关键字有点多余，因为编译器已经知道我们在将方法赋值给委托。我们可以很容易地通过如下步骤把匿名方法转换为 Lambda 表达式：

❑ 删除 delegate 关键字；

❑ 在参数列表和匿名方法主体之间放置 Lambda 运算符=>。Lambda 运算符读作"goes to"。如下代码演示了这种转换。第一行演示了将匿名方法赋值给变量 del。第二行演示了同样的匿名方法在被转换成 Lambda 表达式之后，赋值给了变量 le1。

```
MyDel del = delegate(int x)    { return x + 1; } ;   //匿名方法
MyDel le1 =         (int x) => { return x + 1; } ;   //Lambda 表达式
```

说明　术语**Lambda 表达式**来源于数学家 Alonzo Church 等人在19世纪二三十年代发明的**Lambda 积分**。Lambda 积分是用于表示函数的一套系统，它使用希腊字母λ来表示无名函数。近来，函数式编程语言（如 Lisp 及其方言）使用这个术语来表示可以直接用于描述函数定义的表达式，表达式不再需要有名字了。

这种简单的转换少了一些多余的东西，看上去更简洁了，但是只省了 6 个字符。然而，编译器可以推断更多信息，所以我们可以进一步简化 Lambda 表达式，如下面的代码所示。

❑ 编译器还可以从委托的声明中知道委托参数的类型，因此 Lambda 表达式允许省略类型参数，如 le2 的赋值代码所示。
　■ 带有类型的参数列表称为**显式类型**。
　■ 省略类型的参数列表称为**隐式类型**。
❑ 如果只有一个隐式类型参数，我们可以省略两端的圆括号，如 le3 的赋值代码所示。
❑ 最后，Lambda 表达式允许表达式的主体是语句块或表达式。如果语句块包含了一个返回语句，我们可以将语句块替换为 return 关键字后的表达式，如 le4 的赋值代码所示。

```
MyDel del = delegate(int x)    { return x + 1; } ;   //匿名方法
MyDel le1 =         (int x) => { return x + 1; } ;   //Lambda 表达式
MyDel le2 =            (x) => { return x + 1; } ;   //Lambda 表达式
MyDel le3 =             x  => { return x + 1; } ;   //Lambda 表达式
MyDel le4 =             x  =>          x + 1    ;   //Lambda 表达式
```

最后一种形式的 Lambda 表达式的字符只有原始匿名方法的 1/4，更简洁，也更容易理解。

如下代码演示了完整的转换。Main 的第一行演示了被赋值给变量 del 的匿名方法。第二行演示了被转换成 Lambda 表达式后的相同匿名方法，它被赋值给变量 le1。

```
delegate double MyDel(int par);

class Program
{
   static void Main()
   {
      delegate int MyDel(int x);

      MyDel del = delegate(int x) { return x + 1; } ;  //匿名方法

      MyDel le1 =       (int x) => { return x + 1; } ;  //Lambda 表达式
      MyDel le2 =          (x) => { return x + 1; } ;
      MyDel le3 =           x  => { return x + 1; } ;
```

```
    MyDel le4 =              x   =>           x + 1    ;

    Console.WriteLine($"{ del (12) }");
    Console.WriteLine($"{ le1 (12) }");
    Console.WriteLine($"{ le2 (12) }");
    Console.WriteLine($"{ le3 (12) }");
    Console.WriteLine($"{ le4 (12) }");
  }
}
```

这段代码产生如下的输出：

```
13
13
13
13
13
```

有关 Lambda 表达式的参数列表的要点如下。

❏ Lambda 表达式参数列表中的参数必须在参数数量、类型和位置上与委托相匹配。

❏ 表达式的参数列表中的参数不一定需要包含类型（**隐式类型**），除非委托有 ref 或 out 参数——此时必须注明类型（**显式类型**）。

❏ 如果只有一个参数，并且是隐式类型的，则两端的圆括号可以省略，否则必须有括号。

❏ 如果没有参数，必须使用一组空的圆括号。

图 14-16 演示了 Lambda 表达式的语法。

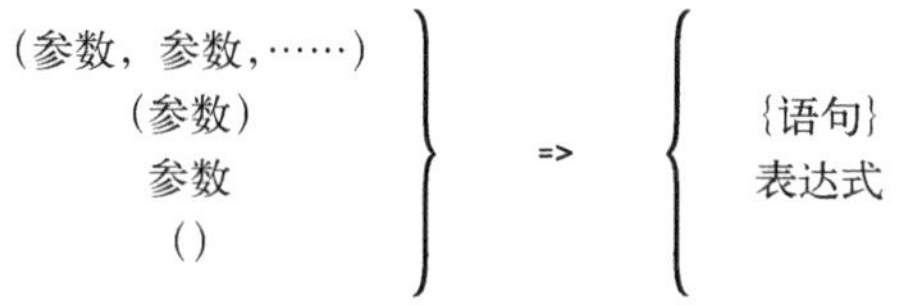

图 14-16　Lambda 表达式的语法由 Lambda 运算符和左边的参数部分
　　　　　以及右边的 Lambda 主体构成

14

事　件

15.1　发布者和订阅者

很多程序都有一个共同的需求，即当一个特定的程序事件发生时，程序的其他部分可以得到该事件已经发生的通知。

发布者/订阅者模式（publisher/subscriber pattern）可以满足这种需求。在这种模式中，**发布者类**定义了一系列程序的其他部分可能感兴趣的事件。其他类可以"注册"，以便在这些事件发生时收到发布者的通知。这些**订阅者类**通过向发布者提供一个方法来"注册"以获取通知。当事件发生时，发布者"触发事件"，然后执行订阅者提交的所有事件。

由订阅者提供的方法称为**回调方法**，因为发布者通过执行这些方法来"往回调用订阅者的方法"。还可以将它们称为**事件处理程序**，因为它们是为处理事件而调用的代码。图 15-1 演示了这个过程，展示了拥有一个事件的发布者以及该事件的三个订阅者。

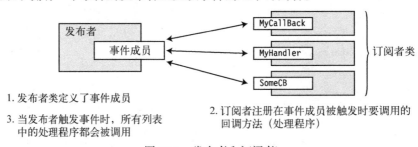

1. 发布者类定义了事件成员
2. 订阅者注册在事件成员被触发时要调用的回调方法（处理程序）
3. 当发布者触发事件时，所有列表中的处理程序都会被调用

图 15-1　发布者和订阅者

下面是一些有关事件的重要事项。

□ **发布者**（publisher）　发布某个事件的类或结构，其他类可以在该事件发生时得到通知。

□ **订阅者**（subscriber）　注册并在事件发生时得到通知的类或结构。

□ **事件处理程序**（event handler）　由订阅者注册到事件的方法，在发布者触发事件时执行。事件处理程序方法可以定义在事件所在的类或结构中，也可以定义在不同的类或结构中。

□ **触发**（raise）**事件**　调用（invoke）或触发（fire）事件的术语。当事件被触发时，所有注册到它的方法都会被依次调用。

上一章介绍了委托。事件的很多部分都与委托类似。实际上，事件就像是专门用于某种特殊用途的简单委托。委托和事件的行为之所以相似，是有充分理由的。事件包含了一个私有的委托，如图 15-2 所示。

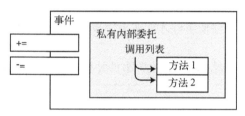

图 15-2　事件有被封装的委托

有关事件的私有委托需要了解的重要事项如下。

□ 事件提供了对它的私有控制委托的结构化访问。也就是说，你无法直接访问委托。

□ 事件中可用的操作比委托要少，对于事件我们只可以添加、删除或调用事件处理程序。

□ 事件被触发时，它调用委托来依次调用调用列表中的方法。

注意，在图 15-2 中，只有+=和-=运算符在事件框的左边。这是因为它们是事件唯一允许的操作（除了调用事件本身）。

图 15-3 演示了一个叫作 Incrementer 的类，它按照某种方式进行计数。

□ Incrementer 定义了一个 CountedADozen 事件，每次累积到 12 个项时将会触发该事件。

□ 订阅者类 Dozens 和 SomeOtherClass 各有一个注册到 CountedADozen 事件的事件处理程序。

□ 每当触发事件时，都会调用这些处理程序。

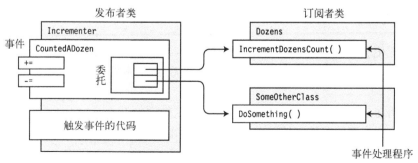

图 15-3　具有一个事件的类的结构和术语

15.2 源代码组件概览

需要在事件中使用的代码有 5 部分, 如图 15-4 所示, 后文会依次进行介绍。这些组件如下所示。

- ❏ **委托类型声明** 事件和事件处理程序必须有共同的签名和返回类型, 它们通过委托类型进行描述。
- ❏ **事件处理程序声明** 订阅者类中会在事件触发时执行的方法声明。它们不一定是显式命名的方法, 还可以是第 14 章描述的匿名方法或 Lambda 表达式。
- ❏ **事件声明** 发布者类必须声明一个订阅者类可以注册的事件成员。当类声明的事件为 public 时, 称为**发布了事件**。
- ❏ **事件注册** 订阅者必须注册事件才能在事件被触发时得到通知。这是将事件处理程序与事件相连的代码。
- ❏ **触发事件的代码** 发布者类中 "触发" 事件并导致调用注册的所有事件处理程序的代码。

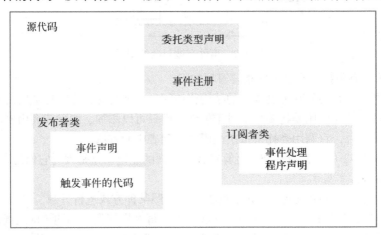

图 15-4 使用事件时的 5 个源代码组件

15.3 声明事件

发布者类必须提供事件对象。创建事件比较简单——只需要委托类型和名称。事件声明的语法如下面的代码所示, 代码中声明了一个叫作 CountADozen 的事件。注意如下有关 CountedADozen 事件的内容。

- ❏ 事件声明在一个类中。
- ❏ 它需要委托类型的名称, 任何附加到事件 (如注册) 的处理程序都必须与委托类型的签名和返回类型匹配。
- ❏ 它声明为 public, 这样其他类和结构可以在它上面注册事件处理程序。

❏ 不能使用对象创建表达式（new 表达式）来创建它的对象。

```
class Incrementer
    {            关键字              事件名
                   ↓                 ↓
        public event EventHandler CountedADozen;
                          ↑
                       委托类型
```

我们可以通过使用逗号分隔的列表在一个声明语句中声明一个以上的事件。例如，下面的语句声明了 3 个事件。

```
public event EventHandler MyEvent1, MyEvent2, OtherEvent;
                                   ↑
                                3 个事件
```

我们还可以使用 static 关键字让事件变成静态的，如下声明所示：

```
public static event EventHandler CountedADozen;
       ↑
      关键字
```

事件是成员

一个常见的误解是把事件视为类型，然而它不是。和方法、属性一样，事件是**类或结构的成员**，这一点引出了几个重要的特性。

❏ 由于事件是成员：
  ■ 我们不能在一段可执行代码中声明事件；
  ■ 它必须声明在类或结构中，和其他成员一样。
❏ 事件成员被隐式自动初始化为 null。

事件声明需要**委托类型**的名称，我们可以声明一个委托类型或使用已有的委托类型。如果声明一个委托类型，它必须指定将被事件注册的方法的签名和返回类型。

BCL 声明了一个叫作 EventHandler 的委托，专门用于系统事件，本章后面会介绍。

15.4 订阅事件

订阅者向事件添加事件处理程序。对于一个要添加到事件的事件处理程序来说，它必须具有与事件的委托相同的返回类型和签名。

❏ 使用+=运算符来为事件添加事件处理程序，如下面的代码所示。事件处理程序位于该运算符的右边。
❏ 事件处理程序的规范可以是以下任意一种：
  ■ 实例方法的名称；
  ■ 静态方法的名称；
  ■ 匿名方法；
  ■ Lambda 表达式。

例如，下面的代码为 CountedADozen 事件添加了 3 个方法：第一个是实例方法，第二个是实例静态方法，第三个是使用委托形式的实例方法。

```
       类                    实例方法
        ↓                       ↓
incrementer.CountedADozen += IncrementDozensCount;        //方法引用形式
incrementer.CountedADozen += ClassB.CounterHandlerB;      //方法引用形式
                ↑                   ↑
            事件成员             静态方法
mc.CountedADozen += new EventHandler(cc.CounterHandlerC);  //委托形式
```

和委托一样，我们可以使用匿名方法和 Lambda 表达式来添加事件处理程序。例如，如下代码先使用 Lambda 表达式然后使用了匿名方法。

```
//Lambda 表达式
incrementer.CountedADozen += () => DozensCount++;

//匿名方法
incrementer.CountedADozen += delegate { DozensCount++; };
```

15.5 触发事件

事件成员本身只是保存了需要被调用的事件处理程序。如果事件没有被触发，什么都不会发生。我们需要确保有代码在合适的时候做这件事情。

例如，如下代码触发了 CountedADozen 事件。注意如下有关代码的事项。

❑ 在触发事件之前和 null 进行比较，从而查看事件是否包含事件处理程序。如果事件是 null，则表示没有事件处理程序，不能执行。

❑ 触发事件的语法和调用方法一样：

■ 使用事件名称，后面跟着参数列表（包含在圆括号中）；

■ 参数列表必须与事件的委托类型相匹配。

```
if (CountedADozen != null)          //确认有方法可以执行
    CountedADozen (source, args);   //触发事件
    ↑                    ↑
  事件名称            参数列表
```

把事件声明和触发事件的代码放在一起便有了如下的发布者类声明。这段代码包含了两个成员：事件和一个叫作 DoCount 的方法，该方法将在适当的时候触发该事件。

```
class Incrementer
{
    public event EventHandler CountedADozen;    //声明事件

    void DoCount(object source, EventArgs args)
    {
        for( int i=1; i < 100; i++ )
            if( i % 12 == 0 )
                if (CountedADozen != null)          //确认有方法可以执行
```

```
            CountedADozen(source, args);
}                              ↑
                            触发事件
}
```

图 15-5 中的代码展示了整个程序,包含发布者类 Incrementer 和订阅者类 Dozens。代码中需要注意的地方如下:

❏ 在构造函数中,Dozens 类订阅事件,将 IncrementDozensCount 作为事件处理程序;

❏ 在 Incrementer 类的 DoCount 方法中,每增加 12 个计数就触发 CountedADozen 事件。

```
delegate void Handler();        声明委托
```

```
class Incrementer
{
    public event Handler CountedADozen;        创建事件并发布

    public void DoCount()
    {
        for ( int i=1; i < 100; i++ )
            if ( i % 12 == 0 && CountedADozen != null )
                CountedADozen();        每增加12个计数触发事件一次
    }
}
```
发布者

```
class Dozens
{
    public int DozensCount { get; private set; }

    public Dozens( Incrementer incrementer )
    {
        DozensCount = 0;
        incrementer.CountedADozen += IncrementDozensCount;        订阅事件
    }

    void IncrementDozensCount()
    {
        DozensCount++;        声明事件处理程序
    }
}
```
订阅者

```
class Program
{
    static void Main( )
    {
        Incrementer incrementer = new Incrementer();
        Dozens dozensCounter   = new Dozens( incrementer );

        incrementer.DoCount();
        Console.WriteLine( "Number of dozens = {0}",
                            dozensCounter.DozensCount );
    }
}
```

图 15-5 包含发布者和订阅者的完整程序,展示了使用事件所必需的 5 个部分

图 15-5 中的代码产生如下的结果：

```
Number of dozens = 8
```

15.6 标准事件的用法

GUI 编程是事件驱动的，也就是说在程序运行时，它可以在任何时候被事件打断，比如按钮点击、按下按键或系统定时器。在这些情况发生时，程序需要处理事件然后继续做其他事情。

显然，程序事件的异步处理是使用 C#事件的绝佳场景。Windows GUI 编程如此广泛地使用了事件，以至于对于事件的使用，.NET 框架提供了一个标准模式。该标准模式的基础就是 System 命名空间中声明的 EventHandler 委托类型。EventHandler 委托类型的声明如以下代码所示。关于该声明需要注意以下几点。

- ❑ 第一个参数用来保存触发事件的对象的引用。由于它是 object 类型的，所以可以匹配任何类型的实例。
- ❑ 第二个参数用来保存状态信息，指明什么类型适用于该应用程序。
- ❑ 返回类型是 void。

```
public delegate void EventHandler(object sender, EventArgs e);
```

EventHandler 委托类型的第二个参数是 EventArgs 类的对象，它声明在 System 命名空间中。你可能会想，既然第二个参数用于传递数据，EventArgs 类的对象应该可以保存某种类型的数据。你错了。

- ❑ EventArgs 不能传递任何数据。它用于不需要传递数据的事件处理程序——通常会被忽略。
- ❑ 如果你希望传递数据，必须声明一个派生自 EventArgs 的类，并使用合适的字段来保存需要传递的数据。

尽管 EventArgs 类实际上并不传递数据，但它是使用 EventHandler 委托的模式的重要部分。不管参数的实际类型是什么，object 和 EventArgs 类型的参数总是基类。这样 EventHandler 就能提供一个对所有事件和事件处理器都通用的签名，让所有事件都正好有两个参数，而不是各自都有不同的签名。

如图 15-6 所示，我们修改 Incrementer 程序，使之使用 EventHandler 委托。注意以下几点。

- ❑ 在声明中使用系统定义的 EventHandler 委托替换 Handler。
- ❑ 订阅者类中的事件处理程序声明的签名必须与事件委托（现在使用 object 和 EventArgs 类型的参数）的签名（和返回类型）匹配。对于 IncrementDozensCount 事件处理程序来说，该方法忽略了形参。
- ❑ 触发事件的代码在调用事件时必须使用适当的参数类型的对象。

15

```
class Incrementer
{
    public event EventHandler CountedADozen;          使用系统定义的
                                                      EventHandler委托
    public void DoCount()
    {
        for ( int i=1; i < 100; i++ )
            if ( i % 12 == 0 && CountedADozen != null )
                CountedADozen(this, null);            触发事件时使用
    }                                                 EventHandler的参数
}
```

发布者

```
class Dozens
{
    public int DozensCount { get; private set; }

    public Dozens( Incrementer incrementer )
    {
        DozensCount = 0;
        incrementer.CountedADozen += IncrementDozensCount;
    }

    void IncrementDozensCount(object source, EventArgs e)     事件处理程序的签名必
    {                                                         须与委托的签名匹配
        DozensCount++;
    }
}
```

订阅者

```
class Program
{
    static void Main( )
    {
        Incrementer incrementer = new Incrementer();
        Dozens dozensCounter    = new Dozens( incrementer );

        incrementer.DoCount();
        Console.WriteLine( "Number of dozens = {0}",
                           dozensCounter.DozensCount );
    }
}
```

图 15-6 将 Incrementer 程序改为使用系统定义的 EventHandler 委托

15.6.1 通过扩展 EventArgs 来传递数据

为了向自己的事件处理程序的第二个参数传入数据，同时遵循标准惯例，我们需要声明一个派生自 EventArgs 的自定义类，它可以保存我们需要传入的数据。类的名称应该以 EventArgs 结尾。例如，如下代码声明了一个自定义类，它能将字符串存储在名为 Message 的字段中。

```
                 自定义类              基类
                    ↓                 ↓
public class IncrementerEventArgs : EventArgs
{
```

```
      public int IterationCount { get; set; }  //存储一个整数
   }
```

现在我们有了一个自定义的类，可以向事件处理程序的第二个参数传递数据，所以你需要一个使用新自定义类的委托类型。为此，可以使用泛型版本的委托 EventHandler<>。第 18 章将详细介绍 C#泛型，现在你只需要观察。要使用泛型委托，需要做到以下两点，如随后的代码所示。

❑ 将自定义类的名称放在尖括号内。

❑ 在需要使用自定义委托类型的地方使用整个字符串。例如，event 声明可能为如下形式：

```
                    泛型委托使用自定义类
                    ────────────┐
                                 ↓
   public event EventHandler<IncrementerEventArgs> CountedADozen;
                                                        ↑
                                                     事件名称
```

下面我们在处理事件的其他 4 部分代码中使用自定义类和自定义委托。例如，下面的代码更新了 Incrementer，使用自定义的 EventArgs 类 IncrementerEventArgs 和泛型 EventHandler<IncrementerEventArgs>委托。

```
   public class IncrementerEventArgs : EventArgs    //自定义类派生自 EventArgs
   {
      public int IterationCount { get; set; }       //存储一个整数
   }

   class Incrementer          使用自定义类的泛型委托
   {                          ──────────────┐
                                             ↓
      public event EventHandler<IncrementerEventArgs> CountedADozen;

      public void DoCount()   自定义类对象
      {                              ↓
         IncrementerEventArgs args = new IncrementerEventArgs();
         for ( int i=1; i < 100; i++ )
            if ( i % 12 == 0 && CountedADozen != null )
            {
               args.IterationCount = i;
               CountedADozen( this, args );
            }                    ↑
      }                   在触发事件时传递参数
   }

   class Dozens
   {
      public int DozensCount { get; private set; }

      public Dozens( Incrementer incrementer )
      {
         DozensCount = 0;
         incrementer.CountedADozen += IncrementDozensCount;
      }

      void IncrementDozensCount( object source, IncrementerEventArgs e )
      {
```

```
        Console.WriteLine
           ($"Incremented at iteration: { e.IterationCount } in { source.ToString() }" );
        DozensCount++;
      }
   }

class Program
{
   static void Main()
   {
      Incrementer incrementer = new Incrementer();
      Dozens dozensCounter    = new Dozens( incrementer );

      incrementer.DoCount();
      Console.WriteLine($"Number of dozens = { dozensCounter.DozensCount }");
   }
}
```

这段程序产生如下的输出，展示了被调用时的迭代和源对象的完全限定类名。第 22 章会介绍完全限定的类名。

```
Incremented at iteration: 12 in Counter.Incrementer
Incremented at iteration: 24 in Counter.Incrementer
Incremented at iteration: 36 in Counter.Incrementer
Incremented at iteration: 48 in Counter.Incrementer
Incremented at iteration: 60 in Counter.Incrementer
Incremented at iteration: 72 in Counter.Incrementer
Incremented at iteration: 84 in Counter.Incrementer
Incremented at iteration: 96 in Counter.Incrementer
Number of dozens = 8
```

15.6.2　移除事件处理程序

在用完事件处理程序之后，可以从事件中把它移除。可以利用-=运算符把事件处理程序从事件中移除，如下所示：

```
p.SimpleEvent -= s.MethodB;;          //移除事件处理程序 MethodB
```

例如，下面的代码向 SimpleEvent 事件添加了两个处理程序，然后触发事件。每个处理程序都将被调用并打印文本行。然后将 MethodB 处理程序从事件中移除。当事件再次触发时，只有 MethodA 处理程序会打印一行。

```
class Publisher
{
   public event EventHandler SimpleEvent;

   public void RaiseTheEvent() { SimpleEvent( this, null ); }
}
```

```
class Subscriber
{
   public void MethodA( object o, EventArgs e ) { Console.WriteLine( "AAA" ); }
   public void MethodB( object o, EventArgs e ) { Console.WriteLine( "BBB" ); }
}

class Program
{
   static void Main( )
   {
      Publisher  p = new Publisher();
      Subscriber s = new Subscriber();

      p.SimpleEvent += s.MethodA;
      p.SimpleEvent += s.MethodB;
      p.RaiseTheEvent();

      Console.WriteLine( "\r\nRemove MethodB" );
      p.SimpleEvent -= s.MethodB;
      p.RaiseTheEvent();
   }
}
```

这段代码会产生如下的输出：

```
AAA
BBB

Remove MethodB
AAA
```

如果一个处理程序向事件注册了多次，那么当执行命令移除处理程序时，将只移除列表中该处理程序的最后一个实例。

15.7　事件访问器

本章介绍的最后一个主题是事件访问器。之前提到过，事件只能许+=和-=运算符。这两个运算符有定义良好的行为。

然而，我们可以修改这两个运算符的行为，在使用它们时让事件执行任何我们希望执行的自定义代码。但这是高级主题，所以我们只简单介绍，不会深入探究。

要改变这两个运算符的操作，必须为事件定义事件访问器。

❑ 有两个访问器：add 和 remove。

❑ 声明事件的访问器看上去和声明一个属性差不多。

下面的示例演示了具有访问器的事件声明。两个访问器都有叫作 value 的隐式值参数，它接受实例或静态方法的引用。

```
public event EventHandler CountedADozen
{
    add
    {
        ...                            //执行+=运算符的代码
    }

    remove
    {
        ...                            //执行-=运算符的代码
    }
}
```

声明了事件访问器之后，事件不包含任何内嵌委托对象。我们必须实现自己的机制来存储和移除事件注册的方法。

事件访问器表现为 void 方法，也就是不能使用返回值的 return 语句。

接　口 *16*

本章内容

16.1　什么是接口

　　接口是**指定一组函数成员而不实现它们**的引用类型。所以只能类和结构来**实现接口**。这种描述听起来有点抽象，因此先来看看接口能够帮助我们解决的问题，以及是如何解决的。

　　以下面的代码为例。观察 Program 类中的 Main 方法，它创建并初始化了一个 CA 类的对象，并将该对象传递给 PrintInfo 方法。PrintInfo 需要一个 CA 类型的对象，并打印包含在该对象内的信息。

```
class CA {
   public string Name;
   public int    Age;
}

class CB {
   public string First;
   public string Last;
   public double PersonsAge;
```

```
    }

class Program {
    static void PrintInfo( CA item ) {
        Console.WriteLine($"Name: { item.Name }, Age: { item.Age }");
    }

    static void Main() {
        CA a = new CA() { Name = "John Doe", Age = 35 };
        PrintInfo( a );
    }
}
```

只要传入的是 CA 类型的对象，PrintInfo 方法就能工作正常。但如果传入的是 CB 类型的对象（同样见上面的代码），就不行了。假设 PrintInfo 方法中的算法非常有用，我们想用它操作不同类的对象。

现在的代码不能满足上面的需求，原因有很多。首先，PrintInfo 的形参指明了实参必须为 CA 类型的对象，因此传入 CB 或其他类型的对象将导致编译错误。但即使能克服这个障碍，使其接受 CB 类型的对象还是会有问题，因为 CB 的结构与 CA 的不同。其字段的名称和类型与 CA 不一样，PrintInfo 对这些字段一无所知。

能不能创建一个能够成功传入 PrintInfo 的类，并且不管该类是什么样的结构，PrintInfo 都能正常处理呢？接口使这种设想变为可能。

图 16-1 中的代码使用接口解决了这一问题。你现在不需要理解细节，但一般来说，注意以下几点。

❑ 首先，它声明了一个 IInfo 接口，其中包含两个方法——GetName 和 GetAge，每个方法都返回 string。

❑ 类 CA 和 CB 各自实现了 IInfo 接口（将其放到基类列表中），并实现了该接口所需的两个方法。

❑ Main 创建了 CA 和 CB 的实例，并传入 PrintInfo。

❑ 由于类实例实现了接口，PrintInfo 可以调用那两个方法，每个类实例执行各自的方法，就好像是执行自己类声明中的方法。

```
interface IInfo            ◄──── 声明接口
{
    string GetName();
    string GetAge();
}

class CA : IInfo    ◄──── 声明实现接口的CA类
{
    public string Name;                          ◄──── 在CA类中实现两个接口方法
    public int Age;
    public string GetName( ) { return Name; }
    public string GetAge( ) { return Age.ToString( ); }
}
```

```
class CB : IInfo        ◄── 声明实现接口的CB类
{
    public string First;
    public string Last;                    在CB类中实现两个接口方法
    public double PersonsAge;        ◄──
    public string GetName( ) { return First + " " + Last; }
    public string GetAge( ) { return PersonsAge.ToString( ); }
}

class Program
{
    static void PrintInfo( IInfo item )  ◄── 传入接口的引用
    {
        Console.WriteLine( "Name: {0}, Age {1}", item.GetName(), item.GetAge() );
    }

    static void Main( )
    {
        CA a = new CA( ) { Name = "John Doe", Age = 35 };
        CB b = new CB( ) { First = "Jane", Last = "Doe", PersonsAge = 33 };

        PrintInfo( a );          对象的引用能自动转换为
        PrintInfo( b );    ◄──   它们实现的接口的引用
    }
}
```

图 16-1   用接口使 PrintInfo 方法能够用于多个类

这段代码产生了如下的输出：

```
Name: John Doe, Age 35
Name: Jane Doe, Age 33
```

使用 IComparable 接口的示例

我们已经了解了接口能够解决的问题，接下来看第二个示例并深入一些细节。先来看看如下代码，它接受了一个没有排序的整数数组并且按升序进行排序。这段代码的功能如下：

❑ 第一行代码创建了包含 5 个无序整数的数组；

❑ 第二行代码使用了 Array 类的静态 Sort 方法来对元素排序；

❑ 用 foreach 循环输出它们，显示以升序排序的数字。

```
var myInt = new [] { 20, 4, 16, 9, 2 };     //创建 int 数组

Array.Sort(myInt);                          //按大小排序

foreach (var i in myInt)                     //输出它们
    Console.Write($"{ i } ");
```

这段代码产生了如下的输出：

```
2 4 9 16 20
```

Array 类的 Sort 方法在 int 数组上工作得很好，但是如果我们尝试在自己的类数组上使用会发生什么呢？如下所示：

```
class MyClass                          //声明一个简单类
{
    public int TheValue;
}
    ...
MyClass[] mc = new MyClass[5];         //创建一个有 5 个元素的数组
    ...                                //创建并初始化元素

Array.Sort(mc);                        //尝试使用 Sort 时抛出异常
```

如果你尝试运行这段代码的话，不会进行排序而是会得到一个异常。Sort 不能针对 MyClass 对象数组进行排序的原因是，它不知道如何比较用户定义的对象以及如何进行排序。Array 类的 Sort 方法其实依赖于一个叫作 IComparable 的接口，它声明在 BCL 中，包含唯一的方法 CompareTo。

下面的代码展示了 IComparable 接口的声明。注意，接口主体内包含 CompareTo 方法的声明，指定了它接受一个 object 类型的参数。尽管该方法具有名称、参数和返回类型，却没有实现。它的实现用一个分号表示。

```
      关键字          接口名称
        ↓              ↓
public interface IComparable
{
    int CompareTo( object obj );
}                             ↑
          方法实现直接表示为分号
```

图 16-2 演示了 IComparable 接口。CompareTo 方法用灰色框显示，以表明它不包含实现。

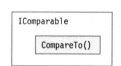

图 16-2　展示 IComparable 接口

尽管在接口声明中没有为 CompareTo 方法提供实现，但 IComparable 接口的.NET 文档中描述了该方法应该做的事情，你可以在创建实现该接口的类或结构时参考。文档中写道，在调用 CompareTo 方法时，它应该返回以下几个值之一：

❑ 负数值　如果当前对象小于参数对象；
❑ 正数值　如果当前对象大于参数对象；
❑ 零　如果两个对象在比较时相等。

Sort 使用的算法依赖于使用元素的 CompareTo 方法来决定两个元素的次序。int 类型实现了 IComparable，但是 MyClass 没有，因此当 Sort 尝试调用 MyClass 不存在的 CompareTo 方法时会抛出异常。

我们可以通过让类实现 IComparable，让 Sort 方法可以用于 MyClass 类型的对象。要实现一个接口，类或结构必须做两件事情：

❑ 在基类列表中列出接口名称；

❑ 为接口的每一个成员提供实现。

例如，下面的代码更新了 MyClass 来实现 IComparable 接口。注意下面关于代码的内容。

❑ 接口名称列在类声明的基类列表中。

❑ 类实现了一个名为 CompareTo 的方法，它的参数类型和返回类型与接口成员一致。

❑ 实现 CompareTo 方法以遵循接口文档的定义。也就是说，它将它的值与传入方法的对象值进行比较，并据此返回-1、1 或 0。

```
              基类列表中的接口名称
                      ↓
class MyClass : IComparable
{
    public int TheValue;

    public int CompareTo(object obj)    //接口方法的实现
    {
        MyClass mc = (MyClass)obj;
        if (this.TheValue < mc.TheValue) return -1;
        if (this.TheValue > mc.TheValue) return  1;
        return 0;
    }
}
```

图 16-3 演示了更新后的类。从有阴影的接口方法指向类方法的箭头表示接口方法不包含代码，而是在类级别的方法中实现。

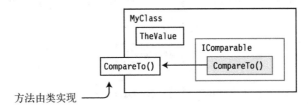

图 16-3   在 MyClass 中实现 IComparable

既然 MyClass 实现了 IComparable 接口，就可以使用 Sort 了。顺便说一下，如果仅仅声明 CompareTo 方法是不够的，必须实现接口，也就是把接口名称放在基类列表中。

下面显示了更新后的完整代码，现在可以使用 Sort 方法来排序 MyClass 对象数组了。Main 创建并初始化了 MyClass 对象的数组并且输出它们，然后调用了 Sort 并重新输出，以显示它们已经排好序了。

```
class MyClass : IComparable                    //类实现接口
{
    public int TheValue;
    public int CompareTo(object obj)           //实现方法
```

```
        {
            MyClass mc = (MyClass)obj;
            if (this.TheValue < mc.TheValue) return -1;
            if (this.TheValue > mc.TheValue) return 1;
            return 0;
        }
    }

    class Program {
        static void PrintOut(string s, MyClass[] mc)
        {
            Console.Write(s);
            foreach (var m in mc)
                Console.Write($"{ m.TheValue } ");
            Console.WriteLine("");
        }

        static void Main()
        {
            var myInt = new [] { 20, 4, 16, 9, 2 };

            MyClass[] mcArr = new MyClass[5];      //创建 MyClass 对象的数组
            for (int i = 0; i < 5; i++)            //初始化数组
            {
                mcArr[i] = new MyClass();
                mcArr[i].TheValue = myInt[i];
            }
            PrintOut("Initial Order:  ", mcArr); //输出初始数组
            Array.Sort(mcArr);                    //数组排序
            PrintOut("Sorted Order:   ", mcArr); //输出排序后的数组
        }
    }
```

这段代码产生了如下的输出:

```
Initial Order:   20 4 16 9 2
Sorted Order:    2 4 9 16 20
```

16.2　声明接口

上一节使用的是 BCL 中已经声明的接口。本节介绍如何声明接口。关于声明接口,需要知道的重要事项如下所示。

❑ 接口声明不能包含以下成员:

■ 数据成员

■ 静态成员

❑ 接口声明只能包含如下类型的**非静态**成员函数的声明:

■ 方法

■ 属性

■ 事件

■ 索引器

❑ 这些函数成员的声明不能包含任何实现代码，必须使用分号代替每一个成员声明的主体。

❑ 按照惯例，接口名称必须从大写的 I 开始（比如 ISaveable）。

❑ 与类和结构一样，接口声明也可以分隔成分部接口声明，这是在 7.19 节提到的。

例如，下面的代码演示了具有两个方法成员的接口的声明：

```
     关键字      接口名称
       ↓          ↓
interface IMyInterface1                      分号代替了主体
{                                              ↓
   int    DoStuff   ( int nVar1, long lVar2 );
   double DoOtherStuff( string s, long x );
}                                          ↑
                           分号代替了主体
```

接口的访问性和接口成员的访问性之间有一些重要区别。

❑ 接口声明可以有任何的访问修饰符：public、protected、internal 或 private。

❑ 然而，接口成员是隐式 public 的，**不允许**有任何访问修饰符，包括 public。

```
接口可以有访问修饰符
   ↓
public interface IMyInterface2
{
   private int Method1( int nVar1, long lVar2 );        //错误
}      ↑
接口成员不允许有访问修饰符
```

16.3 实现接口

只有类和结构才能实现接口。如 Sort 示例所示，要实现接口，类或结构必须：

❑ 在基类列表中包括接口名称；

❑ 为每一个接口成员提供实现。

例如，如下代码演示了新的 MyClass 类声明，它实现了前面声明的 IMyInterface1 接口。注意，接口名称列在冒号后的基类列表中，并且类提供了接口成员的真正实现代码。

```
          冒号   接口名称
           ↓      ↓
class MyClass: IMyInterface1
{
   int    DoStuff   ( int nVar1, long lVar2 )
   { ... }                              //实现代码

   double DoOtherStuff( string s, long x )
   { ... }                              //实现代码
```

16

```
      }
```
关于实现接口，需要了解的重要事项如下。
- ❑ 如果类实现了接口，它必须实现接口的**所有**成员。
- ❑ 如果类派生自基类并实现了接口，基类列表中的基类名称必须放在所有接口**之前**，如下所示（注意，只能有一个基类，所以列出的其他类型必须为接口名称）。

```
         基类必须放在最前面              接口名称
                ↓          ┌──────────────────┐
                           ↓
    class Derived : MyBaseClass, IIfc1, IEnumerable, IComparable
    {
       ...
    }
```

简单接口的示例

如下代码声明了一个叫 IIfc1 的接口，它包含了一个叫作 PrintOut 的简单方法。MyClass 类通过把 IIfc1 接口列在它的基类列表中并提供一个与接口成员的签名和返回类型相匹配的 PrintOut 方法来实现该接口。Main 创建了类对象并调用对象的方法。

```
interface IIfc1        分号代替了主体                    //声明接口
{                          ↓
    void PrintOut(string s);
}
                实现接口
                   ↓
class MyClass : IIfc1                           //声明类
{
    public void PrintOut(string s)              //实现
    {
        Console.WriteLine($"Calling through: { s }");
    }
}

class Program
{
    static void Main()
    {
        MyClass mc = new MyClass();             //创建实例
        mc.PrintOut("object");                  //调用方法
    }
}
```
这段代码产生了如下的输出：

```
Calling through:  object
```

16.4　接口是引用类型

接口不仅仅是类或结构要实现的成员列表。它是一个引用类型。

我们不能直接通过类对象的成员访问接口。然而，我们可以通过把类对象引用强制转换为接口类型来获取**指向接口的引用**。一旦有了接口的引用，就可以使用点语法来调用接口的成员。但是，使用这个接口，你不能调用不属于这个接口成员的类成员。

例如，如下代码给出了一个从类对象引用获取接口引用的示例。

- ❑ 在第一个语句中，mc 变量是一个实现了 IIFc1 接口的类对象的引用。该语句将该引用显式转换为指向接口的引用，并将它赋值给变量 ifc。但是，我们可以省略显式转换的部分，因为编译器可以隐式地把它转换成正确的接口，而正确的接口可以从赋值语句的左端推断出来。
- ❑ 在第二个语句中，使用指向接口的引用来调用实现方法。

```
  接口       转换为接口
   ↓          ↓
IIfc1 ifc = (IIfc1) mc;              //获取接口的引用
            ↑         ↑
       接口引用     类对象引用
ifc.PrintOut ("interface");          //使用接口的引用调用方法
  ↑
使用点语法通过接口引用调用
```

例如，如下的代码声明了一个接口以及一个实现它的类。Main 中的代码创建了类的对象，并通过类对象调用实现方法。它还创建了一个接口类型的变量，强制把类对象的引用转换成接口类型的引用，并通过接口的引用来调用实现方法。图 16-4 演示了类和接口的引用。

```
interface IIfc1
{
   void PrintOut(string s);
}

class MyClass: IIfc1
{
   public void PrintOut(string s)
   {
      Console.WriteLine($"Calling through: { s }");
   }
}

class Program
{
   static void Main()
   {
      MyClass mc = new MyClass();   //创建类对象
      mc.PrintOut("object");        //调用类对象的实现方法

      IIfc1 ifc = (IIfc1)mc;        //将类对象的引用转换为接口类型的引用
      ifc.PrintOut("interface");    //调用接口方法
   }
}
```

这段代码产生了如下的输出：

```
Calling through:  object
Calling through:  interface
```

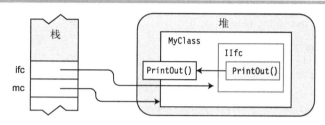

图 16-4　类对象的引用以及接口的引用

16.5　接口和 as 运算符

在上一节中，我们已经知道了可以使用强制转换运算符来获取对象接口的引用，另一个更好的方式是使用 as 运算符。as 运算符将在第 17 章中详细介绍，但这里会提一下，因为与接口配合使用是非常好的选择。

如果尝试将类对象引用强制转换为类未实现的接口的引用，强制转换操作会抛出一个异常。可以通过使用 as 运算符来避免这个问题。具体方法如下所示。

❑ 如果类实现了接口，表达式返回指向接口的引用。

❑ 如果类没有实现接口，表达式返回 null 而不是抛出异常。（**异常**是指代码中的意外错误。第 23 章将会详述异常。你应该避免异常，因为它们会严重降低代码的执行速度，并导致程序状态不一致。）

如下代码演示了 as 运算符的使用。第一行使用了 as 运算符来从类对象获取接口引用。表达式的结果会把 b 的值设置为 null 或 ILiveBirth 接口的引用。

第二行代码检测了 b 的值，如果它不是 null，则执行命令来调用接口成员方法。

```
         类对象引用    接口名称
            ↓          ↓
ILiveBirth b = a as ILiveBirth;        //跟 cast: (ILiveBirth)a 一样
           ↑    ↑
        接口引用  运算符

if (b != null)

Console.WriteLine($ "Baby is called: {b.BabyCalled() }");
```

16.6　实现多个接口

到现在为止，类只实现了单个接口。

□ 类或结构可以实现任意数量的接口。

□ 所有实现的接口必须列在基类列表中并以逗号分隔（如果有基类名称，则在其之后）。

例如，如下的代码演示了 MyData 类，它实现了两个接口：IDataStore 和 IDataRetrieve。图 16-5 演示了 MyData 类中多个接口的实现。

```
interface IDataRetrieve { int GetData(); }          //声明接口
interface IDataStore    { void SetData( int x ); }  //声明接口
                    接口         接口
                     ↓            ↓
class MyData: IDataRetrieve, IDataStore             //声明类
{
   int Mem1;                                        //声明字段
   public int  GetData()         { return Mem1; }
   public void SetData( int x ) { Mem1 = x;     }
}

class Program
{
   static void Main()                               //Main
   {
      MyData data = new MyData();
      data.SetData( 5 );
      Console.WriteLine($"Value = { data.GetData() }");
   }
}
```

这段代码产生了如下的输出：

```
Value = 5
```

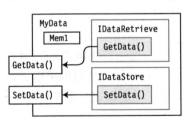

图 16-5　类实现了多个接口

16.7　实现具有重复成员的接口

由于类可以实现任意数量的接口，有可能两个或多个接口成员具有相同的签名和返回类型。编译器如何处理这样的情况呢？

例如，假设有两个接口 IIfc1 和 IIfc2，如下所示。每一个接口都有一个名为 PrintOut 的方法，它们具有相同的签名和返回类型。如果我们要创建实现这两个接口的类，怎么处理重复接口的方法呢？

```
interface IIfc1
{
    void PrintOut(string s);
}

interface IIfc2
{
    void PrintOut(string t);
}
```

答案是：如果一个类实现了多个接口，并且其中一些接口成员具有相同的签名和返回类型，那么类可以实现单个成员来满足所有包含重复成员的接口。

例如，如下代码演示了 MyClass 类的声明，它实现了 IIfc1 和 IIfc2。方法 PrintOut 的实现满足了两个接口的需求。

```
class MyClass : IIfc1, IIfc2          //实现两个接口
{
    public void PrintOut(string s)    //两个接口的单一实现
    {
        Console.WriteLine($"Calling through: { s }");
    }
}

class Program
{
    static void Main()
    {
        MyClass mc = new MyClass();
        mc.PrintOut("object");
    }
}
```

这段代码产生了如下的输出：

```
Calling through:  object
```

图 16-6 演示了利用单个类级别的方法的实现来实现重复接口的方法。

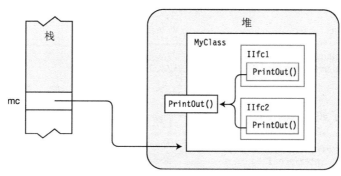

图 16-6　由同一个类成员实现多个接口

16.8   多个接口的引用

我们已经在之前的内容中知道了接口是引用类型，并且可以通过将对象引用强制转换为接口类型的引用，来获取一个指向接口的引用。如果类实现了多个接口，我们可以获取每一个接口的独立引用。

例如，下面的类实现了两个具有单个 PrintOut 方法的接口。Main 中的代码以 3 种方式调用了 PrintOut。

❑ 通过类对象。

❑ 通过指向 IIfc1 接口的引用。

❑ 通过指向 IIfc2 接口的引用。

```
interface IIfc1                           //声明接口
{
   void PrintOut(string s);
}

interface IIfc2                           //声明接口
{
   void PrintOut(string s);
}

class MyClass : IIfc1, IIfc2              //声明类
{
   public void PrintOut(string s)
   {
      Console.WriteLine($"Calling through: { s }");
   }
}

class Program
{
   static void Main()
   {
      MyClass mc = new MyClass();

      IIfc1 ifc1 = (IIfc1) mc;            //获取 IIfc1 的引用
      IIfc2 ifc2 = (IIfc2) mc;            //获取 IIfc2 的引用

      mc.PrintOut("object");             //从类对象调用

      ifc1.PrintOut("interface 1");      //从 IIfc1 调用
      ifc2.PrintOut("interface 2");      //从 IIfc2 调用
   }
}
```

这段代码产生了如下的输出：

```
Calling through:  object
Calling through:  interface 1
Calling through:  interface 2
```

图 16-7 演示了类对象以及指向 IIfc1 和 IIfc2 的引用。

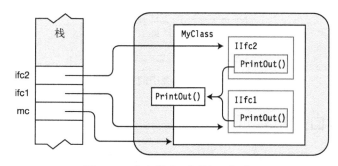

图 16-7　分离类中不同接口的引用

16.9　派生成员作为实现

实现接口的类可以从它的基类继承实现的代码。例如，如下的代码演示了类从它的基类代码继承了实现。

❑ IIfc1 是一个具有 PrintOut 方法成员的接口。

❑ MyBaseClass 包含了一个叫作 PrintOut 的方法，它和 IIfc1 的方法声明相匹配。

❑ Derived 类有一个空的声明主体，但它派生自 MyBaseClass，并在基类列表中包含了 IIfc1。

❑ 即使 Derived 的声明主体是空的，基类中的代码还是能满足实现接口方法的需求。

```csharp
interface IIfc1 { void PrintOut(string s); }

class MyBaseClass                          //声明基类
{
   public void PrintOut(string s)          //声明方法
   {
      Console.WriteLine($"Calling through: { s }");
   }
}
class Derived : MyBaseClass, IIfc1         //声明类
{
}


class Program {
   static void Main()
   {
      Derived d = new Derived();           //创建类对象
      d.PrintOut("object.");               //调用方法
   }
}
```

图 16-8 演示了前面的代码。注意，始自 IIfc1 的箭头指向了基类中的代码。

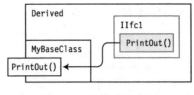

图 16-8   基类中的实现

16.10   显式接口成员实现

在上一节中,我们已经看到单个类可以实现多个接口需要的所有成员,如图 16-5 和图 16-6 所示。

但是,如果我们希望为每一个接口分离实现该怎么做呢?在这种情况下,我们可以创建**显式接口成员实现**。显式接口成员实现有如下特性。

❑ 与所有接口实现相似,位于实现了接口的类或结构中。

❑ 它使用**限定接口名称**来声明,由接口名称和成员名称以及它们中间的点分隔符号构成。

如下代码显示了声明显式接口成员实现的语法。由 MyClass 实现的两个接口都实现了各自版本的 PrintOut 方法。

```
class MyClass : IIfc1, IIfc2
{        限定接口名称
            ↓
   void IIfc1.PrintOut (string s)                //显式实现
   { ... }

   void IIfc2.PrintOut (string s)                //显式实现
   { ... }
}
```

图 16-9 演示了类和接口。注意,表示显式接口成员实现的方框不是灰色的,因为它们现在表示实际的代码。

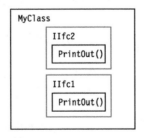

图 16-9   显式接口成员实现

例如,如下代码中的 MyClass 为两个接口的成员声明了显式接口成员实现。注意,在这个示例中只有显式接口成员实现,没有类级别的实现。

```
interface IIfc1 { void PrintOut(string s); }   //声明接口
interface IIfc2 { void PrintOut(string t); }   //声明接口
```

```
class MyClass : IIfc1, IIfc2
{
            限定接口名称
              ↓
  void IIfc1.PrintOut(string s)              //显式接口成员实现
  {
      Console.WriteLine($"IIfc1: { s }");
  }
          限定接口名称
            ↓
  void IIfc2.PrintOut(string s)              //显式接口成员实现
  {
      Console.WriteLine($"IIfc2: { s }");
  }
}

class Program
{
  static void Main()
  {
      MyClass mc = new MyClass();            //创建类对象

      IIfc1 ifc1 = (IIfc1) mc;               //获取 IIfc1 的引用
      ifc1.PrintOut("interface 1");          //调用显式实现

      IIfc2 ifc2 = (IIfc2) mc;               //获取 IIfc2 的引用
      ifc2.PrintOut("interface 2");          //调用显式实现
  }
}
```

这段代码产生了如下的输出:

```
IIfc1:  interface 1
IIfc2:  interface 2
```

图 16-10 演示了这段代码。注意,在图中接口方法没有指向类级别实现,而是包含了自己的代码。注意,在图 16-10 中,我们不能使用 mc 引用来调用 PrintOut 方法。不存在类级别的 PrintOut 方法。

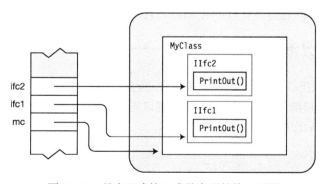

图 16-10　具有显式接口成员实现的接口引用

如果有显式接口成员实现，类级别的实现是允许的，但不是必需的。显式实现满足了类或结构必须实现方法的需求。因此，我们可以有如下 3 种实现场景。

- ❑ 类级别实现。
- ❑ 显式接口成员实现。
- ❑ 类级别和显式接口成员实现。

访问显式接口成员实现

显式接口成员实现只可以通过指向接口的引用来访问，如前面的示例所示。也就是说，其他的类成员都不可以直接访问它们。

例如，如下代码演示了 MyClass 类的声明，它使用显式实现实现了 IIfc1 接口。注意，即使是 MyClass 的另一成员 Method1，也不可以直接访问显式实现。

- ❑ Method1 的前两行代码产生了编译错误，因为该方法在尝试直接访问实现。
- ❑ 只有 Method1 的最后一行代码才可以编译，因此它强制转换当前对象的引用（this）为接口类型的引用，并使用这个指向接口的引用来调用显式接口实现。

```
class MyClass : IIfc1
{
    void IIfc1.PrintOut(string s)        //显式接口实现
    {
        Console.WriteLine("IIfc1");
    }

    public void Method1()
    {
        PrintOut("...");                 //编译错误
        this.PrintOut("...");            //编译错误

        ((IIfc1)this).PrintOut("...");   //调用方法
    }            ↑
          转换为接口引用
}
```

这个限制对继承产生了重要的影响。由于其他类成员不能直接访问显式接口成员实现，派生类的成员也不能直接访问它们。它们必须总是通过接口的引用来访问。

16.11　接口可以继承接口

之前我们已经知道接口**实现**可以从基类被继承，而接口本身也可以从一个或多个接口继承而来。

- ❑ 要指定某个接口继承其他的接口，应在接口声明中把基接口名称以逗号分隔的列表形式放在接口名称后面的冒号之后，如下所示。

```
         冒号        基接口列表
          ↓            ↓
interface IDataIO : IDataRetrieve, IDataStore
{ ...
```

❑ 类在基类列表中只能有一个类名，而接口可以在基接口列表中有任意多个接口。

    ■ 列表中的接口本身可以继承其他接口。

    ■ 结果接口包含它声明的所有成员和基接口的所有成员。

图 16-11 中的代码演示了 3 个接口的声明。IDataIO 接口从前两个接口继承而来。图右边部分显示 IDataIO 包含了另外两个接口。

```
interface IDataRetrieve
{ int GetData( ); }

interface IDataStore
{ void SetData( int x ); }

// 从前两个接口继承而来
interface IDataIO: IDataRetrieve, IDataStore
{
}

class MyData: IDataIO {
    int nPrivateData;
    public int GetData( )
            { return nPrivateData; }
    public void SetData( int x )
            { nPrivateData = x; }
}

class Program {
    static void Main( ) {
        MyData data = new MyData ();
        data.SetData( 5 );
        Console.WriteLine("{0}", data.GetData());
    }
}
```

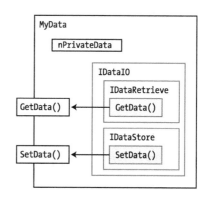

图 16-11　类实现的接口继承了多个接口

16.12　不同类实现一个接口的示例

如下代码演示了已经介绍过的接口的一些方面。程序声明一个名为 Animal 的类，它被作为其他一些表示各种类型动物的类的基类。它还声明了一个叫作 ILiveBirth 的接口。

Cat、Dog 和 Bird 类都从 Animal 基类继承而来。Cat 和 Dog 都实现了 ILiveBirth 接口，而 Bird 类没有。

在 Main 中，程序创建了 Animal 对象的数组并用 3 个动物类的对象进行填充。然后，程序遍历数组并使用 as 运算符获取指向 ILiveBirth 接口的引用，并调用了 BabyCalled 方法。

```
interface ILiveBirth                    //声明接口
{
    string BabyCalled();
}

class Animal { }                        //基类 Animal
```

```
class Cat : Animal, ILiveBirth              //声明 Cat 类
{
    string ILiveBirth.BabyCalled()
    { return "kitten"; }
}
class Dog : Animal, ILiveBirth              //声明 Dog 类
{
    string ILiveBirth.BabyCalled()
    { return "puppy"; }
}

class Bird : Animal                         //声明 Bird 类
{
}

class Program
{
    static void Main()
    {
        Animal[] animalArray = new Animal[3];    //创建 Animal 数组
        animalArray[0] = new Cat();              //插入 Cat 类对象
        animalArray[1] = new Bird();             //插入 Bird 类对象
        animalArray[2] = new Dog();              //插入 Dog 类对象
        foreach( Animal a in animalArray )       //在数组中循环
        {
            ILiveBirth b = a as ILiveBirth;      //如果实现 ILiveBirth……
            if (b != null)
                Console.WriteLine($"Baby is called: { b.BabyCalled() }");
        }
    }
}
```

这段代码产生了如下的输出：

```
Baby is called: kitten
Baby is called: puppy
```

图 16-12 演示了内存中的数组和对象。

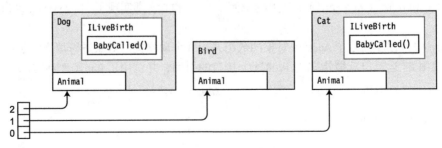

图 16-12   Animal 基类的不同对象类型在数组中的布局

第 17 章 转　换

本章内容

- 什么是转换
- 隐式转换
- 显式转换和强制转换
- 转换的类型
- 数字的转换
- 引用转换
- 装箱转换
- 拆箱转换
- 用户自定义转换
- is 运算符
- as 运算符

17.1　什么是转换

　　要理解什么是转换，让我们先从声明两个不同类型的变量，然后把一个变量（**源**）的值赋值给另外一个变量（**目标**）的简单示例开始讲起。在赋值之前，源的值必须转换成目标类型的值。图 17-1 演示了类型转换。

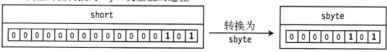

图 17-1　类型转换

- **转换**（conversion）是接受一个类型的值并将它用作另一个类型的等价值的过程。
- 转换后的值应和源值一样，但其类型为目标类型。

例如，图 17-2 中的代码给出了两个不同类型的变量的声明。

- var1 是 short 类型的 16 位有符号整数，初始值为 5。var2 是 sbyte 类型的 8 位有符号整数，初始值为 10。
- 第三行代码把 var1 赋值给 var2。由于它们是两种不同的类型，在进行赋值之前，var1 的值必须先转换为与 var2 类型相同的值。这将通过强制转换表达式来实现，稍后我们就会看到。
- 还要注意，var1 的类型和值都没有改变。尽管称之为转换，但只是代表源值作为目标类型的值来使用，而不是源值转换为目标类型。

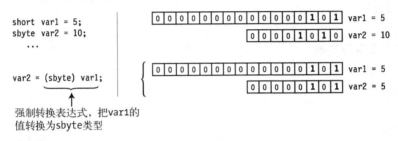

图 17-2　从 short 转换为 sbyte

17.2　隐式转换

有些类型的转换不会丢失数据或精度。例如，将 8 位的值转换为 16 位是非常容易的，而且不会丢失数据。

- 语言会自动做这些转换，这叫作**隐式转换**。
- 从位数更少的源类型转换为位数更多的目标类型时，目标中多出来的位需要用 0 或 1 填充。
- 当从更小的无符号类型转换为更大的无符号类型时，目标类型多出来的最高位都以 0 进行填充，这叫作**零扩展**（zero extension）。

图 17-3 演示了使用零扩展把 8 位的 10 转化为 16 位的 10。

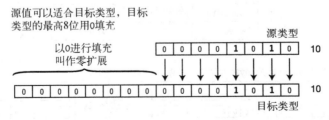

图 17-3　无符号转换中的零扩展

对于有符号类型的转换而言，额外的最高位用源表达式的符号位进行填充。

- ❑ 这样就维持了被转换的值的正确符号和大小。
- ❑ 这叫作**符号扩展**（sign extension），如图 17-4 所演示，第一个是 10，后面一个是−10。

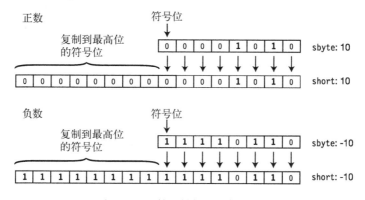

图 17-4 有符号转换中的符号扩展

17.3 显式转换和强制转换

如果要把短类型转换为长类型，让长类型保存短类型的所有位很简单。然而，在其他情况下，目标类型也许无法在不损失数据的情况下容纳源值。

例如，假设我们希望把 ushort 值转化为 byte。

- ❑ ushort 可以保存任何 0 ~ 65 535 的值。
- ❑ byte 只能保存 0 ~ 255 的值。
- ❑ 只要希望转换的 ushort 值小于 256，就不会损失数据。然而，如果大于 256，最高位的数据将会丢失。

例如，图 17-5 演示了尝试把值为 1365 的 ushort 类型转换为 byte 类型会导致数据丢失。不是源值的所有最高位都适合目标类型，这会导致溢出或数据丢失。源值是 1365，而目标的最大值只能是 255。最终字节中的结果值为 85，而不是 1365。

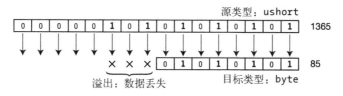

图 17-5 尝试把 ushort 转换为 byte

很明显，在所有可能的无符号 16 位 ushort 值中，只有相当小一部分（0.4%）能在不损失数据的情况下安全转换为无符号 8 位 byte 类型。其他值会导致数据**溢出**（overflow），产生其他值。

强制转换

对于预定义的类型，C#会自动将一个数据类型转换为另一个数据类型，但只是针对那些从源类型转换为目标类型时不会发生数据丢失的情况。也就是说，如果源类型的任意值在被转换成目标类型时会丢失值，那么 C#是不会提供这两种类型的自动转换的。如果希望对这样的类型进行转换，就必须使用**显式转换**。这叫作**强制转换表达式**。

如下代码给出了一个强制转换表达式的示例。它把 `var1` 的值转换为 `sbyte` 类型。强制转换表达式的构成如下所示。

- 一对圆括号，里面是目标类型。
- 圆括号后是源表达式。

```
目标类型
   ↓
(sbyte) var1;
          ↑
      源表达式
```

如果我们使用强制转换表达式，就意味着要承担执行操作可能引起的丢失数据的后果。这就好比我们说："不管是否会发生数据丢失，我知道在做什么，进行转换吧。"（这时你一定要真正清楚自己在做什么。）

例如，图 17-6 演示了强制转换表达式将两个 `ushort` 类型的值转换为 `byte` 类型。对于第一种情况，没有数据丢失。对于第二种情况，最高位丢失了，得到的值是 85，很明显不等于源值 1365。

```
ushort sh = 10;
byte sb = (byte) sh;
Console.WriteLine
     ("sb:  {0} = 0x{0:X}", sb);

sh = 1365;
sb = (byte) sh;
Console.WriteLine
     ("sb:  {0} = 0x{0:X}", sb);
```

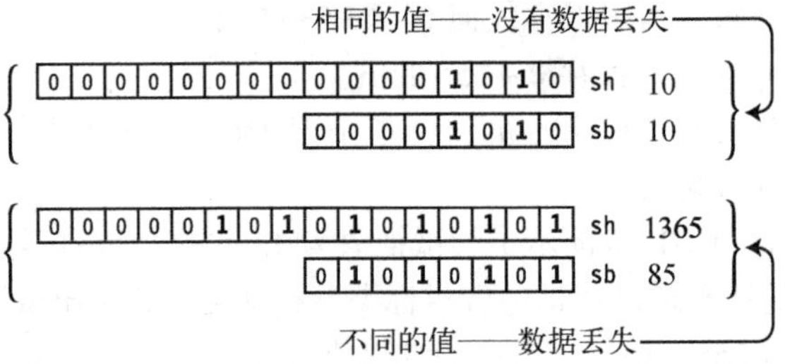

图 17-6 强制转换 `ushort` 为 `byte`

图中代码的输出展示了十进制和十六进制的结果值，如下所示：

```
sb:  10 = 0xA
sb:  85 = 0x55
```

17.4 转换的类型

有很多标准的、预定义的用于数字和引用类型的转换。图 17-7 演示了这些不同的转换类型。

- 除了标准转换，还可以为用户自定义类型定义隐式转换和显式转换。

□ 还有一个预定义的转换类型，叫作**装箱**，它可以将任何值类型转换为：

  ■ object 类型；

  ■ System.ValueType 类型。

□ 拆箱可以将一个装箱的值转换为原始类型。

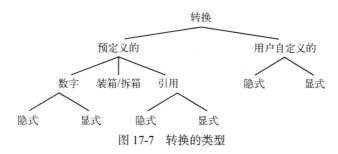

图 17-7　转换的类型

17.5　数字的转换

任何数字类型都可以转换为其他数字类型，如图 17-8 所示。一些转换是隐式的，而另外一些转换则必须是显式的。

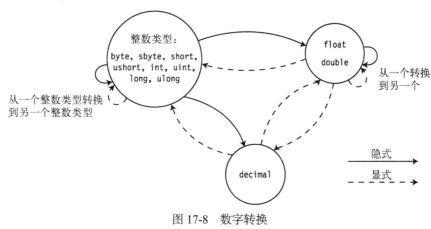

图 17-8　数字转换

17.5.1　隐式数字转换

图 17-9 展示了隐式数字转换。

□ 如果沿着箭头存在一条从源类型到目标类型的路径，则存在从源类型到目标类型的**隐式转换**。

□ 沿着箭头不存在从源类型到目标类型的路径的数字转换一定是**显式转换**。

图中所演示的，正如我们期望的那样，占据较少位的数字类型可以隐式转换为占据较多位的数字类型。

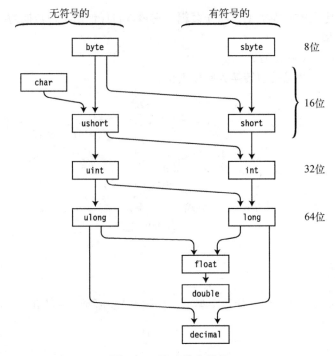

图 17-9   隐式数字转换

17.5.2　溢出检测上下文

我们已经知道了，显式转换可能会丢失数据并且不能在目标类型中同等地表示源值。对于整数类型，C#允许我们选择运行时是否应该在进行类型转换时检测结果溢出。这将通过 checked 运算符和 checked 语句来实现。

- ❏ 代码片段是否被检查称作**溢出检测上下文**。
  - ■ 如果我们指定一个表达式或一段代码为 checked，CLR 会在转换产生溢出时抛出一个 OverflowException 异常。
  - ■ 如果代码不是 checked，转换会继续而不管是否产生溢出。
- ❏ 默认的溢出检测上下文是不检查。

1. checked 和 unchecked 运算符

checked 和 unchecked 运算符控制表达式的溢出检测上下文。表达式放置在一对圆括号内并且不能是一个方法。语法如下所示：

```
checked   （表达式）
unchecked （表达式）
```

例如，如下代码执行了相同的转换——第一个在 checked 运算符内，而第二个在 unchecked 运算符内。

❑ 在 unchecked 上下文中，会忽略溢出，结果值是 208。
❑ 在 checked 上下文中，抛出了 OverflowException 异常。

```
ushort sh = 2000;
byte   sb;

sb = unchecked ( (byte) sh );          //大多数重要的位丢失了
Console.WriteLine($"sb: { sb }");

sb =   checked ( (byte) sh );          //抛出 OverflowException 异常
Console.WriteLine($"sb: { sb }");
```

这段代码产生了如下的输出：

```
sb: 208

Unhandled Exception: System.OverflowException: Arithmetic operation resulted in an overflow. at
Test1.Test.Main() in C:\Programs\Test1\Program.cs:line 21
```

2. checked 语句和 unchecked 语句

checked 和 unchecked **运算符**用于圆括号内的单个表达式。而 checked 和 unchecked **语句**执行相同的功能，但控制的是一块代码中的所有转换，而不是单个表达式。

checked 语句和 unchecked 语句可以被嵌套在任意层次。例如，如下代码使用了 checked 语句和 unchecked 语句，并产生了与之前使用 checked 和 unchecked 表达式的示例相同的结果。然而，在这种情况下，影响的是一段代码，而不仅仅是一个表达式。

```
byte sb;
ushort sh = 2000;

checked
{
    unchecked
    {
        sb = (byte) sh;
        Console.WriteLine( $"sb: { sb }" );
    }

    sb = checked((byte) sh);
    Console.WriteLine( $"sb: { sb }" );
}
```

17.5.3　显式数字转换

我们已经知道了，隐式转换之所以能自动从源表达式转换到目标类型是因为不可能丢失数据。然而，对于显式转换而言，就可能丢失数据。因此，作为一名程序员，知道发生数据丢失时转换会如何处理很重要。

在本节中，我们来看看各种显式数字转换。图 17-10 演示了图 17-8 中显式转换的子集。

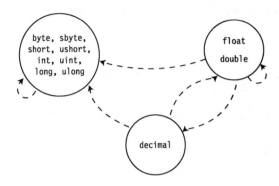

图 17-10　显式数字转换

1. 整数类型到整数类型

图 17-11 演示了整数到整数的显式转换的行为。在 `checked` 的情况下，如果转换会丢失数据，操作会抛出一个 `OverflowException` 异常。在 `unchecked` 的情况下，丢失的位不会发出警告。

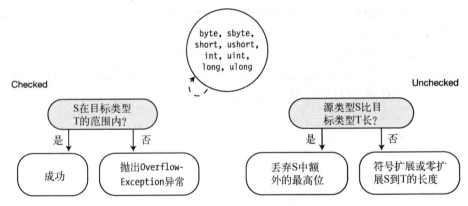

图 17-11　整数到整数的显式转换

2. float 或 double 转到整数类型

当把浮点类型转换为整数类型时，值会舍掉小数，截断为最接近的整数。图 17-12 演示了转换条件。如果截断后的值不在目标类型的范围内：

❏ 如果溢出检测上下文是 `checked`，则 CLR 会抛出 `OverflowException` 异常；

❏ 如果上下文是 `unchecked`，则 C#将不定义它的值应该是什么。

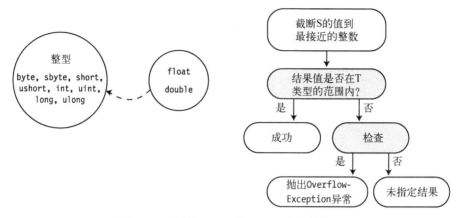

图 17-12　转换 float 或 double 为整数类型

3. decimal 到整数类型

当从 decimal 转换到整数类型时，如果结果值不在目标类型的范围内，则 CLR 会抛出 Overflow-Exception。图 17-13 演示了转化条件。

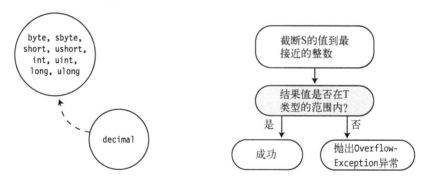

图 17-13　转换 decimal 到整数

4. double 到 float

float 类型的值占 32 位，而 double 类型的值占 64 位。当 double 被舍入为 float 时，double 类型的值被舍入到最接近的 float 类型的值。图 17-14 演示了转换条件。

❑ 如果值太小而不能用 float 表示，那么值会被设置为正 0 或负 0。
❑ 如果值太大而不能用 float 表示，那么值会被设置为正无穷大或负无穷大。

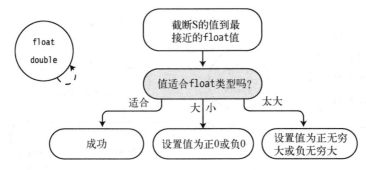

图 17-14   转换 double 到 float

5. float 或 double 到 decimal

图 17-15 演示了从 float 类型到 decimal 类型的转换条件。

❑ 如果值太小而不能用 decimal 类型表示，那么值会被设置为 0。

❑ 如果值太大，那么 CLR 会抛出 OverflowException 异常。

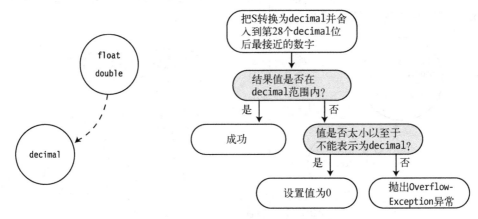

图 17-15   转换 float 或 double 到 decimal

6. decimal 到 float 或 double

从 decimal 类型转换到 float 类型总是会成功。然而，这可能会损失精度。图 17-16 演示了转换条件。

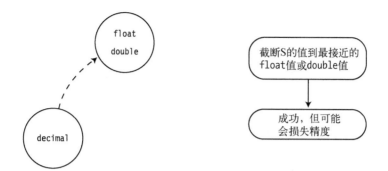

图 17-16 转换 decimal 到 float 或 double

17.6 引用转换

我们已经知道引用类型对象由内存中的两部分组成：引用和数据。

❑ 由引用保存的那部分信息是**它指向的数据类型**。

❑ 引用转换接受源引用并返回一个指向堆中同一位置的引用，但是把引用"标记"为其他类型。

例如，如下代码给出了两个引用变量：myVar1 和 myVar2，它们指向内存中的相同对象。代码如图 17-17 所示。

❑ 对于 myVar1，它引用的对象看上去是 B 类型的对象——其实就是。

❑ 对于 myVar2，同样的对象看上去像 A 类型的对象。

    ■ 即使它实际指向 B 类型的对象，它也看不到 B 扩展 A 的部分，因此看不到 Field2。

    ■ 第二个 WriteLine 语句因此会产生编译错误。

注意，"转换"不会改变 myVar1。

```
class A    { public int Field1; }

class B: A { public int Field2; }

class Program
{
   static void Main( )
   {
      B myVar1 = new B();
      作为 A 类的引用返回 myVar1 的引用
                       ↓
      A myVar2 = (A) myVar1;

      Console.WriteLine($"{ myVar2.Field1 }");          //正确
      Console.WriteLine($"{ myVar2.Field2 }");          //编译错误
   }                              ↑
}                    Field2 对于 myVar2 不可见
```

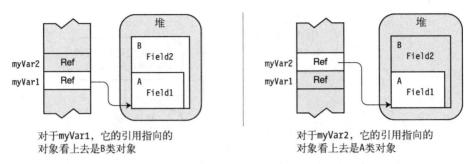

对于myVar1，它的引用指向的
对象看上去是B类对象

对于myVar2，它的引用指向的
对象看上去是A类对象

图 17-17　引用转换返回与对象关联的不同类型

17.6.1　隐式引用转换

与语言为我们自动实现的隐式数字转换类似，还有隐式引用转换，如图 17-18 所示。

❑ 所有引用类型可以被隐式转换为 object 类型。

❑ 任何接口可以隐式转换为它继承的接口。

❑ 类可以隐式转换为：

■ 它继承链中的任何类；

■ 它实现的任何接口。

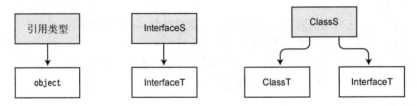

图 17-18　类和接口的隐式转换

委托可以隐式转换成图 17-19 所示的.NET BCL 类和接口。ArrayS 数组（其中的元素是 Ts 类型）可以隐式转换成：

❑ 图 17-19 所示的.NET BCL 类和接口；

❑ 另一个数组 ArrayT，其中的元素是 Tt 类型（如果满足下面的所有条件）。

■ 两个数组维度的一样。

■ 元素类型 Ts 和 Tt 都是引用类型，不是值类型。

■ 在类型 Ts 和 Tt 中存在隐式转换。

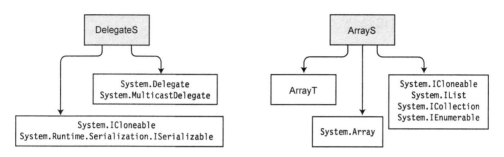

图 17-19 委托和数组的隐式转换

17.6.2 显式引用转换

显式引用转换是从一个普通类型到一个更精确类型的引用转换。

❑ 显式转换包括：

■ 从 object 到任何引用类型的转换；

■ 从基类到派生自它的类的转换。

❑ 倒转图 17-18 和图 17-19 的箭头方向，可以演示显式引用转换。

如果转换的类型不受限制，我们很容易尝试引用在内存中实际并不存在的类成员。然而，编译器确实允许这样的转换。但如果系统在运行时遇到它们，则会抛出异常。

例如，图 17-20 中的代码将基类 A 的引用转换到它的派生类 B，并且把它赋值给变量 myVar2。

❑ 如果 myVar2 尝试访问 Field2，它会尝试访问对象中"B 部分"的字段（它不在内存中），这会导致内存错误。

❑ 运行时会捕获到这种不正确的强制转换并且抛出 InvalidCastException 异常。然而，注意，它不会导致编译错误。

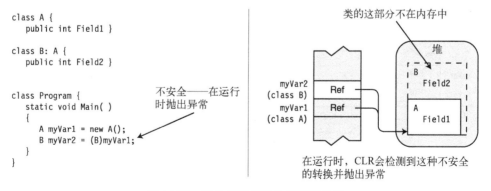

图 17-20 无效的转换抛出运行时异常

17.6.3   有效显式引用转换

在运行时能成功进行（也就是不抛出 InvalidCastException 异常）的显式转换有 3 种情况。

第一种情况：显式转换是没有必要的。也就是说，语言已经为我们进行了隐式转换。例如，在下面的代码中，显式转换是没有必要的，因为从派生类到基类的转换总是隐式转换。

```
class A    { public int Field1; }
class B: A { public int Field2; }
    ...
B myVar1 = new B();
A myVar2 = (A) myVar1;        //不必转换，因为 A 是 B 的基类
```

第二种情况：源引用是 null。例如，在下面的代码中，即使转换基类的引用到派生类的引用通常是不安全的，但是由于源引用是 null，这种转换还是允许的。

```
class A    { public int Field1; }
class B: A { public int Field2; }
    ...
A myVar1 = null;
B myVar2 = (B) myVar1;        //允许转换，因为 myVar1 为空
```

第三种情况：由源引用指向的**实际数据**可以安全地进行隐式转换。如下代码给出了一个示例，图 17-21 演示了这段代码。

❑ 第二行中的隐式转换使 myVar2 看上去像指向 A 类型的数据，其实它指向的是 B 类型的数据对象。

❑ 第三行中的显式转换把基类引用强制转换为它的派生类的引用。这通常会产生异常。然而，在这种情况下，指向的对象实际就是 B 类型的数据项。

```
class A    { public int Field1; }
class B: A { public int Field2; }
    ...
B myVar1 = new B();
A myVar2 = myVar1;        //将 myVar1 隐式转换为 A 类型
B myVar3 = (B)myVar2;    //该转换是允许的，因为数据是 B 类型的
```

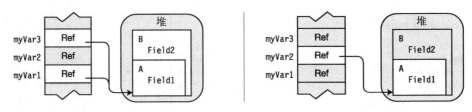

图 17-21   强制转换到安全类型

17.7   装箱转换

包括值类型在内的所有 C#类型都派生自 object 类型。然而，值类型是高效轻量的类型，因为默认情况下在堆上不包括它们的对象组件。然而，如果需要对象组件，我们可以使用**装箱**

（boxing）。装箱是一种隐式转换，它接受值类型的值，根据这个值在堆上创建一个完整的引用类型对象并返回对象引用。

需要装箱的一个常见场景是将一个值类型当作参数传递给一个方法，而参数类型是对象的数据类型（或者其他转换需求）。例如，图 17-22 演示了 3 行代码。

- ❑ 前两行代码声明并初始化了值类型变量 i 和引用类型变量 oi。
- ❑ 在代码的第三行，我们希望把变量 i 的值赋给 oi。但是 oi 是引用类型的变量，我们必须在堆上为它分配一个对象引用。然而，变量 i 是值类型，不存在指向堆上某对象的引用。
- ❑ 因此，系统将 i 的值装箱如下：
  - ■ 在堆上创建了 int 类型的对象；
  - ■ 将 i 的值复制到 int 对象；
  - ■ 返回 int 对象的引用，让 oi 作为引用保存。

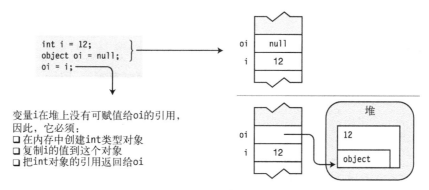

图 17-22　装箱从值类型创建了完整的引用类型

17.7.1　装箱是创建副本

一个有关装箱的普遍误解是在被装箱的项上执行了一些操作。其实不是，它返回的是值的引用类型**副本**。在装箱之后，值有两份副本——原始值类型和引用类型副本，每一个都可以独立操作。

例如，如下代码演示了独立操作值的每一个副本。图 17-23 演示了这段代码。

- ❑ 第一行定义了值类型变量 i 并初始化它的值为 10。
- ❑ 第二行创建了引用类型变量 oi，并使用装箱后变量 i 的副本进行初始化。
- ❑ 代码的最后 3 行演示了 i 和 oi 是如何被独立操作的。

```
int i = 10;                    //创建并初始化值类型
对 i 装箱并把引用赋值给 oi
    ↓
object oi = i;                 //创建并初始化引用类型
Console.WriteLine($"i: { i }, io: { oi }");
```

```
i  = 12;
oi = 15;
Console.WriteLine($"i:{i}, io: {oi}");
```

这段代码产生了如下的输出:

```
i: 10, io: 10
i: 12, io: 15
```

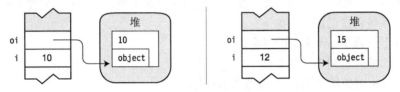

图 17-23   装箱创建了一份可以被独立操作的副本

17.7.2　装箱转换

图 17-24 演示了装箱转换。任何值类型 ValueTypeS 都可以被隐式转换为 object、System.ValueType 或 InferfaceT 类型（如果 ValueTypeS 实现了 InterfaceT）。

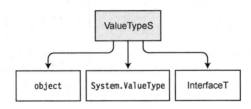

图 17-24   装箱是值类型到引用类型的隐式转换

17.8　拆箱转换

拆箱（unboxing）是把装箱后的对象转换回值类型的过程。
❑ 拆箱是显式转换。
❑ 系统在把值拆箱成 ValueTypeT 时执行了如下的步骤：
  ■ 它检测到要拆箱的对象实际是 ValueTypeT 的装箱值；
  ■ 它把对象的值复制到变量。
例如，如下代码给出了一个拆箱示例。
❑ 值类型变量 i 被装箱并且赋值给引用类型变量 oi。
❑ 然后变量 oi 被拆箱，它的值赋值给值类型变量 j。

```
static void Main()
{
    int i = 10;
```

```
           对 i 装箱并把引用赋值给 oi
            ↓
    object oi = i;
              对 oi 拆箱并把值赋值给 j
               ↓
    int j = (int) oi;
    Console.WriteLine($"i: { i },  oi: { oi },  j: { j }");
}
```

这段代码产生了如下的输出：

```
i: 10,   oi: 10,   j: 10
```

尝试将一个值拆箱为非原始类型时会抛出 InvalidCastException 异常。

拆箱转换

图 17-25 显示了拆箱转换。

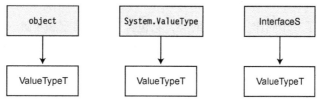

图 17-25　拆箱转换

17.9　用户自定义转换

除了标准转换，我们还可以为类和结构定义隐式和显式转换。

用户自定义转换的语法如下面的代码所示。

❑ 除了 implicit 和 explicit 关键字之外，隐式转换和显式转换的声明语法是一样的。

❑ 需要 public 和 static 修饰符。

```
    必需的              运算符    关键字              源
  _____           ↓       ↓            _____
       ↓               ↓       ↓                 ↓
  public static implicit operator  TargetType ( SourceType  Identifier )
  {              ↑
        隐式或显式
      ...
      return ObjectOfTargetType;
  }
```

例如，下面的代码给出了一个转换语法的示例，它将一个 Person 类型的对象转换为 int。

```
public static implicit operator int(Person p)
{
   return p.Age;
}
```

17.9.1   用户自定义转换的约束

用户自定义转换有一些很重要的约束，最重要的如下所示。

- 只可以为类和结构定义用户自定义转换。
- 不能重定义标准隐式或显式转换。
- 对于源类型 S 和目标类型 T，如下命题为真。
  - S 和 T 必须是不同类型。
  - S 和 T 不能通过继承关联。也就是说，S 不能派生自 T，而 T 也不能派生自 S。
  - S 和 T 都不能是接口类型或 object 类型。
  - 转换运算符必须是 S 或 T 的成员。
- 对于相同的源类型和目标类型，不能声明两种转换，一个是隐式转换而另一个是显式转换。

17.9.2   用户自定义转换的示例

如下的代码定义了一个叫作 Person 的类，它包含了人的名字和年龄。这个类还定义了两个隐式转换，第一个将 Person 对象转换为 int 值，目标 int 值是人的年龄。第二个将 int 转换为 Person 对象。

```
class Person
{
   public string Name;
   public int    Age;
   public Person(string name, int age)
   {
      Name = name;
      Age = age;
   }

   public static implicit operator int(Person p)     //将 person 转换为 int
   {
      return p.Age;
   }

   public static implicit operator Person(int i)     //将 int 转换为 person
   {
      return new Person("Nemo", i);        // ("Nemo" is Latin for "No one".)
   }
}

class Program
{
   static void Main( )
   {
      Person bill = new Person( "bill", 25);
```

把 **Person** 对象转换为 **int**

```
     ↓
int age = bill;
Console.WriteLine($"Person Info: { bill.Name }, { age }");
```

把 **int** 转换为 **Person** 对象

```
      ↓
Person anon = 35;
Console.WriteLine($"Person Info: { anon.Name }, { anon.Age }");
   }
}
```

这段代码产生了如下的输出：

```
Person Info: bill, 25
Person Info: Nemo, 35
```

如果使用 explicit 运算符而不是 implicit 来定义相同的转换，需要使用强制转换表达式来进行转换，如下所示：

```
                    显式
    ...              ↓
public static explicit operator int( Person p )
{
   return p.Age;
}

...

static void Main( )
{
      ...  需要强制转换表达式
                 ↓
   int age = (int) bill;
 ...
```

17.9.3　评估用户自定义转换

到目前为止讨论的用户自定义转换都是在单步内直接把源类型转换为目标类型对象，如图 17-26 所示。

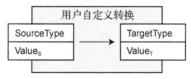

图 17-26　单步用户自定义转换

但是，用户自定义转换在完整转换中最多可以有 3 个步骤。图 17-27 演示了这 3 个步骤，它们包括：

❑ 预备标准转换；

❑ 用户自定义转换；

❑ 后续标准转换。

在这个链中**不可能**有一个以上的用户自定义转换。

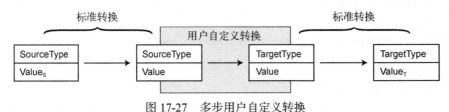

图 17-27   多步用户自定义转换

17.9.4   多步用户自定义转换的示例

如下代码声明了 Employee 类，它继承自 Person 类。

❑ 之前内容中的代码示例已经声明了一个从 Person 类到 int 的用户自定义转换。如果从 Employee 到 Person 以及从 int 到 float 有标准转换，我们就可以从 Employee 转换到 float。

■ 由于 Employee 继承自 Person，从 Employee 到 Person 有标准转换。

■ 从 int 到 float 是隐式数字转换，也是标准转换。

❑ 由于链中的 3 部分都存在，我们就可以从 Employee 转换到 float。图 17-28 演示了编译器如何进行转换。

```
class Employee : Person { }

class Person
{
    public string Name;
    public int    Age;

    //将 person 对象转换为 int
    public static implicit operator int(Person p)
    {
        return p.Age;
    }
}

class Program
{
    static void Main( )
    {
        Employee bill = new Employee();
        bill.Name = "William";
        bill.Age  = 25;
              把 Employee 转换为 float
                      ↓
        float fVar = bill;

        Console.WriteLine($"Person Info: { bill.Name }, { fVar }");
```

```
   }
}
```

该代码产生如下输出：

```
Person Info: William, 25
```

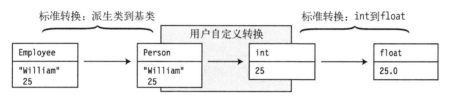

图 17-28 从 Employee 转换到 float

17.10 is 运算符

之前已经说过了，有些转换是不成功的，并且会在运行时抛出 InvalidCastException 异常。我们可以使用 is 运算符来检查转换是否会成功完成，从而避免盲目尝试转换。

is 运算符的语法如下，其中 Expr 是源表达式：

返回 bool
↓
Expr is TargetType

如果 Expr 可以通过以下方式成功转换为目标类型，则运算符返回 true：

❑ 引用转换

❑ 装箱转换

❑ 拆箱转换

例如，在如下代码中，使用 is 运算符来检测 Employee 类型的变量 bill 是否能转换为 Person 类型，然后进行合适的操作。

```
class Employee : Person { }
class Person
{
   public string Name = "Anonymous";
   public int Age    = 25;
}

class Program
{
   static void Main()
   {
      Employee bill = new Employee();

      //检测变量 bill 是否能转换为 Person 类型
      if( bill is Person )
```

```
    {
        Person p = bill;
        Console.WriteLine($"Person Info: { p.Name }, { p.Age }");
    }
    }
}
```

is 运算符只可以用于引用转换以及装箱和拆箱转换，不能用于用户自定义转换。

17.11 as 运算符

as 运算符和强制转换运算符类似，只是它不抛出异常。如果转换失败，它返回 null 而不是抛出异常。

as 运算符的语法如下，其中：

❏ Expr 是源表达式；

❏ TargetType 是目标类型，它必须是引用类型。

```
          返回引用
        ┌─────────┐
              ↓
  ─────────────────────
  Expr as TargetType
```

由于 as 运算符返回引用表达式，它可以用作赋值操作中的源。例如，我们使用 as 把 Employee 类型的变量 bill 转换为 Person 类型，并且赋值给一个 Person 类型的变量 p。在使用它之前应该检查 p 是否为 null。

```
class Employee : Person { }

class Person
{
    public string Name = "Anonymous";
    public int Age     = 25;
}

class Program
{
    static void Main()
    {
        Employee bill = new Employee();
        Person p;

        p = bill as Person;
        if( p != null )
        {
            Console.WriteLine($"Person Info: { p.Name }, { p.Age }");
        }
    }
}
```

和 is 运算符类似，as 运算符只能用于引用转换和装箱转换，不能用于用户自定义转换或到值类型的转换。

泛　　型 *18*

本章内容
- 什么是泛型
- C#中的泛型
- 泛型类
- 类型参数的约束
- 泛型方法
- 扩展方法和泛型类
- 泛型结构
- 泛型委托
- 泛型接口
- 协变和逆变

18.1　什么是泛型

使用已经学习的语言结构，我们已经可以建立多种类型的强大对象。大部分情况下是声明类，然后封装需要的行为，最后创建这些类的实例。

到现在为止，所有在类声明中用到的类型都是特定的类型——要么是程序员定义的，要么是语言或 BCL 定义的。然而，很多时候，如果可以把类的行为提取出来或重构，使之不仅能应用到它们编码的数据类型上，而且还能应用到其他类型上的话，类会更有用。

有了泛型就可以做到这一点了。我们可以重构代码并且额外增加一个抽象层，这样对于某些代码来说，数据类型就不用硬编码了。这是专门为多段代码在不同的数据类型上执行相同指令而设计的。

这也许听起来比较抽象，让我们看一个示例，这样更清晰。

一个栈的示例

假设我们首先创建了如下的代码，它声明了一个叫作 MyIntStack 的类，该类实现了一个 int 类型的栈。它允许我们把 int 压入栈中，以及把它们弹出。顺便说一下，这不是系统定义的栈。

```
class MyIntStack                          //int 类型的栈
{
   int    StackPointer = 0;
   int[] StackArray;                      //int 类型的数组

   public void Push( int x )              //输入类型: int
   {
      ...
   }

   public int Pop()                       //返回类型: int
   {
      ...
   }

   ...
}
```

假设现在希望将相同的功能应用于 float 类型的值，可以有几种方式来实现，其中一种方式是按照下面的步骤产生后续的代码。

(1) 剪切并粘贴 MyIntStack 类的代码。

(2) 把类名改为 MyFloatStack。

(3) 把整个类声明中相应的 int 声明改为 float 声明。

```
class MyFloatStack                        //float 类型的栈
{
   int    StackPointer = 0;
   float [] StackArray;                   //float 类型的数组

   public void Push( float x )            //输入类型: float
   {
      ...
   }

   public float Pop()                     //返回类型: float
   {
      ...
   }
   ...
}
```

这个方法当然可行，但是很容易出错而且有如下缺点。

❏ 需要仔细检查类的每一个部分来看哪些类型的声明需要修改，哪些类型的声明需要保留。

❏ 每次需要新类型（long、double、string 等）的栈类时，都需要重复这个过程。

❏ 在这个过程后，有很多几乎具有相同代码的副本，占据了额外的空间。

❏ 调试和维护这些相似的实现不但复杂而且容易出错。

❏ 在修复问题时，需要在所有的并行实现中进行修复，这很烦人而且容易出错。

18.2　C#中的泛型

泛型（generic）特性提供了一种更优雅的方式，可以让多个类型共享一组代码。泛型允许我们声明**类型参数化**（type-parameterized）的代码，用不同的类型进行实例化。也就是说，我们可以用"类型占位符"来写代码，然后在创建类的实例时指明**真实**的类型。

本书读到这里，我们应该很清楚类型不是对象而是对象的模板。同样，泛型类型也不是类型，而是类型的模板。图 18-1 演示了这点。

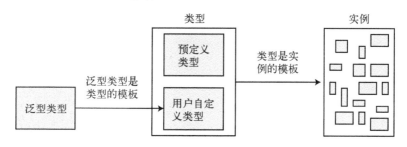

图 18-1　泛型类型是类型的模板

C# 提供了 5 种泛型：类、结构、接口、委托和方法。注意，前面 4 个是类型，而方法是成员。图 18-2 演示了泛型类型如何用于其他类型。

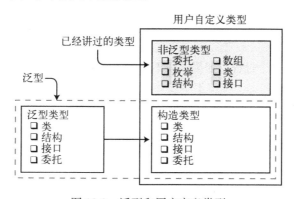

图 18-2　泛型和用户定义类型

继续栈的示例

在栈的示例中，`MyIntStack` 和 `MyFloatStack` 两个类的声明主体差不多，只不过处理由栈保存的值类型的位置不同。

❑ 在 `MyIntStack` 中，这些位置由 `int` 类型占据。
❑ 在 `MyFloatStack` 中，这些位置被 `float` 占据。

通过如下步骤我们可以从 `MyIntStack` 创建一个泛型类。

(1) 在 MyIntStack 类定义中，使用类型占位符 T 而不是 float 来替换 int。

(2) 修改类名称为 MyStack。

(3) 在类名后放置 <T>。

结果就是如下的泛型类声明。由尖括号和 T 构成的字符串表明 T 是类型的占位符（不一定是字母 T，它可以是任何标识符）。在类声明的主体中，每一个 T 都会被编译器替换为实际类型。

```
class MyStack<T>
{
    int StackPointer = 0;
    T [] StackArray;
    ↑
                    ↓
    public void Push(T x ) {...}

        ↓
    public T Pop() {...}
        ...
}
```

18.3　泛型类

既然已经见过了泛型类，让我们来详细了解一下它，看看如何创建和使用它。

创建和使用常规的、非泛型的类有两个步骤：声明类和创建类的实例。但是泛型类不是实际的类，而是类的模板，所以我们必须先从它们构建实际的类类型，然后创建这个类类型的引用和实例。

图 18-3 大致演示了这个过程。如果你还不能完全清楚，不要紧，之后的内容中会介绍每一部分。

(1) 在某些类型上使用占位符来声明一个类。

(2) 为占位符提供**真实类型**。这样就有了真实类的定义，填补了所有的"空缺"。该类型称为**构造类型**（constructed type）。

(3) 创建构造类型的实例。

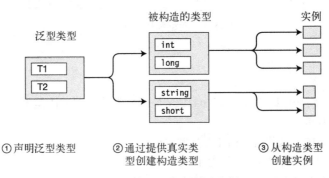

① 声明泛型类型　　②通过提供真实类　　③从构造类型
　　　　　　　　　　型创建构造类型　　　创建实例

图 18-3　从泛型类型创建实例

18.3.1　声明泛型类

声明一个简单的泛型类和声明普通类差不多，区别如下。

❑ 在类名之后放置一组尖括号。

❑ 在尖括号中用逗号分隔的占位符字符串来表示需要提供的类型。这叫作**类型参数**（type parameter）。

❑ 在泛型类声明的主体中使用类型参数来表示替代类型。

例如，如下代码声明了一个叫作 SomeClass 的泛型类。类型参数列在尖括号中，然后当作真实类型在声明的主体中使用。

```
                      类型参数
                        ↓
class SomeClass < T1, T2 >
{         通常在这些位置使用类型
                ↓
    public T1 SomeVar;
    public T2 OtherVar;
}        ↑
         通常在这些位置使用类型
```

在泛型类的声明中并没有特殊的关键字。取而代之的是尖括号中的类型参数列表，它可以区分泛型类与普通类的声明。

18.3.2　创建构造类型

一旦声明了泛型类型，我们就需要告诉编译器能使用哪些真实类型来替代占位符（类型参数）。编译器获取这些真实类型并创建构造类型（用来创建真实类对象的模板）。

创建构造类型的语法如下，包括列出类名以及在尖括号中提供真实类型来替代类型参数。替代类型参数的真实类型叫作**类型实参**（type argument）。

```
          类型实参
            ↓
SomeClass< short, int >
```

编译器接受了类型实参并且替换泛型类主体中的相应类型参数，产生了构造类型——从它创建真实类型的实例。图 18-4 左边演示了 SomeClass 泛型类型的声明，右边演示了使用类型实参 short 和 int 来创建构造类。

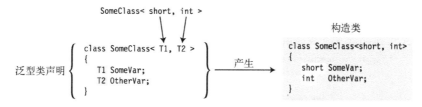

图 18-4　为泛型类的所有类型参数提供类型实参，让编译器产生一个可以用来创建真实类对象的构造类

图 18-5 演示了**类型参数**和**类型实参**的区别。

❑ 泛型类声明上的**类型参数**用作类型的占位符。

❑ 在创建构造类型时提供的真实类型是**类型实参**。

图 18-5　类型参数与类型实参

18.3.3　创建变量和实例

在创建引用和实例方面，构造类类型的使用和常规类型差不多。例如，如下代码演示了两个类对象的创建。

❑ 第一行显示了普通非泛型类型对象的创建。这应该是我们目前非常熟悉的形式。

❑ 第二行代码显示了 SomeClass 泛型类型对象的创建，使用 short 和 int 类型进行实例化。这种形式和上面一行差不多，只不过把普通类型名改为构造类形式。

❑ 第三行和第二行的语法一样，没有在等号两边都列出构造类型，而是使用 var 关键字让编译器使用类型引用。

```
MyNonGenClass          myNGC = new MyNonGenClass          ();
     构造类                              构造类

SomeClass<short, int> mySc1 = new SomeClass<short  int>();
var                    mySc2 = new SomeClass<short, int>();
```

和非泛型类一样，引用和实例可以分开创建，如图 18-6 所示。从图中还可以看出，内存中的情况与非泛型类是一样的。

❑ 泛型类声明下面的第一行在栈上为 myInst 分配了一个引用，值是 null。

❑ 第二行在堆上分配实例，并且把引用赋值给变量。

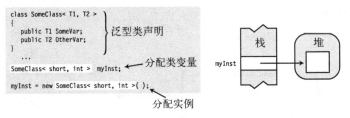

图 18-6　使用构造类型来创建引用和实例

可以从同一个泛型类构建出很多不同的类类型。每一个都是独立的类类型，就好像它们都有独立的非泛型类声明一样。

例如,下面的代码演示了从 SomeClass 泛型类创建两个类型。图 18-7 演示了代码。

❑ 一个类型使用 short 和 int 构造。

❑ 另一个类型使用 int 和 long 构造。

```
class SomeClass< T1, T2 >                          //泛型类
{
   public T1 SomeVar;
   public T2 OtherVar;
}

class Program
{
   static void Main()
   {
      var first  = new SomeClass<short, int >();   //构造的类型
      var second = new SomeClass<int,   long>();   //构造的类型

         ...
```

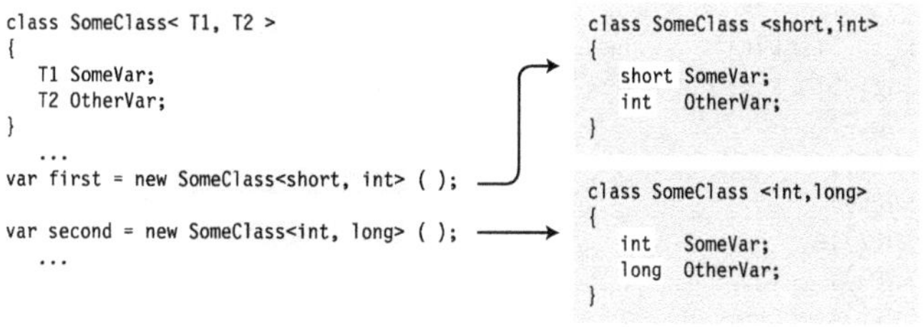

图 18-7　从泛型类创建的两个构造类

18.3.4　使用泛型的栈的示例

如下代码给出了一个使用泛型来实现栈的示例。Main 方法定义了两个变量,stackInt 和 stackString。使用 int 和 string 作为类型实参来创建这两个构造类型。

```
class MyStack<T>
{
   T[] StackArray;
   int StackPointer = 0;

   public void Push(T x)
   {
      if ( !IsStackFull )
         StackArray[StackPointer++] = x;
   }

   public T Pop()
   {
      return ( !IsStackEmpty )
         ? StackArray[--StackPointer]
```

```
            : StackArray[0];
      }

      const int MaxStack = 10;
      bool IsStackFull  { get{ return StackPointer >= MaxStack; } }
      bool IsStackEmpty { get{ return StackPointer <= 0; } }

      public MyStack()
      {
         StackArray = new T[MaxStack];
      }

      public void Print()
      {
         for (int i = StackPointer-1; i >= 0 ; i--)
            Console.WriteLine($"   Value: { StackArray[i] }");
      }
   }
class Program
{
   static void Main( )
   {
      MyStack<int>    StackInt    = new MyStack<int>();
      MyStack<string> StackString = new MyStack<string>();

      StackInt.Push(3);
      StackInt.Push(5);
      StackInt.Push(7);
      StackInt.Push(9);
      StackInt.Print();

      StackString.Push("This is fun");
      StackString.Push("Hi there!  ");
      StackString.Print();
   }
}
```

这段代码产生了如下的输出：

```
Value: 9
Value: 7
Value: 5
Value: 3

Value: Hi there!
Value: This is fun
```

18.3.5　比较泛型和非泛型栈

　　表 18-1 总结了原始非泛型版本的栈与最终泛型版本的栈之间的区别。图 18-8 演示了其中的一些区别。

表 18-1 非泛型栈和泛型栈之间的区别

	非 泛 型	泛 型
源代码大小	更大：需要为每一种类型编写一个新的实现	更小：不管构造类型的数量有多少，只需要一个实现
可执行文件大小	无论每一个版本的栈是否会被使用，都会在编译的版本中出现	可执行文件中只会出现有构造类型的类型
写的难易度	易于书写，因为它更具体	比较难写，因为它更抽象
维护的难易度	更容易出问题，因为所有修改需要应用到每一个可用的类型上	易于维护，因为只需要修改一个地方

```
class MyIntStack                                            非泛型
{
    int[] StackArray;
    int    StackPointer = 0;

    public void Push( int x )
    { ... }
    public int Pop()
    { ... }
}

class MyStringStack
{
    string[] StackArray;
    int    StackPointer = 0;

    public void Push( string x )
    { ... }
    public string Pop()
    { ... }
}
```

```
                                          泛型
class MyStack < T >
{
    T[] StackArray;
    int         StackPointer = 0;

    public void Push(T x )
    {...}
    public T Pop()
    {...}
}
```

```
static void Main()
{
    var intStack =
            new MyintStack();
    var stringStack =
            new MyStringStack();
    ...
}
```

```
static void Main()
{
    var intStack =
            new MyStack<int>();
    var stringStack =
            new MyStack<string>();
    ...
}
```

图 18-8 非泛型栈和泛型栈

18.4 类型参数的约束

在泛型栈的示例中，栈除了保存和弹出它包含的一些项之外没有做任何事情。它不会尝试添加、比较项，也不会做其他任何需要用到项本身的运算符的事情。这是有原因的。由于泛型栈不知道它们保存的项的类型是什么，所以也就不会知道这些类型实现的成员。

然而，所有的 C#对象最终都从 object 类继承，因此，栈可以确认的是，这些保存的项都实现了 object 类的成员，包括 ToString、Equals 以及 GetType 方法。除此之外，它不知道还有哪些成员可用。

　　只要我们的代码不访问它处理的一些类型的对象（或者只要它始终是 object 类型的成员），泛型类就可以处理任何类型。符合约束的类型参数叫作**未绑定的类型参数**（unbounded type parameter）。然而，如果代码尝试使用其他成员，编译器会产生一个错误消息。

　　例如，如下代码声明了一个叫作 Simple 的类，它有一个叫作 LessThan 的方法，接受了同一泛型类型的两个变量。LessThan 尝试用小于运算符返回结果。但是由于不是所有的类都实现了小于运算符，也就不能用任何类来代替 T，所以编译器会产生一个错误消息。

```
class Simple<T>
{
   static public bool LessThan(T i1, T i2)
   {
      return i1 < i2;                    //错误
   }
   ...
}
```

　　要让泛型变得更有用，我们需要提供额外的信息让编译器知道参数可以接受哪些类型。这些额外的信息叫作**约束**（constraint）。只有符合约束的类型才能替代给定的类型参数来产生构造类型。

18.4.1　Where 子句

　　约束使用 where 子句列出。

　　❑ 每一个有约束的类型参数都有自己的 where 子句。

　　❑ 如果形参有多个约束，它们在 where 子句中使用逗号分隔。

　　where 子句的语法如下：

```
        类型参数            约束列表
          ↓     _____↓_____
where  TypeParam : constraint, constraint, ...
  ↑               ↑
关键字            冒号
```

　　有关 where 子句的要点如下。

　　❑ 它们在类型参数列表的关闭尖括号之后列出。

　　❑ 它们不使用逗号或其他符号分隔。

　　❑ 它们可以以任何次序列出。

　　❑ where 是上下文关键字，所以可以在其他上下文中使用。

　　例如，如下泛型类有 3 个类型参数。T1 是未绑定的类型参数。对于 T2，只有 Customer 类型的类或从 Customer **派生**的类才能用作类型实参。而对于 T3，只有实现 IComparable 接口的类才能用作类型实参。

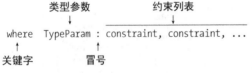

```
             未绑定   具有约束
               ↓     __↓__    没有分隔符
class MyClass < T1, T2, T3 >      ↓
                 where T2: Customer                //T2 的约束
```

```
                  where T3: IComparable                    //T3 的约束
{                                     ↑
  ...                             没有分隔符
}
```

18.4.2　约束类型和次序

共有 5 种类型的约束，如表 18-2 所示。

表 18-2　约束类型

约束类型	描　　述
类名	只有这个类型的类或从它派生的类才能用作类型实参
class	任何引用类型，包括类、数组、委托和接口都可以用作类型实参
struct	任何值类型都可以用作类型实参
接口名	只有这个接口或实现这个接口的类型才能用作类型实参
new()	任何带有无参公共构造函数的类型都可以用作类型实参。这叫作**构造函数约束**

where 子句可以以任何次序列出。然而，where 子句中的约束必须有特定的顺序，如图 18-9 所示。

❑ 最多只能有一个主约束，而且必须放在第一位。
❑ 可以有任意多的接口名称约束。
❑ 如果存在构造函数约束，则必须放在最后。

图 18-9　如果类型参数有多个约束，它们必须遵照这个顺序

如下声明给出了一个 where 子句的示例：

```
class SortedList<S>
        where S: IComparable<S> { ... }

class LinkedList<M,N>
        where M : IComparable<M>
        where N : ICloneable    { ... }

class MyDictionary<KeyType, ValueType>
        where KeyType : IEnumerable,
        new()                   { ... }
```

18.5　泛型方法

与其他泛型不一样，方法是成员，不是类型。泛型方法可以在泛型和非泛型类以及结构和接口中声明，如图 18-10 所示。

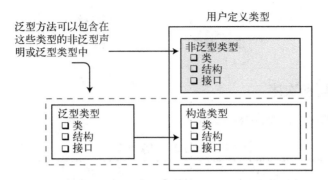

图 18-10   泛型方法可以声明在泛型类型和非泛型类型中

18.5.1   声明泛型方法

泛型方法具有类型参数列表和可选的约束。

❑ 泛型方法有两个参数列表。

　　■ 封闭在圆括号内的**方法参数**列表。

　　■ 封闭在尖括号内的**类型参数**列表。

❑ 要声明泛型方法，需要：

　　■ 在方法名称之后和方法参数列表之前放置类型参数列表；

　　■ 在方法参数列表后放置可选的约束子句。

```
                 类型参数列表            约束子句

public void PrintData<S, T> (S p, T t) where S: Person
{
...                        方法参数列表
}
```

说明   记住，类型参数列表在方法名称之后，在方法参数列表之前。

18.5.2   调用泛型方法

要调用泛型方法，应该在方法调用时提供类型实参，如下所示：

```
            类型实参

MyMethod<short, int>();
MyMethod<int, long >();
```

图 18-11 演示了一个叫作 *DoStuff* 的泛型方法的声明，它接受两个类型参数。其后是两次方法调用，每使用不同的类型参数。编译器使用每个构造实例产生方法的不同版本，如图 18-11 中右边所示。

```
void DoStuff<T1, T2>( T1 t1, T2 t2 )
{
   T1 someVar  = t1;
   T2 otherVar = t2;
      ...
}
   ...

DoStuff<short, int>(sVal, iVal);

DoStuff<int, long>(iVal, lVal);
```

```
void DoStuff <short,int >(short t1, int t2 ) {
   short someVar  = t1;
   int   otherVar = t2;
      ...
}
```

```
void DoStuff <int,long >(int t1, long t2 ) {
   int   someVar  = t1;
   long  otherVar = t2;
      ...
}
```

图 18-11　有两个实例的泛型方法

推断类型

如果我们为方法传入参数，编译器有时可以从**方法参数**的类型中推断出应用作泛型方法的**类型参数**的类型。这样就可以使方法调用更简单，可读性更强。

例如，下面的代码声明了 MyMethod，它接受了一个与类型参数同类型的方法参数。

```
public void MyMethod <T> (T myVal) { ... }
```
　　　　　　　　　　　↑　　↑
　　　　　　　两个都是 T 类型

如以下代码所示，如果我们使用 int 类型的变量调用 MyMethod，方法调用中的类型参数的信息就多余了，因为编译器可以从方法参数中得知它是 int。

```
int myInt = 5;
MyMethod <int> (myInt);
```
　　　　　　↑　　　　↑
　　　　两个都是 **int**

由于编译器可以从方法参数中推断类型参数，我们可以省略类型参数和调用中的尖括号，如下所示。

```
MyMethod(myInt);
```

18.5.3　泛型方法的示例

如下的代码在一个叫作 Simple 的非泛型类中声明了一个叫作 ReverseAndPrint 的泛型方法。这个方法把任意类型的数组作为其参数。Main 声明了 3 个不同的数组类型，然后使用每一个数组调用方法两次。第一次使用特定数组调用了方法，并显式使用类型参数，而第二次让编译器推断类型。

```
class Simple                                   //非泛型类
{
   static public void ReverseAndPrint<T>(T[] arr)  //泛型方法
   {
      Array.Reverse(arr);
      foreach (T item in arr)                  //使用类型实参 T
         Console.Write( $"{ item.ToString() }, ");
      Console.WriteLine("");
```

```
      }
   }

class Program
{
   static void Main()
   {
      //创建各种类型的数组
      var intArray    = new int[]    { 3, 5, 7, 9, 11 };
      var stringArray = new string[] { "first", "second", "third" };
      var doubleArray = new double[] { 3.567, 7.891, 2.345 };

      Simple.ReverseAndPrint<int>(intArray);          //调用方法
      Simple.ReverseAndPrint(intArray);               //推断类型并调用

      Simple.ReverseAndPrint<string>(stringArray);    //调用方法
      Simple.ReverseAndPrint(stringArray);            //推断类型并调用

      Simple.ReverseAndPrint<double>(doubleArray);    //调用方法
      Simple.ReverseAndPrint(doubleArray);            //推断类型并调用
   }
}
```

这段代码产生了如下的输出：

```
11, 9, 7, 5, 3,
3, 5, 7, 9, 11,
third, second, first,
first, second, third,
2.345, 7.891, 3.567,
3.567, 7.891, 2.345,
```

18.6   扩展方法和泛型类

第 8 章详细介绍了扩展方法，它也可以和泛型类结合使用。它允许我们将类中的静态方法关联到不同的泛型类上，还允许我们像调用类构造实例的实例方法一样来调用方法。

和非泛型类一样，泛型类的扩展方法：

❑ 必须声明为 static；

❑ 必须是静态类的成员；

❑ 第一个参数类型中必须有关键字 this，后面是扩展的泛型类的名字。

如下代码给出了一个叫作 Print 的扩展方法，扩展了叫作 Holder<T> 的泛型类。

```
static class ExtendHolder
{
   public static void Print<T>(this Holder<T> h)
   {
      T[] vals = h.GetValues();
```

```
        Console.WriteLine($"{ vals[0] },\t{ vals[1] },\t{ vals[2] }");
    }
}

class Holder<T>
{
    T[] Vals = new T[3];

    public Holder(T v0, T v1, T v2)
    { Vals[0] = v0; Vals[1] = v1; Vals[2] = v2; }

    public T[] GetValues() { return Vals; }
}

class Program
{
    static void Main(string[] args) {
        var intHolder    = new Holder<int>(3, 5, 7);
        var stringHolder = new Holder<string>("a1", "b2", "c3");
        intHolder.Print();
        stringHolder.Print();
    }
}
```

这段代码产生了如下的输出：

```
3,      5,      7
a1,     b2,     c3
```

18.7 泛型结构

与泛型类相似，泛型结构可以有类型参数和约束。泛型结构的规则和条件与泛型类是一样的。

例如，下面的代码声明了一个叫作 PieceOfData 的泛型结构，它保存和获取一块数据，其中的类型在构建类型时定义。Main 创建了两个构造类型的对象——一个使用 int，而另外一个使用 string。

```
struct PieceOfData<T>                               //泛型结构
{
    public PieceOfData(T value) { _data = value; }
    private T _data;
    public  T Data
    {
        get { return _data; }
        set { _data = value; }
    }
}

class Program
{
```

```
static void Main()                    构造类型
{                              _____↓_____
    var intData   = new PieceOfData<int>(10);
    var stringData = new PieceOfData<string>("Hi there.");
                                            ↑
                                        构造类型
    Console.WriteLine($"intData    = { intData.Data }");
    Console.WriteLine($"stringData = { stringData.Data }");
}
}
```

这段代码产生了如下的输出:

```
intData    = 10
stringData = Hi there.
```

18.8 泛型委托

泛型委托和非泛型委托非常相似,不过类型参数决定了能接受什么样的方法。

❏ 要声明泛型委托,在委托名称之后、委托参数列表之前的尖括号中放置类型参数列表。

```
                         类型参数
                           ↓
delegate R MyDelegate<T, R>( T value );
           ↑                      ↑
         返回类型              委托形参
```

❏ 注意,有两个参数列表:委托形参列表和类型参数列表。

❏ 类型参数的范围包括:

■ 返回类型;

■ 形参列表;

■ 约束子句。

如下代码给出了一个泛型委托的示例。在 Main 中,泛型委托 MyDelegate 使用 string 类型的实参实例化,并且使用 PrintString 方法初始化。

```
delegate void MyDelegate<T>(T value);            //泛型委托

class Simple
{
    static public void PrintString(string s)      //方法匹配委托
    {
        Console.WriteLine( s );
    }

    static public void PrintUpperString(string s)  //方法匹配委托
    {
        Console.WriteLine($"{ s.ToUpper() }");
```

```
    }
}

class Program
{
    static void Main( )
    {
        var myDel =                              //创建委托的实例
            new MyDelegate<string>(Simple.PrintString);
        myDel += Simple.PrintUpperString;        //添加方法

        myDel("Hi There.");                      //调用委托
    }
}
```

这段代码产生了如下的输出：

```
Hi There.
HI THERE.
```

另一个泛型委托示例

C# 的 LINQ 特性大量使用了泛型委托，但在介绍 LINQ 之前，有必要给出另外一个示例。第 20 章会介绍 LINQ 以及更多有关其泛型委托的内容。

如下代码声明了一个叫作 Func 的委托，它接受带有两个形参和一个返回值的方法。方法返回类型被标识为 TR，方法参数类型被标识为 T1 和 T2。

```
                           委托参数类型
                         ↓    ↓        ↓
public delegate TR Func<T1, T2, TR>(T1 p1, T2 p2);  //泛型委托
                  ↑
class Simple      委托返回类型
{
    static public string PrintString(int p1, int p2) //方法匹配委托
    {
        int total = p1 + p2;
        return total.ToString();
    }
}

class Program
{
    static void Main()
    {
        var myDel =                              //创建委托实例
            new Func<int, int, string>(Simple.PrintString);

        Console.WriteLine($"Total: { myDel(15, 13) }");  //调用委托
    }
}
```

这段代码产生了如下的输出：

```
Total: 28
```

18.9　泛型接口

泛型接口允许我们编写形参和接口成员返回类型是泛型类型参数的接口。泛型接口的声明和非泛型接口的声明差不多，但是需要在接口名称之后的尖括号中放置类型参数。

例如，如下代码声明了叫作 IMyIfc 的泛型接口。

❏ 泛型类 Simple 实现了泛型接口。

❏ Main 实例化了泛型类的两个对象，一个是 int 类型，另外一个是 string 类型。

```
              类型参数
                 ↓
interface IMyIfc<T>                    //泛型接口
{
    T ReturnIt(T inValue);
}

         类型参数    泛型接口
            ↓         ↓
class Simple<S> : IMyIfc<S>            //泛型类
{
    public S ReturnIt(S inValue)       //实现泛型接口
    { return inValue; }
}

class Program
{
    static void Main()
    {
        var trivInt    = new Simple<int>();
        var trivString = new Simple<string>();

        Console.WriteLine($"{ trivInt.ReturnIt(5) }");
        Console.WriteLine($"{ trivString.ReturnIt("Hi there.") }");
    }
}
```

这段代码产生了如下的输出：

```
5
Hi there.
```

18.9.1 使用泛型接口的示例

如下示例演示了泛型接口的另外两项能力：

❑ 与其他泛型相似，用不同类型参数实例化的泛型接口的实例是不同的接口；

❑ 我们可以在**非泛型类型**中实现泛型接口。

例如，下面的代码与前面的示例相似，但在这里，Simple 是实现泛型接口的**非泛型类**。其实，它实现了两个 IMyIfc 实例。一个实例使用 int 类型实例化，而另一个使用 string 类型实例化。

```
interface IMyIfc<T>                    //泛型接口
{
   T ReturnIt(T inValue);
}
                源于同一泛型接口的两个不同接口
                      ↓           ↓
class Simple : IMyIfc<int>, IMyIfc<string>   //非泛型类
{
   public int ReturnIt(int inValue)      //实现 int 类型接口
   { return inValue; }

   public string ReturnIt(string inValue)   //实现 string 类型接口
   { return inValue; }
}

class Program
{
   static void Main()
   {
      Simple trivial = new Simple();

      Console.WriteLine($"{ trivial.ReturnIt(5) }");
      Console.WriteLine($"{ trivial.ReturnIt("Hi there.") }");
   }
}
```

这段代码产生了如下的输出：

```
5
Hi there.
```

18.9.2 泛型接口的实现必须唯一

实现泛型类型接口时，必须保证类型实参的组合不会在类型中产生两个重复的接口。

例如，在下面的代码中，Simple 类使用了两个 IMyIfc 接口的实例化。

❑ 第一个是构造类型，使用类型 int 进行实例化。

❑ 第二个有一个类型参数，但不是实参。

对于泛型接口，使用两个相同接口本身并没有错，问题在于这么做会产生一个潜在的冲突，

因为如果把 int 作为类型实参来替代第二个接口中的 S 的话，Simple 可能会有两个相同类型的接口，而这是不允许的。

```
interface IMyIfc<T>
{
    T ReturnIt(T inValue);
}
                    两个接口
               ┌────────  ────────┐
                   ↓        ↓
class Simple<S> : IMyIfc<int>, IMyIfc<S>      //错误
{
    public int ReturnIt(int inValue)          //实现第一个接口
    {
        return inValue;
    }

    public S ReturnIt(S inValue)              //实现第二个接口
    {                                         //如果它不是 int 类型的，
        return inValue;                       //将和第一个接口一样
    }
}
```

说明　泛型接口的名字不会和非泛型冲突。例如，在前面的代码中我们还可以声明一个名为 ImyIfc 的非泛型接口。

18.10　协变和逆变

纵观本章，大家已经看到了，如果你创建泛型类型的实例，编译器会接受泛型类型声明以及类型实参来创建构造类型。但是，大家通常会犯的一个错误就是将派生类型的委托分配给基类型委托的变量。下面来看一下这个主题，这叫作**可变性**（variance）。它分为三种——**协变**（convariance）、**逆变**（contravariance）和**不变**（invariance）。

18.10.1　协变

首先回顾一些已经学过的内容。每一个变量都有一种类型，你可以将派生类型的对象赋值给基类型的变量，这叫作**赋值兼容性**。如下代码演示了赋值兼容性，其中基类是 Animal，Dog 类派生自 Animal 类。在 Main 中，可以看到我们创建了一个 Dog 类型的对象，并且将它赋值给 Animal 类型的变量 a2。

```
class Animal
{ public int NumberOfLegs = 4; }

class Dog : Animal
{ }

class Program
```

```
{
  static void Main( )
  {
    Animal a1 = new Animal( );
    Animal a2 = new Dog( );

    Console.WriteLine($"Number of dog legs: { a2.NumberOfLegs }");
  }
}
```

这段代码产生如下输出：

```
Number of dog legs: 4
```

图 18-12 演示了赋值兼容性。在这幅图中，出现 Dog 及 Animal 对象的方块中同样出现了其基类。

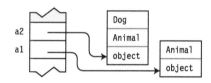

图 18-12　赋值兼容性意味着可以将派生类型的引用赋值给基类变量

现在，我们来看一个更有趣的例子。用下面的方式对代码进行扩展。

❑ 增加一个叫作 Factory 的泛型委托，它接受一个类型参数 T，不接受方法参数，然后返回一个类型为 T 的对象。

❑ 添加一个叫作 MakeDog 的方法，它不接受参数，但是返回一个 Dog 对象。如果我们使用 Dog 作为类型参数的话，这个方法可以匹配 Factory 委托。

❑ Main 的第一行创建一个类型为 delegate Factory<Dog> 的委托对象，并且把它的引用赋值给相同类型的 dogMaker 变量。

❑ 第二行代码尝试把 delegate Factory<Dog> 类型的委托赋值给 delegate Factory<Animal> 类型的 animalMaker 委托类型变量。

但是 Main 的第二行代码会出现一个问题，编译器会产生一个错误消息，提示不能隐式把右边的类型转换为左边的类型。

```
class Animal      { public int Legs = 4; }   //基类
class Dog : Animal { }                        //派生类

delegate T Factory<T>( );          ← Factory 委托

class Program
{
  static Dog MakeDog( )            ←匹配 Factory 委托的方法
  {
    return new Dog( );
  }
```

```
static void Main( )
{
    Factory<Dog>     dogMaker    = MakeDog;      ←创建委托对象
    Factory<Animal> animalMaker = dogMaker;      ←尝试赋值委托对象

    Console.WriteLine( animalMaker( ).Legs.ToString( ) );
}
}
```

看上去由派生类型构造的委托应该可以赋值给由基类型构造的委托,那么编译器为什么会给出这个错误消息呢?难道赋值兼容性的原则不成立了?

这个原则成立,但是对于这种情况不适用!问题在于尽管 Dog 是 Animal 的派生类,但是委托 Factory<Dog>没有从委托 Factory<Animal>派生。相反,两个委托对象是同级的,它们都从 delegate 类型派生,后者又派生自 object 类型,如图 18-13 所示。两者之间没有派生关系,因此赋值兼容性不适用。

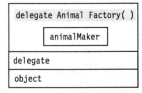
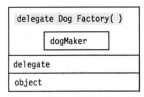

图 18-13   赋值兼容性不适用,因为两个委托没有继承关系

由于在示例代码中,只要我们执行 animalMaker 委托,调用代码就希望返回的是一个 Animal 对象的引用,所以如果返回指向 Dog 对象的引用也应该完全可以,因为根据赋值兼容性,指向 Dog 的引用就是指向 Animal 的引用,但是由于委托类型不匹配,我们不能进行这种赋值,这很糟糕。

再仔细分析一下这种情况,我们可以看到,如果类型参数只用作**输出值**,则同样的情况也适用于任何泛型委托。对于所有这样的情况,我们可以使用由派生类创建的委托类型,这样应该能够正常工作,因为调用代码总是期望得到一个基类的引用,这也正是它会得到的。

仅将派生类型用作输出值与构造委托有效性之间的常数**关系**叫作**协变**。为了让编译器知道这是我们的期望,必须使用 out 关键字标记委托声明中的类型参数。

如果我们通过增加 out 关键字改变本例中的委托声明,代码就可以通过编译了,并且可以正常工作。

```
delegate T Factory<out T>( );
                      ↑
            关键字指定了类型参数的协变
```

图 18-14 演示了本例中的协变组件。

❏ 图左边栈中的变量是 T Factory<out T>()类型的委托,其中类型变量 T 是 Animal 类。
❏ 图右边堆上实际构造的委托是使用 Dog 类的类型变量进行声明的,Dog 派生自 Animal。

❑ 这是可行的，因为在调用委托的时候，调用代码接受 Dog 类型的对象，而不是期望的 Animal 类型的对象。调用代码可以自由地操作对象的 Animal 部分。

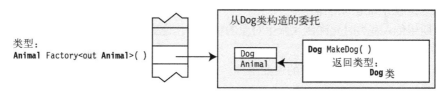

图 18-14　协变关系允许程度更高的派生类型处于返回及输出位置

18.10.2　逆变

现在你已经了解了协变，我们来看一种相关的情况。下面的代码声明了一个叫作 Action1 的委托，它接受一个类型参数，以及一个该类型参数类型的方法参数，且不返回值。

代码还包含了一个叫作 ActOnAnimal 的方法，该方法的签名和 void 返回类型与委托声明相匹配。

Main 的第一行使用 Animal 类型和 ActOnAnimal 方法构建一个委托，其签名和 void 返回类型符合委托声明。但是在第二行，代码尝试把这个委托的引用赋值给一个 Action1<Dog> 委托类型的栈变量 dog1。

```
class Animal { public int NumberOfLegs = 4; }
class Dog : Animal { }

class Program              逆变关键字
{                            ↓
    delegate void Action1<in T>( T a );

    static void ActOnAnimal( Animal a ) { Console.WriteLine( a.NumberOfLegs ); }

    static void Main( )
    {
        Action1<Animal> act1 = ActOnAnimal;
        Action1<Dog>    dog1 = act1;
        dog1( new Dog() );
    }
}
```

这段代码产生如下输出：

```
4
```

和之前的情况相似，默认情况下不可以赋值两种不兼容的类型。但是和之前情况也相似的是，有一些情况可以让这种赋值生效。

其实，如果类型参数只用作委托中方法的输入参数的话就可以了。这是因为即使调用代码传入了一个程度更高的派生类的引用，委托中的方法也只期望一个程度低一些的派生类的引用——当然，它仍然接收并知道如何操作。

这种在期望传入基类时允许传入派生对象的特性叫作**逆变**。可以通过在类型参数中显式使用 in 关键字来使用逆变，如代码所示。

图 18-15 演示了 Main 中第二行的逆变组件。

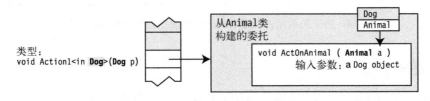

图 18-15　逆变允许更高程度的派生类型作为输入参数

❑ 图左边栈上的变量是 void Action1<in T>(T p) 类型的委托，其类型变量是 Dog 类。

❑ 图右边实际构建的委托使用 Animal 类的类型变量来声明，它是 Dog 类的基类。

❑ 这样可以工作，因为在调用委托的时候，调用代码为方法 ActOnAnimal 传入 Dog 类型的变量，而它期望的是 Animal 类型的对象。方法当然可以像期望的那样自由操作对象的 Animal 部分。

18.10.3　协变和逆变的不同

图 18-16 总结了泛型委托中协变和逆变的不同。

协变

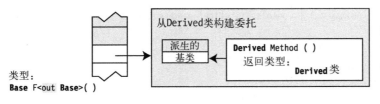

逆变

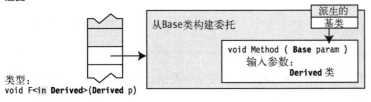

图 18-16　比较协变和逆变

❑ 图 8-16 的上半部分演示了协变。
  ▪ 左边栈上的变量是 F<out T>()类型的委托，类型参数是 Base 类。
  ▪ 在右边实际构建的委托使用 Derived 类的类型变量进行声明，这个类派生自 Base 类。
  ▪ 这样可以工作，因为在调用委托的时候，方法返回指向派生类型的对象的引用，这也是指向基类的引用，即调用代码所期望的。
❑ 图 8-16 的下半部分演示了逆变。
  ▪ 左边栈上的变量是 F<int T>(T p)类型的委托，类型参数是 Derived 类。
  ▪ 在右边实际构建委托的时候，使用 Base 类的类型变量进行声明，这个类是 Derived 类的基类。
  ▪ 这样可以工作，因为在调用委托的时候，调用代码向方法传入了派生类型的对象，方法期望的只是基类型的对象。方法完全可以自由操作对象的基类部分。

18.10.4 接口的协变和逆变

现在你应该已经理解了协变和逆变可以应用到委托上。其实相同的原则也适用于接口，包括在声明接口中使用 out 和 in 关键字。

如下代码演示了为接口使用协变的例子。关于代码，需要注意以下几点。

❑ 代码使用类型参数 T 声明了泛型接口。out 关键字指定了类型参数是协变的。
❑ 泛型类 SimpleReturn 实现了泛型接口。
❑ 方法 DoSomething 演示了方法如何接受一个**接口**作为参数。这个方法接受由 Animal 类型构建的泛型接口 IMyIfc 作为参数。

代码的工作方式如下。

❑ Main 的前两行代码使用 Dog 类创建并初始化了泛型类 SimpleReturn 的构造实例。
❑ 下面一行把这个对象赋给栈上的一个变量，这个变量声明为构建的接口类型 IMyIfc <Animal>，对于这个声明注意以下两点。
  ▪ 赋值左边的类型是接口而不是类。
  ▪ 尽管接口类型不完全匹配，但是编译器允许这种赋值，因为在接口声明中定义了 out 协变标识符。
❑ 最后，代码使用实现接口的构造协变类调用了 DoSometing 方法。

```
class Animal { public string Name; }
class Dog: Animal{ };
                协变关键字
                    ↓
interface IMyIfc<out T>
{
    T GetFirst();
}

class SimpleReturn<T>: IMyIfc<T>
{
```

```
    public T[] items = new T[2];
    public T GetFirst() { return items[0]; }
}

class Program
{
    static void DoSomething(IMyIfc<Animal> returner)
    {
        Console.WriteLine( returner.GetFirst().Name );
    }

    static void Main( )
    {
        SimpleReturn<Dog> dogReturner = new SimpleReturn<Dog>();
        dogReturner.items[0] = new Dog() { Name = "Avonlea" };

        IMyIfc<Animal> animalReturner = dogReturner;

        DoSomething(dogReturner);
    }
}
```

这段代码产生如下输出:

```
Avonlea
```

18.10.5 关于可变性的更多内容

之前的两节解释了显式的协变和逆变。还有一种情况,编译器可以自动识别某个已构建的委托是协变还是逆变并且自动进行类型强制转换。这通常发生在没有为对象的类型赋值的时候,如下代码演示了一个例子。

Main 的第一行代码用返回类型是 Dog 对象而不是 Animal 对象的方法,创建了 Factory<Animal> 类型的委托。在 Main 创建委托的时候,赋值运算符右边的方法名还不是委托对象,因此还没有委托类型。此时,编译器可以判定这个方法符合委托的类型,除非其返回类型是 Dog 而不是 Animal。不过编译器很聪明,可以明白这是协变关系,然后创建构造类型并且把它赋值给变量。

比较 Main 第三行和第四行的赋值。对于这些情况,等号右边的表达式已经是委托了,因此具有委托类型。因此需要在委托声明中包含 out 标识符来通知编译器允许协变。

```
class Animal { public int Legs = 4; }              //基类
class Dog : Animal { }                             //派生类

class Program
{
    delegate T Factory<out T>();

    static Dog MakeDog() { return new Dog(); }

    static void Main()
```

```
    {
        Factory<Animal> animalMaker1 = MakeDog;        //隐式强制转换

        Factory<Dog>     dogMaker     = MakeDog;
        Factory<Animal> animalMaker2 = dogMaker;        //需要 out 标识符

        Factory<Animal> animalMaker3
                    = new Factory<Dog>(MakeDog);        //需要 out 标识符
    }
}
```

有关可变性的其他一些重要事项如下。

❑ 你已经看到了，可变性处理的是可以使用基类型替换派生类型的安全情况，反之亦然。因此可变性只适用于引用类型，因为不能从值类型派生其他类型。

❑ 使用 in 和 out 关键字的显式变化只适用于委托和接口，不适用于类、结构和方法。

❑ 不包括 in 和 out 关键字的委托和接口类型参数是**不变**的。这些类型参数不能用于协变或逆变。

```
                         逆变
                          ↓
delegate T Factory<out R, in S, T>( );
                    ‾‾‾‾        ↑
                     ↑
                    协变       不变
```

枚举器和迭代器

19

19.1　枚举器和可枚举类型

在第 13 章中，我们已经知道可以使用 foreach 语句来遍历数组中的元素。本章会进一步探讨数组，看看为什么它们可以被 foreach 语句处理。我们还会研究如何用迭代器为用户自定义的类增加这个功能。

使用 foreach 语句

当为数组使用 foreach 语句时，这个语句为我们依次取出了数组中的每一个元素，允许我们读取它的值。例如，如下的代码声明了一个有 4 个元素的数组，然后使用 foreach 来循环打印这些项的值：

```
int[] arr1 = { 10, 11, 12, 13 };              //定义数组

foreach (int item in arr1)                    //枚举元素
    Console.WriteLine($"Item value: { item }");
```

这段代码产生了如下的输出：

```
Item value:  10
Item value:  11
Item value:  12
Item value:  13
```

为什么数组可以这么做？原因是数组可以按需提供一个叫作**枚举器**（enumerator）的对象。枚举器可以依次返回请求的数组中的元素。枚举器"知道"项的次序并且跟踪它在序列中的位置，然后返回请求的当前项。

对于有枚举器的类型而言，必须有一种方法来获取它。获取对象枚举器的方法是调用对象的 GetEnumerator 方法。实现 GetEnumerator 方法的类型叫作**可枚举类型**（enumerable type 或 enumerable）。数组是可枚举类型。

图 19-1 演示了可枚举类型和枚举器之间的关系。

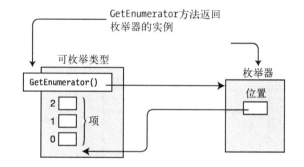

图 19-1　枚举器和可枚举类型概览

foreach 结构设计用来和可枚举类型一起使用。只要给它的遍历对象是可枚举类型，比如数组，它就会执行如下行为：

❑ 通过调用 GetEnumerator 方法获取对象的枚举器；

❑ 从枚举器中请求每一项并且把它作为**迭代变量**（iteration variable），代码可以读取该变量但不可以改变。

```
                    必须是可枚举类型
                         ↓
foreach( Type VarName in EnumerableObject )
{
    ...
}
```

19.2   IEnumerator 接口

实现了 IEnumerator 接口的枚举器包含 3 个函数成员：Current、MoveNext 以及 Reset。

❑ Current 是返回序列中当前位置项的属性。

  ■ 它是只读属性。

  ■ 它返回 object 类型的引用，所以可以返回任何类型的对象。

❑ MoveNext 是把枚举器位置前进到集合中下一项的方法。它也返回布尔值，指示新的位置是有效位置还是已经超过了序列的尾部。

  ■ 如果新的位置是有效的，方法返回 true。

  ■ 如果新的位置是无效的（比如当前位置到达了尾部），方法返回 false。

  ■ 枚举器的原始位置在序列中的第一项之前，因此 MoveNext 必须在第一次使用 Current 之前调用。

❑ Reset 是把位置重置为原始状态的方法。

图 19-2 左边显示了 3 个项的集合，右边显示了枚举器。在图 19-2 中，枚举器是一个叫作 ArrEnumerator 类的实例。

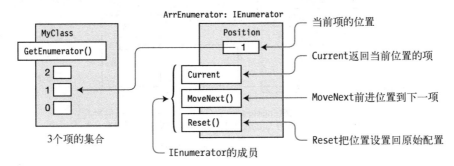

图 19-2　小集合的枚举器

枚举器跟踪序列中当前项的方式完全取决于实现。可以通过对象引用、索引值或其他方式来实现。对于内置的一维数组来说，就使用项的索引。

图 19-3 演示了有 3 个项的集合的枚举器的状态。这些状态标记了 1 到 5。

❑ 注意，在状态 1 中，枚举器的原始位置是 –1（也就是在集合的第一个元素之前）。

❑ 状态的每次切换都由 MoveNext 进行，它提升了序列中的位置。在状态 1 和状态 4 之间，每次调用 MoveNext 都返回 true，然而，在从状态 4 到状态 5 的切换中，位置最终超过了集合的最后一项，所以方法返回 false。

❑ 在最后一个状态中，进一步调用 MoveNext 总是会返回 false。如果调用 Curreut，会抛出异常。

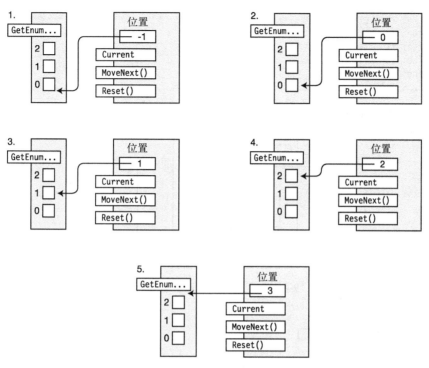

图 19-3　枚举器状态

　　有了集合的枚举器，我们就可以使用 MoveNext 和 Current 成员来模仿 foreach 循环遍历集合中的项。例如，我们已经知道了数组是可枚举类型，所以下面的代码**手动**做 foreach 语句**自动**做的事情。事实上，在编写 foreach 循环的时候，C#编译器将生成与下面十分类似的代码（当然，是以 CIL 的形式）。

```
static void Main()
{
    int[] arr1 = { 10, 11, 12, 13 };              //创建数组
                        获取并存储枚举器
                              ↓
    IEnumerator ie = arr1.GetEnumerator();
            移到下一项
              ↓
    while ( ie.MoveNext() )
    {                    获取当前项
                           ↓
        int item = (int) ie.Current;
        Console.WriteLine($"Item value: { item }");        //输出
    }
}
```

这段代码产生了如下的输出，与使用内嵌的 foreach 语句的结果一样：

```
Item value: 10
Item value: 11
Item value: 12
Item value: 13
```

图 19-4 演示了代码示例中的数组结构。

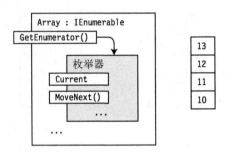

图 19-4　.NET 数组类实现了 IEnumerable

19.3　IEnumerable 接口

可枚举类是指实现了 IEnumerable 接口的类。IEnumerable 接口只有一个成员——GetEnumerator 方法，它返回对象的枚举器。

图 19-5 演示了一个有 3 个枚举项的类 MyClass，通过实现 GetEnumerator 方法来实现 IEnumerable 接口。

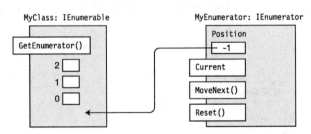

图 19-5　GetEnumerator 方法返回类的一个枚举器对象

如下代码演示了可枚举类的声明形式：

```
using System.Collections;
            实现 IEnumerable 接口
                    ↓
class MyClass : IEnumerable
{
    public IEnumerator GetEnumerator { ... }
    ...        ↑
}      返回 IEnumerator 类型的对象
```

下面的代码给出了一个可枚举类的示例,使用实现了 IEnumerator 的枚举器类 ColorEnumerator。我们将在下一节展示 ColorEnumerator 的实现。

```
using System.Collections;

class MyColors: IEnumerable
{
    string[] Colors = { "Red", "Yellow", "Blue" };

    public IEnumerator GetEnumerator()
    {
        return new ColorEnumerator(Colors);
    }
}                        ↑
                    枚举器类的实例
```

使用 IEnumerable 和 IEnumerator 的示例

下面的代码展示了一个可枚举类的完整示例,该类叫作 Spectrum,它的枚举器类为 Color-Enumerator。Program 类在 Main 方法中创建了一个 Spectrum 实例,并用于 foreach 循环。

```
using System;
using System.Collections;

class ColorEnumerator : IEnumerator
{
    string[] colors;
    int      position = -1;

    public ColorEnumerator( string[] theColors )         //构造函数
    {
        colors = new string[theColors.Length];
        for ( int i = 0; i < theColors.Length; i++ )
            colors[i] = theColors[i];
    }

    public object Current                                 //实现 Current
    {
        get
        {
            if ( position == -1 )
                throw new InvalidOperationException();
            if ( position >= _colors.Length )
                throw new InvalidOperationException();

            return colors[position];
        }
    }

    public bool MoveNext()                                //实现 MoveNext
    {
        if ( position < _colors.Length - 1 )
        {
```

```
            position++;
            return true;
        }
        else
            return false;
    }

    public void Reset()                                //实现 Reset
    {
        position = -1;
    }
}
class Spectrum : IEnumerable
{
    string[] Colors = { "violet", "blue", "cyan", "green", "yellow", "orange", "red" };

    public IEnumerator GetEnumerator()
    {
        return new ColorEnumerator( Colors );
    }
}

class Program
{
    static void Main()
    {
        Spectrum spectrum = new Spectrum();
        foreach ( string color in spectrum )
            Console.WriteLine( color );
    }
}
```

这段代码产生了如下的输出：

```
violet
blue
cyan
green
yellow
orange
red
```

19.4   泛型枚举接口

目前我们描述的枚举接口都是非泛型版本。实际上，在大多数情况下你应该使用泛型版本 IEnumerable<T>和 IEnumerator<T>。它们叫作泛型是因为使用了 C#泛型（参见第 18 章），其使用方式和非泛型形式差不多。

两者之间的本质差别如下所示。

- ❑ 对于非泛型接口形式：
  - ■ IEnumerable 接口的 GetEnumerator 方法返回实现 IEnumerator 的枚举器类实例；
  - ■ 实现 IEnumerator 的类实现了 Current 属性，它返回 object 类型的引用，然后我们必须把它转化为对象的实际类型。
- ❑ 泛型接口继承自非泛型接口。对于泛型接口形式：
  - ■ IEnumerable<T>接口的 GetEnumerator 方法返回实现 IEnumator<T>的枚举器类的实例；
  - ■ 实现 IEnumerator<T>的类实现了 Current 属性，它返回实际类型的实例，而不是 object 基类的引用。
  - ■ 这些是协变接口，所以它们的实际声明就是 IEnumerable<out T>和 IEnumerator<out T>。正如第 18 章中讲的那样，这意味着实现这些接口的对象可以是派生的类型。

需要重点注意的是，我们目前所看到的非泛型接口的实现不是类型安全的。它们返回 object 类型的引用，然后必须转化为实际类型。

而**泛型接口**的枚举器是类型安全的，它返回实际类型的引用。如果要创建自己的可枚举类，应该实现这些泛型接口。非泛型版本可用于 C# 2.0 以前没有泛型的遗留代码。

尽管泛型版本和非泛型版本一样简单易用，但其结构略显复杂。图 19-6 和图 19-7 展示了它们的结构。

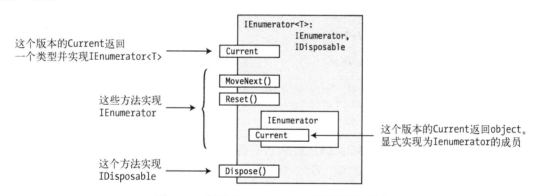

图 19-6　实现 IEnumerator<T>接口的类的结构

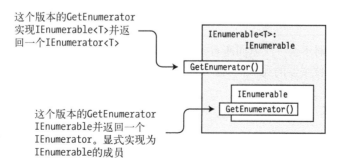

图 19-7　实现 IEnumerable<T>接口的类的结构

19.5   迭代器

可枚举类和枚举器在.NET 集合类中被广泛使用,所以熟悉它们如何工作很重要。不过,虽然我们已经知道如何创建自己的可枚举类和枚举器了,但我们还是会很高兴听到,C#从 2.0 版本开始提供了更简单的创建枚举器和可枚举类型的方式。实际上,编译器将为我们创建它们。这种结构叫作**迭代器**(iterator)。我们可以把手动编码的可枚举类型和枚举器替换为由迭代器生成的可枚举类型和枚举器。

在解释细节之前,先来看两个示例。下面的方法声明实现了一个产生并返回枚举器的迭代器。

❑ 迭代器返回一个泛型枚举器,该枚举器返回 3 个 string 类型的项。

❑ yield return 语句声明这是枚举中的下一项。

```
                返回泛型枚举器,它返回的是字符串对象
                ───────────────────┐
                                    ↓
public IEnumerator<string> BlackAndWhite()               //版本 1
{
   yield return "black";                                 //yield return
   yield return "gray";                                  //yield return
   yield return "white";                                 //yield return
}
```

下面的方法声明了另一个版本,并输出了相同的结果:

```
                    返回泛型枚举器,它返回的是字符串对象
                    ───────────────────┐
                                        ↓
public IEnumerator<string> BlackAndWhite()               //版本 2
{
   string[] theColors = { "black", "gray", "white" };
   for (int i = 0; i < theColors.Length; i++)
      yield return theColors[i];                          //yield return
}
```

到现在为止,我们还没有解释过 yield return 语句。但是如果仔细看代码,你可能会觉得代码有一些奇怪。它好像不是很正确,那么 yield return 语句究竟做了什么呢?

例如,在第一个版本中,如果方法在第一个 yield return 语句处返回,那么后两条语句永远不会到达。如果没有在第一条语句中返回,而是继续后面的代码,在这些值上发生了什么呢?在第二个版本中,如果循环主体中的 yield return 语句在第一个迭代中返回,循环永远不会开始后续迭代。

除此之外,枚举器不会一次返回所有元素——每次访问 Current 属性时返回一个新值。那么这是怎么为我们实现枚举器的呢?很明显,该代码与之前给出的代码不同。

19.5.1   迭代器块

迭代器块是有一个或多个 yield 语句的代码块。下面 3 种类型的代码块中的任意一种都可以是迭代器块:

□ 方法主体；
□ 访问器主体；
□ 运算符主体。

迭代器块与其他代码块不同。其他块包含的语句被当作是**命令式**的。也就是说，先执行代码块的第一个语句，然后执行后面的语句，最后控制离开块。

另一方面，迭代器块不是需要在同一时间执行的一串命令式命令，而是声明性的，它描述了希望编译器为我们创建的枚举器类的行为。迭代器块中的代码描述了如何枚举元素。

迭代器块有两个特殊语句。

□ `yield return` 语句指定了序列中要返回的下一项。

□ `yield break` 语句指定在序列中没有其他项。

编译器得到有关如何枚举项的描述后，使用它来构建包含所有需要的方法和属性实现的枚举器类。产生的类被嵌套包含在声明迭代器的类中。

如图 19-8 所示，根据迭代器块的返回类型，你可以让迭代器产生枚举器或可枚举类型。

```
public IEnumerator<string> IteratorMethod()
{
    ...
    yield return ...;
}
```
产生枚举器的迭代器

```
public IEnumerable<string> IteratorMethod()
{
    ...
    yield return ...;
}
```
产生可枚举类型的迭代器

图 19-8 根据指定的返回类型，可以让迭代器产生枚举器或可枚举类型

19.5.2 使用迭代器来创建枚举器

下面的代码演示了如何使用迭代器来创建可枚举类。

□ BlackAndWhite 方法是一个迭代器块，可以为 MyClass 类产生返回枚举器的方法。

□ MyClass 还实现了 GetEnumerator 方法，它调用 BlackAndWhite 并且返回 BlackAndWhite 返回的枚举器。

□ 注意，在 Main 方法中，由于 MyClass 类实现了 GetEnumerator，是可枚举类型，所以我们在 foreach 语句中直接使用了该类的实例。它不检查接口，只检查接口的实现。

```
class MyClass
{
    public IEnumerator<string> GetEnumerator()
    { return BlackAndWhite(); }                //返回枚举器
                  返回枚举器
                ↓
    public IEnumerator<string> BlackAndWhite()  //迭代器
    {
        yield return "black";
        yield return "gray";
```

```
            yield return "white";
        }
    }

    class Program
    {
        static void Main()
        {
            MyClass mc = new MyClass();
                          使用 MyClass 的实例
                                 ↓
            foreach (string shade in mc)
                Console.WriteLine(shade);
        }
    }
```

这段代码产生了如下的输出：

```
black
gray
white
```

图 19-9 在左边演示了 MyClass 的代码，在右边演示了产生的对象。注意编译器为我们自动做了多少工作。

❑ 图中左边的迭代器代码演示了它的返回类型是 IEnumerator<string>。

❑ 图中右边演示了它有一个嵌套类实现了 IEnumerator<string>。

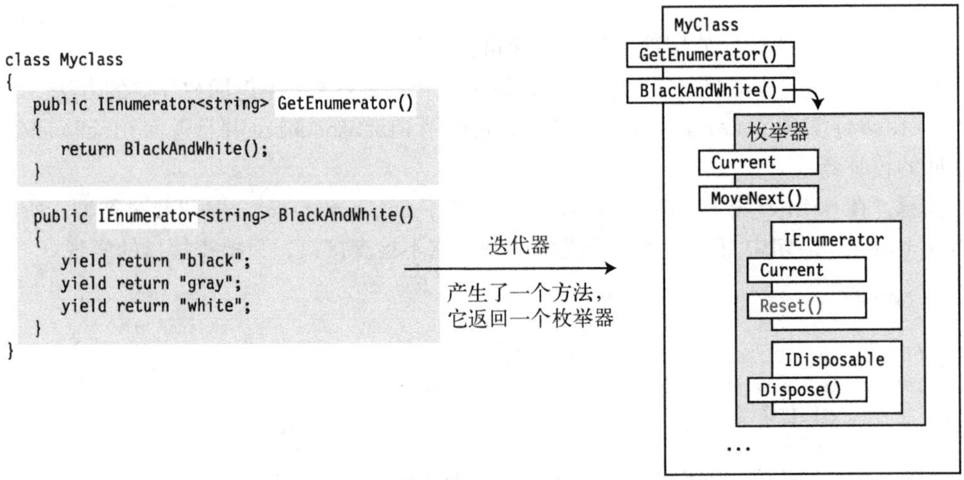

图 19-9　迭代器块产生了枚举器

19.5.3 使用迭代器来创建可枚举类型

之前的示例创建的类包含两部分：产生返回枚举器方法的迭代器以及返回枚举器的 GetEnumerator 方法。在本节的例子中，我们用迭代器来创建**可枚举类型**，而不是**枚举器**。与之前的示例相比，本例有一些重要的不同。

- ❏ 在之前的示例中，BlackAndWhite 迭代器方法返回 IEnumerator<string>，MyClass 类通过返回由 BlackAndWhite 创建的对象来实现 GetEnumerator 方法。

- ❏ 在本例中，BlackAndWhite 迭代器方法返回 IEnumerable<string>而不是 Ienumerator<string>。因此，MyClass 首先调用 BlackAndWhite 方法获取它的可枚举类型对象，然后调用对象的 GetEnumerator 方法来获取它的结果，从而实现 GetEnumerator 方法。

- ❏ 注意，在 Main 的 foreach 语句中，我们可以使用类的实例，也可以直接调用 BlackAndWhite 方法，因为它返回的是可枚举类型。两种方法如下：

```
class MyClass
{
   public IEnumerator<string> GetEnumerator()
   {
      IEnumerable<string> myEnumerable = BlackAndWhite(); //获取可枚举类型
      return myEnumerable.GetEnumerator();                //获取枚举器
   }              返回可枚举类型
                       ↓
   public IEnumerable<string> BlackAndWhite()
   {
      yield return "black";
      yield return "gray";
      yield return "white";
   }
}

class Program
{
   static void Main()
   {
      MyClass mc = new MyClass();
                        使用类对象
                           ↓
      foreach (string shade in mc)
         Console.Write($"{ shade }  ");
                            使用类枚举器方法
                               ↓
      foreach (string shade in mc.BlackAndWhite())
         Console.Write($"{ shade }  ");
   }
}
```

这段代码产生了如下的输出：

```
black  gray  white  black  gray  white
```

图 19-10 演示了代码中的可枚举迭代器产生的泛型可枚举类型。

❑ 图中左边的迭代器代码演示了它的返回类型是 IEnumerable<string>。

❑ 图中右边演示了它有一个嵌套类实现了 IEnumerator<string> 和 IEnumerable<string>。

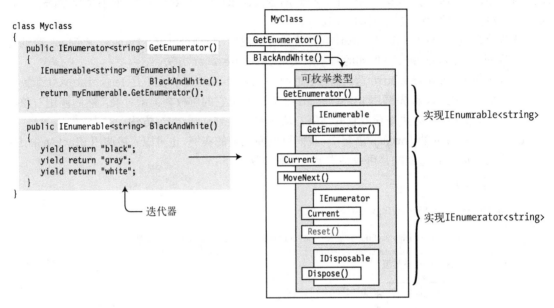

图 19-10   编译器生成的类是可枚举类型并且返回一个枚举器。编译器还生成了方法
BlackAndWhite，它返回可枚举对象

19.6   常见迭代器模式

前面两节的内容显示了我们可以创建迭代器来返回**可枚举类型**或**枚举器**。图 19-11 总结了如何使用常见的迭代器模式。

❑ 当我们实现返回枚举器的迭代器时，必须通过实现 GetEnumerator 来让**类可枚举**，它返回由迭代器返回的枚举器，如图 19-11 中左半部分所示。

❑ 在类中实现返回可枚举类型的迭代器时，我们可以让类实现 GetEnumerator 来让类本身可枚举，或不实现 GetEnumerator，让类不可枚举。

  ■ 如果实现 GetEnumerator，让它调用迭代器方法以获取自动生成的实现 IEnumerable 的类实例。然后，从 IEnumerable 对象返回由 GetEnumerator 创建的枚举器，如图 19-11 右边所示。

  ■ 如果通过不实现 GetEnumerator 使类本身不可枚举，仍然可以使用由迭代器返回的可枚举类，只需要直接调用迭代器方法，如图 19-11 中右边第二个 foreach 语句所示。

```
class MyClass                              class MyClass
{                                          {
  public IEnumerator<string> GetEnumerator()   public IEnumerator<string> GetEnumerator()
  {                                          {
    return IteratorMethod();                   return IteratorMethod().GetEnumerator();
  }                                          }


  public IEnumerator<string> IteratorMethod()  public IEnumerable<string> IteratorMethod()
  {                                          {
     ...                                        ...
    yield return ...;                          yield return ...;
  }                                          }
}                                          }
  ...                                        ...

Main                                       Main
{                                          {
  MyClass mc = new MyClass();                MyClass mc = new MyClass();

  foreach( string x in mc )                  foreach( string x in mc )
    ...                                        ...

                                             foreach( string x in mc.IteratorMethod() )
                                               ...
```

枚举器的迭代器模式   可枚举类型的迭代器模式

图 19-11 常见迭代器模式

19.7 产生多个可枚举类型

在下面的示例中，Spectrum 类有两个可枚举类型的迭代器——一个从紫外线到红外线枚举光谱中的颜色，而另一个以逆序进行枚举。注意，尽管它有两个方法返回可枚举类型，但类本身不是可枚举类型，因为它没有实现 GetEnumerator。

```
using System;
using System.Collections.Generic;

class Spectrum
{
   string[] colors = { "violet", "blue", "cyan", "green", "yellow", "orange", "red" };
              返回一个可枚举类型
                    ↓
   public IEnumerable<string> UVtoIR()
   {
      for ( int i=0; i < colors.Length; i++ )
         yield return colors[i];
   }
              返回一个可枚举类型
                    ↓
   public IEnumerable<string> IRtoUV()
   {
      for ( int i=colors.Length - 1; i >= 0; i-- )
         yield return colors[i];
```

```
      }
   }

   class Program
   {
      static void Main()
      {
         Spectrum spectrum = new Spectrum();

         foreach ( string color in spectrum.UVtoIR() )
            Console.Write($"{ color }  " );
         Console.WriteLine();

         foreach ( string color in spectrum.IRtoUV() )
            Console.Write($"{ color }  " );
         Console.WriteLine();
      }
   }
```

这段代码产生了如下的输出：

```
violet  blue  cyan  green  yellow  orange  red
red  orange  yellow  green  cyan  blue  violet
```

19.8　将迭代器作为属性

之前的示例使用迭代器来产生具有两个可枚举类型的类。本例演示两个方面的内容：第一，使用迭代器来产生具有两个枚举器的类；第二，演示迭代器如何能实现为**属性**而不是方法。

这段代码声明了两个属性来定义两个不同的枚举器。GetEnumerator 方法根据_listFromUVtoIR 布尔变量的值返回两个枚举器中的一个。如果_listFromUVtoIR 为 true，则返回 UVtoIR 枚举器；否则，返回 IRtoUV 枚举器。

```
using System;
using System.Collections.Generic;

class Spectrum {
   bool _listFromUVtoIR;

   string[] colors = { "violet", "blue", "cyan", "green", "yellow", "orange", "red" };

   public Spectrum( bool listFromUVtoIR )
   {
      _listFromUVtoIR = listFromUVtoIR;
   }

   public IEnumerator<string> GetEnumerator()
   {
      return _listFromUVtoIR
```

```
                         ? UVtoIR
                         : IRtoUV;
      }

      public IEnumerator<string> UVtoIR
      {
         get
         {
            for ( int i=0; i < colors.Length; i++ )
               yield return colors[i];
         }
      }

      public IEnumerator<string> IRtoUV
      {
         get
         {
            for ( int i=colors.Length - 1; i >= 0; i-- )
               yield return colors[i];
         }
      }
   }
}

class Program
{
   static void Main()
   {
      Spectrum startUV = new Spectrum( true );
      Spectrum startIR = new Spectrum( false );

      foreach ( string color in startUV )
         Console.Write($"{ color }  " );
      Console.WriteLine();

      foreach ( string color in startIR )
         Console.Write($"{ color }  " );
      Console.WriteLine();
   }
}
```

这段代码产生了如下的输出：

```
violet  blue  cyan  green  yellow  orange  red
red  orange  yellow  green  cyan  blue  violet
```

19.9 迭代器的实质

如下是需要了解的有关迭代器的其他重要事项。

❑ 迭代器需要 System.Collections.Generic 命名空间，因此我们需要使用 using 指令引入它。

❑ 在编译器生成的枚举器中，不支持 Reset 方法。它是接口需要的方法，所以实现了它，但调用时总是抛出 System.NotSupportedException 异常。注意，在图 19-9 中 Reset 方法显示为灰色。

在后台，由编译器生成的枚举器类是包含 4 个状态的状态机。

❑ Before　首次调用 MoveNext 之前的初始状态。

❑ Running　调用 MoveNext 后进入这个状态。在这个状态中，枚举器检测并设置下一项的位置。在遇到 yield return、yield break 或在迭代器体结束时，退出状态。

❑ Suspended　状态机等待下次调用 MoveNext 的状态。

❑ After　没有更多项可以枚举的状态。

如果状态机在 Before 或 Suspended 状态时调用了 MoveNext 方法，就转到了 Running 状态。在 Running 状态中，它检测集合的下一项并设置位置。

如果有更多项，状态机会转入 Suspended 状态；如果没有更多项，它转入并保持在 After 状态。图 19-12 演示了这个状态机。

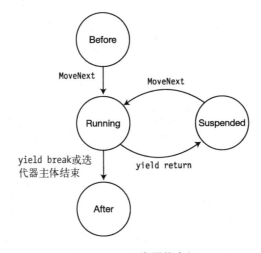

图 19-12　迭代器状态机

第 20 章

LINQ

20

本章内容
- ❑ 什么是 LINQ
- ❑ LINQ 提供程序
- ❑ 方法语法和查询语法
- ❑ 查询变量
- ❑ 查询表达式的结构
- ❑ 标准查询运算符
- ❑ LINQ to XML

20.1 什么是 LINQ

在关系型数据库系统中，数据被放入规范化的表中，并且通过简单而又强大的语言 SQL 来进行访问。SQL 可以访问数据库中的任何数据，因为数据被放入表中，并遵从一些严格的规则。

然而，与数据库相反，在程序中，数据被保存在差异很大的类对象或结构中。因此，没有通用的查询语言来从数据结构中获取数据。从对象获取数据的方法一直是作为程序的一部分专门设计的。然而使用 LINQ 可以很轻松地查询对象集合。

如下是 LINQ 的重要高级特性。

- ❑ LINQ（发音为 link）代表**语言集成查询**（Language Integrated Query）。
- ❑ LINQ 是.NET 框架的扩展，它允许我们以使用 SQL 查询数据库的类似方式来查询数据集合。
- ❑ 使用 LINQ，你可以从数据库、对象集合以及 XML 文档等中查询数据。

如下代码演示了一个简单的使用 LINQ 的示例。在这段代码中，被查询的数据源是简单的 int 数组。查询的定义就是带有 from 和 select 关键字的语句。尽管查询在语句中**定义**，但直到最后的 foreach 语句请求其结果的时候才会执行。

```
static void Main()
{
    int[] numbers = { 2, 12, 5, 15 };          //数据源

    IEnumerable<int> lowNums =                  //定义并存储查询
```

```
                            from n in numbers
                            where n < 10
                            select n;

    foreach (var x in lowNums)                      //执行查询
        Console. Write($"{ x }, ");
}
```

这段代码产生了如下的输出：

```
2, 5,
```

20.2 LINQ 提供程序

在之前的示例中，数据源只是 int 数组，它是程序在内存中的对象。然而，LINQ 还可以查询各种类型的数据源，比如 SQL 数据库、XML 文档，等等。然而，对于每一种数据源类型，一定有根据该数据源类型实现 LINQ 查询的代码模块。这些代码模块叫作 **LINQ 提供程序**（provider）。有关 LINQ 提供程序的要点如下。

❑ 微软为一些常见的数据源类型提供了 LINQ 提供程序，如图 20-1 所示。

❑ 可以使用任何支持 LINQ 的语言（在这里是 C#）来查询有 LINQ 提供程序的数据源类型。

❑ 第三方在不断提供针对各种数据源类型的 LINQ 提供程序。

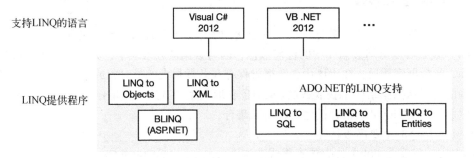

图 20-1　LINQ 的体系结构，支持 LINQ 的语言以及 LINQ 提供程序

有很多介绍 LINQ 的各种形式和细节的专著，毫无疑问，这些内容超过了本章讨论的范围。本章会介绍 LINQ 并解释如何将其用于程序对象（LINQ to Object）和 XML（LINQ to XML）。

匿名类型

在介绍 LINQ 查询特性的细节之前，首先学习一个允许我们创建无名类类型的特性。不足为奇，这些类型叫作**匿名类型**（anonymous type）。匿名类型经常用于 LINQ 查询的结果之中。

第 7 章介绍了**对象初始化语句**，它允许我们在使用对象创建表达式时初始化新类实例的字段和属性。只是提醒一下，这种形式的对象创建表达式由三部分组成：new 关键字、类名或构造函数以及对象初始化语句。对象初始化语句在一组大括号内包含了以逗号分隔的成员初始化语句列表。

创建匿名类型的变量使用相同的形式，但是没有类名和构造函数。如下的代码行演示了匿名类型的对象创建表达式：

```
         没有类名              匿名对象初始化语句
           ↓                      ↓
new  { FieldProp = InitExpr, FieldProp = InitExpr, ...}
                  ↑                    ↑
           成员初始化语句        成员初始化语句
```

如下代码给出了一个创建和使用匿名类型的示例。它创建了一个叫作 student 的变量，这是一个有两个 string 属性和一个 int 属性的匿名类型。注意，在 WriteLine 语句中，可以像访问具名类型的成员那样访问实例的成员。

```
static void Main( )
{
    var student = new {Name="Mary Jones", Age=19, Major="History"};
      ↑                                    ↑
  必须使用 var                        匿名对象初始化语句

    Console.WriteLine($"{student.Name}, Age {student.Age}, Major: {student.Major}");
}
```

这段代码产生了如下的输出：

```
Mary Jones, Age 19, Major: History
```

需要了解的有关匿名类型的重要事项如下。

❏ 匿名类型只能用于局部变量，不能用于类成员。

❏ 由于匿名类型没有名字，我们必须使用 var 关键字作为变量类型。

❏ 不能设置匿名类型对象的属性。编译器为匿名类型创建的属性是只读的。

当编译器遇到匿名类型的对象初始化语句时，它用它构造的一个私有名称创建一个新类类型。对于每一个成员初始化语句，它推断其类型并创建一个只读属性来访问它的值。属性和成员初始化语句具有相同的名字。匿名类型被构造后，编译器创建这个类型的对象。

除了对象初始化语句的赋值形式，匿名类型的对象初始化语句还有其他两种形式：简单标识符和成员访问表达式。这两种形式叫作**投影初始化语句**（projection initializer）。下面的变量声明演示了所有的 3 种形式。第一个成员初始化语句是赋值形式，第二个是成员访问表达式，第三个是标识符形式。

```
var student = new { Age = 19, Other.Name, Major };
```

例如，如下代码使用了所有的 3 种类型。注意，投影初始化语句必须定义在匿名类型声明之前。Major 是一个局部变量，Name 是 Other 类的静态字段。

```
class Other
{
    static public string Name = "Mary Jones";
}

class Program
{
    static void Main()
    {
        string Major = "History";
        var student = new { Age = 19, Other.Name, Major};
        Console.WriteLine($"{student.Name }, Age {student.Age }, Major: {student.Major}");
    }
}
```

赋值形式   标识符

成员访问

这段代码产生了如下的输出：

Mary Jones, Age 19, Major: History

刚才演示的投影初始化语句形式和这里给出的赋值形式的结果一样：

var student = new { Age = Age, Name = Other.Name, Major = Major};

如果编译器遇到了另一个具有相同的参数名、相同的推断类型和相同顺序的匿名类型对象初始化语句，它会重用这个类型并直接创建新的实例，不会创建新的匿名类型。

20.3   方法语法和查询语法

我们在写 LINQ 查询时可以使用两种形式的语法：查询语法和方法语法。

❑ **方法语法**（method syntax）使用标准的方法调用。这些方法是一组叫作标准查询运算符的方法，本章稍后会介绍。

❑ **查询语法**（query syntax）看上去和 SQL 语句很相似，使用查询表达式形式书写。

❑ 在一个查询中可以组合两种形式。

查询语法是**声明式**（declarative）的，也就是说，查询描述的是你想返回的东西，但并没有指明如何执行这个查询。方法语法是**命令式**（imperative）的，它指明了查询方法调用的顺序。C#编译器会将使用查询语法表示的查询翻译为方法调用的形式。这两种形式在运行时没有性能上的差异。

微软推荐使用查询语法，因为它更易读，能更清晰地表明查询意图，因此也更不容易出错。然而，有一些运算符必须使用方法语法来书写。

如下代码演示了这两种形式以及它们的组合。对于方法语法的那部分代码，注意 Where 方法的参数使用了 Lambda 表达式，第 14 章介绍过。本章后面还会介绍它在 LINQ 中的使用。

```csharp
static void Main( )
   {
      int[] numbers = { 2, 5, 28, 31, 17, 16, 42 };

      var numsQuery = from n in numbers            //查询语法
                       where n < 20
                       select n;

      var numsMethod = numbers.Where(N => N < 20);  //方法语法

      int numsCount = (from n in numbers            //两种形式的组合
                       where n < 20
                       select n).Count();

      foreach (var x in numsQuery)
         Console.Write($"{ x }, ");
      Console.WriteLine();

      foreach (var x in numsMethod)
         Console.Write($"{ x }, ");
      Console.WriteLine();

      Console.WriteLine(numsCount);
   }
```

这段代码产生了如下的输出：

```
2, 5, 17, 16,
2, 5, 17, 16,
4
```

20.4　查询变量

LINQ 查询可以返回两种类型的结果——可以是一个**枚举**[1]，它是满足查询参数的项列表；也可以是一个叫作**标量**（scalar）的单一值，它是满足查询条件的结果的某种摘要形式。

如下示例代码做了这些工作。

❑ 第一个语句创建了一个 int 数组并且使用 3 个值进行初始化。

❑ 第二个语句指定了一个 LINQ 查询，它可以用来枚举查询的结果。

---

[1] 可枚举的一组数据，不是枚举类型。——译者注

❑ 第三个语句执行查询，然后调用一个 LINQ 方法（Count）来返回从查询返回的项的总数。稍后会介绍诸如 Count 这样返回标量的运算符。

```
int[] numbers = { 2, 5, 28 };

IEnumerable<int> lowNums = from n in numbers          //返回一个枚举器
                          where n < 20
                          select n;

int numsCount = (from n in numbers                    //返回一个整数
                where n < 20
                select n).Count();
```

第二条和第三条语句等号左边的变量叫作**查询变量**。尽管在示例的语句中显式定义了查询变量的类型（IEnumerable<T>和 int），我们还是可以使用 var 关键字替代变量名称来让编译器自行推断查询变量的类型。

理解查询变量的用法很重要。在执行前面的代码后，lowNums 查询变量**不会**包含查询的结果。相反，编译器会创建能够执行这个查询的代码。

查询变量 numCount 包含的是真实的整数值，它只能通过真实运行查询后获得。

查询执行时间的差异可以总结如下。

❑ 如果查询表达式返回枚举，则查询一直到处理枚举时才会执行。

❑ 如果枚举被处理多次，查询就会执行多次。

❑ 如果在进行遍历之后、查询执行之前数据有改动，则查询会使用新的数据。

❑ 如果查询表达式返回标量，查询立即执行，并且把结果保存在查询变量中。

20.5 查询表达式的结构

如图 20-2 所示，查询表达式由 from 子句和查询主体组成。有关查询表达式需要了解的一些重要事项如下。

❑ 子句必须按照一定的顺序出现。

❑ from 子句和 select...group 子句这两部分是必需的。

❑ 其他子句是可选的。

❑ 在 LINQ 查询表达式中，select 子句在表达式最后。这与 SQL 的 SELECT 语句在查询的开始处不一样。C#这么做的原因之一是让 Visual Studio 智能感应能在我们输入代码时提供更多选项。

❑ 可以有任意多的 from...let...where 子句，如图 20-2 所示。

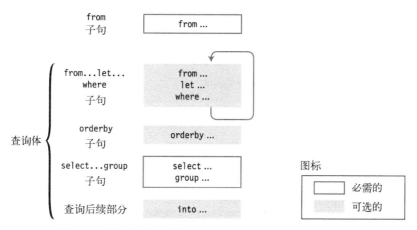

图 20-2 查询语句的结构由 from 子句后面跟查询主体构成

20.5.1 `from` 子句

`from` 子句指定了要作为数据源使用的数据集合。它还引入了迭代变量。有关 `from` 子句的要点如下所示。

□ **迭代变量**逐个表示数据源的每一个元素。

□ `from` 子句的语法如下。

  ■ `Type` 是集合中元素的类型。这是可选的，因为编译器可以从集合中推断类型。

  ■ `Item` 是迭代变量的名字。

  ■ `Items` 是要查询的集合的名字。集合必须是可枚举的，见第 19 章。

```
       迭代变量声明
            ↓
from Type Item in Items
```

如下的代码给出了用于查询由 4 个 int 构成的数组的查询表达式。迭代变量 item 会表示数组中的每一个元素，并且会被之后的 where 和 select 子句选择或丢弃。这段代码没有指明迭代变量的可选类型（int）。

```
int[] arr1 = {10, 11, 12, 13};
                迭代变量
                   ↓
var query = from item in arr1
            where item < 13      ←  使用迭代变量
            select item;         ←  使用迭代变量

foreach( var item in query )
Console.Write( $"{item  },");
```

这段代码产生了如下的输出：

```
10, 11, 12,
```

图 20-3 演示了 from 子句的语法。类型说明符可以用关键字 var，因为它可以由编译器推断。可以有任意多个可选 join 子句。

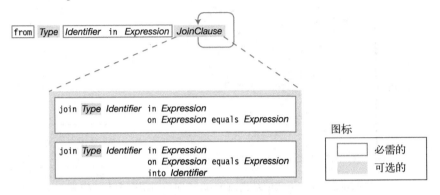

图 20-3 from 子句语法

尽管 LINQ 的 from 子句和 foreach 语句非常相似，但是主要的不同点如下。

❑ foreach 语句命令式地指定了要从第一个到最后一个按顺序访问集合中的项。而 from 子句则声明式地规定集合中的每个项都要被访问，但并没有假定以什么样的顺序。

❑ foreach 语句在遇到代码时就执行其主体，而 from 子句什么也不执行。它创建可以执行查询的后台代码对象。只有在程序的控制流遇到访问查询变量的语句时，才会执行查询。

20.5.2 join 子句

LINQ 中的 join 子句和 SQL 中的 JOIN 子句很相似。如果你熟悉 SQL 中的联结，那么 LINQ 中的联结对你来说应该不是新鲜事。不同的是，我们现在不但可以在数据库的表上执行联结，而且还可以在集合对象上进行这个操作。如果你不熟悉联结或需要重新了解它，那么如下内容可能会帮你理清思路。

需要先了解的有关联结的重要事项如下。

❑ 使用联结来结合两个或更多集合中的数据。

❑ 联结操作接受两个集合，然后创建一个临时的对象集合，其中每一个对象包含两个原始集合对象中的所有字段。

联结的语法如下，它指定了第二个集合要和之前子句中的集合进行联结。注意必须使用上下文关键字 equals 来比较字段，不能用==运算符。

图 20-4 演示了 join 子句的语法。

图 20-4　join 子句的语法

如下具有注解的语句给出了一个 join 子句的示例:

```
                第一个集合和 ID
         ┌────────────────┐                 第一个集合的项    第二个集合的项
                   ↓                              ↓              ↓
var query = from s in students
            join c in studentsInCourses on s.StID equals c.StID
                      ↑                        ↑
                第二个集合和 ID                比较的字段
```

20.5.3　什么是联结

LINQ 中的 join 接受两个集合,然后创建一个新的集合,其中每一个元素包含两个原始集合中的元素成员。

例如,如下的代码声明了两个类:Student 和 CourseStudent。

❑ Student 类型的对象包含了学生的姓氏和学号。

❑ CourseStudent 类型的对象表示参与课程的学生,它包含课程名以及学生的 ID。

```
public class Student
{
   public int    StID;
   public string LastName;
}

public class CourseStudent
{
   public string CourseName;
   public int    StID;
}
```

图 20-5 演示了程序中的情况,在这里有 3 个学生和 3 门课程,学生参加了不同的课程。程序有一个 Student 对象构成的叫作 students 的数组,以及一个由 CourseStudent 对象构成的叫作 studentsInCourses 的数组,每一个学生参与的课程都包含一个对象。

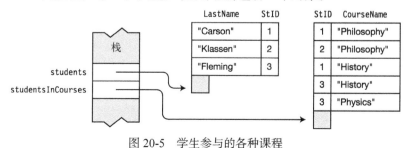

图 20-5　学生参与的各种课程

假设我们现在希望获得某门课程中每个学生的姓氏。students 数组有姓氏，但不包含课程参与信息。studentsInCourses 数组有参与课程的信息，但没有学生的名字。我们可以使用两个数组中的对象都包含的学生 ID 号（StID）来将信息联系起来。可以通过在 StID 字段上进行联结来实现。

图 20-6 演示了联结是如何工作的。左边一列显示了 students 数组，右边一列显示了 students-InCourses 对象。如果我们拿第一个学生的记录并把它的 ID 和每一个 studentsInCourses 对象中的学生 ID 进行比较，可以找到两条匹配的记录，中间列的顶部就是。然后，我们对其他两个学生也执行相同的操作，会发现第二个学生选了一门课程而第三个学生选了两门课程。

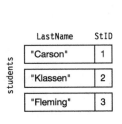

图 20-6　两个对象数组以及它们在 StID 上联结的结果

如下的代码整合了整个示例，查询找出了所有选择历史课的学生的姓氏。

```
class Program
{
    public class Student {                        //声明类
        public int    StID;
        public string LastName;
    }

    public class CourseStudent {
        public string CourseName;
```

```
            public int    StID;
        }

    static Student[] students = new Student[] {
            new Student { StID = 1, LastName = "Carson"   },
            new Student { StID = 2, LastName = "Klassen"  },
            new Student { StID = 3, LastName = "Fleming"  },
        };
                                                    //初始化数组
    static CourseStudent[] studentsInCourses = new CourseStudent[] {
            new CourseStudent { CourseName = "Art",     StID = 1 },
            new CourseStudent { CourseName = "Art",     StID = 2 },
            new CourseStudent { CourseName = "History", StID = 1 },
            new CourseStudent { CourseName = "History", StID = 3 },
            new CourseStudent { CourseName = "Physics", StID = 3 },
        };

    static void Main( )
    {
        //查找所有选择了历史课的学生的姓氏
        var query = from s in students
                    join c in studentsInCourses on s.StID equals c.StID
                    where c.CourseName == "History"
                    select s.LastName;

        //显示所有选择了历史课的学生的名字
        foreach (var q in query)
            Console.WriteLine($"Student taking History:  { q }");
    }
}
```

这段代码产生了如下的输出：

```
Student taking History:  Carson
Student taking History:  Fleming
```

20.5.4　查询主体中的 *from...let...where* 片段

可选的 from...let...where 部分是查询主体的第一部分，可以由任意数量的 3 种子句构成——from 子句、let 子句和 where 子句。图 20-7 总结了这些子句的语法。

1. **from** 子句

我们看到查询表达式从必需的 from 子句开始，后面跟的是查询主体。主体本身可以从任何数量的其他 from 子句开始，每一个 from 子句都指定了一个额外的源数据集合并引入了要在之后运算的迭代变量。所有 from 子句的语法和含义都是一样的。

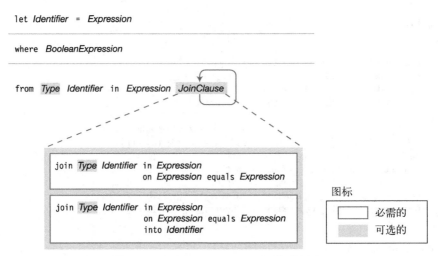

图 20-7   from...let...where 子句的语法

如下代码演示了这种用法的一个示例。

❑ 第一个 from 子句是查询表达式必需的子句。

❑ 第二个 from 子句是第一个子句的查询主体。

❑ select 子句创建了一个匿名类型的对象。

```
static void Main()
{
   var groupA = new[] { 3, 4, 5, 6 };
   var groupB = new[] { 6, 7, 8, 9 };

   var someInts = from a in groupA              ←必需的第一个 from 子句
                  from b in groupB              ←查询主体的第一个子句
                  where a > 4 && b <= 8
                  select new {a, b, sum = a + b}; ←匿名类型对象

   foreach (var a in someInts)
      Console.WriteLine(a);
}
```

这段代码产生了如下的输出：

```
{ a = 5, b = 6, sum = 11 }
{ a = 5, b = 7, sum = 12 }
{ a = 5, b = 8, sum = 13 }
{ a = 6, b = 6, sum = 12 }
{ a = 6, b = 7, sum = 13 }
{ a = 6, b = 8, sum = 14 }
```

2. let 子句

let 子句接受一个表达式的运算并且把它赋值给一个需要在其他运算中使用的标识符。let

子句的语法如下：

```
let Identifier = Expression
```

例如，如下代码中的查询表达式将数组 groupA 中的每一个成员与数组 groupB 中的每一个成员配对。where 子句去除两个数组中相加不等于 12 的整数组合。

```
static void Main()
{
   var groupA = new[] { 3, 4, 5, 6 };
   var groupB = new[] { 6, 7, 8, 9 };

   var someInts = from a in groupA
                  from b in groupB
                  let sum = a + b          ←在新的变量中保存结果
                  where sum == 12
                  select new {a, b, sum};

   foreach (var a in someInts)
      Console.WriteLine(a);
}
```

这段代码产生了如下的输出：

```
{ a = 3, b = 9, sum = 12 }
{ a = 4, b = 8, sum = 12 }
{ a = 5, b = 7, sum = 12 }
{ a = 6, b = 6, sum = 12 }
```

3. where 子句

where 子句根据之后的运算来去除不符合指定条件的项。where 子句的语法如下：

```
where BooleanExpression
```

有关 where 需要了解的重要事项如下。

❑ 只要是在 from...let...where 部分中，查询表达式可以有任意多个 where 子句。

❑ 一个项必须满足所有 where 子句才能避免在之后被去除。

如下代码给出了一个包含两个 where 子句的查询表达式的示例。where 子句去除了两个数组中相加没有大于等于 11 的整数组合，以及 groupA 中元素值不等于 4 的项。选择的每一组元素必定满足**两个** where 子句条件。

```
static void Main()
{
   var groupA = new[] { 3, 4, 5, 6 };
   var groupB = new[] { 6, 7, 8, 9 };

   var someInts = from int a in groupA
                  from int b in groupB
                  let sum = a + b
                  where sum >= 11          ←条件1
```

```
                  where a == 4               ←条件 2
                  select new {a, b, sum};

      foreach (var a in someInts)
         Console.WriteLine(a);
   }
```

这段代码产生了如下的输出：

```
{ a = 4, b = 7, sum = 11 }
{ a = 4, b = 8, sum = 12 }
{ a = 4, b = 9, sum = 13 }
```

20.5.5　orderby 子句

orderby 子句接受一个表达式并根据表达式按顺序返回结果项。

orderby 子句的语法如图 20-8 所示。可选的 ascending 和 descending 关键字设置了排序方向。**表达式**通常是项的一个字段。该字段不一定非得是数值字段，也可以是字符串这样的可排序类型。

❑ orderby 子句的默认排序是升序。然而，我们可以使用 ascending 和 descending 关键字显式地设置元素的排序为升序或降序。

❑ 可以有任意多个子句，它们必须使用逗号分隔。

图 20-8　orderby 子句的语法

如下代码给出了一个按照学生年龄对学生记录进行排序的示例。注意，学生数据数组保存在一个匿名类型数组中。

```
static void Main( ) {
   var students = new []          //匿名类型的对象数组
   {
      new { LName="Jones",   FName="Mary",  Age=19, Major="History" },
      new { LName="Smith",   FName="Bob",   Age=20, Major="CompSci" },
      new { LName="Fleming", FName="Carol", Age=21, Major="History" }
   };

   var query = from student in students
               orderby student.Age        ←根据年龄排序
               select student;

   foreach (var s in query) {
```

```
            Console.WriteLine($"{ s.LName }, { s.FName }:  { s.Age }, { s.Major }");
        }
    }
```

这段代码产生了如下的输出：

```
Jones, Mary:  19, History
Smith, Bob:  20, CompSci
Fleming, Carol:  21, History
```

20.5.6　select...group 子句

select...group部分由两种类型的子句组成——select 子句和group...by 子句。select...group 部分之前的子句指定了数据源和要选择的对象，select...group 部分的功能如下所示。

❑ select 子句指定应该选择所选对象的哪些部分。它可以指定下面的任意一项。
  ■ 整个数据项。
  ■ 数据项的一个字段。
  ■ 数据项中几个字段组成的新对象（或类似其他值）。
❑ group...by 子句是可选的，用来指定选择的项如何被分组。本章稍后会介绍 group...by 子句。

select...group 子句的语法如图 20-9 所示。

select *Expression*

group *Expression1* by *Expression2*

图 20-9　select...group 子句语法

如下代码给出了一个使用 select 子句选择整个数据项的示例。首先，我们创建了一个匿名类型对象的数组；然后，查询表达式使用 select 语句来选择数组中的每一项。

```
using System;
using System.Linq;
class Program {
    static void Main() {
        var students = new[]      //匿名类型的对象数组
        {
            new { LName="Jones",   FName="Mary",  Age=19, Major="History" },
            new { LName="Smith",   FName="Bob",   Age=20, Major="CompSci" },
            new { LName="Fleming", FName="Carol", Age=21, Major="History" }
        };

        var query = from s in students
                    select s;

        foreach (var q in query)
```

```
                    Console.WriteLine($"{ q.LName }, { q.FName }:   { q.Age }, { q.Major }");
        }
    }
```

这段代码产生了如下的输出：

```
Jones, Mary:  19, History
Smith, Bob:  20, CompSci
Fleming, Carol:  21, History
```

我们也可以使用 select 子句来选择对象的某些字段。例如，用下面的语句替代上面示例中相应的语句，将只会选择学生的姓氏。

```
var query = from s in students
            select s.LName;

foreach (var q in query)
    Console.WriteLine(q);
```

替换之后，程序将产生如下的输出，只打印姓氏：

```
Jones
Smith
Fleming
```

20.5.7 查询中的匿名类型

查询结果可以由原始集合的项、原始集合中项的字段或匿名类型组成。

可以通过在 select 子句中把希望在类型中包括的字段以逗号分隔，并以大括号进行包围来创建匿名类型。例如，要让前一节中的代码只选择学生姓名和主修课，可以使用如下的语法：

```
select new { s.LastName, s.FirstName, s.Major };
                        ↑
                    匿名类型
```

如下代码在 select 子句中创建一个匿名类型，稍后在 WriteLine 语句中使用。

```
using System;
using System.Linq;

class Program
{
    static void Main()
    {
        var students = new[]       //匿名类型的对象数组
        {
            new { LName="Jones",   FName="Mary",  Age=19, Major="History" },
            new { LName="Smith",   FName="Bob",   Age=20, Major="CompSci" },
```

```
                new { LName="Fleming", FName="Carol", Age=21, Major="History" }
            };

        var query = from s in students
                    select new { s.LName, s.FName, s.Major };
                                  ↑
                            创建匿名类型
        foreach (var q in query)
            Console.WriteLine($"{ q.FName } { q.LName } -- { q.Major}");
                                    ↑            ↑              ↑
    }                           匿名类型的访问字段
}
```

这段代码产生了如下的输出:

```
Mary Jones -- History
Bob Smith -- CompSci
Carol Fleming -- History
```

20.5.8　group 子句

group 子句根据指定的标准对选择的对象进行分组。例如,有了之前示例中的学生数组,程序可以根据主修课程对学生进行分组。

有关 group 子句需要了解的重要事项如下。

❏ 如果项包含在查询的结果中,它们就可以根据某个字段的值进行分组。作为分组依据的属性叫作**键**(key)。

❏ group 子句返回的不是原始数据源中项的枚举,而是返回可以枚举已经形成的项的分组的可枚举类型。

❏ 分组本身是可枚举类型,它们可以枚举实际的项。

group 子句语法的一个示例如下。

```
group student by student.Major;
      ↑              ↑
   关键字          关键字
```

例如,如下代码根据学生的主修课程进行分组:

```
static void Main( )
{
    var students = new[]        //匿名类型的对象数组
    {
        new { LName="Jones",   FName="Mary",  Age=19, Major="History" },
        new { LName="Smith",   FName="Bob",   Age=20, Major="CompSci" },
        new { LName="Fleming", FName="Carol", Age=21, Major="History" }
    };

    var query = from student in students
                group student by student.Major;
```

```
foreach (var g in query)              //枚举分组
{
    Console.WriteLine("{0}", g.Key);
                         ↑
                       分组键
    foreach (var s in g)              //枚举分组中的项
        Console.WriteLine($"        { s.LName }, {   s.FName }");
    }
}
```

这段代码产生了如下的输出：

```
History
      Jones, Mary
      Fleming, Carol
CompSci
      Smith, Bob
```

图 20-10 演示了从查询表达式返回并保存于查询变量中的对象。

❑ 从查询表达式返回的对象是从查询中枚举分组结果的可枚举类型。

❑ 每一个分组由一个叫作键的字段区分。

❑ 每一个分组本身是可枚举类型并且可以枚举它的项。

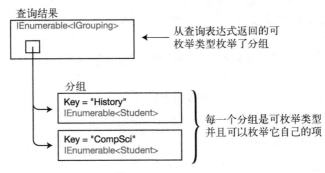

图 20-10　group 子句返回对象集合的集合而不是对象的集合

20.5.9　查询延续：into 子句

查询延续子句可以接受查询的一部分的结果并赋予一个名字，从而可以在查询的另一部分中使用。查询延续的语法如图 20-11 所示。

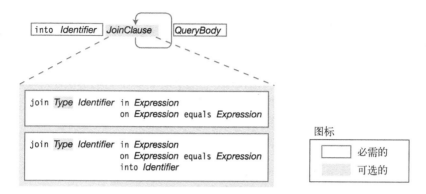

图 20-11　查询延续子句的语法

例如，如下查询联结了 groupA 和 groupB，并将结果命名为 groupAandB，然后从中进行一个简单的 select。

```
static void Main()
{
    var groupA = new[] { 3, 4, 5, 6 };
    var groupB = new[] { 4, 5, 6, 7 };

    var someInts = from a in groupA
                   join b in groupB on a equals b
                   into groupAandB                    ←查询延续
                   from c in groupAandB
                   select c;

    foreach (var v in someInts)
        Console.Write($"{ v } ");
}
```

这段代码产生了如下的输出：

```
4  5  6
```

20.6　标准查询运算符

标准查询运算符由一系列 API 方法组成，API 能让我们查询任何 .NET 数组或集合。标准查询运算符的重要特性如下。

❑ 标准查询运算符使用方法语法。

❑ 一些运算符返回 Ienumerable 对象（或其他序列），而其他运算符返回标量。返回标量的运算符立即执行查询，并返回一个值，而不是一个可枚举类型对象。ToArray()、ToList() 等 ToCollection 运算符也会立即执行。

❑ 很多操作都以一个谓词作为参数。谓词是一个方法，它以对象为参数，根据对象是否满足某个条件而返回 true 或 false。

被查询的集合对象叫作**序列**，它必须实现 IEnumerable<T>接口，其中 T 是类型。

如下代码演示了 Sum 和 Count 运算符的使用，它们返回了 int。代码需要注意的地方如下所示。

❑ 用作方法的运算符**直接作用于序列对象**，在这里就是 numbers 数组。

❑ 返回类型不是 Ienumerable 对象，而是 int。

```
class Program
{
    static int[] numbers = new int[] {2, 4, 6};

    static void Main( )
    {
        int total   = numbers.Sum();
        int howMany = numbers.Count();
              ↑              ↑        ↑
           标量对象         序列      运算符
        Console.WriteLine($"Total: { total }, Count: { howMany }");
    }
}
```

这段代码产生了如下的输出：

```
Total: 12, Count: 3
```

有大量标准查询运算符，可用来操作一个或多个序列。**序列**是指实现了 Ienumerable<>接口的类，包括 List<>、Dictionary<>、Stack<>、Array 等。标准查询运算符可帮助我们以非常强大的方式来查询和操纵这些类型的对象。

表 20-1 列出了这些运算符，并给出了简单的信息以便你了解它们的目的和概念。它们之中大多数都有一些重载，允许不同的选项和行为。你应该掌握该列表，熟悉这些可以节省大量时间和精力的强大工具。当需要使用它们的时候，可以查看完整的在线文档。

表 20-1 标准查询运算符

运算符名	描　　述
Where	根据给定的谓词对序列进行过滤
Select	指定要包含一个对象或对象的一部分
SelectMany	一种查询类型，返回集合的集合。该方法将这些结果合并为一个单独的集合
Take	接受一个输入参数 count，返回序列中的前 count 个对象
Skip	接受一个输入参数 count，跳过序列中的前 count 个对象，返回剩余对象
TakeWhile	接受一个谓词，开始迭代序列，只要谓词对当前项的计算结果为 true，就选择该项。在谓词返回第一个 false 的时候，该项和其余项都被丢弃

（续）

运算符名	描　　述
SkipWhile	接受一个谓词，开始迭代序列，只要谓词对当前项的计算结果为 true，就跳过该项。在谓词返回第一个 false 的时候，该项和其余项都会被选择
Join	对两个序列执行内联结。本章稍后将描述联结
GroupJoin	可以产生层次结果的联结，第一个序列中的各个元素都与第二个序列中的元素集合相关联
Concat	连接两个序列
OrderBy/ThenBy	根据一个或多个键对序列中的元素按升序排序
Reverse	反转序列中的元素
GroupBy	分组序列中的元素
Distinct	去除序列中的重复项
Union	返回两个序列的并集
Intersect	返回两个序列的交集
Except	操作两个序列。返回的是第一个序列中不重复的元素减去同样位于第二个序列中的元素
AsEnumerable	将序列作为 IEnumerable<TSource>返回
ToArray	将序列作为数组返回
ToList	将序列作为 List<T>返回
ToDictionary	将序列作为 Dictionary<TKey, TElement>返回
ToLookup	将序列作为 LookUp<TKey, TElement>返回
OfType	所返回的序列中的元素是指定的类型
Cast	将序列中所有的元素强制转换为给定的类型
SequenceEqual	返回一个布尔值，指定两个序列是否相等
First	返回序列中第一个与谓词匹配的元素。如果没有元素与谓词匹配，就抛出 InvalidOperation-Exception
FirstOrDefault	返回序列中第一个与谓词匹配的元素。如果没有给出谓词，方法返回序列的第一个元素。如果没有元素与谓词匹配，就使用该类型的默认值
Last	返回序列中最后一个与谓词匹配的元素。如果没有元素与谓词匹配，就抛出 InvalidOperation-Exception
LastOrDefault	返回序列中最后一个与谓词匹配的元素。如果没有元素与谓词匹配，就返回默认值
Single	返回序列中与谓词匹配的单个元素。如果没有元素匹配，或多于一个元素匹配，就抛出异常
SingleOrDefault	返回序列中与谓词匹配的单个元素。如果没有元素匹配，或多于一个元素匹配，就返回默认值
ElementAt	给定一个参数 n，返回序列中第 n+1 个元素
ElementAtOrDefault	给定一个参数 n，返回序列中第 n+1 个元素。如果索引超出范围，就返回默认值
DefaultIfEmpty	提供一个在序列为空（empty）时的默认值
Range	给定一个 start 整型和 count 整型，该方法返回的序列包含 count 个整型，其中第一个元素的值为 start，每个后续元素都比前一个大 1
Repeat	给定一个 T 类型的 element 和一个 count 整数，该方法返回的序列具有 count 个 element 副本

（续）

运算符名	描　述
Empty	返回给定类型 T 的空序列
Any	返回一个布尔值，指明序列中是否存在满足谓词的元素
All	返回一个布尔值，指明序列中的全部元素是否都满足谓词
Contains	返回一个布尔值，指明序列中是否包含给定的元素
Count	返回序列中元素的个数（int）。它的重载可以接受一个谓词，并返回序列中满足谓词的元素个数
Sum	返回序列中值的总和
Min	返回序列中最小的值
Max	返回序列中最大的值
Average	返回序列中值的平均值
Aggregate	连续对序列中的各个元素应用给定的函数

20.6.1　标准查询运算符的签名

System.Linq.Enumerable 类声明了标准查询运算符方法。然而，这些方法不仅仅是普通方法，它们是扩展了 IEnumerable<T>泛型类的扩展方法。

第 8 章和第 18 章中介绍了扩展方法，但本节却是学习如何使用扩展方法的好机会。本节将为你提供一个优秀的代码模型，并可以让你更加透彻地理解标准查询运算符。

我们来简单回顾一下。扩展方法是公有的静态方法，尽管定义在一个类中，但目的是为另一个类（第一个形参）增加功能。该参数前必须有关键字 this。

例如，如下是 3 个标准查询运算符的签名：Count、First 和 Where。乍看上去很吓人。注意下面有关签名的事项。

❑ 由于运算符是泛型方法，因此每个方法名都具有相关的泛型参数（T）。

❑ 由于运算符是扩展 IEnumerable 类的扩展方法，它们必须满足下面的语法条件。

■ 声明为 public 和 static。

■ 在第一个参数前有 this 扩展指示器。

■ 把 IEnumerable<T>作为第一个参数类型。

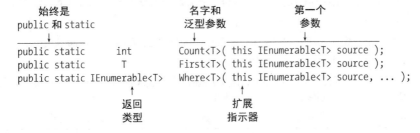

为了演示直接调用扩展方法和将其作为扩展进行调用的不同,下面的代码分别用这两种形式调用标准查询运算符 Count 和 First。这两个运算符都接受一个参数——IEnumerable<T>对象的引用。

❑ Count 运算符返回序列中所有元素的个数。

❑ First 运算符返回序列中的第一个元素。

在代码中,前两次使用的运算符都是直接调用的,和普通方法差不多,传入数组的名字作为第一个参数。然而,之后的两行代码使用扩展方法语法来调用运算符,就好像它们是数组的方法成员一样。由于.NET 的 Array 类实现了 IEnumerable<T>接口,因此是有效的。

注意,这里没有指定参数,而是将数组名称从参数列表中移到了方法名称之前,用起来就好像它包含了方法的声明一样。

方法语法调用和扩展语法调用在语义上是完全相等的,只是语法不同。

```
using System.Linq;
    ...
static void Main( )
{
    int[] intArray = new int[] { 3, 4, 5, 6, 7, 9 };
                              数组作为参数
                                    ↓
    var count1      = Enumerable.Count(intArray);   //方法语法
    var firstNum1   = Enumerable.First(intArray);   //方法语法

    var count2      = intArray.Count();             //扩展语法
    var firstNum2   = intArray.First();             //扩展语法
                            ↑
            数组作为被扩展的对象

    Console.WriteLine($"Count: { count1 }, FirstNumber: { firstNum1 }");
    Console.WriteLine($"Count: { count2 }, FirstNumber: { firstNum2 }");
}
```

这段代码产生了如下的输出:

```
Count: 6, FirstNumber: 3
Count: 6, FirstNumber: 3
```

20.6.2 查询表达式和标准查询运算符

标准查询运算符是进行查询的一组方法。如本章开始所讲,每一个查询表达式还可以使用带有标准查询运算符的方法语法来编写。编译器把每一个查询表达式翻译成标准查询运算符的形式。

很明显,由于所有查询表达式都被翻译成标准查询运算符,因此运算符可以执行由查询表达式完成的任何操作,而且运算符还有查询表达式形式所不能提供的附加功能。例如,在之前示例中使用的 Sum 和 Count 运算符,可以只用方法语法来表示。

然而，查询表达式和方法语法这两种表达式也可以组合。例如，如下代码演示了使用了 Count 运算符的查询表达式。注意，在该代码中，查询表达式是圆括号内的一部分，在它之后跟一个点和方法的名字。

```
static void Main()
{
    var numbers = new int[] { 2, 6, 4, 8, 10 };

    int howMany = (from n in numbers
                   where n < 7
                   select n).Count();
                        ↑        ↑
                    查询表达式    运算符

    Console.WriteLine($"Count: { howMany }");

}
```

这段代码产生了如下的输出：

Count: 3

20.6.3 将委托作为参数

在前一节中我们已经看到了，每一个运算符的第一个参数是 IEnumerable<T> 对象的引用，之后的参数可以是任何类型。很多运算符接受**泛型委托**作为参数（泛型委托在第 18 章中解释过）。关于把泛型委托作为参数，需要了解的最重要事项是：

❑ 泛型委托用于给运算符提供用户自定义的代码。

为了解释这一点，我们首先从一个演示 Count 运算符的几种使用方式的示例开始。Count 运算符被重载并且有两种形式。第一种形式在之前的示例中用过，它有一个参数，返回集合中元素的个数。签名如下：

```
public static int Count<T>(this IEnumerable<T> source);
```

然而，假设我们希望计算数组中奇数元素的总数。要实现这一点，必须为 Count 方法提供检测整数是否为奇数的代码。

为此，需要使用 Count 方法的第二种形式，如下所示。它接受一个泛型委托作为其第二个参数。调用时，我们必须提供一个接受单个 T 类型的输入参数并返回布尔值的委托对象。委托代码的返回值必须指定元素是否应包含在总数中。

```
public static int Count<T>(this IEnumerable<T> source,
                           Func<T, bool> predicate );
                                    ↑
                                 泛型委托
```

例如，如下代码使用了第二种形式的 Count 运算符来只包含奇数值。它通过提供一个 Lambda 表达式来实现，这个表达式在输入值是奇数时返回 true，否则返回 false。（Lambda 表达式在第 14 章中介绍过。）对于集合的每次遍历，Count 调用这个方法（用 Lambda 表达式表示）并把当前值作为输入。如果输入的是奇数，方法返回 true，Count 会把这个元素包含在总数中。

```
static void Main()
{
   int[] intArray = new int[] { 3, 4, 5, 6, 7, 9 };

   var countOdd = intArray.Count(n => n % 2 == 1);
                                     ↑
                          寻找奇数的 Lambda 表达式
   Console.WriteLine($"Count of odd numbers: { countOdd }");
}
```

这段代码产生了如下的输出：

```
Count of odd numbers: 4
```

20.6.4　LINQ 预定义的委托类型

和前面示例中的 Count 运算符差不多，很多 LINQ 运算符需要我们提供代码来指示运算符如何执行它的操作。我们通过把委托对象作为参数来实现。

在第 14 章中，我们把委托对象当作一个包含具有特殊签名和返回类型的方法或方法列表的对象。当委托被调用时，它包含的方法会被依次调用。

.NET 框架定义了两套泛型委托类型来用于标准查询运算符，即 Func 委托和 Action 委托，各有 19 个成员。（你也可以将它们用在其他地方，而不限于查询运算符）

❑ 下面用作实参的委托对象必须是这些类型或这些形式之一。

❑ TR 代表返回值，并且总是类型参数列表中的**最后一个**。

下面列出了前 4 个泛型 Func 委托。第一个没有方法参数，返回符合返回类型的对象。第二个接受单个方法参数并且返回一个值，依次类推。

```
public delegate TR Func<out TR>                ( );
public delegate TR Func<in T1, out TR >        ( T1 a1 );
public delegate TR Func<in T1, in T2, out TR > ( T1 a1, T2 a2 );
public delegate TR Func<in T1, in T2, in T3, out TR>( T1 a1, T2 a2, T3 a3 );
                         ↑            ↑                  ↑
                      返回类型      类型参数            方法参数
```

注意返回类型参数有一个 out 关键字，使之可以协变，也就是说可以接受声明的类型或从这个类型派生的类型。输入参数有一个 in 关键字，使之可以逆变，也就是你可以接受声明的类型或从这个类型派生的类型。

知道了这些，如果我们再看一下 Count 的声明（如下所示），可以发现第二个参数必须是委托对象，它接受单个 T 类型的值作为方法参数并且返回一个 bool 类型的值。如本章前面所说，这种形式的委托称为**谓词**。

```
public static int Count<T>(this IEnumerable<T> source,
                                    Func<T, bool> predicate );
                                          ↑       ↑
                                      参数类型   返回类型
```

如下是前 4 个 Action 委托。它们和 Func 委托相似，只是没有返回值，因此也就没有返回值的类型参数。所有的类型参数都是逆变的。

```
public delegate void Action                     ( );
public delegate void Action<in T1>              ( T1 a1 );
public delegate void Action<in T1, in T2>       ( T1 a1, T2 a2 );
public delegate void Action<in T1, in T2, in T3>( T1 a1, T2 a2, T3 a3 );
```

20.6.5　使用委托参数的示例

既然已经对 Count 签名以及 LINQ 对泛型委托参数的使用有了更深入的理解，我们就可以更好地理解一个完整示例了。

如下代码先声明了 IsOdd 方法，它接受单个 int 类型的参数，并且返回表示输入参数是否是奇数的 bool 值。Main 方法做了如下的事情。

❑ 声明了 int 数组作为数据源。

❑ 创建了一个类型为 Func<int, bool>、名称为 MyDel 的委托对象，并且使用 IsOdd 方法来初始化委托对象。注意，我们不需要声明 Func 委托类型，因为 .NET 框架已经预定义了。

❑ 使用委托对象调用 Count。

```
class Program
{
    static bool IsOdd(int x)      //委托对象使用的方法
    {
        return x % 2 == 1;        //如果 x 是奇数，返回 true
    }

    static void Main()
    {
        int[] intArray = new int[] { 3, 4, 5, 6, 7, 9 };

        Func<int, bool> myDel = new Func<int, bool>(IsOdd); //委托对象
        var countOdd = intArray.Count(myDel);              //使用委托

        Console.WriteLine($"Count of odd numbers: {countOdd}");
    }
}
```

这段代码产生了如下的输出：

```
Count of odd numbers: 4
```

20.6.6   使用 Lambda 表达式参数的示例

之前的示例使用独立的方法和委托来把代码附加到运算符上。这需要声明方法和委托对象，然后把委托对象传递给运算符。如果下面任意一个条件成立，则这种方式就是正确的方式。

❑ 如果方法还必须在程序的其他地方调用，而不仅仅是用来初始化委托对象的地方。

❑ 如果函数体中的代码不止有一两条语句。

然而，如果这两个条件都不成立，我们可能需要使用更简洁和更局部化的方法来给运算符提供代码，那就是使用 Lambda 表达式。

我们可以使用 Lambda 表达式来修改之前的示例。首先，删除整个 IsOdd 方法，然后用等价的 Lambda 表达式直接替换委托对象的声明。新的代码更短也更简洁，如下所示：

```
class Program
{
   static void Main()
   {
      int[] intArray = new int[] { 3, 4, 5, 6, 7, 9 };
                                          Lambda 表达式
                                        ┌───────────┐
                                                ↓
      var countOdd = intArray.Count( x => x % 2 == 1 );

      Console.WriteLine($"Count of odd numbers: { countOdd }");
   }
}
```

和之前的示例一样，这段代码产生了如下的输出：

```
Count of odd numbers: 4
```

如下所示，也可以使用匿名方法来替代 Lambda 表达式。然而，这种方式比较烦琐，而且 Lambda 表达式在语义上与匿名方法是完全等价的，并且更简洁，因此没有理由再使用匿名方法了。

```
class Program
{
   static void Main( )
   {
      int[] intArray = new int[] { 3, 4, 5, 6, 7, 9 };
                                          匿名方法
                                        ┌───────────┐
                                                ↓
      Func<int, bool> myDel = delegate(int x)
                             {
                                return x % 2 == 1;
                             };
      var countOdd = intArray.Count(myDel);

      Console.WriteLine($"Count of odd numbers: { countOdd }");
   }
}
```

20.7　LINQ to XML

可扩展标记语言（XML）是存储和交换数据的重要方法。LINQ 为该语言增加了一些特性，使得 XML 用起来比 XPath 和 XSLT 等方法容易得多。如果你熟悉这些方法的话，会很高兴 LINQ to XML 在许多方面简化了 XML 的创建、查询和操作。

- ❑ 可以使用单一语句自顶向下创建 XML 树。
- ❑ 可以在不使用包含树的 XML 文档的情况下在内存中创建并操作 XML。
- ❑ 可以在不使用 Text 子节点的情况下创建和操作字符串节点。
- ❑ 一个最大的不同（改进）是，在搜索一个 XML 树时，不再需要遍历它。相反，只需要查询树并让它返回结果。

尽管本书不会完整介绍 XML，但是在介绍 LINQ 提供的一些 XML 操作特性之前，会先简单介绍一下 XML。

20.7.1　标记语言

标记语言（markup language）是文档中的一组标签，它提供有关文档的信息并组织其内容。也就是说，标记标签不是文档的数据——它们包含关于数据的数据。有关数据的数据称为**元数据**。

标记语言是定义的一组标签，旨在传递有关文档内容的特定类型的元数据。例如，HTML 是众所周知的标记语言。标签中的元数据包含了 Web 页面如何在浏览器中呈现以及如何使用超链接在页面中导航的信息。

大多数标记语言包含一组预定义的标签，而 XML 只包含少量预定义的标签，其他都由程序员来定义，用来表示特定文档类型需要的任何元数据。只要数据的读者和编写者都知道标签的含义，标签就可以包含设计者想要的任何有用信息。

20.7.2　XML 基础

XML 文档中的数据包含在一个 XML 树中，XML 树主要由嵌套元素组成。

元素是 XML 树的基本要素。每一个元素都有名字并且包含数据，一些元素还可以包含其他嵌套元素。元素由开始和关闭标签进行划分。元素包含的任何数据都必须介于开始和关闭标签之间。

- ❑ 开始标签从一个左尖括号开始，后面跟元素名，紧接着是可选的特性，最后是右尖括号。

  `<PhoneNumber>`

- ❑ 关闭标签从一个左尖括号开始，后面是斜杠，然后是元素名和右尖括号。

  `</PhoneNumber>`

- ❑ 没有内容的元素可以直接由单个标签表示，从左尖括号开始，后面是元素名和斜杠，最后以右尖括号结束。

```
<PhoneNumber />
```

如下 XML 片段演示了一个叫作 EmployeeName 的元素，后面是空元素 PhoneNumber。

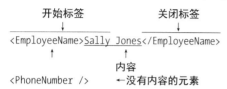

```
<EmployeeName>Sally Jones</EmployeeName>
```

```
<PhoneNumber />        ←没有内容的元素
```

其他需要了解的有关 XML 的重要事项如下。

❑ XML 文档必须有一个根元素来包含所有其他元素。

❑ XML 标签必须合理嵌套。

❑ 与 HTML 标签不同，XML 标签是区分大小写的。

❑ XML 特性是名/值对，它包含了元素的其他元数据。特性的值部分必须包含在引号内，可以是单引号也可以是双引号。

❑ XML 文档中的空格是有效的。这与把空格作为单个空格输出的 HTML 不同。

下面的 XML 文档是包含两个员工信息的 XML 示例。这个 XML 树非常简单，可以清晰显示元素。需要了解的有关这个 XML 树的重要事项如下。

❑ 树包含了一个 Employees 类型的根节点，它包含了两个 Employee 类型的子节点。

❑ 每一个 Employee 节点包含了包含员工姓名和电话的节点。

```
<Employees>
   <Employee>
      <Name>Bob Smith</Name>
      <PhoneNumber>408-555-1000</PhoneNumber>
      <CellPhone />
   </Employee>
   <Employee>
      <Name>Sally Jones</Name>
      <PhoneNumber>415-555-2000</PhoneNumber>
      <PhoneNumber>415-555-2001</PhoneNumber>
   </Employee>
</Employees>
```

图 20-12 演示了这个简单 XML 树的层次结构。

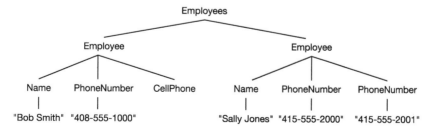

图 20-12　示例 XML 树的层次结构

20.7.3 XML 类

LINQ to XML 可以以两种方式用于 XML。第一种方式是作为简化的 XML 操作 API，第二种方式是使用本章前面看到的 LINQ 查询工具。先介绍 LINQ to XML API。

LINQ to XML API 由很多表示 XML 树组件的类组成。我们会使用的 3 个最重要的类包括 XElement、XAttribute 和 XDocument。当然，还有其他类，但这些是主要的。

从图 20-12 中可以看到，XML 树是一组嵌套元素。图 20-13 演示了用于构造 XML 树的类以及它们如何被嵌套。

例如，图 20-13 显示了如下内容。

❑ XDocument 节点可以有以下直接子节点。

■ 下面的每一个节点类型，最多有一个：XDeclaration 节点、XDocumentType 节点以及 XElement 节点。

■ 任何数量的 XProcessingInstruction 节点。

❑ 如果在 XDocument 下有最高级别的 XElement 节点，那么它就是 XML 树中其他元素的根。

❑ 根元素可以包含任意数量的嵌套 XElement、XComment 或 XProcessingInstruction 节点，并且可以在任何级别上嵌套。

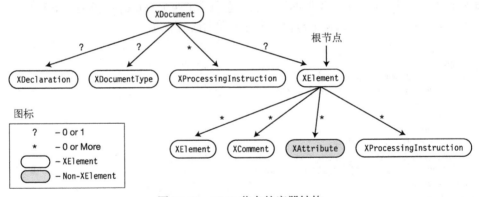

图 20-13　XML 节点的容器结构

除了 XAttribute 类，大多数用于创建 XML 树的类都派生自一个叫作 XNode 的类，在文献中也叫作 "XNodes"。图 20-13 中 XNode 类显示为白色背景，XAttribute 类显示为灰色背景。

1. 创建、保存、加载和显示 XML 文档

演示 XML API 的简单性和用途的最好方式就是展示一段简单的示例代码。例如，如下代码演示了使用 XML 后执行一些重要任务是多么简单。

从创建一个简单的包含一个 Employees 节点的 XML 树开始，两个子节点包含两个职员的名字。注意代码的如下方面。

❑ 树使用一条语句来创建，并同时在适当的位置创建所有的嵌套元素，这叫作**函数式构造**（functional construction）。

❑ 每一个元素由对象创建表达式在适当的位置创建，使用了节点类型的构造函数。

创建树之后，代码使用 XDocument 的 Save 方法把它保存在一个叫作 EmployeesFile.xml 的文件中。然后，再使用 XDocument 的 Load 静态方法把 XML 树从文件中重新读回，并把树赋值给一个新的 XDocument 对象。最后，使用 WriteLine 把新的 XDocument 对象保存的树结构显示出来。

```csharp
using System;
using System.Xml.Linq;                           //需要的命名空间

class Program {
   static void Main( ) {
      XDocument employees1 =
         new XDocument(                           //创建 XML 文档
            new XElement("Employees",             //创建根元素
               new XElement("Name", "Bob Smith"),       //创建元素
               new XElement("Name", "Sally Jones")      //创建元素
            )
         );

      employees1.Save("EmployeesFile.xml");              //保存到文件

      //将保存的文档加载到新变量中
      XDocument employees2 = XDocument.Load("EmployeesFile.xml");
                                  ↑
                               静态方法
      Console.WriteLine(employees2);                    //显示文档
   }
}
```

这段代码产生了如下的输出：

```
<Employees>
  <Name>Bob Smith</Name>
  <Name>Sally Jones</Name>
</Employees>
```

2. 创建 XML 树

在之前的示例中，我们已经知道了能通过使用 XDocument 和 XElement 的构造函数在内存中创建一个 XML 文档。在这里，对于两个构造函数：

❑ 第一个参数都是对象名；

❑ 第二个参数以及之后的参数包含了 XML 树的节点。构造函数的第二个参数是一个 params 参数，也就是说可以有任意多的参数。

例如，如下代码产生了一个 XML 树并且使用 Console.WriteLine 方法来显示：

```csharp
using System;
using System.Xml.Linq;                           //此命名空间是必需的

class Program {
   static void Main( ) {
```

```
        XDocument employeeDoc =
          new XDocument(                    //创建文档
            new XElement("Employees",       //创建根元素
              new XElement("Employee",      //第一个 employee 元素
                new XElement("Name", "Bob Smith"),
                new XElement("PhoneNumber", "408-555-1000") ),

              new XElement("Employee",      //第二个 employee 元素
                new XElement("Name", "Sally Jones"),
                new XElement("PhoneNumber", "415-555-2000"),
                new XElement("PhoneNumber", "415-555-2001") )
            )
          );
        Console.WriteLine(employeeDoc);     //显示文档
      }
    }
```

这段代码产生了如下的输出：

```
<Employees>
  <Employee>
    <Name>Bob Smith</Name>
    <PhoneNumber>408-555-1000</PhoneNumber>
  </Employee>

  <Employee>
    <Name>Sally Jones</Name>
    <PhoneNumber>415-555-2000</PhoneNumber>
    <PhoneNumber>415-555-2001</PhoneNumber>
  </Employee>
</Employees>
```

3. 使用 XML 树的值

当我们遍历 XML 树来获取或修改值时，XML 的强大就会体现出来。表 20-2 列出了用于获取数据的主要方法。

表 20-2　查询 XML 的方法

方法名称	类	返回类型	描　　述
Nodes	Xdocument XElement	IEnumerable<object>	返回当前节点的所有子节点（不管是什么类型）
Elements	Xdocument XElement	IEnumerable<XElement>	返回当前节点的 XElement 子节点，或所有具有某个名字的子节点
Element	Xdocument XElement	XElement	返回当前节点的第一个 XElement 子节点，或具有某个名字的子节点
Descendants	XElement	IEnumerable<XElement>	返回所有的 XElement 子代节点，或所有具有某个名字的 XElement 子代节点，不管它们处于当前节点下什么嵌套级别

（续）

方法名称	类	返回类型	描 述
DescendantsAndSelf	XElement	IEnumerable<XElement>	和 Descendants 一样，但是包括当前节点
Ancestors	XElement	IEnumerable<XElement>	返回所有上级 XElement 节点，或者所有具有某个名字的上级 XElement 节点
AncestorsAndSelf	XElement	IEnumerable<XElement>	和 Ancestors 一样，但是包括当前节点
Parent	XElement	XElement	返回当前节点的父节点

关于表 20-2 中的方法，需要了解的一些重要事项如下所示。

❑ Nodes　Nodes 方法返回 IEnumerable<object>类型的对象，因为返回的节点可能是不同的类型，比如 XElement、XComment 等。我们可以使用以类型作为参数的方法 OfType(*type*) 来指定返回某个类型的节点。例如，如下代码只获取 XComment 节点：

```
IEnumerable<XComment> comments = xd.Nodes().OfType<XComment>();
```

❑ Elements　由于获取 XElements 是一个非常普遍的需求，就出现了 Nodes.OfType(XElement)() 表达式的简短形式——Elements 方法。

  ■ 使用无参数的 Elements 方法返回所有子 XElement。
  ■ 使用单个 name 参数的 Elements 方法只返回具有这个名字的子 XElements。例如，如下代码行返回所有具有名字 PhoneNumber 的子 XElement 节点。

```
IEnumerable<XElement> empPhones = emp.Elements("PhoneNumber");
```

❑ Element　这个方法只获取当前节点的第一个子 XElement。与 Elements 方法相似，它可以带一个参数也可以不带参数调用。如果没有参数，它获取第一个子 XElement 节点。如果带一个姓名参数，它获取第一个具有该名字的子 XElement。

❑ Descendants 和 Ancestors　这些方法与 Elements 和 Parent 方法差不多，只不过它们不返回直接的子元素或父元素，而是忽略嵌套级别，包括当前节点之下或者之上的所有节点。

如下代码演示了 Element 和 Elements 方法：

```
using System;
using System.Collections.Generic;
using System.Xml.Linq;

class Program {
    static void Main( ) {
        XDocument employeeDoc =
            new XDocument(
                new XElement("Employees",
                    new XElement("Employee",
                        new XElement("Name", "Bob Smith"),
                        new XElement("PhoneNumber", "408-555-1000")),
                    new XElement("Employee",
                        new XElement("Name", "Sally Jones"),
                        new XElement("PhoneNumber", "415-555-2000"),
                        new XElement("PhoneNumber", "415-555-2001"))
```

20

```
      )
    );                  获取第一个名为"Employees"的子 XElement
                                    ↓
    XElement root = employeeDoc.Element("Employees");
    IEnumerable<XElement> employees = root.Elements();

    foreach (XElement emp in employees)
    {                        获取第一个名为"Name"的子 XElement
                                      ↓
        XElement empNameNode = emp.Element("Name");
        Console.WriteLine(empNameNode.Value);
                                 获取所有名为"PhoneNumber"的子元素
                                              ↓
        IEnumerable<XElement> empPhones = emp.Elements("PhoneNumber");
        foreach (XElement phone in empPhones)
            Console.WriteLine($"  { phone.Value }");
    }
  }
}
```

这段代码产生了如下的输出：

```
Bob Smith
    408-555-1000
Sally Jones
    415-555-2000
    415-555-2001
```

4. 增加节点以及操作 XML

我们可以使用 Add 方法为现有元素增加子元素。Add 方法允许我们在一次方法调用中增加任意多个元素，不管增加的节点类型是什么。

例如，如下的代码创建并显示了一个简单的 XML 树，然后使用 Add 方法为根元素增加单个节点。之后，它再次使用 Add 方法来增加 3 个元素：两个 XElements 和一个 XComment。注意输出的结果：

```
using System;
using System.Xml.Linq;

class Program
{
    static void Main()
    {
        XDocument xd = new XDocument(          //创建 XML 树
            new XElement("root",
                new XElement("first")
            )
        );

        Console.WriteLine("Original tree");
        Console.WriteLine(xd); Console.WriteLine(); //显示树
```

```
        XElement rt = xd.Element("root");          //获取第一个元素

        rt.Add( new XElement("second"));           //添加子元素

        rt.Add( new XElement("third"),             //再添加3个子元素
                new XComment("Important Comment"),
                new XElement("fourth"));

        Console.WriteLine("Modified tree");
        Console.WriteLine(xd);                      //显示Modified tree
    }
}
```

这段代码产生了如下的输出：

```
<root>
  <first />
</root>

<root>
  <first />
  <second />
  <third />
  <!--Important Comment-->
  <fourth />
</root>
```

Add 方法把新的子节点放在既有子节点之后，但把节点放在子节点之前或者之间也是可以的，使用 AddFirst、AddBeforeSelf 和 AddAfterSelf 方法即可。

表 20-3 列出了最重要的一些操作 XML 的方法。注意，某些方法针对父节点而其他一些方法针对节点本身。

表 20-3　操作 XML 的方法

方法名称	从哪里调用	描　　述
Add	父节点	在当前节点的既有子节点后增加新的子节点
AddFirst	父节点	在当前节点的既有子节点前增加新的子节点
AddBeforeSelf	节点	在同级别的当前节点之前增加新的节点
AddAfterSelf	节点	在同级别的当前节点之后增加新的节点
Remove	节点	删除当前所选的节点及其内容
RemoveNodes	节点	删除当前所选的 XElement 及其内容
SetElement	父节点	设置节点的内容

20.7.4   使用 XML 特性

特性提供了有关 XElement 节点的额外信息，它放在 XML 元素的开始标签中。

当我们以函数方法构造 XML 树时，在 XElement 构造函数中包含 XAttribute 构造函数就可以增加特性。XAttribute 构造函数有两种形式，一种接受 name 和 value，另一种接受现有 XAttribute 的引用。

如下代码为 root 增加了两个特性。注意，提供给 XAttribute 构造函数的两个参数都是字符串，第一个指定了特性名称，而第二个指定了值。

```
XDocument xd = new XDocument(
                        名称      值
    new XElement("root",    ↓      ↓
        new XAttribute("color", "red"),       //特性构造函数
        new XAttribute("size", "large"),      //特性构造函数
      new XElement("first"),
      new XElement("second")
    )
);

Console.WriteLine(xd);
```

这段代码产生了如下的输出。注意，特性放在了元素的开始标签中。

```
<root color="red" size="large">
  <first />
  <second />
</root>
```

要从一个 XElement 节点获取特性可以使用 Attribute 方法，提供特性名称作为参数即可。下面的代码创建了在一个节点中有两个特性（color 和 size）的 XML 树，然后从特性获取值并且显示出来。

```
static void Main( )
{
    XDocument xd = new XDocument(                    //创建 XML 树
        new XElement("root",
          new XAttribute("color", "red"),
          new XAttribute("size", "large"),
          new XElement("first")
        )
    );

    Console.WriteLine(xd); Console.WriteLine();      //显示 XML 树

    XElement rt = xd.Element("root");                //获取元素

    XAttribute color = rt.Attribute("color");        //获取特性
    XAttribute size =  rt.Attribute("size");         //获取特性
```

```
        Console.WriteLine($"color is { color.Value }");    //显示特性值
        Console.WriteLine($"size  is { size.Value }");    //显示特性值
    }
```

这段代码产生了如下的输出：

```
<root color="red" size="large">
  <first />
</root>

color is red
size  is large
```

要移除特性，可以选择一个特性然后使用 Remove 方法，或在它的父节点中使用 Set-AttributeValue 方法把特性值设置为 null。下面是两种方法的演示：

```
static void Main( ) {
    XDocument xd = new XDocument(
        new XElement("root",
            new XAttribute("color", "red"),
            new XAttribute("size", "large"),
            new XElement("first")
        )
    );

    XElement rt = xd.Element("root");          //获取元素

    rt.Attribute("color").Remove();            //移除 color 特性
    rt.SetAttributeValue("size", null);        //移除 size 特性

    Console.WriteLine(xd);
}
```

这段代码产生了如下的输出：

```
<root>
  <first />
</root>
```

要向 XML 树增加一个特性或改变特性的值，可以使用 SetAttributeValue 方法，如下代码所示：

```
static void Main( ) {
    XDocument xd = new XDocument(
        new XElement("root",
            new XAttribute("color", "red"),
            new XAttribute("size", "large"),
            new XElement("first")));

    XElement rt = xd.Element("root");              //获取元素
```

```
    rt.SetAttributeValue("size",  "medium");      //改变特性值
    rt.SetAttributeValue("width", "narrow");      //添加特性

    Console.WriteLine(xd); Console.WriteLine();
}
```

这段代码产生了如下的输出：

```
<root color="red" size="medium" width="narrow">
  <first />
</root>
```

20.7.5　其他类型的节点

前面示例中使用的其他 3 个类型的节点是 XComment、XDeclaration 以及 XProcessingInstruction，如下描述。

1. XComment

XML 注释由<!--和-->记号之间的文本组成。记号之间的文本会被 XML 解析器忽略。可以使用 XComment 类向一个 XML 文档插入文本，如下面的代码行所示：

```
new XComment("This is a comment")
```

这段代码产生如下的 XML 文档行：

```
<!--This is a comment-->
```

2. XDeclaration

XML 文档从包含 XML 使用的版本号、使用的字符编码类型以及文档是否依赖外部引用的一行开始。这是有关 XML 的信息，因此它其实是有关元数据的元数据。这叫作 **XML 声明**，可以使用 XDeclaration 类来插入。如下代码给出了一个 XDeclaration 语句的示例：

```
new XDeclaration("1.0", "utf-8", "yes")
```

这段代码产生如下的 XML 文档行：

```
<?xml version="1.0" encoding="utf-8" standalone="yes"?>
```

3. XProcessingInstruction

XML 处理指令用于提供关于 XML 文档的使用和解释方式的额外数据。处理指令最常用于关联 XML 文档和样式表。

可以使用 XProcessingInstruction 构造函数来包含处理指令。它接受两个字符串参数：目标和数据串。如果处理指令接受多个数据参数，这些参数必须包含在 XProcessingInstruction 构造函数的第二个字符串参数中，如下面的构造函数代码所示。注意，在这个示例中，第二个参数是一个逐字字符串，在字符串中的双引号文本使用两个连续的双引号来表现。

```
new XProcessingInstruction( "xml-stylesheet",
                            @"href=""stories"", type=""text/css""")
```

这段代码产生如下的 XML 文档行：

```
<?xml-stylesheet href="stories.css" type="text/css"?>
```

如下代码使用了所有的 3 个构造函数。

```
static void Main( )
{
   XDocument xd = new XDocument(
      new XDeclaration("1.0", "utf-8", "yes"),
      new XComment("This is a comment"),
      new XProcessingInstruction("xml-stylesheet",
                                 @"href=""stories.css"" type=""text/css"""),
      new XElement("root",
         new XElement("first"),
         new XElement("second")
      )
   );
}
```

这段代码产生了如下的输出文件。然而，如果使用 xd 的 WriteLine，即使声明语句包含在文档文件中也不会显示。

```
<?xml version="1.0" encoding="utf-8" standalone="yes"?>
<!--This is a comment-->
<?xml-stylesheet href="stories.css" type="text/css"?>
<root>
  <first />
  <second />
</root>
```

20.7.6　使用 LINQ to XML 的 LINQ 查询

现在，我们可以把 LINQ XML API 和 LINQ 查询表达式组合在一起来产生简单而强大的 XML 树搜索。

下面的代码创建了一个简单的 XML 树，并显示在了屏幕上，然后把它保存在一个叫作 SimpleSample.xml 的文件中。尽管代码没有什么新内容，但是我们会将这个 XML 树用于之后的示例。

```
static void Main( )
{
   XDocument xd = new XDocument(
      new XElement("MyElements",
         new XElement("first",
            new XAttribute("color", "red"),
            new XAttribute("size", "small")),
```

```
            new XElement("second",
                new XAttribute("color", "red"),
                new XAttribute("size",  "medium")),
            new XElement("third",
                new XAttribute("color", "blue"),
                new XAttribute("size",  "large"))));

    Console.WriteLine(xd);                       //显示 XML 树
    xd.Save("SimpleSample.xml");                 //保存 XML 树
}
```

这段代码产生了如下的输出：

```
<MyElements>
  <first color="red" size="small" />
  <second color="red" size="medium" />
  <third color="blue" size="large" />
</MyElements>
```

如下示例代码使用了简单的 LINQ 查询来从 XML 树中选择节点的子集，然后以各种方式进行显示。这段代码做了如下的事情。

- 它从 XML 树中选择那些名字有 5 个字符的元素。由于这些元素的名字是 first、second 和 third，只有 first 和 third 这两个名字符合搜索标准，因此这些节点被选中。
- 它显示了所选元素的名字。
- 它格式化并显示了所选节点，包括节点名以及特性值。注意，特性使用 Attribute 方法来获取，特性的值使用 Value 属性来获取。

```
static void Main( )
{
    XDocument xd = XDocument.Load("SimpleSample.xml"); //加载文档
    XElement rt = xd.Element("MyElements");            //获取根元素

    var xyz = from e in rt.Elements()                  //选择名称包含
              where e.Name.ToString().Length == 5      //5 个字符的元素
              select e;

    foreach (XElement x in xyz)
        Console.WriteLine(x.Name.ToString());          //显示所选的元素

    Console.WriteLine();
    foreach (XElement x in xyz)
        Console.WriteLine("Name: {0}, color: {1}, size: {2}",
                    x.Name,
                    x.Attribute("color").Value,
                    x.Attribute("size") .Value);
}                               ↑              ↑
                             获取特性      获取特性的值
```

这段代码产生了如下的输出：

```
first
third

Name: first, color: red, size: small
Name: third, color: blue, size: large
```

　　如下代码使用了一个简单的查询来获取 XML 树的所有顶层元素，并且为每一个元素创建了一个匿名类型的对象。第一个 WriteLine 方法显示匿名类型的默认格式化，第二个 WriteLine 语句显式格式化匿名类型对象的成员。

```
using System;
using System.Linq;
using System.Xml.Linq;

static void Main( )
{
    XDocument xd = XDocument.Load("SimpleSample.xml"); //加载文档
    XElement rt = xd.Element("MyElements");            //获取根元素

    var xyz = from e in rt.Elements()
              select new { e.Name, color = e.Attribute("color") };
                      ↑
    foreach (var x in xyz)    创建匿名类型
        Console.WriteLine(x);              //默认格式化

    Console.WriteLine();
    foreach (var x in xyz)
        Console.WriteLine("{0,-6},    color: {1, -7}", x.Name, x.color.Value);
}
```

　　这段代码产生了如下的输出。前 3 行演示了匿名类型的默认格式化，后面 3 行演示了在第二个 WriteLine 方法的格式化字符串中指定的显式格式化。

```
{ Name = first, color = color="red" }
{ Name = second, color = color="red" }
{ Name = third, color = color="blue" }

first ,    color: red
second,    color: red
third ,    color: blue
```

　　从这些示例中可以看到，可以轻易地组合 XML API 和 LINQ 查询工具来产生强大的 XML 查询能力。

第 21 章

异步编程 *21*

本章内容
- 什么是异步
- async/await 特性的结构
- 什么是异步方法
- GUI 程序中的异步操作
- 使用异步 Lambda 表达式
- 一个完整的 GUI 示例
- BackgoundWorker 类
- 并行循环
- 其他异步编程模式
- BeginInvoke 和 EndInvoke
- 计时器

21.1 什么是异步

　　启动程序时，系统会在内存中创建一个新的**进程**。进程是构成运行程序的资源的集合。这些资源包括虚地址空间、文件句柄和程序运行所需的其他许多东西。

　　在进程内部，系统创建了一个称为**线程**的内核（kernel）对象，它代表了真正执行的程序。（**线程**是"执行线程"的简称。）一旦进程建立，系统会在 Main 方法的第一行语句处开始线程的执行。

　　关于线程，需要了解以下知识点。

- 默认情况下，一个进程只包含一个线程，从程序的开始一直执行到结束。
- 线程可以派生其他线程，因此在任意时刻，一个进程都可能包含不同状态的多个线程，它们执行程序的不同部分。
- 如果一个进程拥有多个线程，它们将共享进程的资源。
- 系统为处理器执行所调度的单元是线程，不是进程。

　　本书到目前为止所展示的所有示例程序都只使用了一个线程，并且从程序的第一条语句按顺序执行到最后一条。然而在很多情况下，这种简单的模型都会在性能或用户体验上导致难以接受的行为。

例如，一个服务器程序可能会不断地发起到其他服务器的连接，并向它们请求数据，同时处理来自多个客户端程序的请求。这种通信任务往往会耗费大量时间，在此期间程序只能等待网络或互联网上其他计算机的响应。这大大降低了性能。程序不应该浪费等待响应的时间，而应该更加高效，在等待的同时执行其他任务，回复到达后再继续执行第一个任务。

另一个例子是交互式 GUI 程序。如果用户启动了一个需要耗费大量时间的操作，那么程序在操作完成之前“冻结”在屏幕上是不可接受的。用户应该仍能在屏幕上移动窗口，甚至可以取消操作。

本章将学习**异步编程**。在异步程序中，程序代码不需要按照编写顺序严格执行。有时需要在一个新的线程中运行一部分代码，有时无须创建新的线程，但为了更好地利用单个线程的能力，需要改变代码的执行顺序。

先来看看 C# 5.0 引入的一个用来构建异步方法的新特性——async/await。接下来学习一些可实现其他形式的异步编程的特性，这些特性是.NET 框架的一部分，但没有嵌入 C#语言。相关主题包括 BackgroundWorker 类和.NET 任务并行库。两者均通过新建线程来实现异步。本章最后会介绍编写异步程序的其他方式。

示例

为了演示和比较，我们先来看一个**不使用异步的示例**，然后再看一个实现类似功能的异步程序。在下面的代码示例中，MyDownloadString 类的方法 DoRun 执行以下任务。

❏ 创建 Stopwatch 类(位于 System.Diagnostics 命名空间)的一个实例并启动。该 Stopwatch计时器用来测量代码中不同任务的执行时间。

❏ 然后调用 CountCharacters 方法两次，下载某网站的内容，并返回该网站包含的字符数。网站由 URL 字符串指定，作为第二个参数传入。

❏ 接着调用 CountToALargeNumber 方法 4 次。该方法仅执行一个消耗一定时间的任务，并循环指定次数。

❏ 最后，它打印两个网站的字符数。

```
using System;
using System.Net;
using System.Diagnostics;

class MyDownloadString  {
    Stopwatch sw = new Stopwatch();

    public void DoRun() {
        const int LargeNumber = 6_000_000;
        sw.Start();
        int t1 = CountCharacters( 1, "http://www.microsoft.com" );
        int t2 = CountCharacters( 2, "http://www.illustratedcsharp.com" );
        CountToALargeNumber( 1, LargeNumber );
        CountToALargeNumber( 2, LargeNumber );
```

```
        CountToALargeNumber( 3, LargeNumber );
        CountToALargeNumber( 4, LargeNumber );
        Console.WriteLine($"Chars in http://www.microsoft.com          : { t1 }");
        Console.WriteLine($"Chars in http://www.illustratedcsharp.com: { t2 }");
    }

    private int CountCharacters(int id, string uriString ) {
        WebClient wc1 = new WebClient();
        Console.WriteLine( "Starting call {0}     :     {1, 4:N0} ms",
                          id, sw.Elapsed.TotalMilliseconds );
        string result = wc1.DownloadString( new Uri( uriString ) );
        Console.WriteLine( "  Call {0} completed:     {1, 4:N0} ms",
                          id, sw.Elapsed.TotalMilliseconds );
        return result.Length;
    }
    private void CountToALargeNumber( int id, int value ) {
        for ( long i=0; i < value; i++ )
            ;
        Console.WriteLine( "  End counting {0}   :     {1, 4:N0} ms",
                          id, sw.Elapsed.TotalMilliseconds );
    }
}

class Program
{
    static void Main() {
        MyDownloadString ds = new MyDownloadString();
        ds.DoRun();
    }
}
```

某次代码运行生成的结果如下所示，计时以毫秒为单位。每次运行的结果可能不同。

```
Starting call 1    :        1 ms
    Call 1 completed:      178 ms
Starting call 2    :      178 ms
    Call 2 completed:      504 ms
    End counting 1  :      523 ms
    End counting 2  :      542 ms
    End counting 3  :      561 ms
    End counting 4  :      579 ms
Chars in http://www.microsoft.com          : 1020
Chars in http://www.illustratedcsharp.com: 4699
```

图 21-1 总结了输出结果，展示了不同任务开始和结束的时间。如图所示，Call 1 和 Call 2 占用了大部分时间。但不管哪次调用，绝大部分时间都浪费在等待网站的响应上。

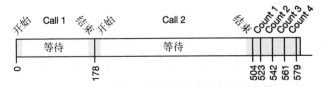

图 21-1   程序中不同任务所需时间的时间轴

　　如果能发起两个 CountCharacter 调用，并且无须等待结果，而是继续执行 4 个 CountToALarge Number 调用，然后在两个 CountCharacter 方法调用结束时再获取结果，就可以显著地提升性能。

　　C#最新的 async/await 特性就允许我们这么做。可以重写代码以运用该特性，如下所示。稍后会深入剖析这个特性，现在先来看看本示例需要注意的几个方面。

- ❑ 当 DoRun 调用 CountCharactersAsync 时，CountCharactersAsync 将立即返回，然后才真正开始下载字符。它向调用方法返回的是一个 Task<int>类型的占位符对象，表示它计划进行的工作。这个占位符最终将"返回"一个 int。
- ❑ 这使得 DoRun 不用等待实际工作完成就可继续执行。下一条语句是 CountCharactersAsync 的另一次调用，同样会返回一个 Task<int>对象。
- ❑ 接着，DoRun 可以继续执行，调用 4 次 CountToALargeNumber，同时 CountCharactersAsync 的两次调用继续它们的工作——基本上是等待。
- ❑ DoRun 的最后两行从 CountCharactersAsync 调用返回的 Tasks 中获取结果。如果还没有结果，将阻塞并等待。

```
...
using System.Threading.Tasks;

class MyDownloadString
{
    Stopwatch sw = new Stopwatch();

    public void DoRun()  {
        const int LargeNumber = 6_000_000;
        sw.Start();
                保存结果的对象
                      ↓
        Task<int> t1 = CountCharactersAsync( 1, "http://www.microsoft.com" );
        Task<int> t2 = CountCharactersAsync( 2, "http://www.illustratedcsharp.com" );
        CountToALargeNumber( 1, LargeNumber );
        CountToALargeNumber( 2, LargeNumber );
        CountToALargeNumber( 3, LargeNumber );
        CountToALargeNumber( 4, LargeNumber );                                  获取结果
                                                                                   ↓
        Console.WriteLine( "Chars in http://www.microsoft.com        : {0}", t1.Result );
        Console.WriteLine( "Chars in http://www.illustratedcsharp.com: {0}", t2.Result );
    }
        上下文        该类型表示正在执行的工作,
        关键字        最终将返回 int
          ↓            ↓
    private async Task<int> CountCharactersAsync( int id, string site ) {
        WebClient wc = new WebClient();
        Console.WriteLine( "Starting call {0}     :    {1, 4:N0} ms",
                            id, sw.Elapsed.TotalMilliseconds );
                    上下文关键字
                        ↓
        string result = await wc.DownloadStringTaskAsync( new Uri( site ) );
        Console.WriteLine( "   Call {0} completed:    {1, 4:N0} ms",
                            id, sw.Elapsed.TotalMilliseconds );
```

```
            return result.Length;
        }

        private void CountToALargeNumber( int id, int value ) {
            for ( long i=0; i < value; i++ ) ;
            Console.WriteLine( "   End counting {0}  :    {1, 4:NO} ms",
                              id, sw.Elapsed.TotalMilliseconds );
        }
    }
    class Program {
        static void Main() {
            MyDownloadString ds = new MyDownloadString();
            ds.DoRun();
        }
    }
```

在我们的机器上某次运行的结果如下。同样,你的计时结果以及下面这几行内容出现的顺序,都可能和我们的不同。

```
Starting call 1      :        12 ms
Starting call 2      :        60 ms
    End counting 1   :        80 ms
    End counting 2   :        99 ms
    End counting 3   :       118 ms
    Call 1 completed:        124 ms
    End counting 4   :       138 ms
Chars in http://www.microsoft.com        : 1020
    Call 2 completed:        387 ms
Chars in http://www.illustratedcsharp.com: 4699
```

图 21-2 总结了输出结果,展示了修改后的程序的时间轴。新版程序比旧版快了 32%。这是由于 CountToALargeNumber 的 4 次调用是在 CountCharactersAsync 方法调用等待网站响应的时候进行的。所有这些工作都是在主线程中完成的,我们没有创建任何额外的线程!

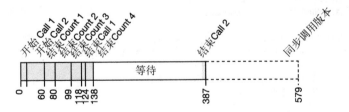

图 21-2   async/await 版本的程序的时间轴

21.2   async/await 特性的结构

我们已经看到了一个异步方法的示例,现在来讨论其定义和细节。

如果一个程序调用某个方法,并在等待方法执行所有处理后才继续执行,我们就称这样的方法是**同步的**。这是默认的形式，在本章之前你所看到的都是这种形式。

相反，**异步的**方法在完成其所有工作之前就返回到调用方法。利用 C#的 async/await 特性可以创建并使用异步方法。该特性由 3 个部分组成，如图 21-3 所示。

- ❑ **调用方法**（calling method）：该方法调用异步方法，然后在异步方法执行其任务的时候继续执行（可能在相同的线程上，也可能在不同的线程上）。
- ❑ **异步**（**async**）**方法**：该方法异步执行其工作，然后立即返回到调用方法。
- ❑ **await 表达式**：用于异步方法内部，指明需要异步执行的任务。一个异步方法可以包含任意多个 await 表达式，不过如果一个都不包含的话编译器会发出警告。

后面几节会介绍这三个组件的细节，先从异步方法的语法和语义开始。

```
class Program
{
    static void Main()
    {
        ...
        Task<int> value = DoAsyncStuff.CalculateSumAsync(5, 6);    } 调用方法
        ...
    }
}

static class DoAsyncStuff
{
    public static async Task<int> CalculateSumAsync(int i1, int i2)
    {
        int sum = await TaskEx.Run( () => GetSum( i1, i2 ) );       } 异步方法
        return sum;
    }
    ...
}
```

await表达式

图 21-3 async/await 特性的整体结构

21.3 什么是异步方法

如上节所述，异步方法在完成其工作之前即返回到调用方法，然后在调用方法继续执行的时候完成其工作。

在语法上，异步方法具有如下特点，如图 21-4 所示。

- ❑ 方法头中包含 async 方法修饰符。
- ❑ 包含一个或多个 await 表达式，表示可以异步完成的任务。
- ❑ 必须具备以下 3 种返回类型之一。第二种（Task）和第三种（Task<T>）的返回对象表示将在未来完成的工作，调用方法和异步方法可以继续执行。
    - ■ void
    - ■ Task
    - ■ Task<T>

- ValueTask<T>

□ 任何具有公开可访问的 GetAwaiter 方法的类型。我们很快就会谈到 GetAwaiter。

□ 异步方法的形参可以为任意类型、任意数量，但不能为 out 或 ref 参数。

□ 按照约定，异步方法的名称应该以 Async 为后缀。

□ 除了方法以外，**Lambda** 表达式和匿名方法也可以作为异步对象。

```
关键字  返回类型
  ↓       ↓
async Task<int> CountCharactersAsync( int id, string site )
{
    Console.WriteLine( "Starting CountCharacters" );
    WebClient wc = new WebClient();
                                                              await表达式
    string result = await wc.DownloadStringTaskAsync( new Uri( site ) ); ←

    Console.WriteLine( "CountCharacters Completed" );
    return result.Length;
}
           ↑
         返回语句
```

图 21-4　异步方法的结构

图 21-4 阐明了一个异步方法的组成部分，现在我们可以详细介绍了。第一项是 async 关键字。

□ 异步方法的方法头中必须包含 async 关键字，且必须位于返回类型之前。

□ 该修饰符只是标识该方法包含一个或多个 await 表达式。也就是说，它本身并不能创建任何异步操作。

□ async 关键字是一个**上下文关键字**，也就是说除了作为方法修饰符（或 **Lambda** 表达式修饰符、匿名方法修饰符）之外，async 还可用作标识符。

返回类型必须是以下类型之一。注意，其中 3 种都包含 Task 类。我们在指明类的时候，将使用大写形式（类名）和语法字体。在表示一系列需要完成的工作时，将使用小写字母和一般字体。

□ Task：如果调用方法不需要从异步方法中返回某个值，但需要检查异步方法的状态，那么异步方法可以返回一个 Task 类型的对象。在这种情况下，如果异步方法中包含任何 return 语句，则它们不能返回任何东西。下面的代码来自一个调用方法：

```
Task someTask = DoStuff.CalculateSumAsync(5, 6);
    ...
someTask.Wait();
```

□ Task<T>：如果调用方法要从调用中获取一个 T 类型的值，异步方法的返回类型就必须是 Task<T>。调用方法将通过读取 Task 的 Result 属性来获取这个 T 类型的值。下面的代码阐明了这一点：

```
Task<int> value    = DoStuff.CalculateSumAsync( 5, 6 );
    ...
Console.WriteLine($"Value: { value.Result }");
```

ValueTask<T>：这是一个值类型对象，它与 Task<T> 类似，但用于任务结果可能已经可用的情况。因为它是一个值类型，所以它可以放在栈上，而无须像 Task<T> 对象那样在堆上分配空间。因此，它在某些情况下可以提高性能。

❑ void：如果调用方法仅仅想执行异步方法，而不需要与它做任何进一步的交互时[这称为"调用并忘记"（fire and forget）]，异步方法可以返回 void 类型。这时，与上一种情况类似，如果异步方法中包含任何 return 语句，则它们不能返回任何东西。

❑ 任何具有可访问的 GetAwaiter 方法的类型。

注意在图 21-4 中，异步方法的返回类型为 Task<int>。但方法体中不包含任何返回 Task<int> 类型对象的 return 语句。相反，方法最后的 return 语句返回了一个 int 类型的值。我们先将这一发现总结如下，稍后再详细解释。

❑ 任何返回 Task<T>类型的异步方法，其返回值必须为 T 类型或可以隐式转换为 T 的类型。

图 21-5、图 21-6、图 21-7 和图 21-8 阐明了调用方法和异步方法在用这三种返回类型进行交互时所需的体系结构。

```
using System;
using System.Threading.Tasks;

class Program
{
    static void Main() {
        Task<int> value = DoAsyncStuff.CalculateSumAsync( 5, 6 );
        // 处理其他事情
        Console.WriteLine( "Value: {0}", value.Result );
    }
}

static class DoAsyncStuff
{
    public static async Task<int> CalculateSumAsync(int i1, int i2)    {
        int sum = await Task.Run( () => GetSum( i1, i2 ) );
        return sum;
    }

    private static int GetSum( int i1, int i2 ) { return i1 + i2; }
}
```

图 21-5　使用返回 Task<int>对象的异步方法

```
using System;
using System.Threading.Tasks;

class Program
{
    static void Main() {
        Task someTask = DoAsyncStuff.CalculateSumAsync(5, 6);
        // 处理其他事情
        someTask.Wait();
        Console.WriteLine( "Async stuff is done" );
    }
}

static class DoAsyncStuff
{
    public static async Task CalculateSumAsync( int i1, int i2 ) {
        int value = await Task.Run( () => GetSum( i1, i2 ) );
        Console.WriteLine("Value: {0}", value );
    }

    private static int GetSum( int i1, int i2 ) { return i1 + i2; }
}
```

图 21-6   使用返回 Task 对象的异步方法

图 21-7 中的代码使用了 Thread.Sleep 方法来暂停主线程，这样它就不会在异步方法完成之前退出。

```
using System;
using System.Threading;
using System.Threading.Tasks;

class Program
{
    static void Main() {
        DoAsyncStuff.CalculateSumAsync(5, 6);
        // 处理其他事情
        Thread.Sleep( 200 );
        Console.WriteLine( "Program Exiting" );
    }
}

static class DoAsyncStuff
{
    public static async void CalculateSumAsync(int i1, int i2) {
        int value = await Task.Run( () => GetSum( i1, i2 ) );
        Console.WriteLine( "Value: {0}", value );
    }

    private static int GetSum(int i1, int i2) { return i1 + i2; }
}
```

图 21-7   使用“调用并忘记”的异步方法

图 21-8 中的代码使用了 ValueTask 返回类型。

```
using System;
using System.Threading.Tasks;

class Program
{
    static void Main()
    {
        ValueTask<int> value = value = DoAsyncStuff.CalculateSumAsync( 0, 6 );
        // 处理其他事情
        Console.WriteLine( $"Value: { value.Result }" );
        value = DoAsyncStuff.CalculateSumAsync( 5, 6 );
        // 处理其他事情
        Console.WriteLine( $"Value: { value.Result }" );
    }

    static class DoAsyncStuff
    {
        public static async ValueTask<int> CalculateSumAsync(int i1, int i2)
        {
            if(i1 == 0)  // 如i1 == 0，则可以避免执行长时间运行的任务
            {
                return i2;
            }
            int sum = await Task<int>.Run( () => GetSum( i1, i2 ) );
            return sum;
        }

        private static int GetSum(int i1, int i2) { return i1 + i2; }
    }
}
```

图 21-8　使用返回 ValueTask<int>对象的异步方法

21.3.1　异步方法的控制流

异步方法的结构包含三个不同的区域，如图 21-9 所示。稍后会详细介绍 await 表达式，不过本节你将对其位置和作用有个大致了解。这三个区域如下。

- **第一个 await 表达式之前的部分**：从方法开头到第一个 await 表达式之前的所有代码。这一部分应该只包含少量无须长时间处理的代码。
- **await 表达式**：表示将被异步执行的任务。
- **后续部分**：await 表达式之后的方法中的其余代码。包括其执行环境，如所在线程信息、目前作用域内的变量值，以及当 await 表达式完成后重新执行时所需的其他信息。

```
async Task<int> CountCharactersAsync( int id, string site )
{
    Console.WriteLine( "Starting CountCharacters" );        } 第一个await表达
    WebClient wc = new WebClient();                          式之前的部分

    string result = await wc.DownloadStringTaskAsync( new Uri( site ) ); ← await表达式

    Console.WriteLine( "CountCharacters Completed" );       } 后续部分
    return result.Length;
}
```

图 21-9 异步方法中的代码区域

图 21-10 阐明了一个异步方法的控制流。它从第一个 await 表达式之前的代码开始,正常(同步地)执行直到遇见第一个 await。这一区域实际上在第一个 await 表达式处结束,此时 await 的任务还没有完成(大多数情况下如此)。当 await 的任务完成时,方法将继续同步执行。如果还有其他 await,就重复上述过程。

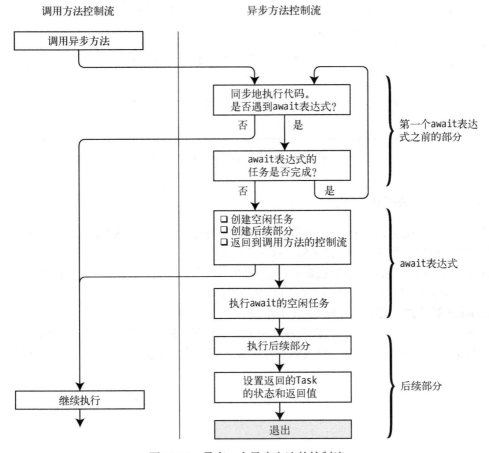

图 21-10 贯穿一个异步方法的控制流

当到达 await 表达式时，异步方法将控制返回到调用方法。如果方法的返回类型为 Task 或 Task<T>类型，则方法将创建一个 Task 对象，表示需异步完成的任务和后续，然后将该 Task 返回到调用方法。

目前有两个控制流：一个在异步方法内，一个在调用方法内。异步方法内的代码完成以下工作。

❑ 异步执行 await 表达式的空闲任务。

❑ 当 await 表达式完成时，执行后续部分。后续部分本身也可能包含其他 await 表达式，这些表达式也将按照相同的方式处理，即异步执行 await 表达式，然后执行后续部分。

❑ 当后续部分遇到 return 语句或到达方法末尾时，
　■ 如果方法的返回类型为 void，控制流将退出。
　■ 如果方法的返回类型为 Task，则后续部分设置 Task 的状态属性并退出。如果返回类型为 Task<T>或 ValueTask<T>，则后续部分还将设置对象的 Result 属性。

同时，调用方法中的代码将继续其进程，从异步方法获取 Task<T>或 ValueTask<T>对象。当需要实际值时，就引用 Task 或 ValueTask 对象的 Result 属性。届时，如果异步方法设置了该属性，调用方法就能获得该值并继续，否则它将暂停并等待该属性被设置，然后再继续执行。

很多人可能不解的一点是同步方法第一次遇到 await 时所返回对象的类型。这个返回类型就**是同步方法头中的返回类型**，它与 await 表达式的返回值类型一点关系也没有。

例如在下面的代码中，await 表达式返回一个 string。但在方法的执行过程中，当到达 await 表达式时，异步方法返回到调用方法的是一个 Task<int>对象，这正是该方法的返回类型。

```
private async Task<int> CountCharactersAsync( string site )
{
    WebClient wc = new WebClient();

    string result = await wc.DownloadStringTaskAsync( new Uri( site ) );

    return result.Length;
}
```

另一个可能让人迷惑的地方是，异步方法的 return 语句"返回"一个结果或到达异步方法末尾时，它并没有真正地返回某个值——它只是退出了。

await 表达式

await 表达式指定了一个异步执行的任务。其语法如下所示，由 await 关键字和一个空闲对象（称为**任务**）组成。这个任务可能是一个 Task 类型的对象，也可能不是。默认情况下，这个任务在当前线程上异步运行。

```
await task
```

一个空闲对象即是一个 **awaitable** 类型的实例。awaitable 类型是指包含 GetAwaiter 方法的类型，该方法没有参数，返回一个 awaiter 类型的对象。awaiter 类型包含以下成员：

```
bool IsCompleted { get; }
void OnCompleted(Action);
```

它还包含以下成员之一：

```
void GetResult();
T GetResult();  (T 为任意类型)
```

然而实际上，你并不需要构建自己的 awaitable。相反，你应该使用 Task 或 ValueTask 类，它们是 awaitable 类型。对于 awaitable，大多数程序员所需要的就是它们了。

在.NET 4.5 中，微软发布了大量新的和修订的异步方法（在 BCL 中），它们可返回 Task<T>类型的对象。将这些放到你的 await 表达式中，它们将在当前线程中异步执行。

在之前的很多示例中，我们都使用了 WebClient.DownloadStringTaskAsync 方法，它也是这些异步方法中一个。以下代码阐明了其用法：

```
Uri site        = new Uri("http://www.illustratedcsharp.com" );
WebClient wc    = new WebClient();
string result   = await wc.DownloadStringTaskAsync( site );
                              ↑
                        返回 Task<string>
```

尽管目前 BCL 中存在很多返回 Task<T>类型对象的方法，你仍然可能需要编写自己的方法，作为 await 表达式的任务。最简单的方式是在你的方法中使用 Task.Run 方法来创建一个 Task。关于 Task.Run，有一点非常重要，即它在不同的线程上运行你的方法。

Task.Run 的一个签名如下，它以 Func<TReturn>委托为参数。如第 20 章所述，Func<TReturn>是一个预定义的委托，它不包含任何参数，返回值的类型为 TReturn：

```
Task Run( Func<TReturn> func )
```

因此，要将你的方法传递给 Task.Run 方法，需要基于该方法创建一个委托。下面的代码展示了三种实现方式。其中，Get10 与 Func<int>委托兼容，因为它没有参数并且返回 int。

- ❏ 第一个实例（DoWorkAsync 方法的前两行）使用 Get10 创建名为 ten 的 Func<int>委托。然后在下一行将该委托用于 Task.Run 方法。
- ❏ 第二个实例在 Task.Run 方法的参数列表中创建 Func<int>委托。
- ❏ 第三个实例没有使用 Get10 方法，而是使用了组成 Get10 方法体的 return 语句，并将其用于与 Func<int>委托兼容的 Lambda 表达式。该 Lambda 表达式将隐式转换为该委托。

```
class MyClass
{
    public int Get10()                              //与 Func<int>兼容
    {
        return 10;
    }

    public async Task DoWorkAsync()
    {
        Func<int> ten = new Func<int>(Get10);
        int a = await Task.Run(ten);

        int b = await Task.Run(new Func<int>(Get10));
```

```
      int c = await Task.Run(() => { return 10; });

      Console.WriteLine($"{ a } { b } { c }");
   }

class Program
{
   static void Main()
   {
      Task t = (new MyClass()).DoWorkAsync();
      t.Wait();
   }
}
```

这段代码的输出结果如下：

```
10  10  10
```

在上面的示例代码中，我们使用的 Task.Run 的签名以 Func<TResult>为参数。该方法共有 8 个重载，如表 21-1 所示。表 21-2 展示了可能用到的 4 个委托类型的签名。

表 21-1　Task.Run 重载的返回类型和签名

返回类型	签　名
Task	Run(Action action)
Task	Run(Action action, CancellationToken token)
Task<TResult>	Run(Func<TResult> function)
Task<TResult>	Run(Func<TResult> function, CancellationToken token)
Task	Run(Func<Task> function)
Task	Run(Func<Task> function, CancellationToken token)
Task<TResult>	Run(Func<Task<TResult>> function)
Task<TResult>	Run(Func<Task<TResult>> function CancellationToken token)

表 21-2　可作为 Task.Run 方法第一个参数的委托类型

委托类型	签　名	含　义
Action	void Action()	不需要参数且无返回值的方法
Func<TResult>	TResult Func()	不需要参数，但返回 TResult 类型对象的方法
Func<Task>	Task Func()	不需要参数，但返回简单 Task 对象的方法
Func<Task<TResult>>	Task<TResult> Func()	不需要参数，但返回 Task<T>类型对象的方法

下面的代码展示了 4 个 await 语句，它们使用 Task.Run 方法来运行 4 种不同的委托类型所表示的方法：

```
static class MyClass
{
   public static async Task DoWorkAsync()
   {                              Action
                          ┌─────────────┴─────────────┐
                                        ↓
      await Task.Run(() => Console.WriteLine(5.ToString()));
                              TResult Func()
                          ┌───────────┴───────────┐
                                      ↓
      Console.WriteLine((await Task.Run(() => 6)).ToString());
                                Task Func()
                          ┌──────────────┴──────────────┐
                                        ↓
      await Task.Run(() => Task.Run(() => Console.WriteLine(7.ToString())));
                            Task<TResult> Func()
                          ┌───────────┴───────────┐
                                      ↓
      int value = await Task.Run(() => Task.Run(() => 8));
      Console.WriteLine(value.ToString());
   }
}

class Program
{
   static void Main()
   {
      Task t = MyClass.DoWorkAsync();
      t.Wait();
      Console.WriteLine("Press Enter key to exit");
      Console.Read();
   }
}
```

代码产生的结果如下：

```
5
6
7
8
```

在能使用任何其他表达式的地方，都可以使用 await 表达式（只要位于异步方法内）。在上面的代码中，4 个 await 表达式用在了 3 个不同的位置。

❏ 第一个和第三个实例将 await 表达式用作语句。

❏ 第二个实例将 await 表达式用作 WriteLine 方法的参数。

❏ 第四个实例将 await 表达式用作赋值语句的右端。

假设我们的某个方法不符合这 4 种委托形式。例如，假设有一个 GetSum 方法以两个 int 值作为输入，并返回这两个值的和。这与上述 4 个可接受的委托都不兼容。要解决这个问题，可以用可接受的 Func 委托的形式创建一个 Lambda 函数，其唯一的行为就是运行 GetSum 方法，如下面的代码所示：

```
int value = await Task.Run(() => GetSum(5, 6));
```

Lambda 函数() => GetSum(5, 6)满足 Func<TResult>委托，因为它没有参数，且返回单一的值。下面的代码展示了一个完整的示例：

```
static class MyClass
{
   private static int GetSum(int i1, int i2)
   {
      return i1 + i2;
   }

   public static async Task DoWorkAsync()
   {                          TResult Func()
                          _____↓_____
      int value = await Task.Run( () => GetSum(5, 6) );
      Console.WriteLine(value.ToString());
   }
}

class Program
{
   static void Main()
   {
      Task t = MyClass.DoWorkAsync();
      t.Wait();
      Console.WriteLine("Press Enter key to exit");
      Console.Read();
   }
}
```

代码的输出结果如下：

```
11
Press Enter key to exit
```

21.3.2 取消一个异步操作

一些.NET 异步方法允许你请求终止执行。你也可以在自己的异步方法中加入这个特性。System.Threading.Tasks 命名空间中有两个类是为此目的而设计的：CancellationToken 和 CancellationTokenSource。

❑ CancellationToken 对象包含一个任务是否应被取消的信息。

❑ 拥有 CancellationToken 对象的任务需要定期检查其令牌（**token**）状态。如果 CancellationToken 对象的 IsCancellationRequested 属性为 true，任务需停止其操作并返回。

❑ CancellationToken 是不可逆的，并且只能使用一次。也就是说，一旦 IsCancellationRequested 属性被设置为 true，就不能更改了。

❑ CancellationTokenSource 对象创建可分配给不同任务的 CancellationToken 对象。任何持有 CancellationTokenSource 的对象都可以调用其 Cancel 方法，这会将 CancellationToken 的 IsCancellationRequested 属性设置为 true。

　　下面的代码展示了如何使用 CancellationTokenSource 和 CancellationToken 来实现取消操作。注意，该过程是**协同的**，即调用 CancellationTokenSource 的 Cancel 时，它本身并不会执行取消操作，而是会将 CancellationToken 的 IsCancellationRequested 属性设置为 true。包含 CancellationToken 的代码负责检查该属性，并判断是否需要停止执行并返回。

　　下面的代码展示了如何使用这两个取消类。如下所示代码并没有取消异步方法，而是在 Main 方法中间包含两行被注释的代码，它们触发了取消行为。

```
class Program
{
    static void Main()
    {
        CancellationTokenSource cts   = new CancellationTokenSource();
        CancellationToken       token = cts.Token;

        MyClass mc = new MyClass();
        Task t     = mc.RunAsync( token );

        //Thread.Sleep( 3000 );    //等待 3 秒
        //cts.Cancel();            //取消操作

        t.Wait();
        Console.WriteLine($"Was Cancelled: { token.IsCancellationRequested }");
    }
}
class MyClass
{
    public async Task RunAsync( CancellationToken ct )
    {
        if ( ct.IsCancellationRequested )
            return;
        await Task.Run( () => CycleMethod( ct ), ct );
    }

    void CycleMethod( CancellationToken ct )
    {
        Console.WriteLine( "Starting CycleMethod" );
        const int max = 5;
        for ( int i=0; i < max; i++ )
        {
            if ( ct.IsCancellationRequested )        //监控 CancellationToken
                return;
            Thread.Sleep( 1000 );
            Console.WriteLine($"   { i+1 } of { max } iterations completed");
        }
    }
}
```

　　第一次运行时保留注释的代码，不会取消任务，产生的结果如下：

```
Starting CycleMethod
  1 of 5 iterations completed
  2 of 5 iterations completed
  3 of 5 iterations completed
  4 of 5 iterations completed
  5 of 5 iterations completed
Was Cancelled: False
```

如果取消 Main 方法中的 Thread.Sleep 和 Cancel 语句, 任务将在 3 秒后取消, 产生的结果如下:

```
Starting CycleMethod
  1 of 5 iterations completed
  2 of 5 iterations completed
  3 of 5 iterations completed
Was Cancelled: True
```

异常处理和 await 表达式

可以像使用其他表达式那样, 将 await 表达式放在 try 语句内, try...catch...finally 结构将按你期望的那样工作。

下面的代码展示了一个示例, 其中 await 表达式中的任务会抛出一个异常。await 表达式位于 try 块中, 将按普通的方式处理异常。

```
class Program
{
    static void Main(string[] args)
    {
        Task t = BadAsync();
        t.Wait();
        Console.WriteLine($"Task Status   :  { t.Status }");
        Console.WriteLine($"Task IsFaulted:  { t.IsFaulted }");
    }

    static async Task BadAsync()
    {
        try
        {
            await Task.Run(() => { throw new Exception(); });
        }
        catch
        {
            Console.WriteLine("Exception in BadAsync");
        }
    }
}
```

代码产生的结果如下:

```
Exception in BadAsync
Task Status   : RanToCompletion
Task IsFaulted: False
```

注意，尽管 Task 抛出了一个 Exception，但在 Main 的最后，Task 的状态仍然为 RanToCompletion。这会让人感到很意外，因为异步方法抛出了异常。原因是以下两个条件成立：(1) Task 没有被取消，(2) 没有未处理的异常。类似地，IsFaulted 属性为 False，因为没有未处理的异常。

从 C# 6.0 开始，也可以在 catch 和 finally 块中使用 await 表达式了。在初始异常不需要终止应用程序的时候，可以使用 await 来执行日志记录或其他运行时间较长的任务。如果错误严重到阻止应用程序继续运行，那么以异步的方式执行 catch 或 finally 任务几乎没有什么好处。

然而，如果新的异步任务也产生了异常，那么任何原有的异常信息都将丢失，从而使调试原始错误变得更加困难。

21.3.3 在调用方法中同步地等待任务

调用方法可以调用任意多个异步方法并接收它们返回的 Task 对象。然后你的代码会继续执行其他任务，但在某个点上可能会需要等待某个特殊 Task 对象完成，然后再继续。为此，Task 类提供了一个实例方法 Wait，可以在 Task 对象上调用该方法。

下面的示例展示了其用法。在代码中，调用方法 DoRun 调用异步方法 CountCharactersAsync 并接收其返回的 Task<int>。然后调用 Task 实例的 Wait 方法，等待任务 Task 结束。等结束时再显示结果信息。

```csharp
static class MyDownloadString
{
   public static void DoRun()
   {
      Task<int> t = CountCharactersAsync( "http://www.illustratedcsharp.com" );
      等待任务 t 结束
             ↓
      t.Wait();
      Console.WriteLine($"The task has finished, returning value { t.Result }.");
   }

   private static async Task<int> CountCharactersAsync( string site )
   {
      string result = await new WebClient().DownloadStringTaskAsync( new Uri( site ) );
      return result.Length;
   }
}

class Program
{
   static void Main()
   {
      MyDownloadString.DoRun();
   }
}
```

代码产生的结果如下:

```
The task has finished, returning value 4699.
```

Wait 方法用于单一 Task 对象。但你也可以等待一组 Task 对象。对于一组 Task，可以等待所有任务都结束，也可以等待某一个任务结束。实现这两个功能的是 Task 类中的两个静态方法:

❑ WaitAll

❑ WaitAny

这两个方法是同步方法且没有返回值。也就是说，它们停止，直到条件满足后再继续执行。

我们来看一个简单的程序，它包含一个 DoRun 方法，该方法两次调用一个异步方法并获取其返回的两个 Task<int>对象。然后，方法继续执行，检查任务是否完成并打印。方法最后会等待调用 Console.Read，该方法等待并接收键盘输入的字符。把它放在这里是因为不然的话 main 方法会在异步任务完成前退出。

如下所示的程序并没有使用等待方法，而是在 DoRun 方法中间注释的部分包含等待的代码，我们将在稍后用它来与现在的版本进行比较。

```csharp
class MyDownloadString
{
    Stopwatch sw = new Stopwatch();

    public void DoRun()
    {
        sw.Start();

        Task<int> t1 = CountCharactersAsync( 1, "http://www.microsoft.com" );
        Task<int> t2 = CountCharactersAsync( 2, "http://www.illustratedcsharp.com" );

        //Task.WaitAll( t1, t2 );
        //Task.WaitAny( t1, t2 );

        Console.WriteLine( "Task 1: {0}Finished", t1.IsCompleted ? "" : "Not " );
        Console.WriteLine( "Task 2: {0}Finished", t2.IsCompleted ? "" : "Not " );
        Console.Read();
    }

    private async Task<int> CountCharactersAsync( int id, string site )
    {
        WebClient wc = new WebClient();
        string result = await wc.DownloadStringTaskAsync( new Uri( site ) );
        Console.WriteLine( "   Call {0} completed:    {1, 4:N0} ms",
                                    id, sw.Elapsed.TotalMilliseconds );
        return result.Length;
    }
}

class Program
{
```

```
static void Main()
{
    MyDownloadString ds = new MyDownloadString();
    ds.DoRun();
}
}
```

代码产生的结果如下。注意, 在检查这两个 Task 的 IsCompleted 方法时, 没有一个是完成的。

```
Task 1:  Not Finished
Task 2:  Not Finished
    Call 1 completed:      166 ms
    Call 2 completed:      425 ms
```

如果取消 DoRun 中间那两行代码中第一行的注释（如下面的两行代码所示）, 方法将把我们列出的一两个任务作为参数传递给 WaitAll 方法。之后代码会停止并等待任务全部完成, 然后继续执行。

```
Task.WaitAll( t1, t2 );
//Task.WaitAny( t1, t2 );
```

此时运行代码, 其结果如下:

```
    Call 1 completed:      137 ms
    Call 2 completed:      601 ms
Task 1:  Finished
Task 2:  Finished
```

如果再次修改代码, 注释掉 WaitAll 方法调用, 取消 WaitAny 方法调用的注释, 代码将如下所示:

```
//Task.WaitAll( t1, t2 );
Task.WaitAny( t1, t2 );
```

这时, WaitAny 调用将终止并等待至少一个 Task 完成。运行代码的结果如下:

```
    Call 1 completed:      137 ms
Task 1:  Finished
Task 2:  Not Finished
    Call 2 completed:      413 ms
```

WaitAll 和 WaitAny 分别还包含 4 个重载, 除了完成任务之外, 还允许以不同的方式继续执行, 如设置超时时间或使用 CancellationToken 来强制执行处理的后续部分。表 21-3 展示了这些重载方法。

表 21-3   Task.WaitAll 和 WaitAny 的重载方法

签　　名	描　　述
void WaitAllparams(Task[] tasks)	等待所有任务完成
bool WaitAll(Task[] tasks, 　　int millisecondsTimeout)	等待所有任务完成。如果在超时时限内没有全部完成，则返回 false 并继续执行
void WaitAll(Task[] tasks, 　　CancellationToken token)	等待所有任务完成，或等待 CancellationToke 发出取消信号
bool WaitAll(Task[] tasks, 　　TimsSpan span)	等待所有任务完成。如果在超时时限内没有全部完成，则返回 false 并继续执行
bool WaitAll(Task[] tasks, 　　int millisecondsTimeout, 　　CancellationToken token)	等待所有任务完成，或等待 CancellationToken 发出取消信号。如果在超时时限内没有发生上述情况，则返回 false 并继续执行
void WaitAny(params Task[] tasks)	等待任意一个任务完成
bool WaitAny(Task[] tasks, 　　int millisecondsTimeout)	等待任意一个任务完成。如果在超时时限内没有完成的，则返回 false 并继续执行
void WaitAny(Task[] tasks, 　　CancellationToken token)	等待任意一个任务完成，或等待 CancellationToken 发出取消信号
bool WaitAny(Task[] tasks, 　　TimeSpan span)	等待任意一个任务完成。如果在超时时限内没有完成的，则返回 false 并继续执行
bool WaitAny(Task[] tasks, 　　int millisecondsTimeout, 　　CancellationToken token)	等待任意一个任务完成，或等待 CancellationToken 发出取消信号。如果在超时时限内没有发生上述情况，则返回 false 并继续执行

21

21.3.4　在异步方法中异步地等待任务

上一节学习了如何同步地等待 Task 完成。但有时在异步方法中，你会希望用 await 表达式来等待 Task。这时异步方法会返回到调用方法，但该异步方法会等待一个或所有任务完成。可以通过 Task.WhenAll 和 Task.WhenAny 方法来实现。这两个方法称为**组合子**（combinator）。

下面的代码展示了一个使用 Task.WhenAll 方法的示例。该方法异步地等待所有与之相关的 Task 完成，不会占用主线程的时间。注意，await 表达式的任务就是调用 Task.WhenAll。

```
using System;
using System.Collections.Generic;
using System.Net;
using System.Threading.Tasks;

class MyDownloadString
{
  public void DoRun()
  {
    Task<int> t = CountCharactersAsync( "http://www.microsoft.com",
                                 "http://www.illustratedcsharp.com");
```

```
         Console.WriteLine( "DoRun:  Task {0}Finished", t.IsCompleted ? "" : "Not " );
         Console.WriteLine( "DoRun:  Result = {0}", t.Result );
      }

      private async Task<int> CountCharactersAsync(string site1, string site2 )
      {
         WebClient wc1 = new WebClient();
         WebClient wc2 = new WebClient();
         Task<string> t1 = wc1.DownloadStringTaskAsync( new Uri( site1 ) );
         Task<string> t2 = wc2.DownloadStringTaskAsync( new Uri( site2 ) );

         List<Task<string>> tasks = new List<Task<string>>();
         tasks.Add( t1 );
         tasks.Add( t2 );

         await Task.WhenAll( tasks );

         Console.WriteLine( "      CCA:  T1 {0}Finished", t1.IsCompleted ? "" : "Not " );
         Console.WriteLine( "      CCA:  T2 {0}Finished", t2.IsCompleted ? "" : "Not " );

         return t1.IsCompleted ? t1.Result.Length : t2.Result.Length;
      }
   }
   class Program
   {
      static void Main()
      {
         MyDownloadString ds = new MyDownloadString();
         ds.DoRun();
      }
   }
```

这段代码的输出结果如下：

```
DoRun:  Task Not Finished
      CCA:  T1 Finished
      CCA:  T2 Finished
DoRun:  Result = 1020
```

Task.WhenAny 组合子会异步地等待与之相关的某个 Task 完成。如果将上面的 await 表达式由调用 Task.WhenAll 改为调用 Task.WhenAny，并返回到程序，将产生以下输出结果：

```
DoRun:  Task Not Finished
      CCA:  T1 Finished
      CCA:  T2 Not Finished
DoRun:  Result = 1020
```

21.3.5 Task.Delay 方法

Task.Delay 方法创建一个 Task 对象，该对象将暂停其在线程中的处理，并在一定时间之后完成。然而与 Thread.Sleep 阻塞线程不同的是，Task.Delay 不会阻塞线程，线程可以继续处理其他工作。

下面的代码展示了如何使用 Task.Delay 方法：

```
class Simple
{
    Stopwatch sw = new Stopwatch();

    public void DoRun()
    {
        Console.WriteLine( "Caller: Before call" );
        ShowDelayAsync();
        Console.WriteLine( "Caller: After call" );
    }

    private async void ShowDelayAsync (  )
    {
        sw.Start();
        Console.WriteLine($"   Before Delay: { sw.ElapsedMilliseconds }");
        await Task.Delay( 1000 );
        Console.WriteLine($"   After Delay : { sw.ElapsedMilliseconds }");
    }
}

class Program
{
    static void Main()
    {
        Simple ds = new Simple ();
        ds.DoRun();
        Console.Read();
    }
}
```

代码产生的结果如下：

```
Caller: Before call
   Before Delay: 0
Caller: After call
   After Delay : 1007
```

Delay 方法包含 4 个重载，允许以不同方式来指定时间周期，同时还允许使用 Cancellation Token 对象。表 21-4 展示了该方法的 4 个重载。

表 21-4　**Task.Delay** 方法的重载

签　　名	描　　述
Task Delay(int millisecondsDelay)	在以毫秒表示的延迟时间到期后，返回完成的 Task 对象
Task Delay(TimeSpan delay)	在以.NET TimeSpan 对象表示的延迟时间到期后，返回完成的 Task 对象
Task Delay(int millisecondsDelay, CancellationToken token)	在以毫秒表示的延迟时间到期后，返回完成的 Task 对象。可通过取消令牌来取消该操作
Task Delay(TimeSpan delay, CancellationToken token)	在以.NET TimeSpan 对象表示的延迟时间到期后，返回完成的 Task 对象。可通过取消令牌来取消该操作

21.4　GUI 程序中的异步操作

尽管本章目前的所有代码均针对控制台应用程序，但实际上异步方法在 GUI 程序中尤为有用。

原因是 GUI 程序在设计上就要求所有的显示变化都必须在主 GUI 线程中完成，如点击按钮、展示标签、移动窗体等。Windows 程序是通过消息来实现这一点的，消息被放入由**消息泵**管理的**消息队列**中。

消息泵从队列中取出一条消息，并调用它的处理程序（handler）代码。当处理程序代码完成时，消息泵获取下一条消息并循环这个过程。

由于这种架构，处理程序代码就必须短小精悍[①]，这样才不至于挂起并阻碍其他 GUI 行为的处理。如果某个消息的处理程序代码耗时过长，消息队列中的消息会产生积压，程序将失去响应，因为在那个长时间运行的处理程序完成之前，无法处理任何消息。

图 21-11 展示了一个 WPF 程序中两个版本的窗体。窗体由状态标签及其下方的按钮组成。开发者的目的是，程序用户会点击按钮，而按钮的处理程序代码会执行以下操作：

- 禁用按钮，这样在处理程序执行期间用户就不能再次点击了；
- 将标签文本改为 Doing Stuff，这样用户就会知道程序正在工作；
- 让程序休眠 4 秒钟——模拟某个工作；
- 将标签文本改为原始文本，并启用按钮。

图 2-11 中右侧的截屏展示了开发者希望在按钮按下的 4 秒之内窗体的样子。然而事实并非如此。当开发者点击按钮后，什么都没有发生。而且如果在点击按钮后移动窗体，会发现它已经冻结，不会移动——直到 4 秒之后，窗体才突然出现在新位置。

说明　WPF 是微软替代 Windows Form 的 GUI 编程框架。要了解更多关于 WPF 编程的知识，请参阅 Daniel Solis 的 *Illustrated WPF*（Apress，2009）一书。

---

① 这里的"短"是指执行时间短，而不是代码长度。——译者注

按钮按下之前 按钮按下之后

图 21-11 包含一个按钮和一个状态字符串的简单 WPF 程序

要使用 Visual Studio 重新创建这个名为 MessagePump 的 WPF 程序，步骤如下。

(1) 选择 File→New→Project 菜单项，弹出 New Project 窗口。

(2) 在窗口左侧的面板内，展开 Installed Templates（如果没有展开的话）。

(3) 在 C#类别中点击 Windows 条目，将在中间面板中弹出已安装的 Windows Classic Desktop 程序模板。

(4) 点击 WPF App（.NET 框架），在窗口下方的 Name 文本框中输入 MessagePump。在其下方选择一个位置，并点击 OK 按钮。

(5) 将 MainWindow.xaml 中的 XAML 标记修改为下面的代码,在窗体中创建状态标签和按钮。

```
<Window x:Class="MessagePump.MainWindow"
        xmlns="http://schemas.microsoft.com/winfx/2006/xaml/presentation"
        xmlns:x="http://schemas.microsoft.com/winfx/2006/xaml"
        Title="Pump" Height="120" Width="200  ">
    <StackPanel>
        <Label Name="lblStatus" Margin="10,5,10,0" >Not Doing Anything</Label>
        <Button Name="btnDoStuff" Content="Do Stuff" HorizontalAlignment="Left"
                Margin="10,5" Padding="5,2" Click="btnDoStuff_Click"/>
    </StackPanel>
</Window>
```

(6) 将代码隐藏文件 MainWindow.xaml.cs 修改为如下所示的 C#代码。

```
using System.Threading;
using System.Threading.Tasks;
using System.Windows;
namespace MessagePump
{
    public partial class MainWindow : Window
    {
        public MainWindow()
        {
            InitializeComponent();
        }
        private void btnDoStuff_Click( object sender, RoutedEventArgs e )
        {
            btnDoStuff.IsEnabled = false;
            lblStatus.Content    = "Doing Stuff";
            Thread.Sleep( 4000 );
            lblStatus.Content    = "Not Doing Anything";
            btnDoStuff.IsEnabled = true;
```

21

```
      }
    }
  }
```

运行程序，你会发现其行为与之前的描述完全一致，即按钮没有禁用，状态标签也没有改变，如果你移动窗体，4 秒后它才会移动。

这个奇怪行为的原因其实非常简单。图 21-12 展示了这种情形。点击按钮时，按钮的 Click 消息放入消息队列。消息泵从队列中移除该消息并开始处理点击按钮的处理程序代码，即 btnDoStuff_Click 方法。btnDoStuff_Click 处理程序将我们希望触发的行为的消息放入队列，如右边的图所示。但在处理程序本身退出（即休眠 4 秒并退出）之前，这些消息都无法执行。然后所有的行为都发生了，但速度太快，肉眼根本看不见。

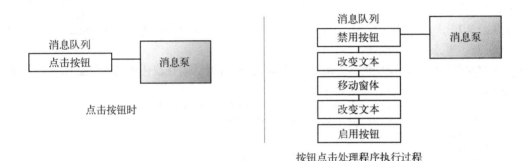

图 21-12　消息泵分发消息队列中的消息。在按钮消息处理程序执行的时候，其他行
为的消息压入队列，但在其完成之前都无法执行

但是，如果处理程序能将前两条消息压入队列，然后将自己从处理器上摘下，在 4 秒之后再将自己压入队列，那么这些以及所有其他消息都可以在等待的时间内被处理，整个过程就会如我们之前预料的那样，并且还能保持响应。

我们可以使用 async/await 特性轻松地实现这一点，如下面修改的处理程序代码所示。当到达 await 语句时，处理程序返回到调用方法，并从处理器上摘下。这时其他消息得以处理，包括处理程序已经压入队列的那两条。在空闲任务完成后（本例中为 Task.Delay），后续部分（方法剩余部分）又被重新安排到线程上。

```
private async void btnDoStuff_Click( object sender, RoutedEventArgs e )
{
    btnDoStuff.IsEnabled = false;
    lblStatus.Content    = "Doing Stuff";

    await Task.Delay( 4000 );

    lblStatus.Content    = "Not Doing Anything";
    btnDoStuff.IsEnabled = true;
}
```

Task.Yield

Task.Yield 方法创建一个立即返回的 awaitable。等待一个 Yield 可以让异步方法在执行后续部分的同时返回到调用方法。可以将其理解成离开当前的消息队列，回到队列末尾，让处理器有时间处理其他任务。

下面的示例代码展示了一个异步方法，程序每执行某个循环 1000 次就移交一次控制权。每次执行 Yield 方法，线程中的其他任务就得以执行。

```
static class DoStuff
{
    public static async Task<int> FindSeriesSum( int i1 )
    {
        int sum = 0;
        for ( int i=0; i < i1; i++ )
        {
            sum += i;
            if ( i % 1000 == 0 )
                await Task.Yield();
        }
        return sum;
    }
}

class Program
{
    static void Main()
    {
        Task<int> value = DoStuff.FindSeriesSum( 1_000_000 );
        CountBig( 100_000 ); CountBig( 100_000 );
        CountBig( 100_000 ); CountBig( 100_000 );
        Console.WriteLine( $"Sum: { value.Result }");
    }

    private static void CountBig( int p )
    {
        for ( int i=0; i < p; i++ )
            ;
    }
}
```

代码产生的结果如下：

```
Sum: 1783293664
```

Yield 方法在 GUI 程序中非常有用，可以中断大量工作，让其他任务使用处理器。

21.5　使用异步 Lambda 表达式

到目前为止，本章只介绍了异步**方法**。但我们曾经说过，你还可以使用异步匿名方法和异步 Lambda 表达式。这些构造尤其适合那些只有少量工作要做的事件处理程序。下面的代码片段将一个 Lambda 表达式注册为一个按钮点击事件的事件处理程序。

```
startWorkButton.Click += async ( sender, e ) =>
    {
        //处理点击处理程序工作
    };
```

下面用一个简短的 WPF 程序来展示其用法，下面为后台代码：

```
using System.Threading.Tasks;
using System.Windows;

namespace AsyncLambda
{
    public partial class MainWindow : Window
    {
        public MainWindow()
        {
            InitializeComponent();
```

　　　　　　　　　　　　　　　　　异步 Lambda 表达式
　　　　　　　　　　　　　　　　　───────────────
　　　　　　　　　　　　　　　　　　　　　↓

```
            startWorkButton.Click += async ( sender, e ) =>
            {
                SetGuiValues( false, "Work Started" );
                await DoSomeWork();
                SetGuiValues( true, "Work Finished" );
            };
        }

        private void SetGuiValues(bool buttonEnabled, string status)
        {
            startWorkButton.IsEnabled = buttonEnabled;
            workStartedTextBlock.Text = status;
        }

        private Task DoSomeWork()
        {
            return Task.Delay( 2500 );
        }
    }
}
```

XAML 文件中的标记如下：

```
<Window x:Class="AsyncLambda.MainWindow"
        xmlns="http://schemas.microsoft.com/winfx/2006/xaml/presentation"
        xmlns:x="http://schemas.microsoft.com/winfx/2006/xaml"
        Title="Async Lambda" Height="115" Width="150">
```

```
<StackPanel>
    <TextBlock Name="workStartedTextBlock" Margin="10,10"/>
    <Button Name="startWorkButton" Width="100" Margin="4" Content="Start Work" />
</StackPanel>
</Window>
```

图 21-13 展示了这段程序生成的窗体的三种状态。

按下按钮之前　　　　　　　　工作中　　　　　　　　工作完成后

图 21-13　AsyncLambda 程序的输出结果

21.6　一个完整的 GUI 示例

我们逐个介绍了 async/await 组件。本节你将看到一个完整的 WPF GUI 程序，它包含一个状态条和取消操作。

图 21-14 中左侧为示例程序的截图。点击按钮，程序将开始处理并更新进度条。处理过程完成后将显示图 21-14 中右上角的消息框。如果在处理完成前点击 Cancel 按钮，程序将显示右下角的消息框。

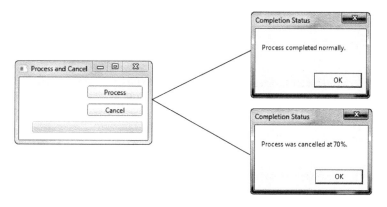

图 21-14　实现了状态条和取消操作的简单 WPF 程序的截图

我们首先创建一个名为 WpfAwait 的 WPF 应用程序。按如下的代码修改 MainWindow.xaml 中的 XAML 标记：

```
<Window x:Class="WpfAwait.MainWindow"
        xmlns="http://schemas.microsoft.com/winfx/2006/xaml/presentation"
```

```
        xmlns:x="http://schemas.microsoft.com/winfx/2006/xaml"
        Title="Process and Cancel" Height="150  " Width="250">
    <StackPanel>
        <Button Name="btnProcess" Width="100" Click="btnProcess_Click"
                HorizontalAlignment="Right" Margin="10,15,10,10">Process</Button>
        <Button Name="btnCancel" Width="100" Click="btnCancel_Click"
                HorizontalAlignment="Right" Margin="10,0">Cancel</Button>
        <ProgressBar Name="progressBar" Height="20" Width="200" Margin="10"
                     HorizontalAlignment="Right"/>
    </StackPanel>
</Window>
```

按如下的代码修改后台代码文件 MainWindow.xaml.cs：

```
using System.Threading;
using System.Threading.Tasks;
using System.Windows;
namespace WpfAwait
{
    public partial class MainWindow : Window
    {
        CancellationTokenSource cancellationTokenSource;
        CancellationToken       cancellationToken;

        public MainWindow()
        { InitializeComponent(); }

        private async void btnProcess_Click( object sender, RoutedEventArgs e )
        {
            btnProcess.IsEnabled = false;

            cancellationTokenSource = new CancellationTokenSource();
            cancellationToken       = cancellationTokenSource.Token;

            int completedPercent = 0;
            for ( int i = 0; i < 10; i++ )
            {
                if ( cancellationToken.IsCancellationRequested )
                    break;
                try   我们将在第 23 章介绍 try/catch 语句
                {
                    await Task.Delay( 500, cancellationToken );
                    completedPercent = ( i + 1 ) * 10;
                }
                catch ( TaskCanceledException ex )
                { completedPercent = i * 10; }
                progressBar.Value = completedPercent;
            }

            string message = cancellationToken.IsCancellationRequested
                    ? string.Format($"Process was cancelled at { completedPercent }%." )
                    : "Process completed normally.";
            MessageBox.Show( message, "Completion Status" );
```

```
            progressBar.Value    = 0;
            btnProcess.IsEnabled = true;
            btnCancel.IsEnabled  = true;
        }

        private void btnCancel_Click( object sender, RoutedEventArgs e )
        {
            if ( !btnProcess.IsEnabled )
            {
                btnCancel.IsEnabled = false;
                cancellationTokenSource.Cancel();
            }
        }
    }
}
```

21.7　BackgroundWorker 类

前面几节介绍了如何使用 async/await 特性来异步地处理任务。本节将学习另一种实现异步工作的方式，即后台线程。async/await 特性更适合那些需要在后台完成的不相关的小任务。

但有时候，你可能需要另建一个线程，在后台持续运行以完成某项工作，并不时地与主线程通信。BackgroundWorker 类就是为此而生的。图 21-15 展示了该类的主要成员。

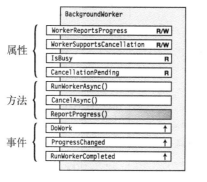

图 21-15　BackgroundWorker 类的主要成员

- 图中的前两个属性用于设置后台任务是否可以把它的进度汇报给主线程以及是否支持从主线程取消。可以用第三个属性来检查后台任务是否正在运行。
- 类有 3 个事件，用于发送不同的程序事件和状态。你需要写这些事件的事件处理方法来执行适合程序的行为。
  - 在后台线程开始的时候触发 DoWork。
  - 在后台任务汇报进度的时候触发 ProgressChanged 事件。
  - 在后台工作线程退出的时候触发 RunWorkerCompleted 事件。
- 三个方法用于开始行为或改变状态。

■ 调用 RunWorkerAsync 方法获取后台线程并且执行 DoWork 事件处理程序。

■ 调用 CancelAsync 方法把 CancellationPending 属性设置为 true。DoWork 事件处理程序需要检查这个属性来决定是否应该停止处理。

■ DoWork 事件处理程序（在**后台线程**）在希望向主线程汇报进度的时候，调用 ReportProgress 方法。

要使用 BackgroundWorker 类对象，需要写如下的事件处理程序。第一个是必需的，因为它包含你希望在后台线程执行的代码。另外两个是可选的，是否使用取决于程序需要。

❑ 附加到 DoWork 事件的处理程序包含你希望在后台独立线程上执行的代码。

　　■ 在图 21-16 中，叫作 DoTheWork 的处理程序用渐变的方块表示，表明它在后台线程中执行。

　　■ 主线程调用 BackgroundWorker 对象的 RunWorkerAsync 方法的时候会触发 DoWork 事件。

❑ 这个后台线程通过调用 ReportProgress 方法与主线程通信。届时将触发 ProgressChanged 事件，主线程可以用附加到 ProgressChanged 事件上的处理程序处理事件。

❑ 附加到 RunWorkerCompleted 事件的处理程序应该包含在后台线程完成 DoWork 事件处理程序的执行之后需要执行的代码。

图 21-16 演示了程序的结构，以及附加到 BackgroundWorker 对象事件的事件处理程序。

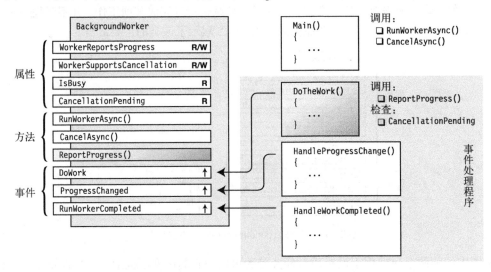

图 21-16　你的代码提供了控制任务执行流程的一些事件的事件处理程序

这些事件处理程序的委托如下。每一个任务都接受一个 object 对象的引用作为第一个参数，以及 EventArgs 类的特定子类作为第二个参数。

```
void DoWorkEventHandler              ( object sender, DoWorkEventArgs e )

void ProgressChangedEventHandler     ( object sender, ProgressChangedEventArgs e )

void RunWorkerCompletedEventHandler ( object sender, RunWorkerCompletedEventArgs e)
```

图 21-17 演示了这些事件处理程序的 `EventArg` 类的结构。

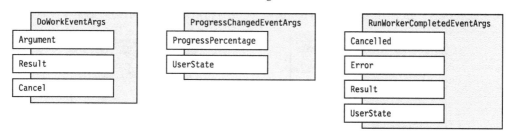

图 21-17　BackgroundWorker 事件处理程序使用的 `EventArg` 类

如果你编写了事件处理程序并将其附加到相应的事件，就可以使用这个类。

❑ 从创建 BackgroundWorker 类的对象并且对它进行配置开始。

　■ 如果希望工作线程向主线程汇报进度，需要把 `WorkerReportsProgress` 属性设置为 `true`。

　■ 如果希望从主线程取消工作线程，就把 `WorkerSupportsCancellation` 属性设置为 `true`。

❑ 既然对象已经配置好了，就可以通过调用 `RunWorkerAsync` 方法来启动它。这会获取一个后台线程，触发 DoWork 事件并在后台执行事件处理程序。

现在我们已经运行了主线程以及后台线程。尽管后台线程正在运行，你仍然可以继续主线程上的处理。

在主线程中，如果你已经启用了 `WorkerSupportsCancellation` 属性，就可以调用对象的 `CancelAsync` 方法。和本章开头介绍的 `CancellationToken` 一样，它也不会取消后台线程，而是将对象的 `CancellationPending` 属性设置为 `true`。在后台线程中运行的 DoWork 事件处理程序代码需要定期检查 `CancellationPending` 属性，来判断是否需要退出。

同时，后台线程继续执行其计算任务，并且做以下几件事情。

❑ 如果 `WorkerReportsProgress` 属性是 `true` 并且后台线程需要向主线程汇报进度的话，它必须调用 BackgroundWorker 对象的 `ReportProgress` 方法。这会触发主线程的 `ProgressChanged` 事件，从而运行相应的事件处理程序。

❑ 如果 `WorkerSupportsCancellation` 属性启用的话，DoWork 事件处理程序代码应该定期检查 `CancellationPending` 属性来确定它是否已经取消了。如果是的话，则它应该退出。

❑ 如果后台线程没有取消，而是完成了其处理的话，可以通过设置 `DoWorkEventArgs` 参数的 `Result` 字段来返回结果给主线程，如图 21-17 所示。

在后台线程退出的时候会触发 RunWorkerCompleted 事件，其事件处理程序在主线程上执行。`RunWorkerCompletedEventArgs` 参数可以包含已完成后台线程的一些信息，比如返回值以及线程是否被取消了。

在 WPF 程序中使用 **BackgroundWorker** 类的示例

BackgroundWorker 类主要用于 GUI 编程，下面的程序展示了其在一个简单 WPF 程序中的应用。

该程序会生成图 21-18 中左图所示的窗体。点击 Process 按钮将开启后台线程，后台线程每半秒向主线程报告一次，并使进度条增长 10%。完成时将展示右图所示的对话框。

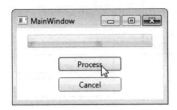 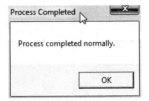

图 21-18　使用了 BackgroundWorker 类的 WPF 示例程序

要创建这个 WPF 程序，需要在 Visual Studio 中创建名为 SimpleWorker 的 WPF 应用程序。将 MainWindow.xaml 文件中的代码修改为：

```
<Window x:Class="SimpleWorker.MainWindow"
        xmlns="http://schemas.microsoft.com/winfx/2006/xaml/presentation"
        xmlns:x="http://schemas.microsoft.com/winfx/2006/xaml"
        Title="MainWindow" Height="150 " Width="250">
  <StackPanel>
     <ProgressBar Name="progressBar" Height="20" Width="200" Margin="10"/>
     <Button Name="btnProcess" Width="100" Click="btnProcess_Click"
             Margin="5">Process</Button>
     <Button Name="btnCancel" Width="100" Click="btnCancel_Click"
             Margin="5">Cancel</Button>
  </StackPanel>
</Window>
```

将 MainWindow.xaml.cs 文件中的代码修改为：

```
using System.Windows;
using System.ComponentModel;
using System.Threading;

namespace SimpleWorker {
   public partial class MainWindow : Window {
      BackgroundWorker bgWorker = new BackgroundWorker();

      public MainWindow() {
         InitializeComponent();

         //设置 BackgroundWorker 属性
         bgWorker.WorkerReportsProgress     = true;
         bgWorker.WorkerSupportsCancellation = true;

         //连接 BackgroundWorker 对象的处理程序
         bgWorker.DoWork            += DoWork_Handler;
         bgWorker.ProgressChanged   += ProgressChanged_Handler;
         bgWorker.RunWorkerCompleted += RunWorkerCompleted_Handler;
      }
```

```
private void btnProcess_Click( object sender, RoutedEventArgs e ) {
   if ( !bgWorker.IsBusy )
      bgWorker.RunWorkerAsync();
}

private void ProgressChanged_Handler( object sender,
                                      ProgressChangedEventArgs args ) {
   progressBar.Value = args.ProgressPercentage;
}
private void DoWork_Handler( object sender, DoWorkEventArgs args ) {
   BackgroundWorker worker = sender as BackgroundWorker;

   for ( int i = 1; i <= 10; i++ )
   {
      if ( worker.CancellationPending )
      {
         args.Cancel = true;
         break;
      }
      else
      {
         worker.ReportProgress( i * 10 );
         Thread.Sleep( 500 );
      }
   }
}

private void RunWorkerCompleted_Handler( object sender,
                                         RunWorkerCompletedEventArgs args ) {
   progressBar.Value = 0;

   if ( args.Cancelled )
      MessageBox.Show( "Process was cancelled.", "Process Cancelled" );
   else
      MessageBox.Show( "Process completed normally.", "Process Completed" );
}

private void btnCancel_Click( object sender, RoutedEventArgs e )
{
   bgWorker.CancelAsync();
}
   }
}
```

21.8　并行循环

　　本节将简要介绍任务并行库（Task Parellel Library）。它是 BCL 中的一个类库，极大地简化了并行编程。本章无法尽述其细节，这里只介绍其中两个简单的结构，你可以轻松快速地掌握并使用，它们是 Parallel.For 循环和 Parallel.ForEach 循环。这两个结构位于 System.Threading.Tasks 命名空间中。

至此，相信你应该很熟悉 C#的标准 for 和 foreach 循环了。这两个结构非常普遍，且极其强大。许多时候，在使用这两个结构时，每一次迭代都依赖于前一次迭代的计算或行为。但有的时候又不是这样。如果迭代之间彼此独立，并且程序运行在多处理器机器上，那么若能将不同的迭代放在不同的处理器上并行处理的话，将会获益匪浅。Parallel.For 和 Parallel.ForEach 结构就是这样做的。

这两个结构的形式是包含输入参数的方法。Parallel.For 方法有 12 个重载，其中最简单的那个的签名如下。

```
public static ParallelLoopResult.For( int fromInclusive, int toExclusive, Action body);
```

❑ fromInclusive 参数是迭代系列的第一个整数。

❑ toExclusive 参数是比迭代系列最后一个索引号大 1 的整数。也就是说，和使用表达式 index<ToExclusive 计算一样。

❑ body 是接受单个输入参数的委托，body 的代码在每一次迭代中执行一次。

如下代码是使用 Parallel.For 结构的例子。它从 0 迭代到 14（记住实际的参数 15 超出了最大迭代索引）并且打印出迭代索引和索引的平方。该应用程序满足各个迭代之间相互独立的条件。还要注意，必须使用 System.Threading.Tasks 命名空间。

```
using System;
using System.Threading.Tasks;          //必须使用这个命名空间

namespace ExampleParallelFor
{
   class Program
   {
      static void Main( )
      {
         Parallel.For( 0, 15, i =>
            Console.WriteLine($"The square of { i } is { i * i }"));
      }
   }
}
```

在我的双核处理器 PC 上运行这段代码时产生了如下输出。注意，不能保证迭代的执行次序。

```
The square of 0 is 0
The square of 7 is 49
The square of 8 is 64
The square of 9 is 81
The square of 10 is 100
The square of 11 is 121
The square of 12 is 144
The square of 13 is 169
The square of 3 is 9
The square of 4 is 16
```

```
The square of 5 is 25
The square of 6 is 36
The square of 14 is 196
The square of 1 is 1
The square of 2 is 4
```

另一个示例如下。程序以并行方式填充一个整数数组，把值设置为迭代索引号的平方。

```
class Program
{
   static void Main()
   {
      const int maxValues = 50;
      int[] squares = new int[maxValues];

      Parallel.For( 0, maxValues, i => squares[i] = i * i );
   }
}
```

在本例中，尽管迭代可能并行执行，也能以任意顺序执行，但是最后结果始终是一个包含前 50 个平方数的数组——并且按顺序排列。

另外一个并行循环结构是 Parallel.ForEach 方法。该方法有相当多的重载，其中最简单的如下：

❑ TSource 是集合中对象的类型；

❑ source 是 TSource 对象的集合；

❑ body 是要应用到集合中每一个元素上的 Lambda 表达式。

```
static ParallelLoopResult ForEach<TSource>( IEnumerable<TSource> source,
                                            Action<TSource> body)
```

使用 Paralle.ForEach 方法的例子如下。在这里，TSource 是 string，source 是 string[]。

```
using System;
using System.Threading.Tasks;

namespace ParallelForeach1 {
   class Program {
      static void Main()
      {
         string[] squares = new string[]
                { "We", "hold", "these", "truths", "to", "be", "self-evident",
                  "that", "all", "men", "are", "created", "equal"};

         Parallel.ForEach( squares,
            s => Console.WriteLine
                   ( string.Format($"\"{ s }\" has { s.Length } letters") ));
      }
   }
}
```

在我的双核处理器 PC 上运行这段代码时产生了如下输出，但是每一次运行都可能会有不一样的顺序。

```
"We" has 2 letters
"equal" has 5 letters
"truths" has 6 letters
"to" has 2 letters
"be" has 2 letters
"that" has 4 letters
"hold" has 4 letters
"these" has 5 letters
"all" has 3 letters
"men" has 3 letters
"are" has 3 letters
"created" has 7 letters
"self-evident" has 12 letters
```

21.9　其他异步编程模式

如果我们要自己编写异步代码，最可能使用的就是本章前面介绍的 async/await 特性和 BackgroundWorker 类，或者任务并行库。然而，你仍然有可能需要使用旧的模式来产生异步代码。为了完整性，我们从现在开始介绍这些模式，直到本章结束。在学习了这些旧模式后，你将对 async/await 特性是多么简单有更加深刻的认识。

第 14 章介绍了委托，我们了解到当委托对象被调用时，它调用其调用列表中包含的方法。就像程序调用方法一样，这是同步完成的。

如果委托对象在调用列表中只有一个方法（之后会叫作**引用方法**），它就可以异步执行这个方法。委托类有两个方法，叫作 BeginInvoke 和 EndInvoke，它们就是用来实现这个目的的。这两个方法以如下方式使用。

❑ 当调用委托的 BeginInvoke 方法时，它开始在一个独立线程上执行引用方法，之后立即返回到原始线程。原始线程可以继续，而引用方法会在线程池的线程中并行执行。

❑ 当程序希望获取已完成的异步方法的结果时，可以检查 BeginInvoke 返回的 IAsyncResult 的 IsCompleted 属性，或调用委托的 EndInvoke 方法来等待委托完成。

图 21-19 演示了使用这一过程的三种标准模式。对于这三种模式来说，原始线程都发起了一个异步方法调用，然后做一些其他处理。然而，这些模式的区别在于，原始线程如何知道发起的线程已经完成。

❑ 在**等待直到完成**（wait-until-done）模式中，在发起了异步方法以及做了一些其他处理之后，原始线程就中断并且等异步方法完成之后再继续。

❑ 在**轮询**（polling）模式中，原始线程定期检查发起的线程是否完成，如果没有则可以继续做一些其他的事情。

❑ 在**回调**（callback）模式中，原始线程一直执行，无须等待或检查发起的线程是否完成。在发起的线程中的引用方法完成之后，发起的线程就会调用回调方法，由回调方法在调用 EndInvoke 之前处理异步方法的结果。

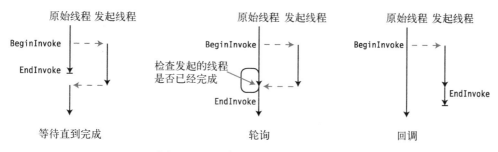

图 21-19　异步方法调用的标准模式

21.10 BeginInvoke 和 EndInvoke

在学习这些异步编程模式的示例之前，先研究一下 BeginInvoke 和 EndInvoke 方法。有关 BeginInvoke 的重要事项如下。

❑ 在调用 BeginInvoke 时，参数列表中的实际参数组成如下：
  ■ 引用方法需要的参数；
  ■ 两个额外的参数——callback 参数和 state 参数。

❑ BeginInvoke 从线程池中获取一个线程并且让引用方法在新的线程中开始运行。

❑ BeginInvoke 返回给调用线程一个实现 IAsyncResult 接口的对象的引用。这个接口引用包含了在线程池线程中运行的异步方法的当前状态。然后原始线程可以继续执行。

如下的代码给出了一个调用委托的 BeginInvoke 方法的示例。第一行声明了叫作 MyDel 的委托类型。下一行声明了一个和委托匹配的叫作 Sum 的方法。

❑ 之后的行声明了一个叫作 del 的 MyDel 委托类型的委托对象，并且使用 Sum 方法来初始化它的调用列表。

❑ 最后一行代码调用了委托对象的 BeginInvoke 方法并且提供了两个委托参数 3 和 5，以及两个 BeginInvoke 参数 callback 和 state，它们在本例中都设为 null。执行后，BeginInvoke 方法执行两个操作。

  ■ 从线程池中获取一个线程并且在新的线程上开始运行 Sum 方法，将 3 和 5 作为实参。

  ■ 它收集新线程的状态信息并且把 IAsyncResult 接口的引用返回给调用线程来提供这些信息。调用线程把它保存在一个叫作 iar 的变量中。

```
delegate long MyDel( int first, int second );          //委托声明
   ...
static long Sum(int x, int y){ return x + y; }          //方法匹配委托
   ...
MyDel del      = new MyDel(Sum);                         //创建委托对象
IAsyncResult iar = del.BeginInvoke( 3, 5, null, null );
```

有关新线程的　　　　异步调用　　　委托　　　额外
信息　　　　　　　委托　　　　　参数　　　参数

EndInvoke 方法用来获取由异步方法调用返回的值，并且释放线程使用的资源。EndInvoke 有如下的特性。

- 它接受一个由 BeginInvoke 方法返回的 IAsyncResult 对象的引用作为参数，并找到它关联的线程。
- 如果线程池的线程已经退出，则 EndInvoke 做如下的事情。
  - 清理退出线程的状态并释放其资源。
  - 找到引用方法返回的值并把它作为返回值返回。
- 如果当 EndInvoke 被调用时线程池的线程仍然在运行，调用线程就会停止并等待它完成，然后再清理并返回值。因为 EndInvoke 是为开启的线程进行清理，所以必须确保对每一个 BeginInvoke 都调用 EndInvoke。
- 如果异步方法触发了异常，则在调用 EndInvoke 时会抛出异常。

如下的代码行给出了一个调用 EndInvoke 并从异步方法获取值的示例。我们必须把 IAsync-Result 对象的引用作为参数。

```
long result = del.EndInvoke( iar );
```
异步方法的返回值 ↑   ↑ IAsyncResult 对象

EndInvoke 提供了异步方法调用的所有输出，包括 ref 和 out 参数。如果委托的引用方法有 ref 或 out 参数，则它们必须包含在 EndInvoke 的参数列表中，并且在 IAsyncResult 对象引用之前，如下所示：

```
long result = del.EndInvoke(out someInt, iar);
```
异步方法的返回值 ↑   Out 参数   IAsyncResult 对象

21.10.1 等待直到完成模式

既然我们已经理解了 BeginInvoke 和 EndInvoke 方法，下面就来看看异步编程模式吧。我们要学习的第一种异步编程模式是等待直到完成模式。在这种模式里，原始线程发起一个异步方法的调用，做一些其他处理，然后停止并等待，直到开启的线程结束。总结如下：

```
IAsyncResult iar = del.BeginInvoke( 3, 5, null, null );
    //在发起线程中异步执行方法的同时，
    //在调用线程中处理一些其他事情
    ...
long result = del.EndInvoke( iar );
```

如下代码给出了一个使用这种模式的完整示例。代码使用 Thread 类的 Sleep 方法将它自己挂起 100 毫秒（0.1 秒）。100 毫秒不是很长。但是，如果改为 10 秒，就无法忍受了。Thread 类在 System.Threading 命名空间中。

```
using System;
using System.Threading;                    //For Thread.Sleep()

delegate long MyDel( int first, int second );   //声明委托类型

class Program {
    static long Sum(int x, int y)               //声明异步方法
    {
        Console.WriteLine("             Inside Sum");
        Thread.Sleep(100);

        return x + y;
    }
    static void Main( ) {
        MyDel del = new MyDel(Sum);

        Console.WriteLine( "Before BeginInvoke" );
        IAsyncResult iar = del.BeginInvoke(3, 5, null, null); //开始异步调用
        Console.WriteLine( "After  BeginInvoke" );

        Console.WriteLine( "Doing stuff" );

        long result = del.EndInvoke( iar );     //等待结束并获取结果
        Console.WriteLine($"After  EndInvoke: { result }");
    }
}
```

这段代码产生了如下的输出：

```
Before BeginInvoke
After  BeginInvoke
Doing stuff
                        Inside Sum
After  EndInvoke: 8
```

21.10.2 AsyncResult 类

既然我们已经看到了 BeginInvoke 和 EndInvoke 的最简单形式，是时候进一步学习 IASyncResult 了。它是使用这两个方法时所必需的。

BeginInvoke 返回一个 IAsyncResult 接口的引用（该接口由一个 AsyncResult 类型的类实现）。AsyncResult 类代表了异步方法的状态。图 21-20 演示了该类中的一些重要部分。有关该类的重要事项如下。

❑ 当我们调用委托对象的 BeginInvoke 方法时，系统创建了一个 AsyncResult 类对象。然而，它不返回类对象的引用，而是返回对象中包含的 IAsyncResult 接口的引用。

❑ AsyncResult 对象包含一个叫作 AsyncDelegate 的属性，它返回一个指向被调用来启动异步方法的委托的引用。但是，这个属性是类对象的一部分而不是接口的一部分。

❑ IsCompleted 属性返回一个布尔值，表示异步方法是否完成。

❑ AsyncState 属性返回对象的一个引用，作为 BeginInvoke 方法调用时的 state 参数。它返回 object 类型的引用，我们会在 21.10.4 节中解释这部分内容。

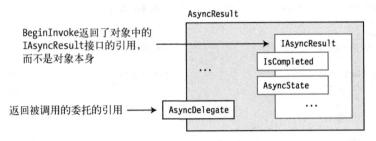

图 21-20   AsyncResult 类对象

21.10.3   轮询模式

在轮询模式中，原始线程发起了异步方法的调用，做一些其他处理，然后使用 IAsyncResult 对象的 IsComplete 属性来定期检查开启的线程是否完成。如果异步方法已经完成，原始线程就调用 EndInvoke 并继续。否则，它做一些其他处理，然后过一会儿再检查。在下面的示例中，"处理" 仅仅是由 0 数到 10 000 000。

```
delegate long MyDel(int first, int second);

class Program
{
   static long Sum(int x, int y)
   {
      Console.WriteLine("                     Inside Sum");
      Thread.Sleep(100);

      return x + y;
   }

   static void Main()
   {
      MyDel del = new MyDel(Sum);     发起异步方法
                                          ↓
      IAsyncResult iar = del.BeginInvoke(3, 5, null, null); //开始异步调用
      Console.WriteLine("After BeginInvoke");
            检查异步方法是否完成
                    ↓
      while ( !iar.IsCompleted )
      {
         Console.WriteLine("Not Done");

         //继续处理
         for (long i = 0; i < 10_000_000; i++)
            ;                                       //空语句
      }
```

```
                  Console.WriteLine("Done");
```

```
              调用 EndInvoke 来获取接口并进行清理
                              ↓
          long result = del.EndInvoke(iar);
          Console.WriteLine($"Result: { result }");
      }
  }
```

这段代码产生了如下的输出：

```
After BeginInvoke
Not Done
                Inside Sum
Not Done
Not Done
Done
Result: 8
```

21.10.4　回调模式

在之前的等待直到完成模式以及轮询模式中，初始线程仅在知道开启的线程已经完成之后才继续它的控制流程。然后，它获取结果并继续。

回调模式的不同之处在于，一旦初始线程发起了异步方法，它就自己管自己了，不再考虑同步。当异步方法调用结束之后，系统调用一个用户自定义的方法来处理结果，并且调用委托的 EndInvoke 方法。这个用户自定义的方法叫作**回调方法**或**回调**。

BeginInvoke 参数列表中最后的两个额外参数由回调方法使用。

❑ 第一个参数 callback 是回调方法的名字。

❑ 第二个参数 state 可以是 null 或要传入回调方法的一个对象的引用。可以通过使用 IAsyncResult 参数的 AsyncState 属性来获取这个对象，参数的类型是 object。

1. 回调方法

回调方法的签名和返回类型必须和 AsyncCallback 委托类型所描述的形式一致。这需要方法接受一个 IAsyncResult 类型的参数并且返回类型是 void，如下所示：

```
void AsyncCallback( IAsyncResult iar )
```

有多种方式为 BeginInvoke 方法提供回调方法。由于 BeginInvoke 中的 callback 参数是 AsyncCallback 类型的委托，我们可以以委托形式提供它，如下面的第一行代码所示。或者，也可以只提供回调方法名称，让编译器为我们创建委托，两种形式是完全等价的。

```
                          使用回调方法创建委托
IAsyncResult iar1 =       ↓
    del.BeginInvoke(3, 5, new AsyncCallback(CallWhenDone), null);
                      只需要用回调方法的名字
                              ↓
IAsyncResult iar2 = del.BeginInvoke(3, 5, CallWhenDone, null);
```

BeginInvoke 的另一个参数（参数列表中的最后一个）用来向回调方法发送对象。它可以是任何类型的对象，因为参数类型是 object。在回调方法中，必须将其转换成正确的类型。

2. 在回调方法内调用 EndInvoke

在回调方法内，我们的代码应该调用委托的 EndInvoke 方法来处理异步方法执行后的输出值。要调用委托的 EndInvoke 方法，肯定需要委托对象的引用，而它在初始线程中，不在开启的线程中。

如果不将 BeginInvoke 的 state 参数用于其他目的，可以使用它给回调方法发送委托的引用，如下所示：

委托对象　　　　　　　把委托对象作为状态参数发送

```
IAsyncResult iar = del.BeginInvoke(3, 5, CallWhenDone, del);
```

否则，可以从作为参数发送给方法的 IAsyncResult 对象中提取出委托的引用，如下面的代码及图 21-21 所示。

- 给回调方法的参数只有一个，就是刚结束的异步方法的 IAsyncResult 接口的引用。请记住，IAsyncResult 接口对象在 AsyncResult 类对象内部。
- 尽管 IAsyncResult 接口没有委托对象的引用，封装它的 AsyncResult 类对象却有委托对象的引用。所以，示例代码方法体的第一行就通过转换接口引用为类类型来获取类对象的引用。变量 ar 现在就有类对象的引用。
- 有了类对象的引用，就可以使用类对象的 AsyncDelegate 属性并且把它转化为合适的委托类型。这样就得到了委托引用，我们可以用它来调用 EndInvoke。

```
using System.Runtime.Remoting.Messaging;      //包含 AsyncResult 类

void CallWhenDone( IAsyncResult iar )
{
    AsyncResult ar = (AsyncResult) iar;        //获取类对象的引用
    MyDel del = (MyDel) ar.AsyncDelegate;      //获取委托的引用

    long Sum = del.EndInvoke( iar );           //调用 EndInvoke
    ...
}
```

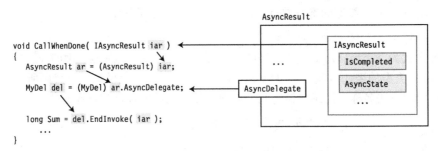

图 21-21　从回调方法内部提取出委托的引用

如下代码把所有知识点汇总到了一起，给出了一个使用回调模式的示例。

```
using System;
using System.Runtime.Remoting.Messaging;     //调用 AsyncResult 类型
using System.Threading;

delegate long MyDel(int first, int second);

class Program
{
    static long Sum(int x, int y)
    {
        Console.WriteLine("                    Inside Sum");
        Thread.Sleep(100);
        return x + y;
    }
    static void CallWhenDone(IAsyncResult iar)
    {
        Console.WriteLine("                    Inside CallWhenDone.");
        AsyncResult ar = (AsyncResult) iar;
        MyDel del = (MyDel)ar.AsyncDelegate;

        long result = del.EndInvoke(iar);
        Console.WriteLine
            ("                    The result is: {0}.", result);
    }
    static void Main()
    {
        MyDel del = new MyDel(Sum);

        Console.WriteLine("Before BeginInvoke");
        IAsyncResult iar =
            del.BeginInvoke(3, 5, new AsyncCallback(CallWhenDone), null);

        Console.WriteLine("Doing more work in Main.");
        Thread.Sleep(500);
        Console.WriteLine("Done with Main. Exiting.");
    }
}
```

这段代码产生了如下的输出：

```
Before BeginInvoke
Doing more work in Main.
                    Inside Sum
                    Inside CallWhenDone.
                    The result is: 8.
Done with Main. Exiting.
```

21.11 计时器

计时器提供了另外一种定期重复运行异步方法的方式。尽管在.NET BCL 中有好几个可用的 Timer 类，但这里只会介绍 System.Threading 命名空间中的那个。

有关计时器类需要了解的重要事项如下所示。

❑ 计时器在每次到期之后调用回调方法。回调方法必须是 TimerCallback 委托形式的，结构如下所示。它接受一个 object 类型的参数，并且返回类型是 void。

```
void TimerCallback( object state )
```

❑ 当计时器到期之后，系统会在线程池中的一个线程上设置回调方法，提供 state 对象作为其参数，并且开始运行。

❑ 可以设置的计时器的一些特性如下。

■ dueTime 是回调方法首次被调用之前的时间。如果 dueTime 被设置为特殊的值 Timeout.Infinite，则计时器不会开始；如果被设置为 0，则回调函数会被立即调用。

■ period 是两次成功调用回调函数之间的时间间隔。如果它的值被设置为 Timeout.Infinite，则回调在首次被调用之后不会再被调用。

■ state 可以是 null 或在每次回调方法执行时要传入的对象的引用。

Timer 类的构造函数接受回调方法名称、dueTime、period 以及 state 作为参数。Timer 有很多构造函数，最为常用的形式如下：

```
Timer( TimerCallback callback, object state, uint dueTime, uint period )
```

如下代码语句展示了一个创建 Timer 对象的示例：

```
                         回调的               在 2000 毫秒后
                         名字                第一次调用
                          ↓                      ↓
Timer myTimer = new Timer ( MyCallback, someObject, 2000, 1000 );
                                          ↑                ↑
                                     传给回调的         每 1000 毫秒
                                       对象              调用一次
```

一旦 Timer 对象被创建，我们可以使用 Change 方法来改变它的 dueTime 或 period 方法。

如下代码给出了一个使用计时器的示例。Main 方法创建了一个计时器，2 秒钟之后它会首次调用回调，然后每隔 1 秒再调用 1 次。回调方法只是输出了一条包含其调用次数的消息。

```
using System;
using System.Threading;

namespace Timers
{
   class Program
   {
      int TimesCalled = 0;

      void Display (object state)
```

```
        {
            Console.WriteLine($"{ (string)state } { ++TimesCalled }");
        }

        static void Main( )
        {
            Program p = new Program();                     2秒后
                                                         第一次调用
            Timer myTimer = new Timer                         ↓
                    (p.Display, "Processing timer event", 2000, 1000);
            Console.WriteLine("Timer started.");             ↑
                                                            每秒
            Console.ReadLine();                           重复一次
        }
    }
}
```

这段代码在大约 5 秒后终止之前，产生了如下的输出：

```
Timer started.
Processing timer event 1
Processing timer event 2
Processing timer event 3
Processing timer event 4
```

.NET BCL 还提供了其他几个计时器类，每一个都有其用途。其他计时器类如下所示。

❑ System.Windows.Forms.Timer　这个类在 Windows Forms 应用程序中使用，用来定期把 WM_TIMER 消息放到程序的消息队列中。当程序从队列获取消息后，它会在主用户接口线程中同步处理程序，这对 Windows Forms 应用程序来说非常重要。

❑ System.Timers.Timer　这个类更复杂，它包含了很多成员，使我们可以通过属性和方法来操作计时器。它还有一个叫作 Elapsed 的成员事件，每次时间到就会触发。这个计时器可以运行在用户接口线程或工作线程上。

命名空间和程序集

本章内容

22.1 引用其他程序集

第 1 章概述了编译过程。编译器接受源代码文件并生成一个名为**程序集**的输出文件。这一章中，我们将详细阐述程序集以及它们是如何生成和部署的。你还会看到命名空间是如何帮助组织类型的。

在迄今为止所看到的所有程序中，大部分都声明并使用它们自己的类。然而，在许多项目中，你会想使用来自其他程序集的类或类型。这些程序集可能来自 BCL 或第三方供应商，或者是你自己创建的。这些程序集称为**类库**，而且它们的程序集文件的名称通常以.dll 扩展名而不是.exe 扩展名结尾。

例如，假设你想创建一个类库，它包含可以被其他程序集使用的类和类型。一个简单库的源代码如下面示例中所示，它包含在名为 SuperLib.cs 的文件中。该库含有单独一个名为 SquareWidget 的公有类。图 22-1 阐明了 DLL 的生成。

```
public class SquareWidget
{
    public double SideLength = 0;
```

```
    public double Area
    {
        get { return SideLength * SideLength; }
    }
}
```

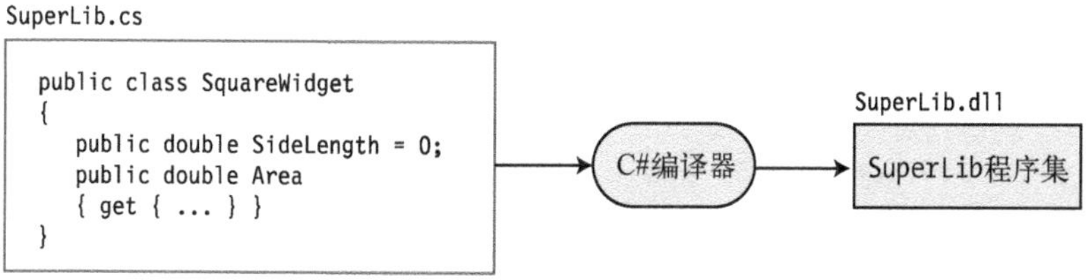

图 22-1　SuperLib 源代码和结果程序集

要使用 Visual Studio 创建类库，需在已安装的 Windows 模板中选择类库模板。具体来说，在 Visual Studio 中进行的操作如下。

(1) 选择 File→New→Project，打开 New Project 窗口。

(2) 在左边的面板中，在 Installed→Templates 面板中找到 Visual C#节点并选中。

(3) 在中间的面板中为目标平台选择类库模板。现在至少有 5 个平台或 5 种类库。在本例中，我们选择 Class Library（.NET 框架）。

假设你还要写一个名为 MyWidgets 的程序，而且你想使用 SquareWidget 类。程序的代码在一个名为 MyWidgets.cs 的文件中，如下所示。这段代码简单创建一个类型为 SquareWidget 的对象并使用该对象的成员。

```
using System;

class WidgetsProgram
{
    static void Main( )
    {
        SquareWidget sq = new SquareWidget();    //来自类库
              ↑
        未在当前程序集中声明
        sq.SideLength = 5.0;                     //设置边长
        Console.WriteLine(sq.Area);              //输出该区域
    }                 ↑
}    未在当前程序集中声明
```

注意，这段代码没有声明类 SquareWidget。相反，使用的是定义在 SuperLib 中的类。然而，当你编译 MyWidgets 程序时，编译器必须知道你的代码在使用程序集 SuperLib，这样它才能得到关于类 SquareWidget 的信息。要实现这一点，需要给编译器一个到该程序集的引用，给出它的名称和位置。

在 Visual Studio 中，可以用下面的方法把引用添加到项目中。

❑ 选择 Solution Explorer，并在该项目名称下找到 References 目录。References 目录包含项目使用的程序集的列表。

❑ 右键单击 References 目录并选择 Add Reference。有 5 个标签页，你可以以不同的方法找到类库。

❑ 对于我们的程序，选择 Browse 标签，浏览到包含 SquareWidget 类定义的 DLL 文件，并选择它。

❑ 点击 OK 按钮，引用就被加入到项目了。

在添加了引用之后，可以编译 MyWidgets 了。图 22-2 阐明了整个编译过程。

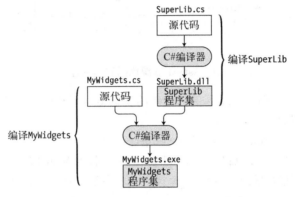

图 22-2   引用另一个程序集

mscorlib 库

有一个类库，几乎先前的每一个示例中都使用了它。它就是包含 Console 类的那个库。Console 类被定义在 mscorlib 程序集中的 mscorlib.dll 文件里。然而，你不会看到这个程序集被列在 References 目录中。程序集 mscorlib.dll 含有 C#类型以及大部分.NET 语言的基本类型的定义。在编译 C#程序时，它必须总是被引用，所以 Visual Studio 不把它显示在 References 目录中。

如果算上 mscorlib，MyWidgets 的编译过程看起来更像图 22-3 所示的表述。在此之后，我们假定使用 mscorlib 程序集而不再描述它。

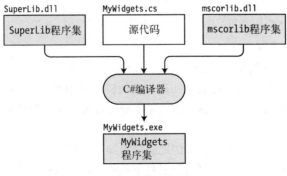

图 22-3   引用类库

现在假设你的程序已经很好地用 SquareWidget 类工作了，但你想扩展它的能力以使用一个名为 CircleWidget 的类，它被定义在另一个名为 UltraLib 的程序集中。MyWidgets 的源代码看上去像下面这样。它创建一个 SquareWidget 对象和一个 CircleWidget 对象，它们分别定义在 SuperLib 和 UltraLib 中。

```
class WidgetsProgram
{
   static void Main( )
   {
      SquareWidget sq = new SquareWidget();        //来自 SuperLib
      ...

      CircleWidget circle = new CircleWidget();    //来自 UltraLib
      ...
   }
}
```

类库 UltraLib 的源代码如下面的示例所示。注意，除了类 CircleWidget 之外，就像库 SuperLib，它还声明了一个名为 SquareWidget 的类。可以把 UltraLib 编译成一个 DLL 并加入到项目 MyWidgets 的引用列表中。

```
public class SquareWidget
{
   ...
}

public class CircleWidget
{
   public double Radius = 0;
   public double Area
   {
      get { ... }
   }
}
```

因为两个库都含有名为 SquareWidget 的类，所以当你试图编译程序 MyWidgets 时，编译器会产生一条错误消息，因为它不知道使用类 SquareWidget 的哪个版本。图 22-4 阐明了这种命名冲突。

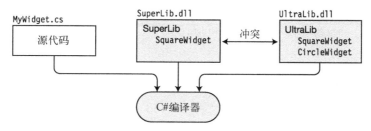

图 22-4 由于程序集 SuperLib 和 UltraLib 都含有名为 SquareWidget 的类的声明，
编译器不知道该实例化哪一个

22.2   命名空间

在 MyWidgets 示例中，由于你有源代码，你可以通过在 SuperLib 源代码或 UltraLib 源代码中仅仅改变 SquareWidget 类的名称来解决命名冲突。但是，如果这些库是由不同的公司开发的，而你没有源代码，该怎么办呢？假设 SuperLib 由一个名为 **MyCorp** 的公司开发，UltraLib 由 **ABCCorp** 公司开发。在这种情况下，如果你使用了任何有冲突的类或类型，则无法同时使用这两个库。

你可以想象，如果你的开发机器上含有数十个（如果不是几百个的话）不同公司生产的程序集，很可能有一定数量的类名重复。如果仅仅因为碰巧有共同的类型名而不能把两个程序集用在一个程序中，这将很可惜。

但是，假设 MyCorp 有一个策略，即在所有类名前加上字符串前缀——公司名加上产品名和描述性类名。假设 ABCCorp 也有相同的策略。这样的话，我们示例中的 3 个类名就可能是 MyCorpSuperLibSquareWidget、ABCCorpUltraLibSquareWidget 和 ABCCorpUltraLibCircleWidget，如图 22-5 所示。这当然是完全有效的类名，一个公司类库的类不太可能与其他公司类库的类发生冲突。

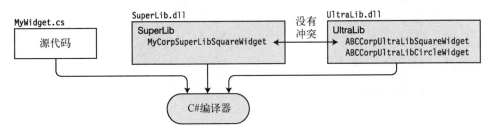

图 22-5　类名有了消除歧义的字符串前缀，类库之间不会有冲突

但是，在我们的示例程序中，需要使用冗长的名字，看上去如下所示：

```
class WidgetsProgram
{
   static void Main( )
   {
      MyCorpSuperLibSquareWidget sq
            = new MyCorpSuperLibSquareWidget();        //来自 SuperLib
      ...

      ABCCorpUltraLibCircleWidget circle
            = new ABCCorpUltraLibCircleWidget();       //来自 UltraLib
      ...
   }
}
```

尽管这可以解决冲突问题，但是即使有智能感知，这些新的、已消除歧义的名字还是难以阅读并且难以使用。

不过，假设除了标识符中一般允许的字符，还可以在字符串中使用点——尽管不是在类名的最前面或最后面，那么这些名字就更好理解了，比如 MyCorp.SuperLib.SquareWidget、ABCCorp.UltraLib.SquareWidget 及 ABCCorp.UltraLib.CircleWidget。现在代码如下所示：

```
class WidgetsProgram
{
    static void Main( )
    {
        MyCorp.SuperLib.SquareWidget sq
                = new MyCorp.SuperLib.SquareWidget();      //来自 SuperLib
        ...

        ABCCorp.UltraLib.CircleWidget circle
                = new ABCCorp.UltraLib.CircleWidget();     //来自 UltraLib
        ...
    }
}
```

这就带来了命名空间名和命名空间的定义。

❑ 你可以把**命名空间**名视为一个字符串（在字符串中可以使用点），它加在类名或类型名的前面并且通过点进行分隔。

❑ 包括命名空间名、分隔点，以及类名的完整字符串叫作类的**完全限定名**。

❑ **命名空间**是共享命名空间名的**一组类和类型**。

图 22-6 演示了这些定义。

图 22-6 命名空间是共享同一命名空间名的一组类型定义

你可以使用命名空间来把一组类型组织在一起并且给它们起一个名字。一般而言，命名空间名要能够描述命名空间中包含的类型，并且和其他命名空间名不同。

你可以通过在包含你的类型声明的源文件中声明命名空间来创建命名空间。如下代码演示了声明命名空间的语法。然后在命名空间声明的大括号中声明你的所有类和其他类型。那么这些类型就是这个命名空间的**成员**了。

```
  关键字          命名空间名
    ↓                ↓
namespace NamespaceName
{
    TypeDeclarations
}
```

如下代码演示了 **MyCorp** 的程序员如何创建 MyCorp.SuperLib 命名空间并在其中声明 SquareWidget 类。

```
            公司名  点
               ↓    ↓
namespace MyCorp.SuperLib
{
   public class SquareWidget
   {
      public double SideLength = 0;
      public double Area
      {
         get { return SideLength * SideLength; }
      }
   }
}
```

当 MyCorp 公司提供更新的程序集时，你可以按照如下方式修改 MyWidgets 程序来使用它。

```
class WidgetsProgram
{
   static void Main( )
   {        完全限定名                       完全限定名
              ↓                               ↓
      MyCorp.SuperLib.SquareWidget sq = new MyCorp.SuperLib.SquareWidget();
           ↑               ↑
      命名空间名         类名

      CircleWidget circle = new CircleWidget();
      ...
```

既然你在代码中显式指定了 SquareWidget 的 SuperLib 版本，编译器就能区分类了。完全限定名输入起来有点长，但至少你现在能使用两个库了。本章稍后会阐述 using 别名指令，它可以解决不得不在完全限定名中重复输入的麻烦。

如果 UltraLib 程序集也被生产它的公司（ABCCorp）使用命名空间更新，那么编译过程会如图 22-7 所示。

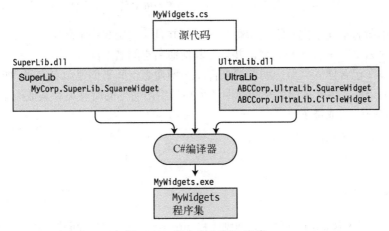

图 22-7　带命名空间的类库

22.2.1　命名空间名称

如你所见，命名空间的名称可以包含创建该程序集的公司的名称。除了标识公司以外，该名称还用于帮助程序员快速了解定义在命名空间内的类型的种类。

命名空间名称的一些要点如下。

❑ 命名空间名称可以是任何有效标识符，如第 3 章所述。和标识符一样，命名空间名区分大小写。

❑ 另外，命名空间名称可以包含任意数量的句点符号，用于把类型组织成层次。

例如，表 22-1 列出了 .NET BCL 中的一些命名空间的名称。

表 22-1　来自 BCL 的命名空间示例

System	System.IO
System.Data	Microsoft.CSharp
System.Drawing	Microsoft.VisualBasic

下面是命名空间命名指南：

❑ 以公司名称开头；

❑ 在公司名之后跟着技术名称；

❑ 不要与类或类型名相同。

例如，Acme Widget 公司的软件开发部门在下面 3 个命名空间中开发软件，其中一个如下面的代码所示：

❑ AcmeWidgets.SuperWidget

❑ AcmeWidgets.Media

❑ AcmeWidgets.Games

```
namespace AcmeWidgets.SuperWidget
{
   class SPDBase ...
   ...
}
```

22.2.2　命名空间的补充

关于命名空间，有其他几个要点应该知道。

❑ 在命名空间内，每个类型名必须有别于所有其他类型。

❑ 命名空间内的类型称为命名空间的**成员**。

❑ 一个源文件可以包含任意数目的命名空间声明，可以顺序也可以嵌套。

图 22-8 在左边展示了一个源文件，它顺序声明了两个命名空间，每个命名空间内有几个类型。注意，尽管命名空间内含有几个共有的类名，但它们被命名空间名称区分开来，如图中右边的程序集所示。

22

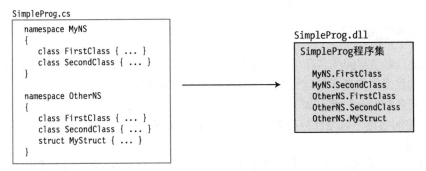

图 22-8　一个源文件中的多个命名空间

.NET 框架 BCL 提供了数千个已定义的类和类型以供生成程序时选择。为了帮助组织这些功能，相关功能的类型被声明在相同的命名空间里。BCL 使用超过 100 个命名空间来组织它的类型。

22.2.3　命名空间跨文件伸展

命名空间不是封闭的。这意味着可以在该源文件的后面或另一个源文件中再次声明它，以对它增加更多的类型声明。

例如，图 22-9 展示了三个类的声明，它们都在相同的命名空间中，但声明在不同的源文件中。源文件可以被编译成单个程序集，如图 22-9 所示，或编译成单独的程序集，如图 22-10 所示。

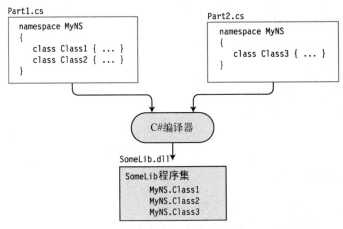

图 22-9　命名空间可以跨源文件伸展并编译成单个程序集

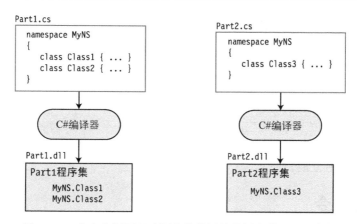

图 22-10　命名空间可以跨源文件伸展并编译成单独的程序集

22.2.4　嵌套命名空间

命名空间可以嵌套，从而产生**嵌套的命名空间**。嵌套命名空间允许你创建类型的概念层次。声明一个嵌套的命名空间有两种方法，如下所示。

- **文本嵌套**　可以把命名空间的声明放在一个命名空间声明体内部，从而创建一个嵌套的命名空间。图 22-11 的左边阐明了这种方法。在这个示例中，命名空间 OtherNs 嵌套在命名空间 MyNamespace 中。
- **分离的声明**　也可以为嵌套命名空间创建单独的声明，但必须在声明中使用它的完全限定名。图 22-11 的右边阐明了这种方法。注意在嵌套命名空间 OtherNs 的声明中，使用完全限定名 MyNamespace.OtherNs。

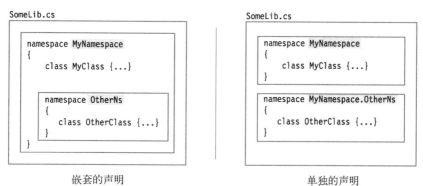

图 22-11　声明嵌套命名空间的两种形式是等价的

图 22-11 所示的两种形式的嵌套命名空间声明生成相同的程序集，如图 22-12 所示。该图展示了两个声明在 SomeLib.cs 文件中的类，使用了它们的完全限定名。

```
SomeLib.dll
┌─────────────────────────────────────┐
│ SomeLib程序集                         │
│                                       │
│   MyNamespace.MyClass                 │
│   MyNamespace.OtherNS.OtherClass      │
└─────────────────────────────────────┘
```

图 22-12 嵌套命名空间结构

虽然嵌套命名空间位于父命名空间内部，但是其成员并不属于父命名空间。一个常见的误解是，既然嵌套的命名空间位于父命名空间内部，其成员也是父命名空间的子集。这是不正确的，命名空间之间是相互独立的。

22.3 using 指令

完全限定名可能相当长，在代码中通篇使用它们会十分笨拙。然而，有两个编译器指令可以使你避免使用完全限定名：using **命名空间指令**和 using **别名指令**。

关于 using 指令的两个要点如下。

❏ 它们必须放在源文件的顶端，**在任何类型声明之前**。

❏ 它们应用于当前源文件中的所有命名空间。

22.3.1 using 命名空间指令

在 MyWidgets 示例中，你看到可以使用完全限定名指定一个类。可以通过在源文件的顶端放置 using 命名空间指令以避免使用长名称。

using 命名空间指令通知编译器你将要使用来自某个指定命名空间的类型。然后你可以继续，并使用简单类名而不必完全限定。

当编译器遇到一个不在当前命名空间的名称时，它检查在 using 命名空间指令中给出的命名空间列表，并把该未知名称加到列表中的第一个命名空间后面。如果结果完全限定名匹配了这个程序集或引用程序集中的一个类，编译器将使用那个类。如果不匹配，那么它试验列表中的下一个命名空间。

using 命名空间指令由关键字 using 跟着一个命名空间标识符组成。

```
关键字
  ↓
using System;
        ↑
    命名空间的名称
```

本书一直使用的一个方法是 WriteLine，它是类 Console 的成员，在 System 命名空间中。我们一直没有在代码中使用它的完全限定名，而是简化了一点工作，在代码的顶端使用 using 命名空间指令。

例如，下面的代码在第一行使用 using 命名空间指令来描述该代码使用来自 System 命名空间的类或其他类型。

```
using System;                               //using 命名空间指令
    ...
System.Console.WriteLine("This is text 1"); //使用完全限定名
Console.WriteLine("This is text 2");        //使用指令
```

22.3.2　using 别名指令

using 别名指令允许起一个别名给：

❑ 命名空间；

❑ 命名空间内的一个类型。

例如，下面的代码展示了两个 using 别名指令的使用。第一个指令告诉编译器标识符 Syst 是命名空间 System 的别名。第二个指令表明标识符 SC 是类 System.Console 的别名。

```
关键字   别名   命名空间
  ↓      ↓      ↓
using Syst = System;
using SC   = System.Console;
  ↑     ↑            ↑
关键字 别名          类
```

下面的代码使用了这些别名。在 Main 中 3 行代码都调用 System.Console.WriteLine 方法。

❑ Main 的第一条语句使用**命名空间**（System）的别名。

❑ 第二条语句使用该方法的**完全限定名**。

❑ 第三条语句使用**类**（Console）的别名。

```
using Syst = System;                        //using 别名指令
using SC   = System.Console;                //using 别名指令

namespace MyNamespace
{
    class SomeClass
    {
        static void Main()
        { 命名空间的别名
             ↓
            Syst.Console.WriteLine  ("Using the namespace alias.");
            System.Console.WriteLine("Using fully qualified name.");
            SC.WriteLine            ("Using the type alias");
             ↑
        } 类的别名
    }
}
```

22.3.3　using static 指令

如第 6 章和第 7 章所述，可以使用 using static 指令引用给定命名空间中的特定类、结构体或枚举。这样就可以不带任何前缀地访问该类、结构体或枚举的静态成员。

using static 指令以标准的 using 命名空间指令开头,例如 using System,然后在关键字 using 之后插入关键字 static,并附加指定类、结构体或枚举的名称。结果如下所示:

关键字 关键字
↓ ↓
using static System.Math;   //System.Math 是一个类型的完全限定名
      ↑ ↑
    命名空间 类

通过使用 using static 指令,System.Math 类的所有静态成员都可以在代码中引用而不用任何前缀,如下所示:

```
var squareRoot = Sqrt(16);
```

如果使用标准的 using 命名空间指令,就会写成下面这样:

```
using System;
var squareRoot = Math.Sqrt(16);
```

using static 指令指定的类本身可以不是静态的。任何此种类型都可以包含实例成员,但这些实例成员不会由 using static 指令导入。虽然包含了指定类型中声明的嵌套类型,但是被继承的成员不会被导入。

除了代码较短之外,using static 指令的主要优点是,它排除了属于同一命名空间的其他类、结构体或枚举的成员。这减小了名称冲突的可能性。

说明 using static 指令仅仅包含指定类、结构体或枚举的静态成员。给定类型是静态的并不意味着它所有的成员也都是静态的。

22.4 程序集的结构

如你在第 1 章看到的,程序集不包含本地机器代码,而是包含公共中间语言代码。它还包含即时编译器(JIT)在运行时将 CIL 转换为本机代码所需的一切,包括对它所引用的其他程序集的引用。程序集的文件扩展名通常为.exe 或.dll。

大部分程序集由一个单独的文件构成。图 22-13 阐明了程序集的 4 个主要部分。

- ❑ 程序集的**清单**包含以下几点。
  - ■ 程序集标识符。
  - ■ 组成程序集的文件列表。
  - ■ 一个指示程序集中内容在哪里的地图。
  - ■ 关于引用的其他程序集的信息。
- ❑ **类型元数据**部分包含该程序集中定义的所有类型的信息。这些信息包含关于每个类型的所有信息。
- ❑ CIL 部分包含程序集的所有中间代码。
- ❑ **资源**部分是可选的,但可以包含图形或语言资源。

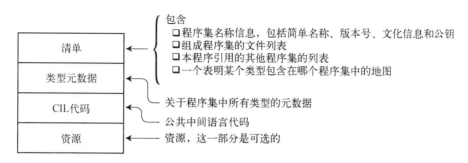

图 22-13　单文件程序集的结构

程序集代码文件称为**模块**。尽管大部分程序集由单个文件组成，但有些有多个文件。对于有多个模块的程序集，一个文件是**主模块**（primary module），而其他的是**次要模块**（secondary module）。

- 主模块含有程序集的清单和到次要模块的引用。
- 次要模块的文件名以扩展名.netmodule 结尾。
- 多文件程序集被视为一个单元。它们一起部署并一起定版。

图 22-14 阐明了一个带次要模块的多文件程序集。

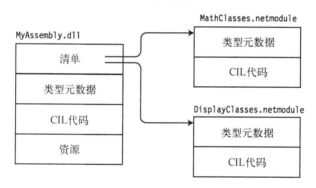

图 22-14　多文件程序集

22.5　程序集标识符

在.NET 框架中，程序集的文件名不像在其他操作系统和环境中那么重要，更重要的是程序集的**标识符**（identity）。

程序集的标识符有 4 个组成部分，它们一起唯一标识了该程序集，如下所示。

- **简单名称**　这只是不带文件扩展名的文件名。每个程序集都有一个简单名称。它也被称为**程序集名**或**友好名称**（friendly name）。
- **版本号**　它由 4 个用句点分隔的整数组成，形式为 MajorVersion.MinorVersion.Build.Revision，例如 2.0.35.9。

❑ **文化信息** 它是一个字符串，由 2 ~ 5 个字符组成，代表一种语言，或代表一种语言和一个国家或地区。例如，美国使用的英语文化名是 en-US。德国使用的德语文化名是 de-DE。

❑ **公钥** 这个 128 字节字符串应该是生产该程序集的公司唯一的。

公钥是公钥/私钥对的一部分，公钥/私钥对是两个非常大的、特别选择的数字，可以用于创建安全的数字签名。公钥，顾名思义，可以被公开。私钥必须被拥有者保护起来。公钥是程序集标识符的一部分。本章稍后会介绍私钥的使用。

程序集名称的组成部分包含在程序集清单中。图 22-15 阐明了清单中的这一部分。

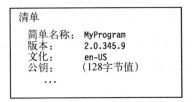

图 22-15　清单中程序集标识符的组成部分

图 22-16 展示了.NET 文档和文献中使用的关于程序集标识符的一些术语。

标识符： 列在右边的4个部分共同组成程序集的标识符

完全限定名称： 由简单名称、版本、文化和表示为16字节公钥凭据的公钥组成的文本列表

显示名称： 和完全限定名称相同

图 22-16　关于程序集标识符的术语

22.6 强命名程序集

强命名（strongly named）程序集有一个唯一的数字签名。强命名程序集比没有强名称的程序集更加安全，原因有以下两点。

❑ 强名称唯一标识了程序集。其他人无法创建一个与之有相同强名称的程序集，所以用户可以确信该程序集来自于其声称的来源。

❑ 如果没有 CLR 安全组件来捕获更改，带强名称的程序集的内容就不能被改变。

弱命名（weakly named）程序集是没有被强命名的程序集。由于弱命名程序集没有数字签名，它天生是不安全的。因为一根链的强度只和它最弱的一环相同，所以强命名程序集默认只能访问其他强命名程序集。你会在运行时看到不匹配。（还存在一种方法允许"部分受信的调用者"，但本书不会阐述这个主题。）

程序员不产生强名称。编译器通过接受关于程序集的信息，并散列化这些信息以创建一个唯一的数字签名依附到该程序集来产生强名称。它在散列处理中使用的信息如下：

□ 组成程序集的字节序列；
□ 简单名称；
□ 版本号；
□ 文化信息；
□ 公钥/私钥对。

说明　强名称的命名法存在一些差异。我们所谓的"强命名的"常常指的是"强名称的"。我们所谓的"弱命名的"有时指的是"非强命名的"或"带简单名称的程序集"。

创建强命名程序集

要使用 Visual Studio 强命名一个程序集，必须有一份公钥/私钥对文件的副本。如果没有密钥文件，可以让 Visual Studio 产生一个。可以执行以下步骤。

(1) 打开工程的属性。

(2) 选择签名页。

(3) 选择 Sign the Assembly 复选框并输入密钥文件的位置或创建一个新的。

在编译代码时，编译器会生成一个强命名的程序集。编译器的输入和输出如图 22-17 所示。

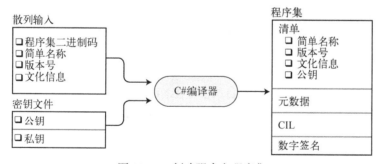

图 22-17　创建强命名程序集

保护私钥非常重要。如果有人有你的公钥/私钥对，就可以冒充你创建和分发软件。

说明　要创建强命名程序集还可以使用 Strong Name 工具(sn.exe)，这个工具在安装 Visual Studio 的时候会自动安装。它是个命令行工具，允许程序员为程序集签名，还能提供大量管理密钥和签名的其他选项。如果 Visual Studio IDE 还不符合你的要求，它能提供更多选择。要使用 Strong Name 工具，可到网上查阅更多细节。

22.7　私有程序集的部署

要在目标机器上部署一个程序，只需在该机器上创建一个目录并把应用程序复制过去。如果应用程序不需要其他程序集（比如 DLL），或如果所需的 DLL 在同一目录下，那么程序应该会就在它所在的地方良好工作。用这种方法部署的程序集称为**私有程序集**，而这种部署方法称为**复制文件（XCopy）部署**。

私有程序集几乎可以被放在任何目录中，而且只要它们依赖的文件都在同一目录或子目录下就足够了。事实上，可以在文件系统的不同部分有多个目录，每个目录都有同样的一组程序集，并且它们都会在它们各自不同的位置良好工作。

关于私有程序集部署的一些重要内容如下。

❑ 私有程序集所在的目录称为**应用程序目录**。

❑ 私有程序集可以是强命名的也可以是弱命名的。

❑ 没有必要在注册表中注册组件。

❑ 要卸载一个私有程序集，只要从文件系统中删除它即可。

22.8　共享程序集和 GAC

私有程序集是非常有用的，但有时你会想把一个 DLL 放在一个中心位置，这样一个副本就能被系统中其他的程序集共享。.NET 有这样的贮藏库，称为**全局程序集缓存（GAC）**。放进 GAC 的程序集称为**共享程序集**。

关于 GAC 的一些重要内容如下。

❑ 只有强命名程序集能被添加到 GAC。

❑ GAC 的早期版本只接受带.dll 扩展名的文件，现在也可以添加带.exe 扩展名的程序集了。

❑ GAC 位于 Windows 系统目录的子目录中。在.NET 4.0 之前，它位于\Windows\Assembly 中。从 .NET 4.0 开始，它位于\Windows\Microsoft.NET\assembly 中。

22.8.1　把程序集安装到 GAC

当试图安装一个程序集到 GAC 时，CLR 的安全组件首先必须检验程序集上的数字签名是否有效。如果没有数字签名，或数字签名无效，系统将不会把它安装到 GAC。

然而，这是个一次性检查。在程序集已经在 GAC 内之后，当它被一个正在运行的程序引用时，不再需要进一步的检查。

gacutil.exe 命令行工具允许从 GAC 添加或删除程序集，并列出 GAC 包含的程序集。它的 3 个最有用的参数标记如下所示。

❑ /i：把一个程序集插入 GAC。

❑ /u：从 GAC 卸载一个程序集。

❑ /l：列出 GAC 中的程序集。

22.8.2 GAC 内的并肩执行

在程序集部署到 GAC 之后，它就能被系统中其他程序集使用了。然而，请记住程序集的标识符由完全限定名的全部 4 个部分组成。所以，如果一个库的版本号改变了，或如果它有一个不同的公钥，则这些区别指定了不同的程序集。

结果就是在 GAC 中可以有许多不同的程序集，它们有相同的文件名。虽然它们有相同的文件名，但**它们是不同的程序集**而且在 GAC 中完美地共存。这使不同的应用程序在同一时间很容易使用不同版本的同一 DLL，因为它们是带不同标识符的不同程序集。这被称为**并肩执行**（side-by-side Execution）。

图 22-18 阐明了 GAC 中 4 个不同的 DLL，它们都有相同的文件名 MyLibary.dll。从图中可以看出前 3 个 DLL 来自同一公司，因为它们有相同的公钥，第 4 个则来源不同，因为它有一个不同的公钥。这些版本如下：

- 英文 V1.0.0.0 版，来自 A 公司；
- 英文 V2.0.0.0 版，来自 A 公司；
- 德文 V1.0.0.0 版，来自 A 公司；
- 英文 V1.0.0.0 版，来自 B 公司。

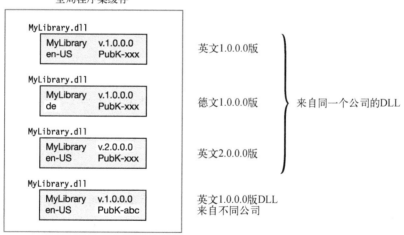

图 22-18　在 GAC 中 4 个不同的并肩 DLL

22.9　配置文件

配置文件含有关于应用程序的信息，供 CLR 在运行时使用。它们可以指示 CLR 去做这样的事情，比如使用一个不同版本的 DLL，或搜索程序引用的 DLL 时在附加目录中查找。

配置文件由 XML 代码组成，并不包含 C#代码。编写 XML 代码的细节超出了本书的范围，但你应当理解配置文件的目的以及它们的用法。它们的一种用途是更新一个应用程序集以使用新版本的 DLL。

例如，假设有一个应用程序引用了 GAC 中的一个 DLL。在应用程序的清单中，该引用的标识符必须完全匹配 GAC 中程序集的标识符。如果一个新版本的 DLL 发布了，它可以被添加到 GAC 中，在那里它可以和老版本共存。

然而，应用程序仍然在它的清单中包括老版本 DLL 的标识符。除非重新编译应用程序并使它引用新版本的 DLL，否则它会继续使用老版本。如果这是你想要的，那也不错。

然而，如果你不想重新编译程序但又希望它使用新的 DLL，那么你可以更新配置文件中的信息，告诉 CLR 使用新的版本而不是旧版本。配置文件被放在应用程序目录中。

图 22-19 阐明了运行时过程中的对象。左边的应用程序 MyProgram.exe 调用 MyLibrary.dll 的 1.0.0.0 版，如点线箭头所示。但应用程序有一个配置文件，而它指示 CLR 加载 2.0.0.0 版。注意配置文件的名称由可执行文件的全名（包括扩展名）加上附加扩展名.config 组成。

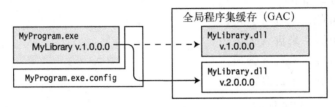

图 22-19   使用配置文件绑定一个新版本

简单配置文件的示例如下：

```xml
<?xml version="1.0" encoding="utf-8" ?>
<configuration>
    <startup>
        <supportedRuntime version="v4.0" sku=".NETFramework,Version=v4.5.2" />
    </startup>
</configuration>
```

22.10   延迟签名

公司小心保护它们官方公钥/私钥对中的私钥是非常重要的，否则，如果不可靠的人得到了它，就可以发布伪装成该公司代码的代码。为了避免这种情况，公司显然不能允许自由访问含有其公钥/私钥对的文件。在大公司中，最终程序集的强命名经常在开发过程的结尾由有公钥/私钥对访问权限的特殊小组执行。

可是，由于一些原因，这会在开发和测试过程中导致问题。首先，由于公钥是程序集标识符的 4 个部分之一，所以直到提供了公钥才能设置该标识符。其次，弱命名的程序集不能被部署到 GAC。开发人员和测试人员都需要能够按照发布时部署的方式编译和测试代码，包括它的标识符和在 GAC 中的位置。

为此，有一种修改了的分配强命名的形式，称为**延迟签名**（delayed signing）或**部分签名**（partial signing），它克服了这些问题，而且没有释放对私钥的访问。

在延迟签名中，编译器只使用公钥/私钥对中的公钥。然后可以将公钥放入清单，以完成程序集的标识符。延迟签名还使用一个内容为 0 的块保留数字签名的位置。

要创建一个延迟签名的程序集，必须做两件事情。第一，创建密钥文件的一个副本，它只有公钥而不是公钥/私钥对。第二，为程序集范围内的源代码添加一个名称为 DelaySignAttribute 的附加特性，并把它的值设为 true。

图 22-20 展示了生成一个延迟签名程序集的输入和输出。注意图中下面的内容。

❑ 在输入中，DelaySignAttribute 位于源文件中，而且密钥文件只含有公钥。

❑ 在输出中，在程序集的底部为数字签名保留了空间。

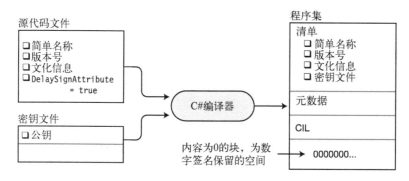

图 22-20　创建延迟签名程序集

如果你试图部署延迟签名的程序集到 GAC，CLR 不会允许，因为它不是强命名的。要在一台机器上部署它，必须首先使用命令行指令取消在这台机器上该程序集的 GAC 签名验证，并允许它被装在 GAC 中。要做到这一点，从 Visual Studio 命令提示中执行下面的命令。

```
sn -vr MyAssembly.dll
```

现在，你已经看到弱命名程序集、延迟签名程序集和强签名程序集。图 22-21 总结了它们的结构区别。

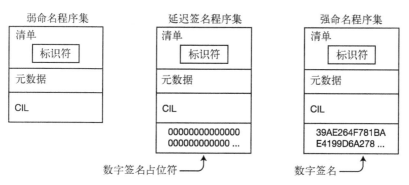

图 22-21　不同程序集签名阶段的结构

异　常

23.1　什么是异常

　　异常是程序中的运行时错误，它违反了系统约束或应用程序约束，或是正常操作时不会发生的状况。例如，程序试图将一个数除以 0 或试图写入一个只读文件。当这些发生时，系统捕获错误并**抛出**（raise）一个异常。

　　如果程序没有提供处理该异常的代码，系统会挂起这个程序。例如，下面的代码在试图用 0 除一个数时抛出一个异常：

```
static void Main()
{
    int x = 10, y = 0;
    x /= y;              //用 0 除一个数时抛出一个异常
}
```

当这段代码运行时，系统显示下面的错误消息：

```
Unhandled Exception: System.DivideByZeroException: Attempted to divide by zero.
        at Exceptions_1.Program.Main() in C:\Progs\Exceptions\Program.cs:line 12
```

在没有异常处理程序的情况下，你的应用程序将停止（或者崩溃），并向用户显示非常不友好的错误消息。异常处理的目标是通过以下一个或多个操作来响应异常：

❑ 在有限的几种情况下采取纠正措施，让应用程序继续运行
❑ 记录有关异常的信息，以便开发团队可以解决该问题
❑ 清理任何外部资源，例如可能保持打开的数据库连接
❑ 向用户显示友好的消息

由于在不稳定或未知的情况下继续运行应用程序通常是一种不好的做法，所以一旦执行了这些操作并且无法采取纠正措施，你的应用程序就应该终止。

23.2 try 语句

try 语句用来指明为避免出现异常而被保护的代码段，并在发生异常时提供代码来处理。try 语句由 3 个部分组成，如图 23-1 所示。

❑ try **块**包含为避免出现异常而被保护的代码。
❑ catch **子句部分**含有一个或多个 catch **子句**。这些是处理异常的代码段，它们也称为**异常处理程序**。
❑ finally **块**含有在所有情况下都要被执行的代码，无论有没有异常发生。

图 23-1　try 语句的结构

处理异常

前面的示例显示了除以 0 会导致一个异常。可以修改此程序，把那段代码放在一个 try 块中，

并提供一个简单的 catch 子句，以处理该异常。当异常发生时，它被捕获并在 catch 块中处理。

```
static void Main()
{
   int x = 10;

   try
   {
      int y = 0;
      x /= y;                    //抛出一个异常
   }
   catch
   {
      ...                        //处理异常的代码

      Console.WriteLine("Handling all exceptions - Keep on Running");
   }
}
```

这段代码产生以下消息。注意，除了输出消息，没有异常已经发生的迹象。

```
Handling all exceptions - Keep on Running
```

23.3 异常类

程序中可以发生许多不同类型的异常。BCL 定义了许多异常类，每一个类代表一种指定的异常类型。当一个异常发生时，CLR 创建该类型的异常对象并寻找适当的 catch 子句以处理它。

从根本上说，所有异常类都派生自 System.Exception 类，而 System.Exception 类派生自 System.Object。异常继承层次的一部分如图 23-2 所示。

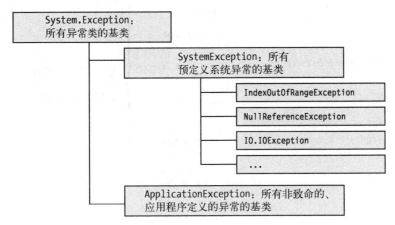

图 23-2　异常层次的结构

异常对象含有只读属性，带有导致该异常的异常信息。这一信息有助于调试应用程序，防止将来发生类似的异常。这些属性的其中一些如表 23-1 所示。

表 23-1　异常对象的一部分属性

属　　性	类　　型	描　　述
Message	string	这个属性含有解释异常原因的错误消息
StackTrace	string	这个属性含有描述异常发生在何处的信息
InnerException	Exception	如果当前异常是由另一个异常引起的，则这个属性包含前一个异常的引用
Source	string	如果没有被应用程序定义的异常设定，那么这个属性含有异常所在的程序集的名称

23.4　catch 子句

catch 子句处理异常。它有 4 种形式，允许不同级别的处理。这些形式如图 23-3 所示。

图 23-3　catch 子句的 3 种形式

我们首先来看一下前三种形式，并给出第二种和第三种形式的例子。以此为背景，再看第四种形式。

一般 catch 子句能接受任何异常，但不能确定引发异常的异常类型。这只能对任何可能发生的异常进行普通处理和清理。

特定 catch 子句形式把一个异常类的名称作为参数。它匹配该指定类或派生自它的异常类的异常。

　　带对象的特定 catch 子句提供的关于异常的信息最多。它匹配该指定类的异常，或派生自它的异常类的异常。它还给出一个对 CLR 创建的异常对象的引用（通过将其赋给异常变量）。可以在 catch 子句块内部访问异常变量的属性，以获取关于抛出异常的详细信息。

　　例如，下面的代码处理 IndexOutOfRangeException 类型的异常。当此种类型的异常发生时，一个实际异常对象的引用以参数名 e 传入代码。3 个 WriteLine 语句都从异常对象中读取一个字符串字段。

```
                 异常类型      异常变量
                    ↓            ↓
catch ( DivideByZeroException e )
{                                        访问异常变量
                                             ↓
    Console.WriteLine( "Message: {0}", e.Message );
    Console.WriteLine( "Source:  {0}", e.Source );
    Console.WriteLine( "Stack:   {0}", e.StackTrace );
```

使用特定 catch 子句的示例

　　回到除以 0 的示例，下面的代码把前面的 catch 子句修改为专门处理 DivideByZeroException 类的异常。在前面的示例中，catch 子句会处理所在 try 块中抛出的异常，而这个示例将只处理 DivideByZeroException 类的异常。

```
int x = 10;
try
{
   int y = 0;
   x /= y;                 //抛出一个异常
}                异常类型
                    ↓
catch ( DivideByZeroException )
{
    ...
    Console.WriteLine("Handling an exception.");
}
```

可以进一步修改 catch 子句以使用一个异常变量。这允许在 catch 块内部访问异常对象。

```
int x = 10;
try
{
   int y = 0;
   x /= y;                 //抛出一个异常
}                异常类型      异常变量
                    ↓            ↓
catch ( DivideByZeroException  e )
{                                        访问异常变量
                                             ↓
    Console.WriteLine("Message: {0}", e.Message );
    Console.WriteLine("Source:  {0}", e.Source );
    Console.WriteLine("Stack:   {0}", e.StackTrace );
}
```

在我们的电脑上，这段代码会产生以下输出。对于读者的机器，第三行和第四行的代码路径可能不同，这要与你的项目位置和解决方案目录匹配。

```
Message: Attempted to divide by zero.
Source:  Exceptions 1
Stack:       at Exceptions_1.Program.Main() in C:\Progs\Exceptions 1\
Exceptions 1\Program.cs:line 14
```

23.5　异常过滤器

第四种形式的 catch 子句是在 C# 6.0 中添加的，跟第三种形式一样，异常对象被传递给处理程序，但在这种情况下，对象还必须满足特定条件，这个条件被称为**过滤器**。因此，对于一个异常类型可以有多个处理程序，而不必由一个处理程序处理这个异常类型的所有可能异常。这允许你编写更小、更专一的异常处理程序，而无须在单个处理程序中包含大量 if 语句。

在以下示例中，请注意两个 catch 子句都处理 HttpRequestException。如果异常的 Message 字段包含字符串"307"，则调用第一个 catch 子句。如果 Message 字段包含字符串"301"，则调用第二个 catch 子句。如果 Message 字段同时包含这两个字符串，则只调用第一个 catch 子句，因为无论可能匹配多少个子句，都只执行**第一个匹配成功的子句**。

```
try
{
  ... 执行某个 Web 请求
}
catch ( HttpRequestException e ) when ( e.Message.Contains("307") )
{
  ... 采取某种行动
}
catch ( HttpRequestException e ) when ( e.Message.Contains("301") )
{
  ... 采取其他行动
}
```

过滤器的 when 子句的重要特征如下。
- ❏ 它必须包含谓词表达式，该表达式的返回值非真即假。
- ❏ 它不能是异步的。
- ❏ 不应使用任何需要长时间运行的操作。
- ❏ 谓词表达式中发生的任何异常都会被忽略。这使得调试谓词表达式变得更加困难，但它保留了调试原始应用程序错误所需的信息。

23.6　catch 子句段

catch 子句的目的是允许你以一种优雅的方式处理异常。如果你的 catch 子句接受一个参数，那么系统会把这个异常变量设置为对异常对象的引用，这样你就可以检查它以确定异常的原因。

如果异常是前一个异常引起的，你可以通过异常变量的 InnerException 属性来获得对前一个异常对象的引用。

catch 子句段可以包含多个 catch 子句。图 23-4 显示了 catch 子句段。

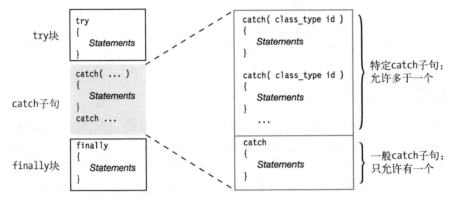

图 23-4 try 语句的 catch 子句段结构

当异常发生时，系统按顺序搜索 catch 子句的列表，第一个匹配该异常对象类型的 catch 子句被执行。因此，catch 子句的排序有两个重要的规则。具体如下。

❑ 特定 catch 子句必须以一种顺序排列，即最特定的异常类型第一，最普通的类型排最后。例如，如果声明了一个派生自 NullRefrenceException 的异常类，那么派生异常类型的 catch 子句应该被列在 NullReferenceException 的 catch 子句之前。

❑ 如果有一个一般 catch 子句，它必须是最后一个，并且在所有特定 catch 子句之后。不鼓励使用一般 catch 子句，因为当代码应该以特定方式处理错误的时候，它允许程序继续执行从而隐藏了错误，让程序处于一种未知的状态。应尽可能使用特定 catch 子句。

23.7 finally 块

如果程序的控制流进入了一个带 finally 块的 try 语句，那么 finally 始终会被执行。图 23-5 阐明了它的控制流。

❑ 如果在 try 块内部没有异常发生，那么在 try 块的结尾，控制流跳过任何 catch 子句并到 finally 块。

❑ 如果在 try 块内部发生了异常，那么在 catch 子句段中适当的 catch 子句被执行，接着就执行 finally 块。

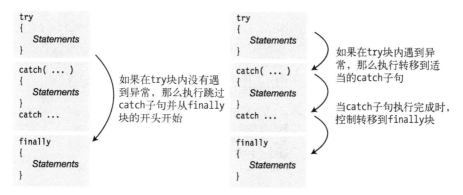

图 23-5 finally 块的执行

即使 try 块中有 return 语句或在 catch 块中抛出一个异常，finally 块也总是会在返回到调用代码之前执行。例如，在下面的代码中，在 try 块的中间有一条 return 语句，它在某些条件下执行。这不会使它绕过 finally 语句。

```
try
{
   if (inVal < 10) {
      Console.Write("First Branch  - ");
      return;
   }
   else
      Console.Write("Second Branch - ");
}
finally
{
   Console.WriteLine("In finally statement");
}
```

这段代码在 inVal 值为 5 时产生以下输出：

```
First Branch  - In finally statement
```

23.8 为异常寻找处理程序

当程序抛出异常时，系统查看该程序是否为它提供了处理程序。图 23-6 阐明了这个控制流。

❑ 如果在 try 块内发生了异常，系统会查看是否有任何一个 catch 子句能处理该异常。

❑ 如果找到了适当的 catch 子句，以下 3 项中的 1 项会发生。

■ 该 catch 子句被执行。

■ 如果有 finally 块，那么它被执行。

■ 执行在 try 语句的尾部之后继续（也就是说，在 finally 块之后，或如果没有 finally 块，就在最后一个 catch 子句之后）。

图 23-6   在当前 try 语句中有处理程序的异常

23.9   进一步搜索

如果异常在一个没有被 try 语句保护的代码段中抛出，或者如果 try 语句没有匹配的异常处理程序，系统将不得不进一步寻找匹配的处理程序。为此它会按顺序搜索调用栈，查看是否存在带匹配的处理程序的封装 try 块。

图 23-7 阐明了这个搜索过程。图左边是代码的调用结构，右边是调用栈。该图显示 Method2 被从 Method1 的 try 块内部调用。如果异常发生在 Method2 内的 try 块内部，系统会执行以下操作。

□ 首先查看 Method2 是否有能处理该异常的异常处理程序：

■ 如果有，Method2 处理它，程序继续执行；

■ 如果没有，系统再沿着调用栈找到 method1，搜寻适当的处理程序。

□ 如果 Method1 有一个适当的 catch 子句，那么系统将：

■ 回到栈顶，那里是 Method2；

■ 执行 Method2 的 finally 块，并把 Method2 弹出栈；

■ 执行 Method1 的 catch 子句和它的 finally 块。

□ 如果 Method1 没有适当的 catch 子句，系统会继续搜索调用栈。

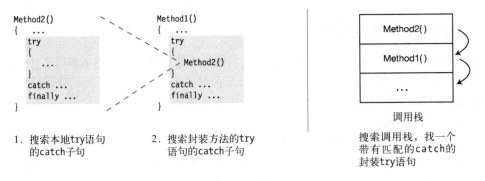

图 23-7   搜索调用栈

23.9.1　一般法则

图 23-8 展示了处理异常的一般法则。

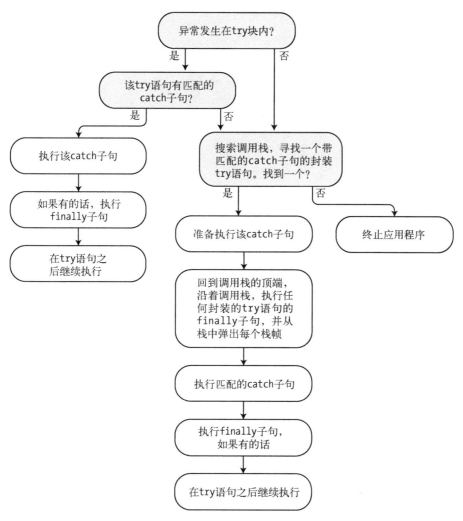

图 23-8　处理异常的一般法则

23.9.2　搜索调用栈的示例

在下面的代码中，Main 开始执行并调用方法 A，A 调用方法 B。代码之后给出了相应的说明，并在图 23-9 中再现了整个过程。

```
class Program
{
   static void Main()
   {
      MyClass MCls = new MyClass();
      try
         { MCls.A(); }
      catch (DivideByZeroException )
         { Console.WriteLine("catch clause in Main()"); }
      finally
         { Console.WriteLine("finally clause in Main()"); }
      Console.WriteLine("After try statement in Main.");
      Console.WriteLine("           -- Keep running.");
   }
}

class MyClass
{
   public void A()
   {
      try
         { B(); }
      catch (NullReferenceException)
         { Console.WriteLine("catch clause in A()"); }
      finally
         { Console.WriteLine("finally clause in A()"); }
   }

   void B()
   {
      int x = 10, y = 0;
      try
         { x /= y; }
      catch (IndexOutOfRangeException)
         { Console.WriteLine("catch clause in B()"); }
      finally
         { Console.WriteLine("finally clause in B()"); }
   }
}
```

这段代码产生以下输出：

```
finally clause in B()
finally clause in A()
catch clause in Main()
```

```
finally clause in Main()
After try statement in Main.
          -- Keep running.
```

(1) Main 调用 A，A 调用 B，B 遇到一个 DivideByZeroExceprion 异常。

(2) 系统检查 B 的 catch 段寻找匹配的 catch 子句。虽然它有一个 IndexOutOfRangeException 的匹配 catch 子句，但没有 DivideByZeroException 的子句。

(3) 系统然后沿着调用栈向下移动并检查 A 的 catch 段，在那里它发现 A 也没有匹配的 catch 子句。

(4) 系统继续延调用栈向下，并检查 Main 的 catch 子句部分，在那里它发现 Main 确实有一个 DivideByZeroException 的 catch 子句。

(5) 尽管匹配的 catch 子句现在找到了，但并不执行。相反，系统回到栈的顶端，执行 B 的 finally 子句，并把 B 从调用栈中弹出。

(6) 系统移动到 A，执行它的 finally 子句，并把 A 从调用栈中弹出。

(7) 最后，Main 的匹配 catch 子句被执行，接着是它的 finally 子句。然后执行在 Main 的 try 语句结尾之后继续。

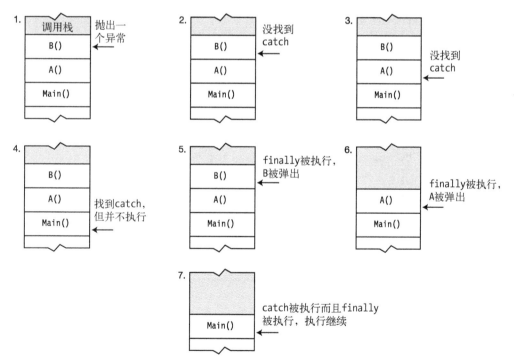

图 23-9　搜索栈以寻找一个异常处理程序

23.10　抛出异常

可以使用 throw 语句使代码显式地抛出异常。throw 语句的语法如下：

throw ExceptionObject;

例如，下面的代码定义了一个名为 PrintArg 的方法，它接受一个 string 参数并把它打印出来。在 try 块内部，它首先做检查以确认该参数不是 null。如果是 null，它创建一个 Argument-NullException 实例并抛出它。该异常实例在 catch 语句中被捕获，并且错误被打印出来。Main 调用该方法两次：一次用 null 参数，一次用一个有效参数。

```csharp
class MyClass
{
    public static void PrintArg(string arg)
    {
        try
        {
            if (arg == null)                            提供 null 参数的名称
            {                                                    ↓
                ArgumentNullException myEx = new ArgumentNullException("arg");
                throw myEx;
            }
            Console.WriteLine(arg);
        }
        catch (ArgumentNullException e)
        {
            Console.WriteLine($"Message: { e.Message }");
        }
    }
}
class Program
{
    static void Main()
    {
        string s = null;
        MyClass.PrintArg(s);
        MyClass.PrintArg("Hi there!");
    }
}
```

这段代码产生以下输出：

```
Message:  Value cannot be null.
Parameter name: arg
Hi there!
```

23.11 不带异常对象的抛出

throw 语句还可以在 catch 块内部不带异常对象使用。

❑ 这种形式重新抛出当前异常，系统继续搜索，为该异常寻找另外的处理程序。

❑ 这种形式只能用在 catch 语句内部。

例如，下面的代码从第一个 catch 子句内部重新抛出异常：

```csharp
class MyClass
{
   public static void PrintArg(string arg)
   {
      try
      {
         try
         {
            if (arg == null)                          提供 null 参数的名称
            {                                                  ↓
               ArgumentNullException myEx = new ArgumentNullException("arg");
               throw myEx;
            }
            Console.WriteLine(arg);
         }
         catch (ArgumentNullException e)
         {
            Console.WriteLine($"Message: { e.Message }");
            throw;
         }              ↑
      }  重新抛出异常，没有附加参数
      catch
      {
         Console.WriteLine("Outer Catch:  Handling an Exception.");
      }
   }
}

class Program {
   static void Main() {
      string s = null;
      MyClass.PrintArg(s);
      MyClass.PrintArg("Hi there!");
   }
}
```

这段代码产生以下输出：

```
Inner Catch:  Value cannot be null.
Parameter name: arg
Outer Catch:  Handling an Exception.
Hi there!
```

23

23.12　throw 表达式

正如你在前面的章节中所看到的，C#包含语句和表达式。代码中有些地方不允许使用语句，只能使用表达式，反之亦然。本章的前几节都是在语句中使用 throw。从 C# 7.0 开始，你可以在只能应用表达式的地方使用 throw 了。

throw 语句和 throw 表达式的语法相同。你无须指定其中一个。当编译器发现它需要 throw 表达式时，就会使用一个；对于 throw 语句，也是如此。

例如，你现在可以把 throw 语句作为空接合运算符的第二个操作数。请记住，空接合运算符是由两个以??分隔的操作数组成的。第一个操作数必须是可空的，并且经过测试以确定它是否为空。如果第一个操作数不为空，则使用其值。但是如果第一个操作数为空，则使用第二个操作数。下面的代码演示了一个现在有效的示例：

```
private int mSecurityCode;
public int SecurityCode
{
    get =>mSecurityCode;
    set =>mSecurityCode = value ??
            throw new ArgumentNullException("Security Code may not be null");
}
```

在 C# 7.0 之前，上面代码会产生编译时错误，因为只有表达式才能作为空接合运算符的第二个操作数。

在 C#中，另一个需要使用表达式的构造是条件运算符。现在，throw 表达式可在条件运算符中用作第二个或第三个操作数，如以下代码所示。

```
class Program
{
    static string SecretCode { get { return "Roses are red"; } }
    static void Main()
    {
        bool safe = false;
        try
        {
            string secretCode = safe
                ? SecretCode
                : throw new Exception("Not safe to get code.");
            Console.WriteLine($"Code is: {secretCode}.");
        }
        catch (Exception e)
        {
            Console.WriteLine($"{ e.Message }");
        }
    }
}
```

上述代码产生如下输出：

```
Not safe to get code.
```

预处理指令

24.1 什么是预处理指令

源代码指定了程序的定义。**预处理指令**（preprocessor directive）指示编译器如何处理源代码。例如，在某些情况下，我们可能希望编译器忽略一部分代码，而在其他情况下，我们可能希望代码被编译。预处理指令给了我们这样的选项。

在 C 和 C++中有实际的预处理阶段，此时预处理程序遍历源代码并且为之后的编译阶段准备文本输出流。在 C#中没有实际的预处理程序。"预处理"指令由编译器来处理，但这个术语保留了下来。

24.2 基本规则

下面是预处理指令最重要的一些语法规则。

❏ 预处理指令必须和 C#代码在不同的行。

❏ 与 C#语句不同，预处理指令不需要以分号结尾。

❏ 包含预处理指令的每一行必须以#字符开始。

■ 在#字符前可以有空格。

- ■ 在#字符和指令之间可以有空格。
- ❑ 允许行尾注释。
- ❑ 在预处理指令所在的行**不允许**有分隔符注释。

下面的代码阐释了这些规则：

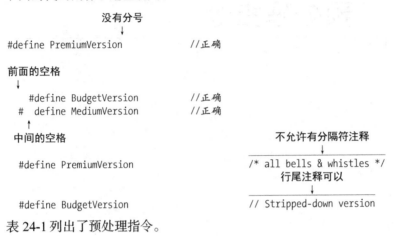

表 24-1 列出了预处理指令。

表 24-1　预处理指令

指　　令	含义概要
#define identifier	定义编译符号
#undef identifier	取消定义编译符号
#if expression	如果表达式是 true，则编译器编译下面的片段
#elif expression	如果表达式是 true，则编译器编译下面的片段
#else	如果之前的#if 或#elif 表达式是 false，则编译器编译下面的片段
#endif	标记一个#if 结构的结束
#region name	标记一段代码的开始，没有编译效果
#endregion name	标记一段代码的结束，没有编译效果
#warning message	显示编译时的警告消息
#error message	显示编译时的错误消息
#line indicator	修改在编译器消息中显示的行数
#pragma warning	提供修改编译器警告消息行为的选项

24.3　#define 和#undef 指令

编译符号是只有两种可能状态的标识符，要么被定义，要么未被定义。编译符号有如下特性。

❑ 它可以是除了 true 或 false 以外的任何标识符，包括 C#关键字，以及在 C#代码中声明的标识符——这两者都是可以的。

❑ 它没有值。与 C 和 C++不同，它不表示字符串。

如表 24-1 所示：

❑ #define 指令声明一个编译符号；

❑ #undef 指令取消定义一个编译符号。

```
#define PremiumVersion
#define EconomyVersion
    ...
#undef PremiumVersion
```

#define 和#undef 指令只能用在源文件的第一行，也就是任何 C#代码之前。在 C#代码开始后，#define 和#undef 指令就不能再使用。

```
using System;                    //C#代码的第 1 行
#define PremiumVersion           //错误

namespace Eagle
{
    #define PremiumVersion       //错误
    ...
```

编译符号的范围被限制为单个源文件。只要编译符号在任何 C#代码之前，重复定义已存在的编译符号也是允许的。

```
#define AValue
#define BValue
#define AValue                   //重复定义
```

定义一个标识符相当于将其值设置为 true。取消定义一个标识符相当于将其值设置为 false。尽管必须在 C#代码之外定义标识符，但可以在 C#代码中使用它，通常是在#if #else 构造中使用。

```
#define debug
static void Main()
{
    #if debug
        //开启详细日志
    #else
        //性能优化
    #endif
        ...
}
```

24

24.4　条件编译

条件编译允许根据某个编译符号是否被定义标注一段代码被编译或跳过。

有4个指令可以用来指定条件编译：

❑ #if

❑ #else

❑ #elif

❑ #endif

条件是一个返回 true 或 false 的简单表达式。

❑ 如表 24-2 所总结的，条件可以由单个编译符号、符号表达式或操作符组成。子条件可以使用圆括号分组。

❑ 文本 true 或 false 也可以在条件表达式中使用。

表 24-2   在#if 和#elif 指令中使用的条件

参数类型	意 义	运 算 结 果
编译符号	使用#define 指令定义（或未被定义）的标识符	True：如果符号已经使用#define 指令定义 False：其他
表达式	使用符号和操作符!、==、!=、&&、‖构建的	True：如果表达式运算结果为 true False：其他

如下是一个条件编译示例：

```
        表达式
          ↓
#if !DemoVersion
   ...
#endif                    表达式
                           ↓
#if (LeftHanded && OemVersion) ||完整版
   ...
#endif

#if true    //下面的代码片段总是会被编译
   ...
#endif
```

24.5   条件编译结构

#if 和#endif 指令在条件编译结构中需要配对使用。只要有#if 指令，就必须有配对的#endif。#if 和#if...#else 结构如图 24-1 所示。

❑ 如果#if 结构中的条件运算结果为 true，随后的代码段就会被编译，否则就会被跳过。

❑ 在#if...#else 结构中，如果条件运算结果为 true，CodeSection1 就会被编译，否则，CodeSection2 会被编译。

图 24-1 #if 和#else 结构

例如，如下的代码演示了简单的#if...#else 结构。如果符号 RightHanded 被定义了，那么#if 和#else 之间的代码会被编译。否则，#else 和#endif 之间的代码会被编译。

```
...
#if RightHanded
    //实现右边函数的代码
    ...
#else
    //实现左边函数的代码
    ...
#endif
```

图 24-2 演示了#if...#elif 以及#if...#elif...#else 的结构。

❏ 在#if...#elif 结构中，
- 如果 Cond1 运算结果为 true，CodeSection1 就会被编译，然后继续编译#endif 之后的代码；
- 否则，如果 Cond2 运算结果为 true，CodeSection2 就会被编译，然后继续编译#endif 之后的代码；
- 这会继续，直到条件运算结果为 true 或所有条件都返回 false。如果是这样，结构中没有任何代码段会被编译，会继续编译#endif 之后的代码。

❏ #if...#elif...#else 结构的工作方式相同，只不过在没有条件是 true 的情况下，会编译#else 之后的代码段，然后继续编译#endif 之后的代码。

图 24-2 #if...#elif（左）和#if...#elif...#else 结构（右）

如下的代码演示了#if...#elif...#else 结构。包含程序版本描述的字符串根据定义的编译符号被设置为不同的值。

```
#define DemoVersionWithoutTimeLimit

using System;

class demo
{
    static void Main()
    {
        const int intExpireLength = 30;
        string strVersionDesc = null;
        int intExpireCount = 0;

#if DemoVersionWithTimeLimit
        intExpireCount = intExpireLength;
        strVersionDesc = "This version of Supergame Plus will expire in 30 days";

#elif DemoVersionWithoutTimeLimit
        strVersionDesc = "Demo Version of Supergame Plus";

#elif OEMVersion
        strVersionDesc = "Supergame Plus, distributed under license";

#else
        strVersionDesc = "The original Supergame Plus!!";

#endif

        Console.WriteLine(strVersionDesc);
    }
}
```

这段代码产生以下输出：

```
Demo Version of Supergame Plus
```

24.6   诊断指令

诊断指令产生用户自定义的编译时警告及错误消息。

下面是诊断指令的语法。Message 是字符串，但是需要注意，与普通的 C# 字符串不同，它们不需要被引号包围。

```
#warning Message
```

```
#error Message
```

当编译器遇到诊断指令时，它会输出相关的消息。诊断指令的消息会和任何编译器产生的警告和错误消息列在一起。

例如，如下代码显示了一个 #error 指令和一个 #warning 指令。

❑ #error 指令在#if 结构中，因此只有符合#if 指令的条件时才会生成它。当条件运算结果为 true 时，构建失败。

❑ #warning 指令用于提醒程序员回头来清理一段代码。

```
#define RightHanded
#define LeftHanded

#if RightHanded && LeftHanded
#error Can't build for both RightHanded and LeftHanded
#endif

#warning Remember to come back and clean up this code!
```

24.7 行号指令

行号指令可以做很多事情，诸如：

❑ 改变由编译器警告和错误消息报告的出现行数；

❑ 改变被编译源文件的文件名；

❑ 对交互式调试器隐藏一些行。

#line 指令的语法如下：

```
#line integer         //将下一行的行号设置为整数值
#line "filename"      //设置文件名
#line default         //重新保存实际的行号和文件名

#line hidden          //对断点调试器隐藏以下代码
#line                 //停止对调试器隐藏代码
```

带一个整数参数的 #line 指令会使编译器将该值视为下一行代码的行号，之后的行号会在这个行号的基础上递增。

❑ 要改变文件名，可以在双引号内使用文件名作为参数。双引号是必需的。

❑ 要返回真实行号和真实文件名，可以使用 default 参数。

❑ 要对交互式调试器的断点调试功能隐藏代码段，可以使用 hidden 作为参数。要停止隐藏，可以使用不带任何参数的指令。到目前为止，这个功能大多用于在 ASP.NET 和 WPF 中隐藏编译器生成的代码。

下面的代码给出了行号指令的示例：

```
#line 226
    x = y + z; //现在编译器认为这是第 226 行
    ...

#line 330 "SourceFile.cs" //改变报告的行号和文件名
    var1 = var2 + var3;
    ...

#line default              //重新保存行号和文件名
```

24

24.8　区域指令

区域指令允许我们标注和有选择性地命名一段代码。区域由一个 region 指令和其下方某处的一个#endregion 指令构成。通过仅显示当前要处理的代码区域，区域功能可以让你更轻松地浏览代码。它还允许你通过位置组织代码，例如所有的属性放在同一位置，所有方法放在另一个位置。#region 指令的特征如下。

- ❑ #region 指令被放置在你想要标注的代码段之上，而#endregion 指令被放置在区域中最后一行代码之后。
- ❑ #region 指令用其后的可选文本字符串作为区域的名称。
- ❑ 区域可以内嵌在其他的区域内。
  - ■ 区域可以内嵌到任何级别。
  - ■ #endregion 指令始终与其上方的第一个**没匹配过的**#region 指令匹配。

尽管区域指令被编译器忽略，但它们可以被源代码工具所使用。例如，Visual Studio 允许我们很简单地隐藏或显示区域。

作为示例，下面的代码中有一个叫作 Constructors 的区域，它封装了 MyClass 类的两个构造函数。在 Visual Studio 中，如果不想看到其中的代码，可以把这个区域折叠成一行，如果又想对它进行操作或增加另外一个构造函数，还可以扩展它。

```
#region Constructors
   MyClass()
   { ... }

   MyClass(string s)
   { ... }
#endregion
```

如图 24-3 所示，区域可以嵌套。

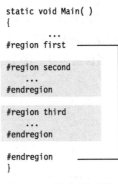

图 24-3　嵌套的区域

24.9 #pragma warning 指令

利用#pragma warning 指令可以关闭及重新开启警告消息。

❑ 要关闭警告消息，可以使用 disable 加上逗号分隔的希望关闭的警告数列表的形式。

❑ 要重新开启警告消息，可以使用 restore 加上逗号分隔的希望关闭的警告数列表的形式。

例如，下面的代码关闭了两个警告消息：618 和 414。在后面的代码中又开启了 618 警告消息，但还是保持 414 消息为关闭状态。

```
                  要关闭的警告消息
                       ↓
#pragma warning disable 618, 414
    ...        列出的警告消息在这段代码中处于关闭状态
#pragma warning restore 618
```

如果我们使用任意一种不带警告数字列表的形式，这个命令会应用于所有警告。例如，下面的代码关闭然后恢复所有警告消息。

```
#pragma warning disable
    ...        所有警告消息在这段代码中处于关闭状态

#pragma warning restore
    ...        所有警告消息在这段代码中处于开启状态
```

反射和特性

25.1 元数据和反射

大多数程序都要处理数据，包括读、写、操作和显示数据。（图形也是数据的一种形式。）然而，对于某些程序来说，它们操作的数据不是数字、文本或图形，而是关于程序和程序类型的信息。

- ❏ 有关程序及其类型的数据被称为**元数据**（metadata），它们保存在程序的程序集中。
- ❏ 程序在运行时，可以查看其他程序集或其本身的元数据。运行中的程序查看本身的元数据或其他程序的元数据的行为叫作**反射**（reflection）。

对象浏览器是显示元数据的程序的一个示例。它可以读取程序集，然后显示其所包含的类型以及类型的所有特征和成员。

本章将介绍程序如何使用 Type 类来反射数据，以及程序员如何使用**特性**来给类型添加元数据。

说明　要使用反射，必须使用 System.Reflection 命名空间。

25.2 Type 类

之前已经介绍了如何声明和使用 C# 中的类型，包括预定义类型（int、long 和 string 等）、BCL 中的类型（Console、IEnumerable 等）以及用户定义类型（MyClass、Mydel 等）。每一种类型都有自己的成员和特征。

BCL 声明了一个叫作 Type 的抽象类，它被设计用来包含类型的特征。使用这个类的对象能获取程序使用的类型的信息。

由于 Type 是抽象类，因此它不能有实例。在运行时，CLR 创建从 Type（RuntimeType）派生的类的实例，Type 包含了类型信息。当访问这些实例时，CLR 不会返回派生类的引用而是返回 Type 基类的引用。但是，为了简单起见，在本章剩余的篇幅中，会把引用所指向的对象称为 Type 类型的对象（虽然从技术角度来说它是一个 BCL 内部的派生类型的对象）。

需要了解的有关 Type 的重要事项如下。

❑ 对于程序中用到的每一个类型，CLR 都会创建一个包含这个类型信息的 Type 类型的对象。

❑ 不管创建的类型有多少个实例，只有一个 Type 对象会关联到所有这些实例。

图 25-1 显示了一个运行的程序，它有两个 MyClass 对象和一个 OtherClass 对象。注意，尽管有两个 MyClass 实例，但只有一个 Type 对象表示它。

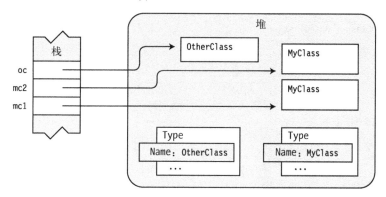

图 25-1 对于程序中使用的每一个类型，CLR 都会实例化 Type 类型的对象

我们可以从 Type 对象中获取有关类型的几乎所有信息。表 25-1 列出了类中更有用的成员。

表 25-1 System.Type 类的部分成员

成 员	成员类型	描 述
Name	属性	返回类型的名字
Namespace	属性	返回包含类型声明的命名空间
Assembly	属性	返回声明类型的程序集。如果类型是泛型的，返回定义这个类型的程序集
GetFields	方法	返回类型的字段列表
GetProperties	方法	返回类型的属性列表
GetMethods	方法	返回类型的方法列表

25.3 获取 Type 对象

本节学习，使用实例对象的 GetType 方法和 typeof 运算符和类名来获取 Type 对象。object 类型包含了一个叫作 GetType 的方法，它返回对实例的 Type 对象的引用。由于每一个类型最终都是从 object 派生的，所以我们可以在任何类型的对象上使用 GetType 方法来获取它的 Type 对象，如下所示：

```
Type t = myInstance.GetType();
```

下面的代码演示了如何声明一个基类以及从它派生的子类。Main 方法创建了每一个类的实例并且把这些引用放在了一个叫作 bca 的数组中以方便使用。在外层的 foreach 循环中，代码得到了 Type 对象并且输出类的名字，然后获取类的字段并输出。图 25-2 演示了内存中的对象。

```csharp
using System;
using System.Reflection;                        //必须使用该命名空间

class BaseClass
{
   public int BaseField = 0;
}

class DerivedClass : BaseClass
{
   public int DerivedField = 0;
}

class Program
{
   static void Main( )
   {
      var bc = new BaseClass();
      var dc = new DerivedClass();

      BaseClass[] bca = new BaseClass[] { bc, dc };

      foreach (var v in bca)
      {
         Type t = v.GetType();                   //获取类型

         Console.WriteLine($"Object type : { t.Name }");

         FieldInfo[] fi = t.GetFields();          //获取字段信息
         foreach (var f in fi)
            Console.WriteLine($"      Field : { f.Name }");
         Console.WriteLine();
      }
   }
}
```

这段代码产生了如下的输出：

```
Object type : BaseClass
       Field : BaseField

Object type : DerivedClass
       Field : DerivedField
       Field : BaseField
```

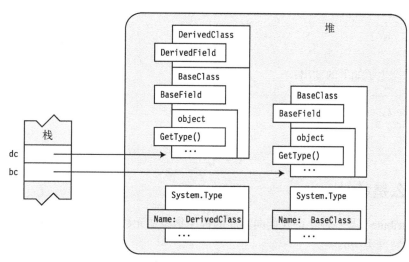

图 25-2　基类和派生类对象以及它们的 Type 对象

　　还可以使用 typeof 运算符来获取 Type 对象。只需要提供类型名作为操作数,它就会返回 Type 对象的引用, 如下所示:

```
Type t = typeof( DerivedClass );
```
　　　　↑　　　　　↑
　　　运算符　　希望的 **Type** 对象的类型

下面的代码给出了一个使用 typeof 运算符的简单示例:

```
using System;
using System.Reflection;                        //必须使用该命名空间

namespace SimpleReflection
{
   class BaseClass
   {
      public int BaseField;
   }

   class DerivedClass : BaseClass
   {
      public int DerivedField;
   }
```

```
class Program
{
    static void Main( )
    {
        Type tbc = typeof(DerivedClass);                        //获取类型
        Console.WriteLine($"Object type : { tbc.Name }");
        FieldInfo[] fi = tbc.GetFields();
        foreach (var f in fi)
            Console.WriteLine($"     Field : { f.Name }");
    }
}
```

这段代码产生了如下的输出：

```
Object type : DerivedClass
      Field : DerivedField
      Field : BaseField
```

25.4   什么是特性

特性（attribute）是一种允许我们向程序的程序集添加元数据的语言结构。它是用于保存程序结构信息的特殊类型的类。

- ❏ 将应用了特性的程序结构（program construct）叫作**目标**（target）。
- ❏ 设计用来获取和使用元数据的程序（比如对象浏览器）叫作特性的**消费者**（consumer）。
- ❏ .NET 预定了很多特性，我们也可以声明自定义特性。

图 25-3 概览了特性使用中涉及的组件，并且演示了如下有关特性的要点。

- ❏ 我们在源代码中将特性应用于程序结构。
- ❏ 编译器获取源代码并且从特性产生元数据，然后把元数据放到程序集中。
- ❏ 消费者程序可以获取特性的元数据以及程序中其他组件的元数据。注意，编译器同时生产和消费特性。

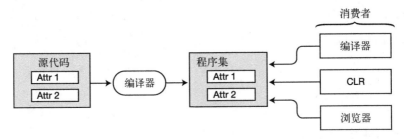

图 25-3   创建和使用特性的相关组件

根据惯例，特性名使用 Pascal 命名法并且以 Attribute 后缀结尾。当为目标应用特性时，可以不使用后缀。例如，对于 SerializableAttribute 和 MyAttributeAttribute 这两个特性，在把它们应用到结构时可以使用 Serializable 和 MyAttribute 短名称。

25.5　应用特性

我们先不讲解如何创建特性，而是看看如何使用已定义的特性。这样，你会对它们的使用情况有个大致了解。

特性的目的是告诉编译器把程序结构的某组元数据嵌入程序集。可以通过把特性应用到结构来实现。

❑ 通过在结构前放置**特性片段**来应用特性。

❑ **特性片段**由方括号包围特性名和（有时候）参数列表构成。

例如，下面的代码演示了两个类的开始部分。最初的几行代码演示了把一个叫作 Serializable 的特性应用到 MyClass。注意，Serializable 没有参数列表。第二个类的声明有一个叫作 MyAttribute 的特性，它有一个带有两个 string 参数的参数列表。

```
[ Serializable ]                                //特性
public class MyClass
{ ...

[ MyAttribute("Simple class", "Version 3.57") ]  //带有参数的特性
public class MyOtherClass
{ ...
```

有关特性需要了解的重要事项如下：

❑ 大多数特性只应用于直接跟随在一个或多个特性片段后的结构；

❑ 应用了特性的结构称为被特性**装饰**（decorated 或 adorned，两者都应用得很普遍）。

25.6　预定义的保留特性

在学习如何定义自己的特性之前，本节会先介绍几个.NET 预定义特性。

25.6.1　Obsolete 特性

一个程序可能在其生命周期中经历多次发布，而且很可能延续多年。在程序生命周期的后半部分，程序员经常需要编写新方法来替换老方法实现类似的功能。出于多种原因，你可能不想再使用那些调用过时的旧方法的老代码，而只想用新编写的代码调用新方法。

如果出现这种情况，你肯定希望稍后操作代码的团队成员或程序员也只使用新代码。要警告他们不要使用旧方法，可以使用 Obsolete 特性将程序结构标注为“过时”，并且在代码编译时显示有用的警告消息。以下代码给出了一个使用示例：

```
class Program        应用特性
{                      ↓
   [Obsolete("Use method SuperPrintOut")]   //将特性应用到方法
   static void PrintOut(string str) {
       Console.WriteLine(str);
   }
   static void Main(string[] args) {
       PrintOut("Start of Main");            //调用 obsolete 方法
   }
}
```

注意，即使 PrintOut 被标注为过时，Main 方法还是调用了它。代码编译并运行得很好，并且产生了如下的输出：

```
Start of Main
```

不过，在编译的过程中，编译器在 Visual Studio 输出窗口中产生了下面的 CS0618 警告消息来通知我们正在使用一个过时的结构：

```
'AttrObs.Program.PrintOut(string)' is obsolete: 'Use method SuperPrintOut'
```

Obsolete 特性的另外一个重载接受了 bool 类型的第二个参数。这个参数指定目标是否应该被标记为错误而不仅仅是警告。以下代码指定了它应被标记为错误：

```
                        标记为错误
                          ↓
[ Obsolete("Use method SuperPrintOut", true) ]   //将特性应用到方法中
static void PrintOut(string str)
{ ...
```

25.6.2　Conditional 特性

Conditional 特性允许我们包括或排斥特定方法的所有**调用**。要使用 Conditional 特性，将其应用于方法声明并把编译符作为参数。

❑ 如果定义了编译符号，那么编译器会包含所有调用这个方法的代码，这和普通方法没有什么区别。
❑ 如果没有定义编译符号，那么编译器会**忽略**代码中这个方法的所有调用。
❑ 定义方法的 CIL 代码本身总是会包含在程序集中。只是调用代码会被插入或忽略。
❑ 除了在方法上使用 Conditional 特性之外，还可以在类上使用它，只要该类派生自 Attribute 类。我们不会介绍 Conditional 特性的这种用法。

在方法上使用 Conditional 特性的规则如下。

❑ 该方法必须是类或结构体的方法。
❑ 该方法必须为 void 类型。

- ❑ 该方法不能被声明为 override，但可以标记为 virtual。
- ❑ 该方法不能是接口方法的实现。

例如，在如下的代码中，Conditional 特性被应用到一个叫作 TraceMessage 的方法的声明上。特性只有一个参数，在这里是字符串 DoTrace。

- ❑ 当编译器编译这段代码时，它会检查是否定义了一个名为 DoTrace 的编译符号。
- ❑ 如果定义了 DoTrace，编译器就会像往常一样在代码中包含所有对 TraceMessage 方法的调用。
- ❑ 如果没有定义 DoTrace 编译符号，编译器就不会输出任何对 TraceMessage 的任何调用代码。

```
                    编译符号
                  ─────────
                      ↓
[Conditional( "DoTrace" )]
static void TraceMessage(string str)
{
   Console.WriteLine(str);
}
```

Conditional 特性的示例

以下代码演示了一个使用 Conditional 特性的完整示例。

- ❑ Main 方法包含了两个对 TraceMessage 方法的调用。
- ❑ TraceMessage 方法的声明被用 Conditional 特性装饰，它以 DoTrace 编译符号作为参数。因此，如果定义了 DoTrace，那么编译器就会包含对 TraceMessage 所有调用的代码。
- ❑ 由于代码的第一行定义了叫作 DoTrace 的编译符，编译器会包含两个 TraceMessage 的调用代码。

```
#define DoTrace
using System;
using System.Diagnostics;

namespace AttributesConditional
{
   class Program
   {
      [Conditional( "DoTrace" )]
      static void TraceMessage(string str)
      { Console.WriteLine(str); }

      static void Main( )
      {
         TraceMessage("Start of Main");
         Console.WriteLine("Doing work in Main.");
         TraceMessage("End of Main");
      }
   }
}
```

25

这段代码产生了如下的输出：

```
Start of Main
Doing work in Main.
End of Main
```

如果注释掉第一行来取消 DoTrace 的定义，编译器就不再会插入两次对 TraceMessage 的调用代码。这次，如果我们运行程序，就会产生如下输出：

```
Doing work in Main.
```

25.6.3   调用者信息特性

利用调用者信息特性可以访问文件路径、代码行数、调用成员的名称等源代码信息。

❏ 这 3 个特性名称为 CallerFilePath、CallerLineNumber 和 CallerMemberName。

❏ 这些特性只能用于方法中的可选参数。

下面的代码声明了一个名为 MyTrace 的方法，它在 3 个可选参数上使用了这三个调用者信息特性。如果调用方法时显式指定了这些参数，则会使用真正的参数值。但在下面所示的 Main 方法中调用时，没有显式提供这些值，因此系统将会提供源代码的文件路径、调用该方法的代码行数和调用该方法的成员名称。

```csharp
using System;
using System.Runtime.CompilerServices;

public static class Program
{
    public static void MyTrace( string message,
                            [CallerFilePath]   string fileName = "",
                            [CallerLineNumber] int lineNumber = 0,
                            [CallerMemberName] string callingMember = "" )
    {
        Console.WriteLine($"File:        { fileName }");
        Console.WriteLine($"Line:        { lineNumber }");
        Console.WriteLine($"Called From: { callingMember }");
        Console.WriteLine($"Message:     { message }");
    }

    public static void Main()
    {
        MyTrace( "Simple message" );
    }
}
```

这段代码产生如下输出结果：

```
File:          c:\TestCallerInfo\TestCallerInfo\Program.cs
Line:          19
Called From: Main
Message:       Simple message
```

25.6.4 DebuggerStepThrough 特性

我们在单步调试代码时，常常希望调试器不要进入某些方法。我们只想执行该方法，然后继续调试下一行。DebuggerStepThrough 特性告诉调试器在执行目标代码时不要进入该方法调试。

在我自己的代码中，这是最有用的特性。有些方法很小并且毫无疑问是正确的，在调试时对其反复单步调试只能徒增烦恼。但使用该特性时要十分小心，因为你并不想排除那些可能含有 bug 的代码。

关于 DebuggerStepThrough 要注意以下两点：

❑ 该特性位于 System.Diagnostics 命名空间；

❑ 该特性可用于类、结构、构造函数、方法或访问器。

下面这段编造的代码在一个访问器和一个方法上使用了该特性。你会发现，调试器调试这段代码时不会进入 IncrementFields 方法或 X 属性的 set 访问器。

```
using System;
using System.Diagnostics;              //DebuggerStepThrough 特性所需的
class Program
{
    int x = 1;
    int X
    {
        get { return x; }
        [DebuggerStepThrough]          //不进入 set 访问器
        set
        {
            x = x * 2;
            x += value;
        }
    }

    public int Y { get; set; }

    public static void Main()
    {
        Program p = new Program();
        p.IncrementFields();
        p.X = 5;
        Console.WriteLine( $"X = { p.X }, Y = { p.Y }" );
    }

    [DebuggerStepThrough]              //不进入这个方法
    void IncrementFields()
```

25

```
    {
        X++; Y++;
    }
}
```

25.6.5 其他预定义特性

.NET 框架预定义了很多编译器和 CLR 能理解和解释的特性，表 25-2 列出了一些。表中使用了不带 Attribute 后缀的短名称。例如，CLSCompliant 的全名是 CLSCompliantAttribute。

表 25-2   .NET 中定义的重要特性

特性	意义
CLSCompliant	声明公开暴露的成员应该被编译器检测其是否符合 CLS。兼容的程序集可以被任何兼容.NET 的语言使用
Serializable	声明结构可以被序列化
NonSerialized	声明结构不能被序列化
DLLImport	声明是非托管代码实现的
WebMethod	声明方法应该被作为 XML Web 服务的一部分暴露
AttributeUsage	声明特性能应用于什么类型的程序结构。将这个特性应用到特性声明上

25.7   关于应用特性的更多内容

至此，我们演示了特性的简单使用，都是为方法应用单个特性。本节将讲述特性的其他使用方式。

25.7.1 多个特性

可以为单个结构应用多个特性。

❑ 多个特性可以使用下面任何一种格式列出。

　　■ 独立的特性片段一个接一个。通常，它们彼此叠加，位于不同的行中。

　　■ 单个特性片段，特性之间使用逗号分隔。

❑ 可以以任何次序列出特性。

例如，下面的两个代码片段显示了应用多个特性的两种方式。两个片段的代码是等价的。

```
[ Serializable ]                                        //多层结构
[ MyAttribute("Simple class", "Version 3.57") ]

[ MyAttribute("Simple class", "Version 3.57"), Serializable ]    //逗号分隔
            ↑                                    ↑
          特性                                   特性
```

25.7.2 其他类型的目标

除了类，还可以将特性应用到诸如字段和属性等其他程序结构。以下的声明显示了字段上的特性以及方法上的多个特性：

```
[MyAttribute("Holds a value", "Version 3.2")]        //字段上的特性
public int MyField;

[Obsolete]                                            //方法上的特性
[MyAttribute("Prints out a message.", "Version 3.6")]
public void PrintOut()
{
   ...
```

还可以显式地标注特性，从而将它应用到特殊的目标结构。要使用显式目标说明符，在特性片段的开始处放置目标类型，后面跟冒号。例如，如下的代码用特性装饰**方法**，并且还把特性应用到**返回值**上。

```
显式目标说明符
      ↓
[method: MyAttribute("Prints out a message.", "Version 3.6")]
[return: MyAttribute("This value represents ...", "Version 2.3")]
public long ReturnSetting()
{
   ...
```

如表 25-3 所列，C#语言定义了 10 个标准的特性目标。大多数目标名是自解释的，而 type 覆盖了类、结构、委托、枚举和接口。typevar 目标名称为使用泛型的结构指定类型参数。

表 25-3 特性目标

event	field
method	param
property	return
type	typevar
assembly	module

25.7.3 全局特性

还可以通过使用 assembly 和 module 目标名称来使用显式目标说明符把特性设置在程序集或模块级别。（程序集和模块在第 22 章中解释过。）有关程序集级别的特性的要点如下：

❑ 程序集级别的特性必须放置在**任何命名空间之外**，并且通常放置在 AssemblyInfo.cs 文件中；

❑ AssemblyInfo.cs 文件通常包含有关公司、产品以及版权信息的元数据。

如下的代码行摘自 AssemblyInfo.cs 文件：

```
[assembly: AssemblyTitle("SuperWidget")]
[assembly: AssemblyDescription("Implements the SuperWidget product.")]
[assembly: AssemblyConfiguration("")]
[assembly: AssemblyCompany("McArthur Widgets, Inc.")]
```

25

```
[assembly: AssemblyProduct("Super Widget Deluxe")]
[assembly: AssemblyCopyright("Copyright © McArthur Widgets 2012")]
[assembly: AssemblyTrademark("")]
[assembly: AssemblyCulture("")]
```

25.8   自定义特性

你或许已经注意到了，应用特性的语法和之前见过的其他语法有很大不同。你可能会觉得特性是一种完全不同的结构类型，其实不是，特性只是一种特殊的类。

有关特性类的一些要点如下。

❑ 用户自定义的特性类叫作**自定义特性**。

❑ 所有特性类都派生自 System.Attribute。

25.8.1   声明自定义特性

总体来说，声明一个特性类和声明其他类一样。然而，有一些事项值得注意，如下所示。

❑ 要声明一个自定义特性，需要做如下工作。

■ 声明一个派生自 System.Attribute 的类。

■ 给它起一个以后缀 Attribute 结尾的名字。

❑ 安全起见，通常建议你声明一个 sealed 的特性类。

例如，下面的代码显示了 MyAttributeAttribute 特性的声明的开始部分：

```
public sealed class MyAttributeAttribute : System.Attribute
{
    ...
```

由于特性持有目标的信息，所有特性类的公有成员只能是：

❑ 字段

❑ 属性

❑ 构造函数

25.8.2   使用特性的构造函数

特性和其他类一样，有构造函数。每一个特性必须至少有一个公共构造函数。

❑ 和其他类一样，如果你不声明构造函数，编译器会为你产生一个隐式、公共且无参的构造函数。

❑ 特性的构造函数和其他构造函数一样，可以被重载。

❑ 声明构造函数时必须使用类全名，包括后缀。只可以在**应用**特性时使用短名称。

例如，如果有如下的构造函数（名字没有包含后缀），编译器会产生一个错误消息：

后缀

```
public MyAttributeAttribute(string desc, string ver)
{
    Description  = desc;
    VersionNumber = ver;
}
```

25.8.3 指定构造函数

当我们为目标应用特性时，其实是在指定应该使用哪个构造函数来创建特性的实例。列在特性应用中的参数其实就是构造函数的实参。

例如，在下面的代码中，MyAttribute 被应用到一个字段和一个方法上。对于字段，声明指定了使用带单个字符串参数的构造函数。对于方法，声明指定了使用带两个字符串参数的构造函数。

```
[MyAttribute("Holds a value")]          //使用一个字符串的构造函数
public int MyField;

[MyAttribute("Version 1.3", "Galen Daniel")]   //使用两个字符串的构造函数
public void MyMethod()
{ ...
```

特性构造函数的其他要点如下。

❑ 在应用特性时，构造函数的实参必须是在编译时能确定值的常量表达式。

❑ 如果应用的特性构造函数没有参数，可以省略圆括号。例如，如下代码中的两个类都使用 MyAttr 特性的无参构造函数。两种形式的意义是相同的。

```
[MyAttr]
class SomeClass ...

[MyAttr()]
class OtherClass ...
```

25.8.4 使用构造函数

和其他类一样，我们不能显式调用构造函数。特性的实例被创建后，**只有特性的消费者访问特性时**才能调用构造函数。这一点与其他类的实例不同，这些实例都创建在使用对象创建表达式的位置。应用一个特性是一条声明语句，它不会决定什么时候构造特性类的对象。

图 25-4 比较了普通类构造函数的使用和特性的构造函数的使用。

❑ 命令语句的实际意义是："在这里创建新的类。"

❑ 声明语句的意义是："这个特性和这个目标相关联，如果需要构造特性，则使用这个构造函数。"

```
MyClass mc = new MyClass("Hello", 15);          [MyAttribute("Holds a value")]

          命令语句                                    声明语句
```

图 25-4 比较构造函数的使用

25

25.8.5　构造函数中的位置参数和命名参数

与普通类的方法和构造函数相似，特性的构造函数同样可以使用位置参数和命名参数。

如下代码显示了使用一个位置参数和两个命名参数来应用一个特性：

下面的代码演示了特性类的声明以及为 MyClass 类应用特性。注意，构造函数的**声明**只列出了一个形参，但我们可通过命名参数给构造函数 3 个实参。两个命名参数设置了字段 Ver 和 Reviewer 的值。

```
public sealed class MyAttributeAttribute : System.Attribute
{
    public string Description;
    public string Ver;
    public string Reviewer;

    public MyAttributeAttribute(string desc)   //一个形参
    {
        Description = desc;
    }
}
                                    三个实参
                                      ↓
[MyAttribute("An excellent class", Reviewer="Amy McArthur", Ver="7.15.33")]
class MyClass
{
    ...
}
```

说明　和方法一样，构造函数需要的任何位置参数都必须放在命名参数之前。

25.8.6　限制特性的使用

我们已经看到了可以为类应用特性。但特性本身就是类，有一个很重要的预定义特性可以应用到自定义特性上，那就是 AttributeUsage 特性。我们可以使用它来限制将特性用在某个目标类型上。

例如，如果希望自定义特性 MyAttribute 只能应用到方法上，那么可以以如下形式使用 AttributeUsage：

```
                只针对方法
                   ↓
[ AttributeUsage( AttributeTarget.Method ) ]
public sealed class MyAttributeAttribute : System.Attribute
{ ...
```

AttributeUsage 有 3 个重要的公有属性，如表 25-4 所示。表中显示了属性名和属性的含义。对于后两个属性，还显示了它们的默认值。

表 25-4　AttributeUsage 的公有属性

名　字	意　义	默 认 值
ValidOn	保存能应用特性的目标类型的列表。构造函数的第一个参数必须是 AttributeTargets 类型的枚举值	
Inherited	一个布尔值，它指示特性是否可被装饰类型的派生类所继承	true
AllowMutiple	一个布尔值，指示目标上是否可应用特性的多个实例的	false

AttributeUsage 的构造函数

AttributeUsage 的构造函数接受单个位置参数，该参数指定了可使用特性的目标类型。它用这个参数来设置 ValidOn 属性，可接受的目标类型是 AttributeTargets 枚举的成员。AttributeTargets 枚举的完整成员列表如表 25-5 所示。

可以通过使用按位或运算符来组合使用类型。例如，在下面的代码中，被装饰的特性只能应用到方法和构造函数上。

目标
↓

```
[ AttributeUsage( AttributeTarget.Method | AttributeTarget.Constructor ) ]
public sealed class MyAttributeAttribute : System.Attribute
{ ...
```

表 25-5　AttributeTargets 枚举的成员

All	Assembly	Class	Constructor
Delegate	Enum	Event	Field
GenericParameter	Interface	Method	Module
Parameter	Property	ReturnValue	Struct

当为特性声明应用 AttributeUsage 时，构造函数至少需要一个必需的参数，参数包含的目标类型会保存在 ValidOn 中。还可以通过使用命名参数有选择地设置 Inherited 和 AllowMultiple 属性。如果不设置，它们会保持如表 25-4 所示的默认值。

作为示例，下面一段代码指定了 MyAttribute 的如下方面。

❑ MyAttribute 能且只能应用到类上。

❑ MyAttribute 不会被应用它的类的派生类所继承。

❑ 不能在同一个目标上应用 MyAttribute 的多个实例。

```
[ AttributeUsage( AttributeTarget.Class,          //必需的位置参数
                  Inherited = false,               //可选的命名参数
                  AllowMultiple = false ) ]        //可选的命名参数
public sealed class MyAttributeAttribute : System.Attribute
{ ...
```

25

25.8.7   自定义特性的最佳实践

强烈推荐编写自定义特性时参考如下实践。

❏ 特性类应该表示目标结构的某种状态。

❏ 如果特性需要某些字段，可以通过包含具有位置参数的构造函数来收集数据，可选字段
可以采用命名参数按需初始化。

❏ 除了属性之外，不要实现公有方法或其他函数成员。

❏ 为了更安全，把特性类声明为 sealed。

❏ 在特性声明中使用 AttributeUsage 来显式指定特性目标组。

如下代码演示了这些准则：

```
[AttributeUsage( AttributeTargets.Class )]
public sealed class  ReviewCommentAttribute : System.Attribute
{
    public string Description  { get; set; }
    public string VersionNumber { get; set; }
    public string ReviewerID   { get; set; }

    public ReviewCommentAttribute(string desc, string ver)
    {
        Description  = desc;
        VersionNumber = ver;
    }
}
```

25.9   访问特性

在本章开头，我们已经看到了可以使用 Type 对象来获取类型信息。我们可以以相同的方式访
问自定义特性。Type 的两个方法（IsDefined 和 GetCustomAttributes）在这里非常有用。

25.9.1   使用 IsDefined 方法

可以使用 Type 对象的 IsDefined 方法来检测某个特性是否应用到了某个类上。

例如，以下的代码声明了一个特性类 MyClass，并且作为自己的特性消费者在程序中访问被
声明和应用的特性。代码的开始处是 MyAttribute 特性和应用特性的 MyClass 类的声明。这段代
码做了下面的事情。

❏ 首先，Main 创建了类的一个对象。然后通过使用从 object 基类继承的 GetType 方法获取
了 Type 对象的一个引用。

❏ 有了 Type 对象的引用，就可以调用 IsDefined 方法来判断 ReviewComment 特性是否应用到
了这个类上。

■ 第一个参数接受需要检查的**特性**的 Type 对象。

■ 第二个参数是 bool 类型的，它指示是否搜索 MyClass 的继承树来查找这个特性。

```
[AttributeUsage(AttributeTargets.Class)]
public sealed class ReviewCommentAttribute : System.Attribute
{... }

[ReviewComment("Check it out", "2.4")]
class MyClass {  }

class Program
{
   static void Main()
   {
      MyClass mc = new MyClass(); //创建类实例
      Type t = mc.GetType();      //从实例中获取类型对象
      bool isDefined =            //创建特性的类型
         t.IsDefined(typeof(ReviewCommentAttribute), false);

      if( isDefined )
         Console.WriteLine($"ReviewComment is applied to type { t.Name }");
   }
}
```

这段代码产生了如下的输出：

```
ReviewComment is applied to type MyClass
```

25.9.2 使用 GetCustomAttributes 方法

Type 类的 GetCustomAttributes 方法返回应用到结构上的特性的数组。

❏ 实际返回的对象是 object 数组，因此我们必须将它强制转换为相应的特性类型。

❏ 布尔参数指定是否搜索继承树来查找特性。

```
object[] AttArr = t.GetCustomAttributes(false);
```

❏ 调用 GetCustomAttributes 方法后，每一个与目标相关联的特性的实例就会被创建。

下面的代码使用了前面的示例中相同的特性和类声明。但是，本例中，它不检测特性是否应用到了类上，而是获取应用到类上的特性的数组，然后遍历它们，输出它们的成员的值。

```
using System;

[AttributeUsage( AttributeTargets.Class )]
public sealed class MyAttributeAttribute : System.Attribute
{
   public string Description   { get; set; }
   public string VersionNumber { get; set; }
   public string ReviewerID    { get; set; }

   public MyAttributeAttribute( string desc, string ver )
   {
      Description  = desc;
```

25

```
        VersionNumber = ver;
    }
}

[MyAttribute( "Check it out", "2.4" )]
class MyClass
{
}

class Program
{
    static void Main()
    {
        Type t = typeof( MyClass );
        object[] AttArr = t.GetCustomAttributes( false );

        foreach ( Attribute a in AttArr )
        {
            MyAttributeAttribute attr = a as MyAttributeAttribute;
            if ( null != attr )
            {
                Console.WriteLine($"Description    : { attr.Description }");
                Console.WriteLine($"Version Number : { attr.VersionNumber }");
                Console.WriteLine($"Reviewer ID    : { attr.ReviewerID }");
            }
        }
    }
}
```

这段代码产生了如下的输出：

```
Description    : Check it out
Version Number : 2.4
Reviewer ID    :
```

第 26 章

C# 6.0 和 C# 7.0 新增的内容

本章内容

- 新增内容概述
- 字符串插值（C# 6.0）
- 自动属性初始化语句
- 只读自动属性（C# 6.0）
- 表达式函数体成员（C# 6.0 和 C# 7.0）
- using static（C# 6.0）
- 空条件运算符（C# 6.0）
- 在 catch 和 finally 块中使用 await（C# 6.0）
- nameof 运算符（C# 6.0）
- 异常过滤器（C# 6.0）
- 索引初始化语句（C# 6.0）
- 集合初始化语句的扩展方法（C# 6.0）
- 改进的重载决策（C# 6.0）
- 值元组（C# 7.0）
- is 模式匹配（C# 7.0）
- switch 模式匹配（C# 7.0）
- 自定义析构函数（C# 7.0）
- 二进制字面量和数字分隔符（C# 7.0）
- out 变量（C# 7.0）
- 局部函数（C# 7.0）
- ref 局部变量（ref 变量）和 ref 返回（C# 7.0）
- 表达式函数成员的扩展（C# 7.0）
- throw 表达式（C# 7.0）
- 扩展的 async 返回类型（C# 7.0）

26.1   新增内容概述

本章总结了自本书上一版出版以来 C#语言的变化，包含了自 C# 5.0 以来的所有版本。然而，大多数变化是对现有功能的增强或是用稍微不同的语法来表达已有概念。因此，了解这些变化需要了解当前语法的现有功能。

对于本章所列举的语言变化带来的影响，本书主体部分已经进行了更新。在某些情况下，例如对于 nameof 运算符，主体部分的讨论比本章更广泛。然而也可能相反，原因有二：由主体部分内容的性质决定；某些概念适用于多个地方。例如，如果一个新的条目代表了 C#语言的新特性，那么在主体部分就会有一个新的章节，而本章仅包含一个简短的摘要。对于每个特性，我们都声明了关于它的主要讨论是在本章中还是在本书的其他地方。

26.2   字符串插值（C# 6.0）

字符串插值的主要讨论在第 3 章。另外，字符串插值虽然没有应用到所有例子中，但是贯穿了本书。目前，大量的 C#代码库使用了旧方式的字符串格式化。因为这个原因，我们在本书中使用了两种方式。

第 3 章描述了如何使用替代标记把变量值合并到格式字符串中，替代标记由一系列包含一个数字的大括号组成。数字对应于语句后半部分由逗号分隔的一系列值的位置，如下 Console.WriteLine 语句所示：

```
string myPet = "Spot";
int age      = 4;
string color = "black and white";
Console.WriteLine("My dog's name is {0}. He is {1} years old. His color is {2}.",
        myPet, age, color);
```

这种语法不仅烦琐，而且当数字无序或者使用了多次的时候，非常令人迷惑。此外可以看到，阅读 WriteLine 语句时，你的视线需要在字符串和替换变量列表之间来回移动。

C# 6.0 使用**字符串插值**简化了这个结构。它允许每对括号直接包含替换变量，如下面的语句所示：

```
Console.WriteLine(
    $"My dog's name is {myPet}. He is {age} years old. His color is {color}.");
```

为了告诉编译器此字符串必须被解释成字符串插值，必须在第一个引号前放一个$字符。字符串插值保留了数字和日期的特殊格式模板，和 String.Format 中的语法一样。

```
double swanLakePrice = 100.0;
Console.WriteLine($"The cost of a ticket to the ballet is {swanLakePrice :C}");
```

代码的输出如下：

```
The cost of a ticket to the ballet is $100.00.
```

字符串插值不仅可以用在 Console.WriteLine 中，也可以用在 String.Format 中，如下面的代码所示。

```
string name       = "Aiden";
string technology = "Cold Fusion";
string s;

s = String.Format("{0} is working on {1}.", name, technology);
Console.WriteLine(s);

s = String.Format($"{ name } is working on { technology }.");
Console.WriteLine(s);
```

代码的输出如下：

```
Aiden is working on Cold Fusion.
Aiden is working on Cold Fusion.
```

26.3 自动属性初始化语句

本书只在这里讨论自动属性初始化语句。正如第 6 章所描述的，自动属性是属性声明的一种简写形式，由编译器生成和管理一个不可见的、关联到这个属性的后台字段。之前，自动属性只能在构造函数或者方法中初始化。现在，它们也可以像普通的属性一样在声明的时候初始化了。一些开发者倾向于把所有的初始化都放在构造函数中，而有的开发者则喜欢放在属性声明中。现在自动属性也可以有两种选择了。

```
public double Length { get; set; } = 42.5;
```

你可以对以 internal、protected、internal protected 或者 private 修饰的 setter 使用这种方法。

```
private double Length { get; private set; } = 42.5;
```

就像下一节描述的，这种方法也适应于只读自动属性。

```
public double Length { get; } = 42.5;
```

任何可以被解析为字面量的表达式都可以用来初始化。

```
const  double myConstant       = 42;
public double Length { get; set; } = myConstant + .5;
```

但是，初始化语句不能引用非静态的属性、字段或者方法。

```
private double myField        = 42.5;
public double Length { get; set; } = myField;          //编译错误
   ...
private double myProperty { get; set; } = 42.5;
public  double Length    { get; set; } = myProperty;    //编译错误
   ...
```

26

集合是自动属性初始化的最佳例子。如果不初始化集合就往其中添加元素，将会得到一个空引用异常。例如在下面这行代码中，列表被初始化后就可以使用了：

```
public List<double> Areas { get; set; } = new List<double>();    //可以使用了
```

结构体中的静态属性也可以使用自动属性初始化语句。

```
struct MyStruct
{
    static double Length  { get; set; } = 42.5;
    double        Length2 { get; set; } = 42.5;    //编译错误 - 非静态
}
```

26.4 只读自动属性（C# 6.0）

只读自动属性主要在第 7 章进行讨论。

之前，如果你想声明一个只读属性，最接近的方法就是使用私有 setter。虽然这阻止了类的使用者改变属性值，但是仍然可以在类内部的其他地方改变它。

```
public string CompanyName { get; private set; }
```

现在，可以去掉整个 setter 了。在这种情况下，属性必须在声明时（如上一节所述）或者在构造函数中初始化。

```
public string CompanyName { get; }
```

在类和结构体中都可以使用只读自动属性。这对于结构体来说是非常受欢迎的，因为结构体的最佳实践是不可变性。

26.5 表达式函数体成员（C# 6.0 和 C# 7.0）

表达式函数体成员主要在本节进行讨论。这个功能是在 C# 6.0 中引入的，在 C# 7.0 加入了额外的成员类型。

之前，所有方法和 get 属性的主体部分都是由包含在大括号内的代码组成的，并且必须有大括号。但是现在，在某些情况下我们有了另外的选择。如果函数体是由单个表达式构成的，我们可以使用称为**表达式函数体**的短格式语法。表达式函数体成员有如下重要特征。

- ❑ 代码必须是由一个表达式组成的，以分号结束。
  - ■ 对于有返回值的成员类型，表达式的值就是返回值。对于没有返回值的成员，不返回任何东西。
- ❑ 不能有开始和结束大括号。
- ❑ 在参数列表和构成函数体的表达式之间使用 Lambda 运算符（=>）。
- ❑ 在 C# 6.0 中，这个功能可以用在方法和属性的 get 访问器中。C# 7.0 将这个功能扩展到了构造函数、终结函数（finalizer）、属性 set 访问器和索引器。

例如，下面的方法声明使用了之前的方法体语法，而没有使用表达式函数体语法。它是由包含在大括号内的一个语句组成的。

```
public string GetWineGrowingRegion(string countryName, string regionName)
{
    return countryName + ":" + regionName;
}
```

使用表达式函数体格式，这个代码可以重写成如下更简洁的样子——使用 Lambda 运算符，没有大括号。注意，语句已经被表达式代替了。

```
public string GetWineGrowingRegion(string countryName, string regionName)
                                     =>countryName + ":" + regionName;
```

下面演示一个只读属性的例子：

```
public string MyFavoriteWineGrowingRegion => "Sonoma County";
```

你不能对自动实现了读写操作的属性成员使用表达式函数体。在这种情况下，不能同时使用访问器列表和表达式函数体。

```
public int AreaCode          { get; set; } = 408;
public int CentralOfficeCode { get; set; } = 428;
public int LineNumber        { get; set; } = 4208;
                   访问器列表
                      ↓
public string PhoneNumber { get; }
              => $"({AreaCode}) {CentralOfficeCode}-{LineNumber}";  //编译错误
              没有访问器列表
                   ↓
public string PhoneNumber
              => $ "({AreaCode}) {CentralOfficeCode}-{LineNumber}"; //OK
```

26.6　using static（C# 6.0）

using static 的主要讨论在第 7 章。第 22 章也进行了讨论。

在 C# 6.0 以前，如果你想使用类或者结构体的静态成员，必须包含类或者结构体的名称。例如，在整本书中我们一直使用的 WriteLine 函数就是 Console 类的一个静态成员。我们一直像下面这样使用它：

```
using System;             //System 是命名空间
   ...
Console.WriteLine("Hello");     //Console 是类名
Console.WriteLine("Goodbye");
```

但是，如果在源代码中使用了很多次，这种调用就会显得十分烦琐。C# 6.0 通过引入 using static 功能减少了这种不便。为了使用这个功能，你可以在源文件的头部包含 using static 语句，using static 关键字后边是包含了静态成员的类或者结构体的全名。现在你就可以自由地使用这个类型里的任何静态成员了，而不必每次都在前面加上类型名称，如下面的代码所示。

```
using static System.Console;     //System 是命名空间，Console 是类名
   ...
```

```
WriteLine("Hello");        //类名就不需要了
WriteLine("Goodbye");      //类名就不需要了
```

你可以在类、结构体和枚举上使用 using static 功能。

在枚举类型上使用 using static 功能非常方便，因为枚举类型总是需要在它的成员前面加上类型名称，而通常代码中需要针对很多枚举类型进行比较，就像下面的代码所演示的，DayOfWeek 的成员 Saturday 和 Sunday 就必须是带有枚举类型的全名：

```
DateTime day = new DateTime(2020, 1, 25);
if (day.DayOfWeek == DayOfWeek.Monday     ||
    day.DayOfWeek == DayOfWeek.Tuesday    ||
    day.DayOfWeek == DayOfWeek.Wednesday  ||
    day.DayOfWeek == DayOfWeek.Thursday   ||
    day.DayOfWeek == DayOfWeek.Friday)
```

你可以通过采用 using static 语句，极大地降低 if 语句代码的烦琐程度，如下代码所示。

```
using static System.DayOfWeek;
    ...
DateTime day = new DateTime(2020, 1, 25);
if (day.DayOfWeek == Monday     ||
    day.DayOfWeek == Tuesday    ||
    day.DayOfWeek == Wednesday  ||
    day.DayOfWeek == Thursday   ||
    day.DayOfWeek == Friday)
```

26.7   空条件运算符（C# 6.0）

空条件运算符主要在第 27 章讨论。

空条件运算符主要为了阻止试图访问一个空对象的成员时抛出的空引用异常。例如，下面的几行代码在 Students 数组为空时都会产生运行时异常。

```
Student[] students     = null;
int studentCount       = students.Length;    //产生异常
Student firstStudent = students[0];           //产生异常
```

你可以使用空条件运算符来避免空引用异常，如以下示例所示。

```
int? studentCount       = students?.Length;
Student firstStudent = students?[0];
```

26.8   在 catch 和 finally 块中使用 await（C# 6.0）

在 catch 和 finally 块中使用 await 也在第 21 章进行了讨论。

在 C# 5.0 引入 async/await 的时候，你不能把 await 子句放在 catch 或者 finally 块中。现在，这个限制被移除了。

正如第 23 章所描述的，你实现一个 catch 块来响应代码中抛出的异常。catch 块中最常见的工作就是打印日志到文件中，以供后续调查这个异常的开发人员参考。但是写入磁盘是一个耗时的过程，在继续处理之前同步地等待写入操作完成，可能不是一个理想的方案。在不能使用 await 操作的时候，你可以在继续处理的时候异步地打印日志。

finally 块中包含那些不管有没有异常发生都会执行的代码。同样，为了更好的性能，你可能需要异步地执行一些或者全部的语句。

不管在哪种场景下（catch 或 finally 块），如果异步工作产生了异常，它都会传递给第一个可用的上游块。在这种情况下，原先触发 catch 或者 finally 语句执行的异常就会丢失。

26.9　nameof 运算符（C# 6.0）

nameof 运算符主要在第 9 章讨论，其中描述了表达式和运算符。

nameof 是一个新的运算符，它接受一个参数，可以是变量名、类型名或者成员名。运算符返回代表参数名称的字符串。例如，当编写和调试代码的时候，在进入和退出方法的地方，你可能会像下面的代码这样，使用 WriteLines 来输出到控制台中。这允许你追踪执行的顺序。这段代码可以通知你执行是否已经进入或退出方法。

```
static void SomeMethod()
{
    WriteLine($"SomeMethod: Entering");
    ...
    WriteLine($"SomeMethod: Exiting");
}
```

如果你不用 Visual Studio 的重命名功能来更改方法的名称，这样是没有问题的。否则，WriteLine 语句中的方法名称符串就不再匹配新的方法名称。但是，如果你用下面代码中的 nameof 运算符，重命名操作会自动修改 nameof 参数的字符串，这样一切都保持一致了。

```
static void SomeMethod()
{
    WriteLine($"{nameof(SomeMethod)}: Entering");
    ...
    WriteLine($"{nameof(SomeMethod)}: Exiting");
}
```

26.10　异常过滤器（C# 6.0）

异常过滤器主要在第 23 章进行了讨论。

异常过滤器允许你在 catch 块上进行过滤，就像 SQL 或者 LINQ 中的 WHERE 语句一样。这个条件写在圆括号里，可以由任何能解析为布尔值的表达式组成。如果条件满足，就执行 catch 块中的代码；如果条件不满足，就跳过 catch 块。但要注意的是，异常过滤器使用 when 关键字，而不是更常用的 where。（正如第 18 章中描述的那样，where 关键字用来给泛型类提供约束。）

异常过滤器常常用来检测异常对象的 Message 属性是否符合某种情况。这是因为异常的 Type 属性早就可以作为 catch 块的参数了。下面的代码演示了给 catch 块使用异常过滤器。在这个例子中，只有当异常对象的 Message 属性返回的字符串包含字符串 "404"，catch 块才会执行。

```
try
{
    ...
}
catch (Exception ex) when (ex.Message.Contains("404"))
{
    ...
}
```

以前必须在 catch 块中使用 if 语句来检查条件。但不幸的是，如果 if 语句的条件没有满足而重新抛出异常，就会丢失关于原始异常的信息；也就是说，在之前的抛出点和新的抛出点之间的调用栈中的变量信息丢失了。但是，如果使用异常过滤器，当 if 条件没有满足的时候，原先的异常对象仍然保持不变。

```
try
{
    ...
}
catch (Exception ex) when
{
    if (ex.Message.Contains("404"))
    { ... }
    else
    {
        throw            //丢失了原先的异常信息
    }
}
```

26.11   索引初始化语句（C# 6.0）

本节是唯一讨论索引初始化语句的地方。

C# 6.0 引入了新的语法来初始化带有索引器的数据结构，如 Dictionary 对象。之前，为了初始化这类对象，你需要在变量定义的后面提供一系列的有序对作为它的值，如下面的代码所示。

```
var favoriteCities = new Dictionary<int, string>
{
    {0, "Oxford"},
    {1, "Paris"},
    {2, "Barcelona"}
};
```

这段代码跟下面的代码等价，后者先调用 Dictionary 的构造函数，然后调用 3 次 Add 方法：

```
var favoriteCities = new Dictionary<int, string>();
favoriteCities.Add(0, "Oxford");
favoriteCities.Add(1, "Paris");
favoriteCities.Add(2, "Barcelona");
```

因为字典对象有索引器，所以可以像下面一样使用新的索引初始化语法：

```
var favoriteCities = new Dictionary<int, string>
{
    [0] = "Oxford",
    [1] = "Paris",
    [2] = "Barcelona"
};
```

这种形式跟下面的代码等价：

```
var favoriteCities = new Dictionary<int, string>();
favoriteCities[0]  = "Oxford";
favoriteCities[1]  = "Paris";
favoriteCities[2]  = "Barcelona";
```

这些初始化的形式看起来类似，但是都有细微的差别。集合初始化隐式地调用集合的 Add 方法，但索引初始化没有调用 Add 方法，而是给索引指定的元素赋值。对于 Dictionary 的情况，这种不同可能没有实际的影响，然而在其他情况下还是有差别的。

首先，集合初始化需要一个实现了 IEnumerable 接口的集合，还需要一个公有的 Add 方法。索引初始化则两个都不需要。它仅仅需要类或者结构体包含索引器，这很明显是一个优势，因为类不需要实现 IEnumerable 接口或者可以没有 Add 方法。

对于集合来说，一个更重要的区别就是，当使用索引初始化语法的时候它不会自动扩容。如下代码所示，考虑对 List 而不是 Dictionary 使用索引初始化：

```
var lstFavoriteCities = new List<string>();

lstFavoriteCities[0] = "Oxford";
lstFavoriteCities[1] = "Paris";
lstFavoriteCities[2] = "Barcelona";

Console.WriteLine(lstFavoriteCities[2]);
```

虽然代码编译没有问题，但它会在运行时抛出 ArgumentOutOfRange 异常。因为 List 对象没有元素，所以你不能对这些不存在的元素赋值。

对于既能够使用集合初始化又能够使用索引初始化的集合类型，例如 Dictionary，不能在一个语句中同时使用这两种语法。例如，下面的代码就会产生编译错误：

```
var favoriteCities = new Dictionary<int, string>
{
    {0, "Oxford"},
    [1] = "Paris",
    {2, "Barcelona"}
};
```

最后，如果初始化中包含重复索引，后一个会覆盖前一个。例如，在下面的代码中，Dictionary 中将只会有两个元素 Oxford 和 Barcelona：

```
var favoriteCities = new Dictionary<int, string>
{
    [0] = "Oxford",
    [1] = "Paris",
    [1] = "Barcelona"
};
```

26

26.12　集合初始化语句的扩展方法（C# 6.0）

本节是唯一讨论集合初始化扩展方法的地方。扩展方法已经在第 8 章讨论过了。

在 C#中创建一个集合通常会使用 new 关键字，如下所示：

```
var customers = new List<Customer>();
```

当这条语句执行完毕后，你的集合还没有任何元素。要把 customer 放入集合中，你可以使用集合初始化或者显式调用列表的 Add 方法，如下所示：

```
var customer1 = new Customer(Name = "Willem", Age = 35);
var customer2 = new Customer(Name = "Sandra", Age = 32);

//集合初始化
var customers = new List<Customer>() { customer1, customer2 };
```

集合初始化能够工作，是因为编译器在调用构造函数之后，又帮你加入了调用 Add 方法的代码。其他.NET 集合（例如 Array 和 ObservableCollection）也都有 Add 函数，所以可以使用集合初始化。

然而，假定你要定义一个自己的集合，作为对.NET 集合的包装。你的自定义集合可能没有 Add 方法。它可能有一个最终调用内部集合的 Add 方法的方法，但是名称不同。

考虑这样一个例子，杂志经销商有如下的一个类表示它的订阅者集合。正如你所看到的，实际的集合是一个 List 类型的内部对象。Subscriptions 类有一个叫作 Subscribe 的方法，而没有暴露公共的 Add 方法。

```
public class Subscriptions : IEnumerable<Customer>
{
    private List<Customer> _subscribers = new List<Customer>();

    public void Subscribe(Customer c)
    {
        _subscribers.Add(c);
    }

    ... //其他成员
}
```

因为 Subscription 类没有 Add 方法，所以下面的代码将会失败：

```
var customers = new Subscription() { customer1, customer2 };
```

但是，从 C# 6.0 开始，你可以通过实现一个名为 Add 的扩展方法来调用 Subscription 类中的 Subscribe 方法。下面的代码演示了扩展方法：

```
public static class SubscriptionExtensions
{
    public static void Add( this Subscriptions s, Customer c ) //扩展方法
    {
        s.Subscribe( c );
    }
```

```
        }

public class Customer
{   public string Name{ get; set; } public Customer( string name ) { Name = name; }}

public class Subscriptions : IEnumerable<Customer>
{
    private List<Customer> mSubscribers = new List<Customer>();

    public IEnumerator<Customer>GetEnumerator()
    { return mSubscribers.GetEnumerator(); }

    IEnumerator IEnumerable.GetEnumerator()
    { throw new System.NotImplementedException(); }

    public void Subscribe( Customer c )
    {
        mSubscribers.Add( c );
    }
}

class Program
{
    public static void Main()
    {
        var customer1 = new Customer( "Willem" );
        var customer2 = new Customer( "Sandra" );

        //集合初始化
        var customers = new Subscriptions() { customer1, customer2 };

        foreach ( Customer c in customers )
            WriteLine( $"Name: {c.Name}" );
    }
}
```

所以虽然 C#仍然需要一个公有的 Add 方法，但是这个需求可以通过扩展方法来满足。但是注意，集合需要支持 IEnumerable 接口的条件仍然没有放松。

26.13　改进的重载决策（C# 6.0）

本节是唯一讨论改进的重载决策的地方，详细内容请见表 21-1 和表 21-2。

C# 6.0 终于添加了可以让编译器优先选择 Task.Run(Func<Task>())而不是 Task.Run(Action) 的功能。之前，这种情况会产生编译错误。下面的代码是微软文档里提供的例子：

```
static Task DoThings()
{
    return Task.FromResult(0);
}
Task.Run(DoThings);        //之前因为二义性会报错，现在没有问题了
```

26

26.14　值元组（C# 7.0）

值元组（ValueTuple）主要在第 27 章进行了介绍。

虽然 C#的方法只能返回一个单独的对象，但是有很多技术可以在一个调用里返回多个值。这些技术包括 out 和 ref 变量、类变量、自定义类和结构体、匿名类和元组。每种技术都有自己的优势和劣势。

本质上，元组是一个有序的元素集合，其中元素可能是相同或者不同的数据类型。元组仅仅是通过使用圆括号包裹和逗号分隔的方式提供了引用和操作一组元素的方便方法。

```
(string, int) CreateSampleTuple()
{
    return ("Paul", 39);
}

var myTuple = CreateSampleTuple();
Console.WriteLine($"Name: { myTuple.Item1 }  Age: {myTuple.Item2}");
```

概括起来，元组易于创造但是调用相对麻烦，因为元组的元素只能靠没有描述性的名称 Item1、Item2 等调用。另外，因为元组是类、引用类型，所以它们需要在堆上创建，并在不再引用的时候被垃圾机制回收。

C# 7.0引入了一种叫 ValueTuple 的新的类型，它是一个结构体，因此能够获得比元组更好的性能。此外，由于可以给属于 ValueTuple 的元素命名，这使得代码非常地清晰。

26.15　is 模式匹配（C# 7.0）

is 模式匹配主要在本节讨论。我们来快速地看一下 is 运算符的功能。

is 运算符用来检测一个对象是不是某种类型。回想一下，C#支持继承和接口实现。而且，任何类都只能继承一个类，它的父类也只能继承另一个基类，以此类推。虽然 C#不允许多继承，但是类却可以实现任意多个接口。

在这种复杂性下，is 运算符不仅能检测当前类的类型，还能检测任意层次的基类，以及是否支持任意指定的接口。下面的例子说明了这一点：

```
public interface IOne
{
    int SampleIntProperty { get; set; }
}
public interface ITwo
{
    int SampleIntProperty2 { get; set; }
}
public class BaseClass
{
    public string SampleStringProperty { get; set; }
}
public class DerivedClass : BaseClass, IOne, ITwo
```

```
{
    public int SampleIntProperty  { get; set; }
    public int SampleIntProperty2 { get; set; }
}

class Program
{
    static void Main(string[] args)
    {
        var dc = new DerivedClass();
        if (dc is DerivedClass)
        { Console.WriteLine("Derived Class found"); }

        if (dc is BaseClass)
        { Console.WriteLine("Base Class found"); }

        if (dc is IOne)
        { Console.WriteLine("Interface One found"); }

        if (dc is ITwo)
        { Console.WriteLine("Interface Two found"); }
    }
}
```

这段代码的输出如下：

```
Derived Class found
Base Class found
Interface One found
Interface Two found
```

检测了一个给定对象是不是某种类型后，如果想引用这种类型，就必须先转换成这种类型。

```
if(myEmployee is Supervisor)
{
    var mySupervisor = (Supervisor)myEmployee;
    //继续调用父类成员
}
```

也可以使用 as 运算符来实现这种转换。

```
var mySupervisor = myEmployee as Supervisor;
if (mySupervisor != null)
{
    //继续调用父类成员
}
```

在 C# 7.0 中，is 运算符的类型语法已简化，可以直接给检测类（或者其他类型）后的变量赋值。增强的 is 运算符不仅检测变量类型，如果变量通过了检测，还可以同时将其赋值给指定的新变量。这个新的变量叫作**匹配变量**（match variable）。

26

```
if (myEmployee is Supervisor mySupervisor)
{
    //如果检测通过了，mySupervisor 变量立即就可以使用
    Console.WriteLine($"My supervisor's name is { mySupervisor.Name }");
}
```

事实上，这个新赋值的匹配变量甚至可以在包含 is 检测的**表达式**中使用。

```
If (myEmployee is Supervisor mySupervisor && mySupervisor.Name == "Fred") ...
```

匹配变量的作用域仅仅是这个检测块。

```
If (myEmployee is Supervisor mySupervisor)
{
    //这里是 mySupervisor 变量的作用域
}
Console.WriteLine($"My supervisor's name is { mySupervisor.Name }");
                                    //错误：mySupervisor 超出作用域了
```

除了引用类型，is 运算符现在也可以应用于值类型了。这意味着现在不仅可以检测类，也可以检测结构体了。

26.16　switch 模式匹配（C# 7.0）

switch 模式匹配主要在第 10 章进行了讨论。下面简单总结一下它的功能。

通常来说，switch 语句要比一系列长的 if/else 语句好一些。C# 7.0 对 switch 语句做了很多重要的改进。switch 语句的新功能扩展了它之前的能力。

switch 语句之前受限于编译时常量，包括 char、string、bool、integer（包含 byte、int 和 long）和 enum。现在 switch 语句已经不再局限于这些常量了。实际上，你可以使用任何类型进行检查，包括用户自定义的类型：class、struct、array、enum、delegate 和 interface。像下面的代码演示的，任何类型都可以用在 switch 语句中。

```
using static System.Console;

public abstract class Investment
{
    public string Name          { get; set; }
    public double MinPurchaseAmt { get; set; }
}

public class Stock       : Investment { }
public class Bond        : Investment { }
public class BankAccount : Investment { }
public class RealEstate  : Investment { }

class Program
{
    static void Main()
    {
        var myStock = new Stock() { Name = "Tesla", MinPurchaseAmt = 1000 };
```

```
        var myBond  = new Bond()  { Name = "California Municipal", MinPurchaseAmt = 500 };
        var myBankAccount  = new BankAccount() { Name = "ABC Bank", MinPurchaseAmt = 10 };
        var myBankAccount2 = new BankAccount() { Name = "XYZ Bank", MinPurchaseAmt = 20 };
        var myRealEstate  =
                new RealEstate() { Name = "My Vacation Home", MinPurchaseAmt = 100_000 };

        CheckInvestmentType(myStock);
        CheckInvestmentType(myBond);
        CheckInvestmentType(myBankAccount);
        CheckInvestmentType(myBankAccount2);
        myBankAccount2 = null;
        CheckInvestmentType(myBankAccount2);
        CheckInvestmentType(myRealEstate);
    }
    public static void CheckInvestmentType (Investment investment)
    {
        switch (investment)
        {
            case Stock stock:
                WriteLine($"This investment is a stock named {stock.Name}");
                break;
            case Bond bond:
                WriteLine($"This investment is a bond named {bond.Name}");
                break;
            case BankAccount bankAccount when bankAccount.Name.Contains("ABC") :
                WriteLine($"This investment is my ABC Bank account");
                break;
            case BankAccountbankAccount:
                WriteLine($"This investment is any bank account other than ABC Bank");
                break;
            case null:
                WriteLine("For whatever reason, this investment is null. ");
                break;
            default:
                WriteLine("The default case will always be evaluated last. ");
                WriteLine("Even if its position is not last.");
                break;
        }
    }
}
```

上面的代码产生以下输出：

```
Notice the numeric separator in the previous line
Notice the using static declaration, above.
This investment is a stock named Tesla
This investment is a bond named California Municipal
This investment is my ABC Bank account
This investment is any bank account other than ABC Bank
For whatever reason, this investment is null.
The default case will always be evaluated last.
Even if its position is not last.
```

26

所有类型模式都有一个隐含的 when 子句条件,即当类型不为 **null** 时。这可以防止 switch 语句中的第一个类型匹配任何空值,从而触发其 switch 块中的语句,产生意外结果。可以添加特殊的 case 语句来处理 **null** 的情况,也可以在默认块中处理。请注意,在前面的示例中,当 myBankAccount2 为 **null** 时,它不会匹配 BankAccountbankAccount 的情况。

与以前不同,case 语句的顺序现在很重要了。在 C# 7.0 之前,所有 case 都必须包含常量值。由于这些值总是相互排斥的,因此它们的顺序并不重要。现在 switch 语句的分支经常与其他分支重叠,所以顺序变得很重要。现在必须将列表中所有特殊的情况放在普通的情况之前。在前面的示例中,BankAccountbankAccount when bankAccount.Name.Contains("ABC") 就必须放在 BankAccount 的普通情况之前。如果顺序反过来,编译器将会产生一个编译错误。

另外,请注意这个用法:在 case 语句中使用 when 关键字,将其作为过滤器来产生原来条件的一个子集。这本质上承担了“使用 is 模式匹配”的语义。此外,可以在附带的 when 子句中使用匹配变量,因为只有在变量被填充后才会计算 when 子句。

但是,“分支的顺序很重要”这个新规则有一个例外:默认分支。无论在列表中显示的位置如何,默认分支始终都在最后执行。因此,应该将默认分支放在最后,以免让人误以为它可能在不同的地方执行。

26.17 自定义析构函数(C# 7.0)

自定义析构函数主要在本节讨论。

当 C# 引入 ValueTuple 的时候,这种新数据结构的一个特性就是能够把 ValueTuple 析构成元素。下面的例子演示了它是如何工作的:

```
public static (string name, string course) GetStudentEnrollmentInfo(int id)
{
    //从数据库中取值
    return ("Connor", "Computer Science");
}

//在调用域内
var student = GetStudentEnrollmentInfo(49);
Console.WriteLine($"Student name: { student.name } Course: { student.course }");
```

如果没有析构函数功能,就只能通过没有描述性的 Item1、Item2 等名称来访问 ValueTuple 的元素。

```
Console.WriteLine($"Student name: { student.Item1 } Course: { student.Item2 }");
```

在从方法返回 ValueTuple 的时候会用到析构函数。如果 ValueTuple 是在当前作用域内构建的,析构函数就不是必需的。

```
(string name, string course) myValueTuple = ("Daniel", "Particle Physics");
Console.WriteLine
    ($"Student name: { myValueTuple.name }   Course: { myValueTuple.course }");
```

析构功能不仅限于 ValueTuple。如果一个类型用恰当的 out 参数实现了 Deconstruct 方法,就可以被析构。

```csharp
public class GeoLocation
{
    public double Latitude   { get; set; }
    public double Longitude  { get; set; }
    public string NorthSouth { get; set; }
    public string EastWest   { get; set; }

    public GeoLocation(double latitude, string northSouth,
                       double longitude, string eastWest)
    {
        Latitude   = latitude;
        NorthSouth = northSouth;
        Longitude  = longitude;
        EastWest   = eastWest;
    }

public void Deconstruct(out double latitude, out string northSouth,
                        out double longitude, out string eastWest)
    {
        latitude   = Latitude;
        northSouth = NorthSouth;
        longitude  = Longitude;
        eastWest   = EastWest;
    }
}
    ...
(double latitude, string northSouth, double longitude, string eastWest) =
                                       new GeoLocation(51.4769, "N", 0.0, "W");
Console.WriteLine("The Greenwich Observatory is located at {0}{1}, {2}{3}.",
    latitude, northSouth, longitude, eastWest);
```

析构函数甚至可以是扩展方法（第 8 章详细讨论了扩展方法）。当一个类是封闭的，你没有办法修改它的时候，这个功能就非常有用。想象一下，前一个例子中的 GeoLocation 类没有析构方法，你也不能加入一个。在这种情况下，你可以定义下面的扩展方法来支持析构函数：

```csharp
public static class Extensions
{
    public static void Deconstruct(this GeoLocation geoLocation,
                out double latitude,  out string northSouth,
                out double longitude, out string eastWest)
    {
        latitude   = geoLocation.Latitude;
        northSouth = geoLocation.NorthSouth;
        longitude  = geoLocation.Longitude;
        eastWest   = geoLocation.EastWest;
    }
}
    ...
(double latitude, string northSouth, double longitude, string eastWest) =
                                       new GeoLocation(40.6892, "N", 74.0445, "W");
Console.WriteLine("The Statue of Liberty in New York is located at {0}{1}, {2}{3}.",
    latitude, northSouth, longitude, eastWest);
```

26

26.18　二进制字面量和数字分隔符（C# 7.0）

二进制字面量和数字分隔符主要在第 9 章进行了讨论。

在 C#之前已经有十六进制记法来表示整数类型的值。整数的十六进制表示以两个字符 0x 或者 0X 开始。十六进制数字通常用来表示颜色或者内存地址。下面就是颜色的一个例子：

```
const int fillColor = 0xff0517AF;      //等于十进制的 4278523823
```

C# 7.0 加入了二进制字面量表示法，这样你就可以用一系列的 0 和 1 来表示整数了。一个整数的二进制表示法以两个字符 0b 或者 0B 开始。用十六进制表示的颜色通常是由包含两个字符的块组成的，每个块表示颜色的一个组件：透明度（可选的）、红色、黄色、蓝色。上面指定的颜色值可由如下所示的二进制组件表示：

```
int transparency = 0b11111111;
int red          = 0b00000101;
int green        = 0b00010111;
int blue         = 0b10101111;
```

因为二进制记法非常烦琐，所以通常很难读。为了简明，你可以插入任意数量的下划线作为数字分隔符。

下面的例子演示了使用数字分隔符表示相同的值：

```
int transparency2 = 0b11_11_11_11;
int red2          = 0b0000_0101;
int green2        = 0b0001_0111;
int blue2         = 0b1010_1111;
```

但是，你不能把数字分隔符放在二进制前缀的后面，如 0b_1111_1111。下面的代码是一个以十六进制的组件方式表示的颜色。

```
int transparency3 = 0xff;
int red3          = 0x05;
int green3        = 0x17;
int blue3         = 0xAF;
```

注意所有这些例子中的数据类型都是 int。二进制和十六进制记法都是这些整数的简单表示法。可以打印它们来进行验证，如下所示：

```
Console.WriteLine("Binary:  " + transparency);
Console.WriteLine("Binary with separators:  " + transparency2);
Console.WriteLine("Hex:  " + transparency3);
```

这将产生如下输出：

```
Binary: 255
Binary with separators: 255
Hex: 255
```

二进制表示法也可以用于数据类型家族的其他整数成员（非浮点类型），比如 byte、sbyte、

short、ushort、uint、long 和 ulong。

数字分隔符可以应用于**任何**数字类型，而不仅仅是十六进制，也不仅仅是整数。

```
long currentEstimatedNoOfGalaxiesInUniverse = 1_800_000_000_000;  //1.8 万亿
decimal myDesiredBankAccount = 9_999_999.99M;
```

数字分隔符仅仅在代码中查看数字的时候特别重要。它不影响数字的值或者打印时如何显示。

```
Console.WriteLine(currentEstimatedNoOfGalaxiesInUniverse);
Console.WriteLine($"My desired bank account: ${myDesiredBankAccount}");
```

打印这些值会产生如下输出：

```
1800000000000
My desired bank account: $9999999.99
```

但是，使用数字分隔符有一些限制。在以下情况下，你不能使用数字分隔符。

❏ 作为数字中的第一个或最后一个字符。禁止：_0001_0110 或者 0001_0110_。允许：0001_0110。

❏ 小数点之前或之后。禁止：11_.11 或者 11._11。允许：1_1.11 或者 11.1_1。

❏ 指数字符之前或之后。禁止：22.2_e2 或者 22.2e_2。允许：2_2.2e2 或者 2.2e2_2。

❏ 类型指定符之前或之后。禁止：float x = 10.7_f;或者 decimal y = 33.33m_;。

❏ 十六进制或者二进制字符之前或之后。禁止：0_x10AD、0x_10AD、0_b1011 或者 0b_1011。允许：0x10_AD 或者 0b10_11。

26.19 out 变量（C# 7.0）

out 变量主要在第 6 章讨论。

C# 7.0 对 out 变量进行了小小的语法改动。正如你所知道的，out 变量是一个方法返回多个值的一种方式。（其他方式包括 ref 变量、元组和类数据成员，比如字段和属性。）

之前，out 变量必须在调用使用它的方法之前声明。现在，你可以跳过这个单独的声明，在方法参数列表中声明 out 变量。虽然 out 变量声明在函数域内，但是它在包含块外依然可用。

因为 out 参数没有在单独的行进行声明，所以你不可能在函数内任意地给它赋值，不管在什么情况下，它都会被忽略。你也不能在函数调用前意外地使用这个变量。

out 参数的一个常见使用场景是 TryParse 类的方法。TryParse 类的方法返回一个 bool 变量指示成功或者失败，同时有一个 out 参数，当解析成功时，out 参数就承载了解析的值。下面的代码演示了一个使用新语法和语义的例子：

```
public int? OutParameterSampleMethod()
{
    if (!int.TryParse(input, out int result))
    {
        return null;
```

26

```
    }
    return result;
}
```

虽然句法上你可以使用 var 记法，而不是指定 out 变量的数据类型，但这样做需要小心（或者最好别这样），并且仅当数据类型对任何可能维护代码的开发者都特别明显的时候才使用。下面的代码演示了这种歧义性。out 参数被声明为 var 类型。但是即使在这个简单的例子中，age 和 supervisorId 也有歧义。两个都可能是整数，也可能是字符串。指定类型可以消除这种可能的混乱。

```
public void GetEmployeeDetails
            (int employeeId, out var name, out var age, out var supervisorId)
{
    //给 name、age 和 employId 赋值的逻辑
}
```

所有被声明为内联的 out 变量都必须在方法内赋值。但是，如果一个方法有一些变量你不关心，可以使用忽略字符（_）来表达这个意图。下面的代码调用 GetEmployeeDetails 方法，但是只保留了 name 和 supervisorId 的值。

```
GetEmployeeDetails(employeeId, out string name, out _, out int supervisorId);
```

26.20　局部函数（C# 7.0）

局部函数主要在第 6 章进行了讨论。

假定你有一个小方法，只有一个指定的方法会调用它。这个方法通常可以直接在类内进行声明。为了限制对这个方法的访问，通常要把它标记为私有的，这样它就只能在声明它的类内访问，从而防止了被别的类调用。在这种情况下，甚至派生自你的类的类也无法调用你的私有函数，但它仍然可以在类本身内的任何地方进行调用。此外，由于你的方法在类内的任何地方都可以调用，它会自动包含在智能提示中，因此在成员列表中添加了不必要的噪声。

为了保证你的方法不会被别的地方调用，同时也为了更方便地查看和维护它的访问性，现在你可以直接把方法直接放在调用它的方法体内。这些方法被称为**局部函数**，它们可以放在构造函数内或者属性的 getter/setter 内。

```
static void Main()
{
    List<string> data = GetDataFromDb();
    foreach(var item in data)
    {
        Console.WriteLine(ReplaceEmptyStringWithElipsis(item));
    }
    string ReplaceEmptyStringWithElipsis(string input)
    {
        if(string.IsNullOrEmpty(input)) return "...";
        return input;
    }
}
```

　　在上面的代码内，当导出报表到 Excel 时，ReplaceEmptyStringWithElipsis 方法会非常有用，可以使空单元格包含"..."而不是直接空着。因为大部分情况下（如果不是全部），报表有多个列，所以你可能需要在插入数据到 Excel 的方法内多次调用这个方法。把这个方法标记为局部函数是非常方便的，因为可以把它定义在调用点的后边。

　　局部函数具有普通函数的所有功能，包括异步、泛型、动态类型。另外，局部函数可以访问包含域内的所有可用变量。因为这些变量是通过引用传递到局部函数中的，所以如果它们在局部函数内被修改，新的值会影响到调用域内。

```
class Program
{
    static void Main()
    {
        var corvette = GetRemainingRange(.25, 24, "British");
        Console.WriteLine($"Remaining range is {corvette.distance} {corvette.units}");

        var prius = GetRemainingRange(.04, 12, "Metric");
        Console.WriteLine($"Remaining range is {prius.distance} {prius.units}");
    }

    //这个方法返回一个值元组
    public static (double distance, string units) GetRemainingRange
            (double fuelConsumptionRate, double remainingFuel, string systemOfUnits)
    {
        string units = string.Empty;

        switch (systemOfUnits)
        {
            case "Metric":
                units = "Kilometers";
                break;
            case "British":
                units = "Miles";
                break;
        }
        //注意这个局部函数没有参数
        double CalculateRemainingRange()
        {
            return remainingFuel / fuelConsumptionRate;
        }
        return (CalculateRemainingRange(), units);
    }
}
```

这段代码的输出如下：

```
Remaining range is 96 Miles
Remaining range is 300 Kilometers
```

你不能在局部函数上使用访问限定修饰符，因为访问已经隐式地限定在调用域内了。同时，当局部函数在静态方法内声明时，不能在局部函数上使用 static 关键字。

可以把局部函数放在调用方法的任何地方。你不必非得在使用之前就定义它。在运行时，编译器会把局部函数转换成私有方法，所以定义在什么地方是无关紧要的。

虽然对于局部函数的长度没有明确的限制，但它真的是为了简单函数而设计的。因为局部函数不会允许你做任何其他函数做不到的事，所以是否使用局部函数的主要决定因素是，它是否使代码更清晰或者更方便。

26.21　ref 局部变量（ref 变量）和 ref 返回（C# 7.0）

因为 ref 局部变量和 ref 返回都是 C#的新功能，而不是现有功能的改良，所以它们在 13.14 节进行了详细的讨论。

C#早就允许变量通过引用而不是值传给方法。在这种情况下，在方法内对变量的任何改变都会反映到调用域。C# 7.0 扩展了这个特性，允许方法传递一个对存储空间的引用作为方法的返回值。这个返回的引用可以存储在变量中，即 **ref 局部变量**或 **ref 变量**。ref 局部变量保存了一个指向存储空间的指针，而不是空间中的真实值。这样，随后在调用域内对 ref 局部变量的改动都会改变引用的存储空间的值。

引入 ref 返回和 ref 局部变量的主要目的是，通过允许直接改变指定存储空间的值来增强性能，而不是把值复制一次或者多次。

26.22　表达式函数体成员的扩展（C# 7.0）

C# 7.0 表达式函数体成员扩展主要在本节讨论。

正如之前在讨论 C# 6.0 的新特性时提到的那样，术语**表达式函数体成员**是指一种简短的语法，它使用 Lambda 符号（=>）引入单行语句，而不是将其放在一组大括号中。C# 6.0 仅允许在方法和只读属性上使用表达式函数体成员。C# 7.0 对此进行了扩展，现在允许在构造函数、析构函数，以及属性和索引器的 get 和 set 访问器中使用表达式函数体成员，如以下代码所示。

```
//构造函数
public MyClass (string var1) => this.Var1 = var1;

//析构函数
~MyClass() => Console.WriteLine( "Unmanaged resources have been released ");

public string Area
{
   get => mArea;
   set => mArea = value;
}
```

如果 set 或 get 访问器需要多个语句，则两者还需要使用传统语法。

26.23 throw 表达式（C# 7.0）

throw 表达式主要在第 23 章进行了讨论。

throw 关键字用来触发异常来表示一个错误状态。例如，当 Visual Studio 为你自动创建一个新方法后，新方法中总是包含下面一行代码：

```
throw new NotImplementedException();
```

这行代码是一个语句（statement），而不是表达式（expression）。回想一下，语句是告诉程序执行某个动作的源代码指令，表达式是带有返回值的一系列运算符和操作数。

因为在 C# 7.0 之前，throw 关键字只能在语句中使用，所以它不能用在一些需要表达式的场景下。这些场景包括条件表达式、空接合表达式和一些 Lambda 表达式。虽然 throw 表达式和 throw 语句具有相同的语法，但是它们现在可以用在之前不能用的场景中了。

throw 表达式最常用的例子是空接合运算符。空接合运算符将在第 27 章讲解，它有两个都必须是表达式的操作数。第一个操作数是可空的，当它解析为空时，就使用第二个非空的表达式。之前，throw 只能是语句形式，所以它不能作为第二个操作数。

```
bool? success = LoadResource();
var resourceLoadResult =
        success ?? throw new InvalidOperationException("Resource load failed");
```

26.24 扩展的 async 返回类型（C# 7.0）

虽然扩展的 async 返回类型主要在本节介绍，但第 21 章介绍 async/await 时也有所涉及。

C# 7.0 之前，async 方法只有三种返回类型：Task（当 async 运算没有返回值的时候）、void（用在 void 的异步事件处理器中）和 Task<TResult>。现在，如果一个类型具有可访问的 GetAwaiter 方法，就可以使用 async 方法来返回。

因为创建一个满足新需求的类似 task 的类型非常复杂，所以在实践中，大部分情况下会创建 ValueTask<TResult> 返回类型。为了使用这个类型，必须把 System.Threading.Tasks.Extensions 这个 NuGet 包加入到项目中。

Task 和 Task<TResult> 都是引用类型，但 ValueTask<TResult> 是值类型，所以它存放在栈中而不是堆中。使用 ValueTask 的目的是在不进行异步操作就能知道返回值的情况下提升性能，否则需要等待异步操作完成才能知道返回值。比如，返回值可以从前一次调用后的缓存中取得。

26

第 27 章

其他主题

本章内容
- 概述
- 字符串
- StringBuilder 类
- 把字符串解析为数据值
- 关于可空类型的更多内容
- Main 方法
- 文档注释
- 嵌套类型
- 析构函数和 dispose 模式
- Tuple 和 ValueTuple
- 和 COM 的互操作

27.1 概述

本章介绍使用 C#时的一些重要而又不适合放到其他章节的主题，包括字符串操作、可空类型、Main 方法、文档注释以及嵌套类型。

27.2 字符串

BCL 提供了很多能让字符串操作变得更简单的类。C#预定义的 string 类型代表了.NET 的 System.String 类。关于字符串的重要事项如下。

- 字符串是 Unicode 字符数组。
- 字符串是不可变的——它们不能被修改。

string 类型有很多有用的字符串操作成员。表 27-1 列出了其中一些最有用的成员。

表 27-1 **string** 类型的有用成员

成 员	类 型	意 义
Length	属性	返回字符串长度
Concat	静态方法	返回连接参数字符串后的字符串
Contains	方法	返回指示参数是否是对象字符串的子字符串的 bool 值
Format	静态方法	返回格式化后的字符串
Insert	方法	接受一个字符串和一个位置作为参数，创建并返回一个在指定位置插入了参数字符串的新的字符串对象副本
Remove	方法	返回对象字符串的副本，其中移除了一个子字符串
Replace	方法	返回对象字符串的副本，其中替换了一个子字符串
Split	方法	返回一个包括原始字符串的子字符串的字符串数组。对于每个输入参数，为方法提供一组分隔符来分隔目标子字符串
Substring	方法	获取对象字符串的子字符串
ToLower	方法	返回对象字符串的副本，其中所有字母字符都为小写
ToUpper	方法	返回对象字符串的副本，其中所有字母字符都为大写

从表 27-1 中的大多数方法的名字来看，好像它们都会改变字符串对象。其实，它们不会改变字符串而是返回新的副本。对于一个 string，任何"改变"都会分配一个新的不可变字符串。

例如，下面的代码声明并初始化了一个叫作 s 的字符串。第一个 WriteLine 语句调用了 s 的 ToUpper 方法，它返回了字符串中所有字母为大写形式的副本。最后一行输出了 s 的值，可以看到，字符串并没有改变。

```
string s = "Hi there.";

Console.WriteLine($"{ s.ToUpper() }");        //输出所有字母为大写的副本
Console.WriteLine($"{ s }");                  //字符串没有变
```

这段代码产生了如下的输出：

```
HI THERE.
Hi there.
```

我自己编码时，发现表 27-1 中很有用的一个方法是 Split。它将一个字符串分隔为若干子字符串，并将它们以数组的形式返回。将一组按预定位置分隔字符串的分隔符传给 Split 方法，就可以指定如何处理输出数组中的空元素。当然，原始字符串依然不会改变。

下面的代码显示了一个使用 Split 方法的示例。在这个示例中，分隔符由空字符和 4 个标点符号组成。

```
class Program {
    static void Main() {
        string s1 = "hi there! this, is: a string.";
        char[] delimiters = { ' ', '!', ',', ':', '.' };
```

27

```
        string[] words = s1.Split( delimiters, StringSplitOptions.RemoveEmptyEntries );
        Console.WriteLine($"Word Count: { words.Length }\n\rThe Words...");
        foreach ( string s in words )
            Console.WriteLine($"    { s }");
    }
}
```

这段代码产生的输出如下：

```
Word Count: 6
The Words...
    hi
    there
    this
    is
    a
    string
```

27.3　StringBuilder 类

StringBuilder 类可以帮助你动态、有效地产生字符串，并且避免创建许多副本。

❑ StringBuilder 类是 BCL 的成员，位于 System.Text 命名空间中。

❑ StringBuilder 对象是 Unicode 字符的**可变数组**。

例如，下面的代码声明并初始化了一个 StringBuilder 类型的字符串，然后输出了它的值。第四行代码通过替换内部字符数组的一部分改变了实际对象。当隐式调用 ToString 来输出字符串的值时，我们可以看到，和 string 类型的对象不同，StringBuilder 对象实际被修改了。

```
using System;
using System.Text;

class Program
{
    static void Main()
    {
        StringBuilder sb = new StringBuilder( "Hi there." );
        Console.WriteLine($"{ sb.ToString() }");           //输出字符串

        sb.Replace( "Hi", "Hello" );                        //替换子字符串
        Console.WriteLine($"{ sb.ToString() }");           //输出改变后的字符串
    }
}
```

这段代码产生了如下的输出：

```
Hi there.
Hello there.
```

　　当依据给定的字符串创建了 StringBuilder 对象之后，类分配了一个比当前字符串长度更长的缓冲区。只要缓冲区能容纳对字符串的改变就不会分配新的内存。如果对字符串的改变需要的空间比缓冲区中的可用空间多，就会分配更大的缓冲区，并把字符串复制到其中。和原来的缓冲区一样，新的缓冲区也有额外的空间。

　　要获取对应 StringBuilder 内容的字符串，只需要调用它的 ToString 方法即可。

27.4　把字符串解析为数据值

　　字符串是 Unicode 字符的数组。例如，字符串"25.873"是 6 个字符而**不是**一个数字。尽管它看上去像数字，但是我们不能对它使用数学函数。把两个字符串 "相加" 只会串联它们。

- ❑ **解析**允许我们接受**表示值**的字符串，并且把它转换为实际的类型值。
- ❑ 所有预定义的简单类型都有一个叫作 Parse 的静态方法，它接受一个表示值的字符串，并且把它转换为类型的实际值。
- ❑ 如果字符串无法解析，系统会抛出异常。

　　以下语句给出了一个使用 Parse 方法的语法的示例。注意，Parse 是静态的，所以我们需要通过目标类型名来调用它。

```
double d1 = double.Parse("25.873");
             ↑            ↑
          目标类型    要转换的字符串
```

　　以下代码给出了一个把两个字符串解析为 double 型值并把它们相加的示例：

```
static void Main()
{
    string s1 = "25.873";
    string s2 = "36.240";

    double d1 = double.Parse(s1);
    double d2 = double.Parse(s2);

    double total = d1 + d2;
    Console.WriteLine($"Total: { total }");
}
```

　　这段代码产生了如下输出：

```
Total: 62.113
```

　　说明　关于 Parse 有一个常见的误解。由于它是在操作字符串，所以被视为 string 类的成员。其实不是，Parse 根本不是一个方法，而是由**目标类型实现**的多个方法。

　　Parse 方法的缺点是如果不能把 string 成功转换为目标类型就抛出一个异常。异常是昂贵的操作，应该尽可能在编程中避免异常。TryParse 方法可以实现这一点。有关 TryParse 需要知道

27

的重要事项如下。

- 每一个具有 Parse 方法的内置类型同样都有一个 TryParse 方法。
- TryParse 方法接受两个参数并且返回一个 bool 值。
  - 第一个参数是你希望转换的字符串。
  - 第二个是指向目标类型变量的引用的 out 参数。
  - 如果 TryParse 成功，解析值被赋给 out 参数，它返回 true，否则返回 false。

一般来说，应该使用 TryParse 而不是 Parse 来避免抛出异常。如下代码演示了使用 int.TryParse 方法的两个例子：

```
class Program
{
   static void Main( )
   {
      string parseResultSummary;
      string stringFirst = "28";
      int intFirst;           输入字符串      输出变量
                                  ↓            ↓
      bool success = int.TryParse( stringFirst, out intFirst );

      parseResultSummary = success
                              ? "was successfully parsed"
                              : "was not successfully parsed";
      Console.WriteLine($"String { stringFirst } { parseResultSummary }");

      string stringSecond = "vt750";
      int intSecond;        输入字符串        输出变量
                               ↓              ↓
      success = int.TryParse( stringSecond, out intSecond );

      parseResultSummary = success
                              ? "was successfully parsed"
                              : "was not successfully parsed";
      Console.WriteLine($"String { stringSecond } { parseResultSummary }" );
   }
}
```

这段代码产生如下输出：

```
String 28 was successfully parsed
String vt750 was not successfully parsed
```

27.5 关于可空类型的更多内容

第 4 章介绍过可空类型。你应该记得，可空类型允许我们创建一个值类型变量并且可以标记为有效或无效，这样就可以有效地把值类型变量设置为 "null"。我们本来想在第 4 章中介绍可空类型及其他内置类型，但是既然现在你对 C#有了更深入的了解，现在正是时候介绍其更复杂的方面。

复习一下，可空类型总是基于另外一个叫作**基础类型**（underlying type）的已经被声明的类型。

❏ 可以从任何值类型创建可空类型，包括预定义的简单类型。

❏ 不能从引用类型或其他可空类型创建可空类型。

❏ 不能在代码中显式声明可空类型，只能声明**可空类型的变量**。之后我们会看到，编译器会隐式地创建可空类型。

要创建可空类型的变量，只需要在变量声明中的基础类型的名字后面加一个问号。不幸的是，这种语法表明你对于代码有很多问题。（开玩笑而已，但这确实有点丑。）

例如，以下代码声明了一个可空 int 类型的变量。注意，后缀附加给**类型**名而不是变量名称。

```
  后缀
   ↓
int? myNInt = 28;
   ↑
可空类型的名字包含后缀
```

有了这样的声明语句，编译器就会产生可空类型和该类型的变量。可空类型的结构如图 27-1 所示。它包含：

❏ 基础类型的实例；

❏ 几个重要的只读属性。

　■ HasValue 属性是 bool 类型，并且指示值是否有效。

　■ Value 属性是和基础类型相同的类型并且返回变量的值——如果变量有效的话。

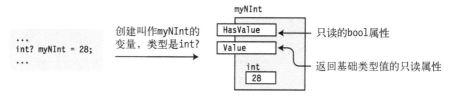

图 27-1　可空类型在一个结构中包含了基础类型对象，并且还有两个只读属性

使用可空类型基本与使用其他类型的变量一样。读取可空类型的变量会返回其值。但是你必须确保变量不是 null，尝试读取一个 null 变量的值会产生异常。

❏ 跟任何变量一样，要获取可空类型变量的值，使用名字即可。

❏ 要检测可空类型是否具有值，可以将它和 null 比较或者检查它的 HasValue 属性。

```
int? myInt1 = 15;

            与 null 比较
               ↓
if ( myInt1 != null )
   Console.WriteLine("{0}", myInt1);
                 ↑
              使用变量名
```

27

可空类型和相应的非可空类型之间可轻松转换。有关可空类型转换的重要事项如下：

❑ 非可空类型和相应的可空版本之间的转换是**隐式**的，也就是说，不需要强制转换；

❑ 可空类型和相应的非可空版本之间的转换是**显式**的。

例如，下面的代码行显示了两个方向上的转换。第一行 int 类型的字面量隐式转换为 int? 类型的值，并用于初始化可空类型的变量。第二行中，变量显式转换为它的非可空版本。

```
int? myInt1 = 15;              //将 int 隐式转换为 int?
int  regInt = (int) myInt1;    //将 int?显式转换为 int
```

27.5.1　为可空类型赋值

可以将以下三种类型的值赋给可空类型的变量：

❑ 基础类型的值；

❑ 同一可空类型的值；

❑ Null 值。

以下代码分别给出了三种类型赋值的示例：

```
int? myI1, myI2, myI3;

myI1 = 28;                     //基础类型的值
myI2 = myI1;                   //可空类型的值
myI3 = null;                   //null

Console.WriteLine( $"myI1: { myI1 }, myI2: { myI2 }, myI3: { myI3 }" );
```

代码产生的输出如下：

```
myI1: 28, myI2: 28, myI3:
```

27.5.2　空接合运算符

标准算术运算符和比较运算符同样也能处理可空类型。还有一个特别的运算符叫作**空接合运算符**（null coalescing operator），它允许我们在可空类型变量为 null 时返回一个值给表达式。

空接合运算符由两个连续的问号组成，它有两个操作数。

❑ 第一个操作数是可空类型的变量。

❑ 第二个是相同基础类型的不可空值。

❑ 在运行时，如果第一个操作数（可空操作数）运算后为 null，那么非可空操作数就会作为运算结果返回。

```
                              空接合运算符
int? myI4 = null;                 ↓
Console.WriteLine("myI4: {0}", myI4 ?? -1);
```

```
myI4 = 10;
Console.WriteLine("myI4: {0}", myI4 ?? -1);
```

这段代码产生了如下输出：

```
myI4: -1
myI4: 10
```

如果你比较两个相同可空类型的值，并且它们为 null，那么相等比较运算符（==和!=）会认为它们是相等的（==和!=）。例如，在下面的代码中，两个可空的 int 被设置为 null，相等比较运算符会声明它们是相等的。

```
int? i1 = null, i2 = null;              //都为空

if (i1 == i2)                           //返回 true
    Console.WriteLine("Equal");
```

这段代码产生的输出如下：

```
Equal
```

27.5.3 空条件运算符

如果你有一个引用变量，它的值为空，并且你尝试通过该空引用访问它的成员，那么程序将抛出 NullReferenceException。避免这种情况的一种方法是使用两步过程：首先检查引用是否为空，然后仅在它不为空时才使用它。空条件运算符由两个字符的字符串?.组成，它允许你用一步来执行刚才的操作。它检查引用变量为空还是包含一个对象引用。如果为空，那么运算符返回空；如果不为空，那么访问成员。

下面的代码演示了这两种方法：

```
Student[] students = null;
int? studentCount = 5;

if ( students != null )              //访问前检查是否为空
    studentCount = students.Length;  //访问非空引用
Console.WriteLine( $"studentCount: { studentCount }" );

studentCount = students?.Length;     //使用空条件运算符
Console.WriteLine( $"studentCount: { studentCount }" );
```

结果如下：

```
studentCount: 5
studentCount:
```

查看上面的代码，我们注意到两种形式并不完全等效。

❑ 如果 students 不为空，则两步过程和空条件运算符都执行数组 students 的 Length 特性并将值赋给 studentCount。

❑ 如果 students 为空，那么就是如下情况：

■ 两步过程没有给 studentCount 赋值；

■ 空条件运算符将 null 赋值给 studentCount。

空条件运算符的第二种形式用于数组或索引。在这种情况下，你需要省略句点字符，并在问号后面紧跟索引指示器的左括号。下面一行代码演示了这种形式：

```
Student student = students?[7];
```

在上面的代码中，如果数组 students 不为空，则返回数组的第八个元素。如果数组 students 不为空，但是没有元素，则会抛出 ArgumentOutOfRangeException。

由于空条件运算符的目的是检查是否为空，因此它只能应用于可以有空引用的对象。下面的代码将不会编译。相反，你将收到警告消息："运算符?不能用于 int 类型的操作数。"

```
int length = 7;
int strLength = length?.ToString()
```

空条件运算符可以进行链式调用。这意味着只要任何空条件运算检测到空值，该过程就会短路并且不会计算下游调用，同时表达式返回 null。例如，如果下面示例中的任何集合为空，则 supervisorPhoneNumber 将被赋值为空。假设集合都不为空，则没有异常抛出。

```
var supervisorPhoneNumber = Employees?[0].Supervisors?[0].PhoneNumbers?[0].ToString();
```

当空条件运算符作用于返回值类型的成员时，它总是返回该类型的可空版本。

```
var studentCount = students?.Count;
```

在这个例子中，studentCount 将会是 int?类型，而不是简单的 int。因为 int?和 int 之间没有隐式转换，所以下面的代码将不会编译。

```
int studentCount = students?.Count;
```

当空条件运算符作用于引用类型的成员时，返回值会匹配成员的类型。

```
var studentCounsellor = students?[0].Counsellor;
```

仅仅因为 students 不为空，并不能保证 studentCounsellor 也不为空。在此示例中，如果 students 引用或 studentCounsellor 成员为空，studentCounsellor 都可能为空。

如第 14 章所述，空条件运算符最常见的用法之一是用于委托调用。因此，我们不再使用下面 3 行代码：

```
if(handler != null)
{
    handler(this, args)
}
```

而是可以使用下面一行代码：

```
handler?.Invoke(this, args);
```

将空条件运算符与空接合运算符结合使用也很有用，如下面的例子所示，该示例提供了默认值而不是空值：

```
int studentCount = Students?.Count ?? 0;
```

请注意，通过与前面的一个示例进行比较，在这种情况下，可以将 studentCount 的类型设置为 int，因为无论 students 是否为空，此表达式都将返回一个整数值，而不是 null。

27.5.4 使用可空用户定义类型

至此，我们已经看到了预定义的简单类型的可空形式。我们还可以创建用户自定义值类型的可空形式。这就引出了在使用简单类型时没有遇到的其他问题。

主要问题是访问封装的基础类型的成员。一个可空类型不直接暴露基础类型的任何成员。例如，来看看下面的代码和图 27-2 中它的表示形式。代码声明了一个叫作 MyStruct 的结构（值类型），它有两个公有字段。

❏ 由于结构的字段是公有的，所以它可以被结构的任何实例访问，如图 27-2 中左侧所示。

❏ 然而，结构的可空形式只通过 Value 属性暴露基础类型，它不**直接**暴露它的任何成员。尽管这些成员对结构来说是公有的，但是它们对可空类型来说不是公有的，如图 27-2 右半部分所示。

```
struct MyStruct                                  //声明结构
{
    public int X;                                //字段
    public int Y;                                //字段
    public MyStruct(int xVal, int yVal)          //构造函数
    { X = xVal;  Y = yVal; }
}

class Program {
    static void Main()
    {
        MyStruct? mSNull = new MyStruct(5, 10);
        ...
```

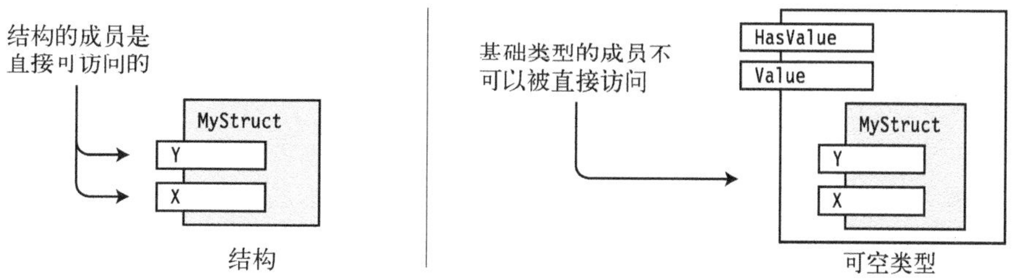

图 27-2 结构成员的可访问性不同于可空类型

例如，以下代码使用之前声明的结构并创建了结构和它对应的可空类型的变量。在代码的第三行和第四行中，我们直接读取结构变量的值。在第五行和第六行中，就必须从可空类型的 Value 属性返回的值中进行读取。

```
MyStruct  mSStruct = new MyStruct(6, 11);     //结构变量
MyStruct? mSNull   = new MyStruct(5, 10);     //可空类型的变量
                                 结构访问
                                 ┌───────┐
                                        ↓
Console.WriteLine("mSStruct.X: {0}", mSStruct.X);
Console.WriteLine("mSStruct.Y: {0}", mSStruct.Y);

Console.WriteLine("mSNull.X: {0}",   mSNull.Value.X);
Console.WriteLine("mSNull.Y: {0}",   mSNull.Value.Y);
                                     ↑
                                  可空类型访问
```

Nullable<T>

可空类型通过一个叫作 System.Nullable<T> 的 .NET 类型来实现，它使用了 C# 的泛型特性。C# 可空类型的问号语法是创建 Nullable<T> 类型变量的快捷语法，其中 T 是基础类型。Nullable<T> 接受基础类型并把它嵌入结构中，同时给结构提供可空类型（但不是基础类型）的属性、方法和构造函数。

我们可以使用 Nullable<T> 这种泛型语法，也可以使用 C# 的快捷语法。快捷语法更容易书写和理解，也更不易出错。以下代码使用 Nullable<T> 语法为之前示例中声明的 MyStruct 结构创建一个叫作 mSNull 的 Nullable<MyStruct> 类型的变量：

```
Nullable<MyStruct> mSNull = new Nullable<MyStruct>();
```

下面的代码使用了问号语法，语义上完全等同于 Nullable<T> 语法：

```
MyStruct? mSNull = new MyStruct();
```

27.6 Main 方法

每一个 C# 程序都必须有一个入口点——一个必须叫作 Main 的方法。

在贯穿本书的示例代码中，都使用了一个不接受参数并且也不返回值的 Main 方法。然而，一共有 4 种形式的 Main 可以作为程序的入口点。这些形式如下：

❏ static void Main   {...}
❏ static void Main(string[] args) {...}
❏ static int Main()   {...}
❏ static int Main(string[] args) {...}

前面两种形式在程序终止后都不返回值给执行环境。后面两种形式则返回 int 值。如果使用返回值，通常用于报告程序的成功或失败，0 通常用于表示成功。

第二种和第四种形式允许我们在程序启动时从命令行向程序传入实参。命令行参数的一些重要特性如下。

❑ 可以有 0 个或多个命令行参数。即使没有参数，args 参数也不会是 null，而是一个没有元素的数组。

❑ 参数由空格或制表符隔开。

❑ 每一个参数都被程序解释为字符串，但是你无须在命令行中为参数加上引号。

例如，下面叫作 CommandLineArgs 的程序接受了命令行参数并打印了提供的每一个参数：

```
class Program
{
    static void Main(string[] args)
    {
        foreach (string s in args)
            Console.WriteLine(s);
    }
}
```

可以从 Windows 命令提示符中运行这个程序。如下命令行使用 5 个参数执行 CommandLineArgs 程序。

CommandLineArgs Jon Peter Beth Julia Tammi

　　　↑　　　　　　　↑
　可执行程序名　　　　参数

前面的程序和命令行产生了如下的输出：

```
Jon
Peter
Beth
Julia
Tammi
```

其他需要了解的有关 Main 的重要事项如下。

❑ Main 必须总是声明为 static。

❑ Main 可以在类或结构中声明。

一个程序只可以包含 Main 的 4 种可用入口点形式中的一种的声明。当然，如果你声明了其他名为 Main 的方法，只要它们不是 4 种入口点形式就是合法的——但是，这样做非常容易产生混淆。

Main 的可访问性

Main 可以被声明为 public 或 private。

❑ 如果 Main 被声明为 private，其他程序集就不能访问它，只有执行环境才能启动程序。

❑ 如果 Main 被声明为 public，其他程序集就可以调用它。

然而，无论 Main 声明的访问级或所属类或结构的访问级别是什么，操作系统总是能访问 Main。

默认情况下，当 Visual Studio 创建了一个项目时，它就创建了一个程序框，其中的 Main 是隐式 private。如果需要，你随时可以添加 public 修饰符。

27

27.7 文档注释

文档注释特性允许我们以 XML 元素的形式在程序中包含文档（第 20 章介绍过 XML）。Visual Studio 会帮助我们插入元素，以及从源文件中读取它们并复制到独立的 XML 文件中。

图 27-3 概述了 XML 注释的使用，包括如下步骤。

- 可以使用 Visual Studio 来产生嵌入了 XML 的源文件。Visual Studio 会自动插入大多数重要的 XML 元素。
- Visual Studio 从源文件中读取 XML 并且复制 XML 代码到新的文件。
- 另外一个叫作文档编译器的程序可以获取 XML 文件并且从它产生各种类型的文档文件。

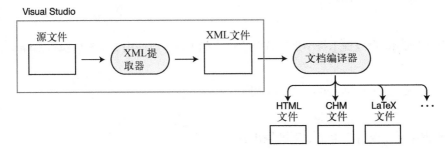

图 27-3　XML 注释过程

之前的 Visual Studio 版本包含了基本的文档编译器，但是它在 Visual Studio 2005 发布之前被删除了。微软公司开发了一个叫作 Sandcastle 的新文档编译器，它已经被用来生成.NET 框架的文档。

27.7.1 插入文档注释

文档注释以 3 个连续的正斜杠开头。

- 前两个斜杠指示编译器这是一个行尾注释，并且需要在程序的解析中忽略。
- 第三个斜杠指示这是一个文档注释。

例如，以下代码中前 4 行就是有关类声明的文档注释。这里使用了<summary> XML 标签。在字段声明之上用 3 行来说明这个字段——还是使用<summary>标签。

```
/// <summary>          ← 类的开始 XML 标签
/// This is class MyClass, which does the following wonderful things, using
/// the following algorithm. ... Besides those, it does these additional
/// amazing things.
/// </summary>          ← 关闭 XML 标签
class MyClass                            //类声明
{
   /// <summary>          ← 字段的开始 XML 标签
   /// Field1 is used to hold the value of ...
   /// </summary>          ← 关闭 XML 标签
   public int Field1 = 10;               //字段声明
   ...
```

每一个 XML 元素都是当我们在语言特性（比如类或类成员）的声明上输入 3 条斜杠时，Visual Studio 自动增加的。

例如，从下面的代码中可以看到，在 MyClass 类声明之上有 2 条斜杠：

```
//
class MyClass
{ ...
```

只要我们增加第三条斜杠，Visual Studio 会立即扩展注释为下面的代码，而我们无须做任何事情。然后我们就可以在标签之间的文档注释行上输入任何内容了。

```
/// <summary>        自动插入
///                  自动插入
/// </summary>       自动插入
class MyClass
{ ...
```

27.7.2 使用其他 XML 标签

在之前的示例中，我们看到了 summay XML 标签的使用。C#可识别的标签还有很多。表 27-2 列出了最重要的一些。

表 27-2 文档代码 XML 标签

标　　签	意　　义
<code>	用看上去像代码的字体格式化内部的行
<example>	将内部的行标注为一个示例
<param>	为方法或构造函数标注参数，并允许描述
<remarks>	描述类型的声明
<returns>	描述返回值
<seealso>	在输出文档中创建 See Also 一项
<summary>	描述类型或类型成员
<value>	描述属性

27.8 嵌套类型

通常直接在命名空间中声明类型。然而，还可以在类或结构中声明类型。
- 在另一个类型声明中声明的类型叫作**嵌套类型**。和所有类型声明一样，嵌套类型是类型实例的模板。
- 嵌套类型像**封闭类型**（enclosing type）的成员一样声明。
  - 嵌套类型可以是任意类型。
  - 嵌套类型可以是类或结构。

例如，以下代码显示了 MyClass 类，其中有一个叫作 MyCounter 的嵌套类。

```
class MyClass              //封闭类
{
    class MyCounter        //嵌套类
```

27

```
   {
      ...
   }
   ...
}
```

如果一个类型只是作为封闭类型的帮助方法，可能就需要声明为嵌套类型了。

不要被**嵌套**这个术语迷惑。嵌套指**声明**的位置，而不是任何**实例**在内存中的位置。尽管嵌套类型的声明在封闭类型的声明之内，但嵌套类型的对象并不一定封闭在封闭类型的对象之内。嵌套类型的对象（如果创建了的话）和它没有在另一个类型中声明时所在的位置一样。

例如，图 27-4 显示了前面代码中的 MyClass 和 MyCounter 类型的对象。另外还显示了 MyClass 类中一个叫作 Counter 的字段，这就是对嵌套类对象的引用，嵌套类在堆中的其他地方。

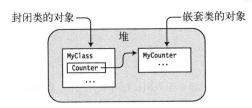

图 27-4　嵌套指的是声明的位置而不是内存中对象的位置

27.8.1　嵌套类的示例

以下代码把 MyClass 和 MyCounter 完善成了完整的程序。MyCounter 实现了一个整数计数器，从 0 开始并且使用++运算符来递增。当 MyClass 的构造函数被调用时，它创建嵌套类的实例并且为字段分配引用。图 27-5 演示了代码中对象的结构。

```
class MyClass {
   class MyCounter                                   //嵌套类
   {
      public int Count { get; private set; }

      public static MyCounter operator ++( MyCounter current )
      {
         current.Count++;
         return current;
      }
   }

   private MyCounter counter;                         //嵌套类类型的字段

   public MyClass() { counter = new MyCounter(); }    //构造函数

   public int Incr() { return ( counter++ ).Count; }  //增量方法
   public int GetValue() { return counter.Count; }    //获取计数值
}

class Program   {
   static void Main() {
      MyClass mc = new MyClass();                     //创建对象
```

```
mc.Incr(); mc.Incr();  mc.Incr();                  //增加值
mc.Incr(); mc.Incr();  mc.Incr();                  //增加值

Console.WriteLine($"Total: { mc.GetValue() }");  //打印值
    }
}
```

这段代码产生了如下的输出：

```
Total:  6
```

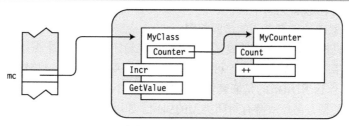

图 27-5　嵌套类的对象以及它的封闭类

27.8.2　可见性和嵌套类型

在第 9 章中，我们已经了解到类和类型通常有 public 或 internal 的访问级别。然而，嵌套类型的不同之处在于，它们有**成员访问级别**而不是**类型访问级别**。因此，下面的命题是成立的。

- ❑ 在类内部声明的嵌套类型可以有 5 种类成员访问级别中的任何一种：public、protected、private、internal 或 protected internal。
- ❑ 在结构内部声明的嵌套类型可以有 3 种结构成员访问级别中的任何一种：public、internal 或 private。

在这两种情况下，嵌套类型的默认访问级别都是 private，也就是说不能为封闭类型以外的对象所见。

封闭类和嵌套类的成员之间的关系不太直观，如图 27-6 所示。不管封闭类型的成员声明了怎样的访问级别，包括 private 和 protected 成员，嵌套类型都能完全访问这些成员。

嵌套类型的成员对封闭类型
的成员有完全访问权限

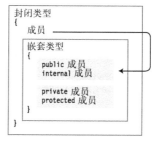

封闭类型的成员只能访问嵌套类型
的public或internal成员

图 27-6　嵌套类型成员和封闭类型成员之间的可访问性

　　然而，它们之间的关系不是对称的。尽管封闭类型的成员总是能看见嵌套类型的声明并且能创建它的变量及实例，但是它们不能完全访问嵌套类型的成员。相反，这种访问权限受限于嵌套类成员声明的访问级别——就好像嵌套类型是一个独立的类型一样。也就是说，它们可以访问 public 或 internal 成员，但是不能访问嵌套类型的 private 或 protected 成员。

　　可以把这种关系总结如下。

- ❑ 嵌套类型的成员对封闭类型的成员总是有完全访问权限。
- ❑ 封闭类型的成员：
  - ■ 总是可以访问嵌套类型本身；
  - ■ 对嵌套类型成员只有声明的访问权限。

　　嵌套类型的可见性还会影响基类成员的继承。如果封闭类型是一个派生类，嵌套类型就可以通过使用相同的名字来隐藏基类成员。可以在嵌套类的声明上使用 new 修饰符来显式隐藏。

　　嵌套类型中的 this 引用指的是**嵌套类型的对象**，而不是封闭类型的对象。如果嵌套类型的对象需要访问封闭类型，它必须持有封闭类型的引用。如以下代码所示，可以让封闭对象把 this 引用作为参数传给嵌套类型的构造函数，从而为嵌套类型的对象提供访问权限：

```
class SomeClass {                          //封闭类
    int Field1 = 15, Field2 = 20;          //封闭类的字段
    MyNested mn = null;                     //嵌套类的引用

    public void PrintMyMembers() {
        mn.PrintOuterMembers();             //调用嵌套类中的方法
    }

    public SomeClass() {                    //构造函数

        mn = new MyNested(this);            //创建嵌套类的实例
    }              ↑
            传入对封闭类的引用
    class MyNested                          //嵌套类声明
    {
        SomeClass sc = null;                //封闭类的引用

        public MyNested(SomeClass SC)       //嵌套类的构造函数
        {
            sc = SC;                        //存储封闭类的引用
        }

        public void PrintOuterMembers()
        {
            Console.WriteLine($"Field1: { sc.Field1 }");   //封闭字段
            Console.WriteLine($"Field2: { sc.Field2 }");   //封闭字段
        }
    }                                       //嵌套类结束
}

class Program {
    static void Main( ) {
        SomeClass MySC = new SomeClass();
```

```
        MySC.PrintMyMembers();
    }
}
```

这段代码产生了如下的输出：

```
Field1: 15
Field2: 20
```

27.9　析构函数和 dispose 模式

第 7 章介绍了创建类对象的构造函数。类还可以拥有**析构函数**（destructor），它可以在一个类的实例不再被引用的时候执行一些操作，以清除或释放非托管资源。非托管资源是指用 Win32 API 或非托管内存块获取的文件句柄这样的资源。使用.NET 资源是无法获取它们的，因此如果我们只用.NET 类，是不需要编写太多析构函数的。

关于析构函数要注意以下几点。

❑ 每个类只能有一个析构函数。

❑ 析构函数不能有参数。

❑ 析构函数不能有访问修饰符。

❑ 析构函数名称与类名相同，但要在前面加一个波浪符。

❑ 析构函数只能作用于类的实例。因此没有静态析构函数。

❑ **不能在代码中显式调用析构函数**。相反，当垃圾回收器分析代码并认为代码中不存在指向该对象的可能路径时，系统会在垃圾回收过程中调用析构函数。

例如，下面的代码通过类 Class1 演示了析构函数的语法：

```
Class1
{
    ~Class1()                 //析构函数
    {
        CleanupCode
    }
    ...
}
```

使用析构函数时一些重要的原则如下：

❑ 不要在不需要时实现析构函数，这会严重影响性能；

❑ 析构函数应该只释放对象拥有的外部资源；

❑ 析构函数不应该访问其他对象，因为无法假定这些对象已经被销毁。

说明　在 C# 3.0 发布之前，析构函数有时也叫**终结器**（finalizer）。你可能会在文献或.NET API 方法名中遇到这个术语。

27

27.9.1　标准 dispose 模式

　　与 C++析构函数不同，C#析构函数不会在实例超出作用域时立即调用。事实上，你无法知道何时会调用析构函数。此外，如前所述，你也不能显式调用析构函数。你知道的只是系统会在对象从托管堆上移除之前的某个时刻调用析构函数。

　　如果你的代码中包含的非托管资源越早释放越好，就不能将这个任务留给析构函数，因为无法保证它很快会执行。相反，你应该采用**标准 dispose 模式**。

　　标准 dispose 模式具有以下特点。

- 包含非托管资源的类应该实现 IDisposable 接口，后者包含单一方法 Dispose。Dispose 包含释放资源的清除代码。
- 如果代码使用完了这些资源并且你希望将它们释放，应该在程序代码中调用 Dispose 方法。注意，是在你的代码中（不是系统中）调用 Dispose。
- 你的类还应该实现一个析构函数来调用 Dispose 方法，以防该方法之前没有调用。

　　可能有点混乱，所以我们总结一下。你需要将所有清除代码放到 Dispose 方法中，并在使用完资源时调用它。万一 Dispose 没被调用，类的析构函数应该调用 Dispose。如果调用了 Dispose，你需要告诉垃圾回收器不要再调用析构函数，因为 Dispose 已经执行了清除操作。

　　析构函数和 Dispose 代码应该遵循以下原则。

- 析构函数和 Dispose 方法的逻辑应该是，如果由于某种原因代码没有调用 Dispose，那么析构函数应该调用它，并释放资源。
- 在 Dispose 方法的最后应该调用 GC.SuppressFinalize 方法，通知 **CLR** 不要调用该对象的析构函数，因为清除工作已经完成。
- 在 Dispose 中实现这些代码，这样多次调用该方法是安全的。也就是说代码要这样写：如果该方法已经被调用，那么任何后续调用都不会执行额外的工作，也不会抛出任何异常。

下面的代码展示了标准的 dispose 模式，图 27-7 对其进行了阐释。这段代码的要点如下。

- Dispose 方法有两个重载：一个是 public 的，一个是 protected 的。protected 的重载包含实际的清除代码。
- public 版本可以在代码中显式调用以执行清除工作。它会调用 protected 版本。
- 析构函数调用 protected 版本。
- protected 版本的 bool 参数通知方法是它被析构函数还是其他代码调用的。知道这一点很重要，因两种情况下执行的操作略有不同。细节如下面的代码所示。

```
class MyClass : IDisposable
{
  bool disposed = false;                              //释放状态

  public void Dispose()
  {
    Dispose( true );
    GC.SuppressFinalize(this);
  }
```

公共 **Dispose** 方法

```
~MyClass()
{
    Dispose(false);
}
```

析构函数

```
protected virtual void Dispose(bool disposing)
{
    if (disposed == false)
    {
        if (disposing == true)
        {
            //释放托管资源
            ...
        }
            //释放非托管资源
            ...
    }
        disposed = true;
    }
}
```

分解释放

public void Dispose()

析构函数

protected virtual
void Dispose(bool disposing)

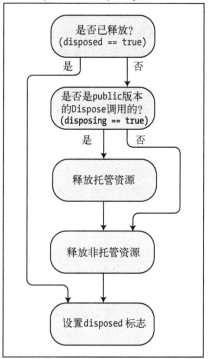

图 27-7　标准 dispose 模式

27.9.2 比较构造函数和析构函数

表 27-3 对何时调用构造函数和析构函数进行了总结和比较。

表 27-3 构造函数和析构函数

		调用时间及频率
实例	构造函数	在创建类的每个实例时调用一次
	析构函数	针对类的每个实例，在程序流不再访问该实例之后的某个时刻调用
静态	构造函数	只调用一次——首次访问类的任意静态成员之前，或创建类的任意实例之前（以先发生的为准）
	析构函数	不存在，析构函数只能作用于实例

27.10 Tuple 和 ValueTuple

Tuple（元组）数据类型是一种保存有序列表的数据结构，列表中最多有 7 个元素，元素的数据类型可以不同。Tuple 的一个常用场景是从方法返回多个值。Tuple 也可以用来临时存放相关数据，而不必为此创建一个完整的类。

Tuple 是在 C# 4.0 中引入的，它是一个在基类库中预定义的类。C# 7.0 引入了 ValueTuple（值元组）类型。ValueTuple 不是用来替换 Tuple 的，这两种类型都可以使用。它们的重要特征如下。

- ❑ Tuple 数据类型是类。ValueTuple 是结构体，所以有可能会提升性能。
- ❑ Tuple 是不可变的，这意味着一旦它们的元素被赋值了，这些值就不能改变。ValueTuple 的成员是可变的。
- ❑ Tuple 的成员是属性，而 ValueTuple 的成员是字段。
- ❑ 可以用下面两种方式创建 Tuple 实例：
  - ■ 使用默认的构造函数
  - ■ 使用 Tuple 类提供的 Create 辅助函数
- ❑ Tuple 拥有 7 个元素，但是只要第八个元素本身也是 Tuple，你就可以创建和访问有八个元素的 Tuple。
- ❑ 为了访问 Tuple 中的元素，可以使用 8 个（非描述性的）特性名称中的一个：Item1, Item2, …, Item8。请注意，没有 Item0，数字是从 1 开始的。你只能这样访问。不能使用 foreach 语句遍历 Tuple，也不能使用方括号的索引访问。

下面的代码展示了创建 Tuple 以及访问 Tuple 对象的方法。这些 Tuple 表示全球平均温度与基准温度的差异[1]。

---

[1] NASA 通过获取 1951 年至 1980 年的年平均温度，丢弃异常值，并对结果取平均，确定了一个基准温度。元组中的值是特定年份的平均温度与基准值之间的差异。

```
public Tuple<double, double, double, double, double, double>
{
   public Tuple<double, double, double, double, double, double>
   TempDifferenceConst()
   {
      //使用构造函数
      return new Tuple<double, double, double, double, double, double>
                  ( 0.03, 0.00, 0.20, 0.34, 0.52, 0.63 );
   }

   public Tuple<double, double, double, double, double, double>
   TempDifferenceCreate()
   {
      //使用 Create 方法更简洁
      return Tuple.Create( 0.03, 0.00, 0.20, 0.34, 0.52, 0.63 );
   }
}

class Program
{
   static void Main()
   {
      GlobalTemp gt = new GlobalTemp();

      var tdTuple = gt.TempDifferenceCreate();
      WriteLine( "Temp increase 1950's to 2000: {0}C.", tdTuple.Item5);

      tdTuple = gt.TempDifferenceConst();
      WriteLine( "Temp increase 1950's to 2010: {0}C.", tdTuple.Item6 );
   }
}
```

虽然使用 Create 方法创建 Tuple 的语法更简洁,但是你仍然必须使用特性名 Item1 等来访问元素。如你所见, 在没有描述性元素名称的情况下, 很容易混淆, 因而有可能导致运行时错误, 甚至是更糟糕的逻辑错误。

从 C# 7.0 和 .NET Framework 4.7 开始, 新的 ValueTuple 类解决了元素命名问题。

下面的代码使用 ValueTuple 代替 Tuple 重写了前面的示例。请注意如下几点。

❑ ValueTuple 的创建是隐式的, 只需要传递正确数量和正确数据类型的元素即可。

❑ ValueTuple 的返回数据类型是由圆括号括起的、以逗号分隔的元素列表。

❑ 方法的返回类型中包括了 ValueTuple 元素的名称。**在调用域中可以使用这些名称来引用各个元素。**如果未在返回类型列表中指定元素的名称, 则 Item1、Item2 等旧的默认名称仍然适用。

下面的代码使用了 ValueTuple 而不是 Tuple 来展示相同的例子:

```
class GlobalTemp
{
   public (double d1960, double d1970, double d1980,
           double d1990, double d2000, double d2010)
   TempDifferenceUsingValueTupleCtor()
   {
      //使用构造函数
```

27

```
        return new ValueTuple<double, double, double,
                double, double, double>(0.03, 0.00, 0.20, 0.34, 0.52, 0.63);
    }

    public (double d1960, double d1970, double d1980,
            double d1990, double d2000, double d2010)
    TempDifferenceUsingValueTuple()
    {
        //隐式创建
        return (0.03, 0.00, 0.20, 0.34, 0.52, 0.63);
    }
}

class Program
{
    static void Main()
    {
        GlobalTemp gt = new GlobalTemp();

        var tdVTuple = gt.TempDifferenceUsingValueTupleCtor();
        WriteLine( "Temp increase 1950's to 2000: {0}C.", tdVTuple.d2000 );
                                                                   ↑
                                                            参数名可见

        tdVTuple = gt.TempDifferenceUsingValueTuple();
        WriteLine( "Temp increase 1950's to 2010: {0}C.", tdVTuple.d2010);
    }                                                          ↑
}                                                       参数名可见
```

上面的代码产生如下输出：

```
Temp increase 1950's to 2000: 0.52C.
Temp increase 1950's to 2010: 0.63C.
```

27.11　和 COM 的互操作

尽管本书不介绍 COM 编程，但是 C# 4.0 专门增加了几个语法特性，使得 COM 编程更容易。其中的一个是“省略 ref”特性。它让你不需要使用方法返回值的情况下，无须使用 ref 关键字即可调用 COM 方法。

例如，如果程序所在的机器上安装了 Microsoft Word，你就可以在程序中使用 Word 的拼写检查功能。为此需要使用的方法是 Microsoft.Office.Tools.Word 命名空间的 Document 类中的 CheckSpelling 方法。这个方法有 12 个参数，且都是 ref 参数。如果没有这个特性，即使你不需要为方法传入数据或是从方法取回数据，也得为每一个参数提供引用变量。省略 ref 关键字只能**用于 COM 方法**，否则仍然会得到编译错误。

代码差不多如下所示。对于这段代码，需注意几点。

❏ 第四行的调用只使用第二个和第三个参数，它们都是布尔型。但是你不得不创建两个 object 类型的变量（ignoreCase 和 alwaysSuggest）来保存值，因为方法需要 ref 参数。
❏ 第三行为其他 10 个参数创建了叫作 optional 的 object 类型的变量。

```
object ignoreCase    = true;
object alwaysSuggest = false;              保存布尔变量的对象
object optional      = Missing.Value; _____↓_____↓_____
tempDoc.CheckSpelling( ref optional,  ref ignoreCase, ref alwaysSuggest,
    ref optional, ref optional, ref optional, ref optional, ref optional,
    ref optional, ref optional, ref optional, ref optional );
```

有了"省略 ref"特性，我们的代码就干净多了，因为对于不需要其输出的参数，我们不再需要使用 ref 关键字，只需要为我们关心的两个参数使用内联的 bool。简化后的代码如下：

```
                                       bool  bool
object optional = Missing.Value;        ↓     ↓
tempDoc.CheckSpelling( optional, true, false,
    optional, optional, optional, optional,
    optional, optional, optional, optional );
```

我们还可以使用可选参数特性。同时使用"省略 ref"特性和可选参数可以使最终形式比之前的简单很多。

```
tempDoc.CheckSpelling( Missing.Value, true, false );
```

如下代码是一个包含这个方法的完整程序。要编译这段代码，你需要在本机上安装 Visual Studio Tools for Office（VSTO），并且必须为项目添加 Microsoft.Office.Interop.Word 程序集的引用。要运行这段编译的代码，必须在本机上安装 Microsoft Word。

```
using System;
using System.Reflection;

class Program
{
    static void Main()
    {
        Console.WriteLine( "Enter a string to spell-check:" );
        string stringToSpellCheck = Console.ReadLine();

        string spellingResults;
        int errors = 0;
        if ( stringToSpellCheck.Length == 0 )
            spellingResults = "No string to check";
        else
        {
            Microsoft.Office.Interop.Word.Application app =
                        new Microsoft.Office.Interop.Word.Application();

            Console.WriteLine( "\nChecking the string for misspellings ..." );
            app.Visible = false;

            Microsoft.Office.Interop.Word._Document tempDoc = app.Documents.Add( );

            tempDoc.Words.First.InsertBefore( stringToSpellCheck );
            Microsoft.Office.Interop.Word.ProofreadingErrors
                            spellErrorsColl = tempDoc.SpellingErrors;
            errors = spellErrorsColl.Count;

            //1.不使用可选参数
```

27

```
//object ignoreCase    = true;
//object alwaysSuggest = false;
//object optional      = Missing.Value;
//tempDoc.CheckSpelling( ref optional, ref ignoreCase, ref alwaysSuggest,
//    ref optional, ref optional, ref optional, ref optional, ref optional,
//    ref optional, ref optional, ref optional, ref optional );

//2.使用"省略 ref"特性
object optional = Missing.Value;
tempDoc.CheckSpelling( optional, true, false, optional, optional, optional,
                optional, optional, optional, optional, optional, optional );


//3.使用"省略 ref"和可选参数特性
//tempDoc.CheckSpelling( Missing.Value, true, false );

    app.Quit(false);
    spellingResults = errors + " errors found";
}

Console.WriteLine( spellingResults );
Console.WriteLine( "\nPress <Enter> to exit program." );
Console.ReadLine();
  }
}
```

    如果你运行这段代码，会得到如图 27-8 所示的控制台窗口，它要求你输入希望进行拼写检查的字符串。在收到字符串之后，它会打开 Word，然后运行拼写检查程序。之后，你会看到 Word 的拼写检查窗口，如图 27-9 所示。

图 27-8　控制台程序会要求你输入一个发送给 Word 拼写检查器的字符串

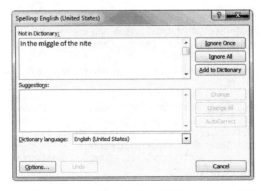

图 27-9　通过使用 COM 调用从控制台程序创建 Word 的拼写检查器

技术改变世界·阅读塑造人生

深入理解 C#（第 3 版）

◆ 资深C# MVP扛鼎之作
◆ 深入理解语言特性，探究本源
◆ .NET开发人员必读经典

作者： Jon Skeet
译者： 姚琪琳

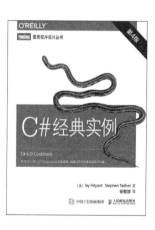

C# 经典实例（第 4 版）

◆ 涵盖C#开发的各种陷阱和问题

作者： Jay Hilyard　StephenTeilhet
译者： 徐敬德

C# 并发编程经典实例

◆ 涵盖各种并发编程技术
◆ 现代.NET并发技术的理想参考书

作者： Stephen Cleary
译者： 相银初

技术改变世界 · 阅读塑造人生

凤凰项目：一个 IT 运维的传奇故事（修订版）

◆ 一本引发全球IT从业者强烈共鸣的小说，亚马逊好评上千！

作者： 吉恩·金 凯文·贝尔 乔治·斯帕福德
译者： 成小留 刘征 等

程序员面试金典（第 6 版）

◆ 亚马逊计算机类榜首图书
◆ 189道知名科技公司编程面试真题及解答
◆ 数十万程序员求职成功的敲门砖

作者： 盖尔·拉克曼·麦克道尔
译者： 刘博楠 赵鹏飞 李琳骁 漆犇

奔跑吧，程序员

◆ 硅谷程序员创业者写给所有程序员
◆ 入门程序员如何快速成为行业高手
◆ 如何系统做好个人编程生涯的CEO

作者： 叶夫根尼·布里克曼
译者： 吴晓嘉